全国高等卫生职业教育创新技能型"十三五"规划教材

◆ 供护理、助产、临床医学、口腔医学、药学、检验、影像等专业使用

生物化学

SHENGWU HUAXUE

主　编　孙厚良　徐世明
副主编　王宏娟　冯德日　李俊涛　李　岩
编　委（以姓氏笔画为序）

马　强　重庆三峡医药高等专科学校
王　凡　首都医科大学燕京医学院
王宏娟　首都医科大学燕京医学院
冯德日　沈阳医学院
孙厚良　重庆三峡医药高等专科学校
李　岩　广东岭南职业技术学院
李春雷　重庆三峡医药高等专科学校
李俊涛　肇庆医学高等专科学校
徐世明　首都医科大学燕京医学院
鄢　雯　首都医科大学燕京医学院
熊　书　重庆三峡医药高等专科学校

U0370127

华中科技大学出版社
http://www.hustp.com
中国·武汉

内 容 提 要

本书是全国高等卫生职业教育创新技能型"十三五"规划教材。全书除绪论外,分为 14 章,内容包括生物大分子的结构和功能、物质代谢、基因信息传递和肝脏的生物化学。本书根据最新教学改革的要求和理念,结合我国高等卫生职业教育发展的特点,按照相关教学大纲的要求编写而成。

本书内容系统、全面,详略得当,图表丰富。书中还增加了知识链接等内容,理论联系实际,有助于提高学生学习的积极性。

本书适合护理、助产、临床医学、口腔医学、药学、检验、影像等专业使用。

图书在版编目(CIP)数据

生物化学/孙厚良,徐世明主编. —武汉:华中科技大学出版社,2018.8(2020.10 重印)
全国高等卫生职业教育创新技能型"十三五"规划教材
ISBN 978-7-5680-4256-7

Ⅰ.①生… Ⅱ.①孙… ②徐… Ⅲ.①生物化学-高等职业教育-教材 Ⅳ.①Q5

中国版本图书馆 CIP 数据核字(2018)第 181996 号

生物化学
Shengwu Huaxue

孙厚良 徐世明 主编

策划编辑:陆修文
责任编辑:李 佩
封面设计:原色设计
责任校对:何 欢
责任监印:周治超
出版发行:华中科技大学出版社(中国·武汉) 电话:(027)81321913
　　　　　武汉市东湖新技术开发区华工科技园 邮编:430223
录　　排:华中科技大学惠友文印中心
印　　刷:武汉市籍缘印刷厂
开　　本:787mm×1092mm 1/16
印　　张:19.25
字　　数:453 千字
版　　次:2020 年 10 月第 1 版第 3 次印刷
定　　价:59.00 元

全国高等卫生职业教育创新技能型
"十三五"规划教材编委会

总序

Zongxu

　　随着我国经济的持续发展和教育体系、结构的重大调整,职业教育办学思想、培养目标随之发生了重大变化,人们对职业教育的认识也发生了本质性的转变。我国已将发展职业教育作为重要的国家战略之一,高等职业教育成为高等教育的重要组成部分。作为高等职业教育重要组成部分的高等卫生职业教育也取得了长足的发展,为国家输送了大批高素质技能型、应用型医疗卫生人才。

　　为了全面落实职业教育规划纲要,贯彻《国务院关于加快发展现代职业教育的决定》和《教育部关于深化职业教育教学改革　全面提高人才培养质量的若干意见》等文件精神,体现"以服务为宗旨,以就业为导向,以能力为本位"的人才培养模式,积极落实高等卫生职业教育改革发展的最新成果,创新编写模式,满足"健康中国"对高素质创新技能型人才培养的需求,2017 年 8 月在全国卫生职业教育教学指导委员会专家和部分高职高专院校领导的指导下,华中科技大学出版社组织全国 30 余所院校的近 200 位老师编写了本套全国高等卫生职业教育创新技能型"十三五"规划教材。

　　本套教材充分体现新一轮教学计划的特色,强调以就业为导向、以能力为本位、以岗位需求为标准的原则,按照技能型、服务型高素质劳动者的培养目标,遵循"三基"(基本理论、基本知识、基本技能)、"五性"(思想性、科学性、先进性、启发性、适用性)、"三特定"(特定目标、特定对象、特定限制)的编写原则,着重突出以下编写特点:

　　(1)密切结合最新的护理专业课程标准,紧密围绕执业资格标准和工作岗位需要,与护士执业资格考试相衔接。

　　(2)教材中加强对学生人文素质的培养,并将职业道德、人文素养教育贯穿培养全过程。

　　(3)教材规划定位于创新技能型教材,重视培养学生的创新、获取信息及终身学习的能力,实现高职教材的有机衔接与过渡作用,为中高职衔接、高职本科衔接的贯通人才培养通道做好准备。

　　(4)内容体系整体优化,注重相关教材内容的联系和衔接,避免遗漏和不必要的重复。编写队伍引入临床一线教师,力争实现教材内容与职业岗位能力要求相匹配。

（5）全套教材采用全新编写模式,以扫描二维码形式帮助老师及学生在移动终端共享优质配套网络资源,使用华中科技大学出版社提供的数字化平台将移动互联、网络增值、慕课等新的教学理念、教学技术和学习方式融入教材建设中,全面体现"以学生为中心"的教材开发理念。

本套教材得到了各院校的大力支持和高度关注,它将为新时期高等卫生职业教育的发展做出贡献。我们衷心希望这套教材能在相关课程的教学中发挥积极作用,并得到读者的青睐。我们也相信这套教材在使用过程中,通过教学实践的检验和实际问题的解决,能不断得到改进、完善和提高。

全国高等卫生职业教育创新技能型"十三五"规划教材

编写委员会

前言

Qianyan

为贯彻落实《国务院关于加快发展现代职业教育的决定》和《教育部关于深化职业教育教学改革 全面提高人才培养质量的若干意见》等系列配套文件精神,满足"健康中国"对高素质创新技能型人才培养的需求,在华中科技大学出版社的策划与组织下,编写委员根据多年的教学经验,编写了本册符合医学类高职高专人才培养目标的教材,既能满足临床医学、口腔医学、护理、检验、中医、药学、营养与食品卫生等专业的教学需求,也能满足执业医师资格考试的学习需求。

本教材注重高职学生的认知特点,教材内容以"必需、够用"为度,符合高职高专的特点,以"三基"(基本知识、基本理论、基本技能)为基本原则,注重相关学科的衔接和整体优化;同时体现教育部提出的"五性",即思想性、科学性、先进性、启发性和适用性;强调"四新"的应用,即新知识、新技术、新工艺、新设备。教材采用模块化的编写思路,同时图文并茂,版式精美,通过知识链接导入"名人故事、重大发现、案例分析、前沿技术"等激发学生的学习兴趣;为有助于与临床知识的联系及学生消化教学内容,教材适量插入案例分析、思考练习等小栏目,提升知识的实用性,并用新颖灵活的自测方式检验能力水平,用具有情境感的训练方式强化和提高技能,用独立简短的链接内容补充前沿知识、开阔视野。

本教材除绪论外共 14 个章节,包括生物分子、物质代谢与调节、遗传信息的传递和重要器官的生物化学。1～4 章主要介绍生物分子的结构功能;5～9章主要讨论物质代谢及调节;10～11 章介绍遗传信息的传递、表达调控、基因工程;12～14 章介绍细胞信号转导、肝脏的生物化学、酸碱平衡。本教材充分综合了兄弟院校的教学情况,对教学内容进行了整合。如取消血液生物化学章节,将血红素的合成内容融入肝脏的生物化学胆色素代谢中,整合为血红素代谢一节;取消水和无机盐代谢,将无机盐融入维生素中整合为维生素与无机盐一章介绍。以便各院校在使用教材时,根据不同专业,选择不同的教材内容进行教学。

本书在全体编委的辛勤工作下共同完成。编写过程中得到各编者单位领导、专家的大力支持,得到了华中科技大学出版社领导及编辑的关心和指导,在

此一并表示衷心感谢。

由于水平有限,书中不当之处在所难免,敬请专家同行、广大师生提出宝贵意见,以便修订提高。

孙厚良　徐世明

目录

■■■ Mulu

绪　　论

学习目标

熟悉：生物化学的概念；生物化学研究的主要内容。
了解：生物化学发展简史；生物化学与医学的关系。

生物化学(biochemistry)是从分子水平研究生物体的化学组成及化学变化，阐释生命现象的化学本质的科学，属于生命科学领域的前沿学科，研究内容主要包括生物体的化学组成、生物分子的结构与功能、物质代谢及其调节、遗传物质与遗传信息传递等，因此生物化学也称为"生命的化学"。生物化学的研究主要采用化学的原理与方法，并运用物理学、免疫学、细胞生物学和遗传学的理论与技术。生物化学与众多学科有着广泛的交叉和联系。近年来生物化学发展迅速，以核酸、蛋白质为代表的生物大分子的研究取得了重大突破，而以生物化学为基础的分子生物学也迅速发展，其理论和技术广泛渗透及应用于生命科学各个领域，促进了相关学科的发展，特别是促进了医学的发展。医学类专业学生学习的生物化学是以人体为研究对象，也可称为人体生物化学。

第一节　生物化学的发展简史

一、生物化学的研究历程

生物化学的发展史可追溯到 18 世纪，但它成为一门独立学科是在 19 世纪末 20 世纪初，因此，生物化学是一门相对年轻的学科。

18 世纪至 20 世纪初是生物化学发展的初级阶段，这一阶段主要是研究生物体的化学组成，也称叙述生物化学阶段。18 世纪中期，瑞典化学家 Scheele 研究了生物体各种组织的化学组成。此阶段重要贡献包括发现了核酸，比较详尽地研究了糖类、脂类及蛋白质，合成了简单的多肽，奠定了酶学基础。

从 20 世纪初开始，生物化学进入飞跃性发展阶段，研究内容主要是生物体内的物质代谢，称为动态生物化学阶段。此阶段研究成果包括如下方面：提出三羧酸循环、脂肪酸的 β-

氧化、首次合成尿素；从刀豆中提纯脲酶，并首次证明酶的化学本质为蛋白质；发现营养必需氨基酸等。

20 世纪 50 年代以来，生物化学迈入分子生物学阶段，主要研究生物大分子的结构与功能、分子遗传等，取得了较多成果。例如，DNA 双螺旋结构模型的发现、遗传密码的破译、分子遗传学中心法则的确定、重组 DNA 技术的诞生、聚合酶链反应技术及人类基因组计划的完成等。这些成果表明，人们已经能够从分子水平上认识生命和改造生命。目前，这些成果已广泛地运用到医学各个领域，并对临床医学产生了日益重要的影响。

二、我国生物化学的发展概况

我国古代劳动人民为生物化学的诞生做出了积极的贡献。如用"曲"作"媒"（即酶）催化谷物淀粉发酵酿酒；用蛋白质凝固的原理做豆腐；用富含维生素 A 的猪肝治疗雀目（夜盲症）等都是生物化学知识在生产实践中的应用。再如明朝李时珍所著的《本草纲目》中，不仅记载了 1892 种药物，还详尽记载了关于人体的血液、乳汁、精液及尿液等的相关知识。

20 世纪 30 年代，我国生物化学家吴宪提出了蛋白质变性学说，创立了无蛋白血滤液的制备和血糖测定方法。1949 年以后，我国的生物化学迅速发展。1965 年我国在世界上首次人工合成了具有生物活性的结晶牛胰岛素；1981 年又成功合成了酵母丙氨酸-tRNA。1999 年我国参加人类基因组计划，承担其中 1% 的工作，并于次年完成；2002 年我国学者完成了水稻的基因组精细图。近年来，我国科学家在基因工程、蛋白质工程、新基因的克隆、疾病相关基因的定位克隆等方面的研究均取得了重要成果，为生物化学的发展做出了重要贡献。

第二节　生物化学研究的主要内容

生物化学研究的内容大致可分为以下三个部分。

一、生物分子的结构与功能

人们对生物体组成的认识大体上经历了解剖学水平、组织学水平及分子水平三个阶段，主要内容如下：生物体由各种组织器官系统构成；细胞是构成组织器官的基本单位；每个细胞含有成千上万种化学物质。人体的化学组成包括糖类、脂类、蛋白质、核酸等主要物质，还有维生素、无机离子及微量元素等。生物体特有的蛋白质、核酸、多糖及蛋白聚糖等大分子，称为生物大分子。它们分子质量大、结构复杂、种类繁多、功能各异，是完成最基本生命活动的物质基础。生物大分子均有基本组成单位，通常可以把它们称为构件分子，如蛋白质的基本组成单位是氨基酸，核酸的基本组成单位是核苷酸，这些基本单位通过相互连接，形成具有复杂空间结构的聚合体。分子结构是功能的基础，而功能则是物质分子结构的体现，分子结构与功能的关系仍然是现代生物科学研究的重点问题。

二、物质代谢及其调节

关注生物物质的动态变化,即各种生物体内物质的代谢过程、变化规律是生物化学研究的重要内容。生命的基本特征是新陈代谢,又称物质代谢。在整个生命活动过程中,生物体与外界环境不断地进行物质交换:摄入营养物质、无机盐和水,吸进氧气;排出二氧化碳及代谢废物。人体内的物质代谢包括糖类、脂类、蛋白质和无机盐等的代谢。体内各种物质代谢能够满足机体的需要,按一定规律有条不紊地进行,因为生物体可对代谢途径进行精细的调节,使各代谢途径之间相互协调,从而能够维持体内环境的动态平衡与稳定。物质代谢的调节包括细胞水平、激素水平及神经体液水平的调节,还包括细胞信号转导。细胞信号转导参与多种物质代谢及相关的细胞生长、增殖、分化等生命活动过程的调节。细胞信号转导的机制及其网络也是生物化学研究的重要内容。

三、基因信息的传递及调控

遗传是生命的另一个重要特征,生物体在繁衍个体的过程中,其遗传信息代代相传。控制遗传的物质是核酸,对于大多数生物而言,DNA 是生物遗传的物质基础。每个细胞的DNA 有 3×10^9 对碱基,数量巨大的四种脱氧核苷酸以千差万别的序列控制生物体所有遗传性状的信息。DNA 通过复制、转录和翻译,合成表征生命现象的各种蛋白质。从受精卵增殖、胚胎发育到个体成熟,每一个过程都伴随着细胞的分裂与增殖。每一次细胞增殖都涉及 DNA 复制、转录和翻译及其调控。基因信息传递及调控是现代生物化学研究的重要内容。DNA 重组、转基因及人类基因组计划的完成,将极大地推动这一研究领域的发展。

第三节　生物化学与医学的关系

生物化学是以人体为研究对象的化学,与基础医学和临床医学密切相关,是医学类专业的重要基础课程。掌握生物化学的知识,将为进一步学习微生物的作用机制、机体的免疫机制、药物在体内的代谢过程及作用机制、疾病的发生和发展机制、疾病的临床诊断及治疗等打下良好的基础。随着生物化学研究的深入,人体中的各种代谢过程、代谢调控机制、细胞间信息转导、遗传信息传递规律等逐渐被阐明,于是,人们对代谢障碍疾病、遗传性疾病、免疫缺陷性疾病、肿瘤等有了更加深入的认识,从而取得了不少的研究成果。生物化学与分子生物学的不断发展,将为人们最后攻克威胁人们生命的癌症及动脉粥样硬化等疾病打下基础。

生物化学及分子生物技术已经广泛地运用到临床工作中。例如:常规生物化学检验技术及以探针及 PCR 技术为基础的基因诊断已用于临床疾病诊断;基因工程技术可直接用于治疗疾病的蛋白类药物(如胰岛素、干扰素等)的生产。因此,学习和掌握一定的生物化学知识,不仅有利于我们理解生命现象的本质和人体正常生理活动过程的分子机制,更为我们学习后续的临床课程打下扎实的基础。

(徐世明)

第一章
蛋白质的结构与功能

学习目标

掌握：蛋白质的元素组成、基本组成单位和蛋白质的分子结构特点。
熟悉：肽键与肽、蛋白质结构与功能的关系及主要的理化性质。
了解：蛋白质的分类。

本章PPT

　　蛋白质（protein）是生命的物质基础。蛋白质在生物体内的重要性体现在以下两个方面：

　　首先，蛋白质是生物体的重要组成成分。它存在于一切生物体中，从高等动植物到低等的微生物，从人类到最简单的病毒，都含有蛋白质。对于人体来说，蛋白质含量占人体总干量的45％，肌肉、内脏和血液等都以蛋白质为主要成分（表1-1）。微生物（干重）的蛋白质含量也很高：细菌一般含58％～80％；干酵母含46.6％；病毒除少量核酸外，其余成分几乎皆为蛋白质。蛋白质不仅是构成细胞和组织的重要组成成分，而且也是细胞内含量最丰富的高分子有机化合物。

表 1-1　人体部分组织器官中蛋白质含量

器官或组织	蛋白质含量/（％）	器官或组织	蛋白质含量/（％）
体液组织	85	心	60
神经组织	45	肝	57
脂肪组织	14	胰	47
消化道	63	肾	72
横纹肌	80	脾	84
皮肤	63	肺	82
骨骼	28		

蛋白质更为重要的功能是它与生命活动有着十分密切的关系,生命现象往往都是通过蛋白质来体现的。没有蛋白质就没有生命。自然界中蛋白质的种类繁多,据估计:最简单的单细胞生物如大肠杆菌含有 3000 余种不同的蛋白质;人体含有 10 万种以上不同的蛋白质;而整个生物界蛋白质的种类约为 10^{10} 种。不同的蛋白质具有不同的生物学功能,蛋白质的生物学功能可以总结为以下几个方面:①催化与调节功能。体内的物质代谢几乎都是在酶的催化下进行的,而酶的化学本质是蛋白质;某些蛋白质性质的激素(如胰岛素等)还参与物质代谢的调节。②运输和储存功能。有些蛋白质在血液中起着"载体"的作用,如血浆中运载脂类的载脂蛋白,铁蛋白则具有储存铁的作用。③凝血与抗凝血功能。防止创伤时过度出血的凝血机制以及防止血栓形成,保证血流通畅的纤溶过程,都是依靠血浆中多种蛋白质的协同作用完成的。④免疫与防御功能。血浆中的补体和免疫球蛋白能特异性地识别、清除异体蛋白质和病原微生物。⑤协调运动功能。肌肉中含有能收缩的蛋白质,可引起肌肉收缩而完成躯体运动、血液循环、呼吸与消化等多种功能活动。⑥信息的传递和表达功能。细胞间信号的传递、遗传信息传递与表达都需通过蛋白质完成。⑦支持与营养功能。广泛分布在皮肤、骨骼以及结缔组织中的胶原蛋白和弹性蛋白对机体起支持作用,蛋白质还是人体重要的营养素。⑧其他功能。如细胞膜的通透性,高等动物的记忆和识别都与蛋白质有关。

知识链接

蛋白质的新功能

2009 年的一期《细胞》杂志上,发表了一篇关于蛋白质功能新发现的文章,机体内一种命名为"TRIM32"的蛋白质控制着神经元的形成过程。

神经干细胞在分化过程中通常生成两种细胞,一种是神经元,另一种则保持神经干细胞的状态,以反复分化。研究人员发现,"TRIM32"的表达能促进神经干细胞生成神经元,如果这种蛋白质的表达被抑制,则两个子细胞都会保持神经干细胞的状态。

"TRIM32"蛋白质新功能的发现,在许多方面具有实用价值:如果治疗某种疾病需要神经干细胞,那么可以通过抑制"TRIM32"的表达来培养更多的神经干细胞;如果需要激活成年人大脑中仍在睡眠的神经干细胞,以形成新的神经元,也可以采取促进这种蛋白质表达的方法。

第一节　蛋白质的分子组成

一、蛋白质的元素组成

对组成蛋白质的元素的分析表明,各种蛋白质都含有碳 $50\%\sim55\%$、氢 $6\%\sim8\%$、氧 $19\%\sim24\%$、氮 $13\%\sim19\%$ 及少量的硫,有的蛋白质还含有微量的磷、铁、铜、锌、钼、碘等。

各种蛋白质的含氮量都比较恒定,平均为 16% 左右,即 1 g 氮相当于 6.25 g 蛋白质。利用这一组成特点,测定出生物样品中的含氮量,即可大致计算出样品中蛋白质的含量。

样品蛋白质的含量＝样品的含氮量×6.25

二、蛋白质的基本组成单位——氨基酸

天然蛋白质经彻底水解得到的小分子化合物为氨基酸(amino acid),所以氨基酸是蛋白质的基本结构单位。氨基酸是含有氨基和羧基的有机化合物,其中氨基连接在 α-碳原子上的称 α-氨基酸。组成蛋白质的氨基酸均为 α-氨基酸。

(一)氨基酸的结构

存在于自然界的氨基酸有 300 余种,但合成蛋白质的天然氨基酸只有 20 种,将这 20 种氨基酸称为基本氨基酸。这些氨基酸的化学结构各不相同,但是具有以下共同特点。

(1)既具有酸性的羧基(—COOH),也具有碱性的氨基(—NH₂),所以是两性电解质。

(2)除甘氨酸外,其他氨基酸的 α-碳原子都是手性碳原子,具有旋光异构现象。组成天然蛋白质的氨基酸都是 L-α-氨基酸。甘氨酸的 R 侧链是氢原子,因此没有 L-或 D-构型之分。在某些抗生素及个别植物的生物碱中还发现含有 D-构型的氨基酸。氨基酸的化学结构通式见图 1-1。

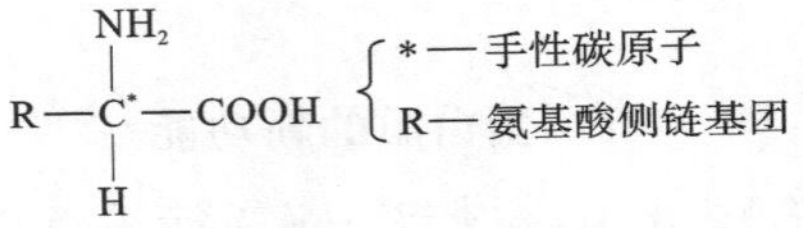

图 1-1　氨基酸的化学结构通式

(3)不同氨基酸的侧链 R 基团的结构和性质各异,它们是氨基酸分类的基础。R 基团在蛋白质的结构、性质和功能中也具有重要作用。

此外,20 种基本氨基酸中脯氨酸是唯一的亚氨基酸,其 α-碳原子上连接的是亚氨基。

(二)氨基酸的分类

通常根据侧链 R 基团的结构和性质不同,将 20 种基本氨基酸分为四大类,见表 1-2。

1. 酸性氨基酸　其 R 基团含羧基,在中性溶液中,羧基可以完全解离而带负电荷。如谷氨酸和天冬氨酸。

2. 碱性氨基酸　其 R 基团含有碱性基团,在中性溶液中,这些基团可以质子化而带正电荷。如赖氨酸(含氨基)、精氨酸(含胍基)、组氨酸(含咪唑基)。

3. 极性中性氨基酸　其 R 基团具有极性,但在中性溶液中不解离。该类氨基酸有七种,即含羟基的丝氨酸、苏氨酸和酪氨酸,含巯基的半胱氨酸,含酰胺基的天冬酰胺和谷氨酰胺以及 R 基只有一个氢原子的甘氨酸。

4. 非极性疏水氨基酸　其 R 基团具有疏水性,包括五种脂肪族氨基酸:丙氨酸、缬氨酸、亮氨酸、异亮氨酸和甲硫氨酸(蛋氨酸);一种芳香族氨基酸:苯丙氨酸;两种杂环氨基酸:色氨酸和脯氨酸。

表 1-2 基本氨基酸的分类、结构、相对分子质量及等电点

名称	缩写	相对分子质量	等电点	结构式
1. 非极性疏水氨基酸				
甘氨酸 Glycine	Gly(G)	75.05	5.97	H—CH—COOH, NH$_2$
丙氨酸 Alanine	Ala(A)	89.06	6.00	CH$_3$—CH—COOH, NH$_2$
缬氨酸 Valine	Val(V)	117.09	5.96	H$_3$C, H$_3$C, CH—CH—COOH, NH$_2$
亮氨酸 Leucine	Leu(L)	131.11	5.98	H$_3$C, H$_3$C, CH—CH$_2$—CH—COOH, NH$_2$
异亮氨酸 Isoleucine	Ile(I)	131.11	5.02	CH$_3$—CH$_2$—CH—CH—COOH, CH$_3$ NH$_2$
脯氨酸 Proline	Pro(P)	115.13	6.30	CH$_2$—CH—COOH, H$_2$C, CH$_2$—NH
苯丙氨酸 Phenylalanine	Phe(F)	165.09	5.48	C$_6$H$_5$—CH$_2$—CH—COOH, NH$_2$
2. 极性中性氨基酸				
甲硫氨酸（蛋氨酸）Methionine	Met(M)	149.15	5.74	CH$_3$—S—CH$_2$—CH$_2$—CH—COOH, NH$_2$
丝氨酸 Serine	Ser(S)	105.06	5.68	HO—CH$_2$—CH—COOH, NH$_2$

续表

名称	缩写	相对分子质量	等电点	结构式
苏氨酸 Threonine	Thr(T)	119.08	6.16	$CH_3-CH-CH-COOH$ 　　　OH　NH_2
天冬酰胺 Asparagine	Asn(N)	132.12	5.41	H_2N 　　$CH-CH_2-CH-COOH$ O　　　　　NH_2
谷氨酰胺 Glutamine	Gln(Q)	146.15	5.65	H_2N 　　$CH-CH_2-CH_2-CH-COOH$ O　　　　　　　NH_2
酪氨酸 Tyrosine	Tyr(Y)	181.09	5.66	$HO-\!\!\bigcirc\!\!-CH_2-CH-COOH$ 　　　　　　　　NH_2
半胱氨酸 Cysteine	Cys(C)	121.12	5.07	$HS-CH_2-CH-COOH$ 　　　　　NH_2
色氨酸 Tryptophan	Trp(W)	204.22	5.89	$CH_2-CH-COOH$ 　　　　NH_2

3. 酸性氨基酸

名称	缩写	相对分子质量	等电点	结构式
天冬氨酸 Aspartate	Asp(D)	133.60	2.77	$HOOC-CH_2-CH-COOH$ 　　　　　NH_2
谷氨酸 Glutamate	Glu(E)	147.08	3.22	$HOOC-CH_2-CH_2-CH-COOH$ 　　　　　　　NH_2

续表

名称	缩写	相对分子质量	等电点	结构式
4. 碱性氨基酸				
赖氨酸 Lysine	Lys(K)	146.13	9.74	$H_2N—(CH_2)_3—CH_2—CH—COOH$ 下 NH_2
精氨酸 Arginine	Arg(R)	174.14	10.76	$H_2N—C—NH—(CH_2)_2—CH_2—CH—COOH$ 下 NH 与 NH_2
组氨酸 Histidine	His(H)	155.16	7.59	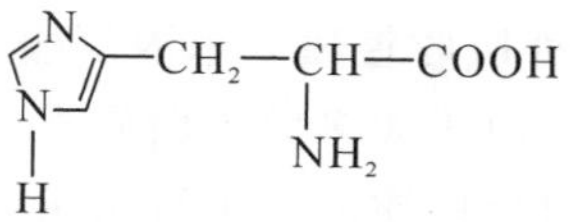 咪唑环—$CH_2—CH—COOH$ 下 NH_2

在人体内,除了上述 20 种基本氨基酸,少数蛋白质中还存在一些特殊的氨基酸,例如 L-羟脯氨酸、L-羟赖氨酸以及四碘甲状腺原氨酸(甲状腺素),这些氨基酸在蛋白质生物合成中是没有相应遗传密码的,是由基本氨基酸在体内经过加工修饰生成的。两个半胱氨酸在体内经过脱氢酶的作用,脱去两个巯基上的氢形成二硫键,以二硫键连接的两个半胱氨酸称胱氨酸,二硫键在维持蛋白质空间结构中发挥重要作用。

另外在生物界中还发现有 150 多种非蛋白质氨基酸,它们以游离或结合形式存在,作为生物体新陈代谢重要的前体或中间产物。如瓜氨酸和鸟氨酸是尿素合成的中间产物;作为抑制性神经递质的 γ-氨基丁酸(GABA)是谷氨酸脱羧基的产物;同型半胱氨酸是甲硫氨酸代谢的中间产物等等。

(三)氨基酸的理化性质

1. 物理性质 氨基酸都是白色晶体,熔点较高(200~300 ℃),能溶于强酸、强碱溶液。氨基酸在水中的溶解度不同,精氨酸和赖氨酸最大,酪氨酸最小。脯氨酸能溶于乙醇。在乙醚中氨基酸多不能溶解。

2. 两性解离与等电点 氨基酸具有酸式解离的羧基和碱式解离的氨基,水溶液中加碱或加酸能解离为阴离子或阳离子,是两性电解质。在某一 pH 值的溶液中,氨基酸解离成阳离子和阴离子的趋势及程度相等,净电荷为零,呈电中性,此时溶液的 pH 值称为该氨基酸的等电点(isoelectric point,pI),如图 1-2 所示。

由上式可知,在不同的 pH 值条件下,氨基酸的存在形式不同。若适当调节溶液的 pH 值,就可以控制氨基酸的带电性质及带电量。当溶液的 pH<pI 时,氨基酸发生碱式解离,结合 H^+,带正电荷,在电场中泳向负极;反之,当溶液的 pH>pI 时,氨基酸发生酸式解离,

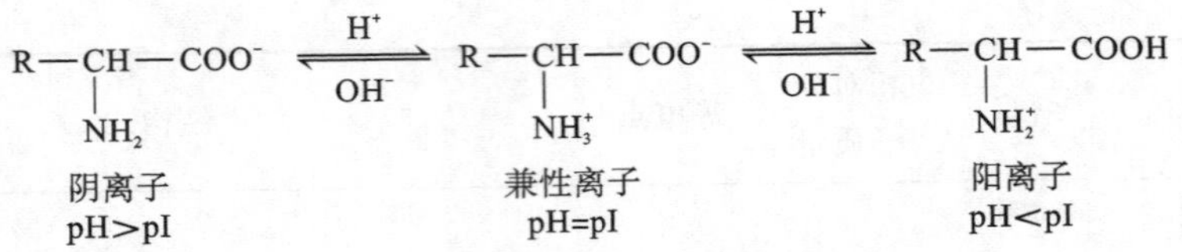
R—CH—COO⁻
NH₂
H⁺
OH⁻
R—CH—COO⁻
NH₃⁺
H⁺
OH⁻
R—CH—COOH
NH₃⁺
阴离子
pH>pI
兼性离子
pH=pI
阳离子
pH<pI

图 1-2 氨基酸的两性解离

释放 H^+，带负电荷，在电场中泳向正极。

氨基酸处于等电点时，是电中性的。此时，它与水的亲和力小于阳离子或阴离子的形式，因而溶解度最小，容易沉淀。利用这一原理，可达到分离氨基酸的目的。例如谷氨酸(味精)的生产，就是将微生物发酵液的 pH 值调节到 3.22(谷氨酸的等电点)而使谷氨酸沉淀析出。

各种氨基酸的化学结构不同，它们的等电点也各不相同。酸性氨基酸的等电点都小于 7，碱性氨基酸的等电点都大于 7。极性中性氨基酸，因羧基的解离度大于氨基，所以它们的等电点也小于 7。20 种氨基酸的等电点列于表 1-2 中。

3. 紫外吸收性质 苯丙氨酸、色氨酸、酪氨酸含有共轭双键，其紫外吸收峰在 280 nm 波长附近。由于大多数蛋白质含有这些氨基酸残基，故通过对 280 nm 波长的紫外吸光度的测量可对蛋白质溶液进行定量分析。

4. 茚三酮反应 氨基酸的氨基与茚三酮水合物反应可生成蓝紫色化合物，此化合物最大吸收峰在 570 nm 波长处。一定条件下，蓝紫色化合物的颜色深浅与氨基酸的浓度成正比，因此可用于氨基酸的定量测定。

三、肽链中氨基酸的连接方式

(一) 肽

氨基酸通过肽键相连形成的化合物称为肽。肽键是由一个氨基酸的 α-羧基与另一个氨基酸的 α-氨基脱水缩合形成的酰胺键(—CO—NH—)(图 1-3)，如甘氨酸与丙氨酸脱水缩合生成甘氨酰丙氨酸。通常把 10 个以内氨基酸形成的肽称寡肽，如二肽、三肽等；10 个以上氨基酸形成的肽称多肽；50 个以上氨基酸形成的肽一般可称为蛋白质。多肽一般呈链状，称多肽链。由于形成肽键时发生了脱水反应，肽中氨基酸的结构不再完整，称为氨基酸残基。

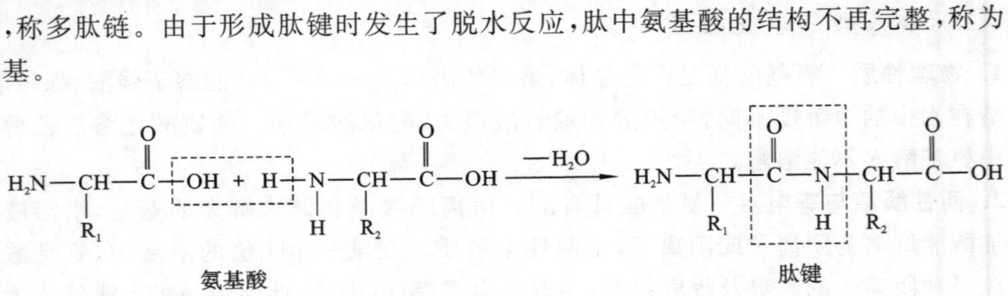
H₂N—CH—C—OH + H—N—CH—C—OH
R₁
H
R₂
—H₂O
H₂N—CH—C—N—CH—C—OH
R₁
H
R₂
氨基酸
肽键

图 1-3 氨基酸的连接方式(肽键的形成)

多肽链具有方向性，其中具有自由 α-氨基的一端称为氨基末端或 N-末端，通常写在多肽链的左侧；具有自由 α-羧基的一端称为羧基末端或 C-末端，通常写在多肽链的右侧。对肽进行命名和书写都应遵从“N 端→C 端”原则(图 1-4)。如从 N 端到 C 端依次由甘氨酸、丙氨酸、酪氨酸、色氨酸缩合形成的四肽,系统的化学名称应为"甘氨酰丙氨酰酪氨酰色氨酸",可以简写为"甘-丙-酪-色"。

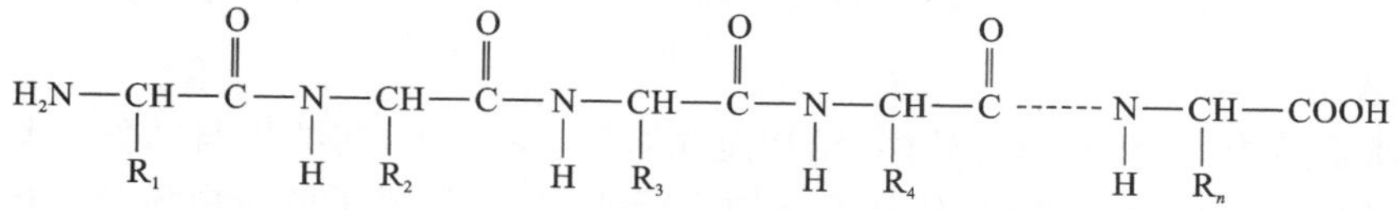

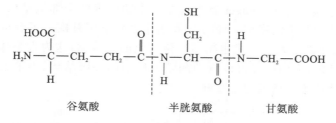

图 1-4　多肽链的结构通式

（二）生物活性肽

人体内存在许多游离的具有生物活性的肽,它们具有一些特殊的生物学功能,在神经传导和代谢调节等方面发挥重要的作用,如谷胱甘肽、多肽类激素及神经肽等。多肽在体内具有广泛的分布与重要的生理功能。

谷胱甘肽(glutathione,GSH)是由谷氨酸、半胱氨酸和甘氨酸组成的三肽(结构如图1-5所示),半胱氨酸巯基(—SH)是它的活性基团。GSH的巯基具有还原性,可以保护生物膜及细胞内含巯基的酶和蛋白质免受氧化损伤,临床上常用作解毒、抗辐射和治疗肝病的药物。其他的生物活性肽如脑垂体分泌的促肾上腺皮质激素(ACTH)是一种39肽,参与调节肾上腺皮质激素的合成;催产素、生长素、胸腺素和下丘脑激素对体内新陈代谢起着调节和控制的作用;脑啡肽参与抑制体内痛觉的产生。近年来,一些生物活性肽不断被鉴定,它们大多具有重要的生理功能或药理作用。生物活性肽可能成为疾病治疗中具有广阔发展前景的生化药物。

谷氨酸　　　半胱氨酸　　　甘氨酸

图 1-5　谷胱甘肽的化学结构

知识链接

氨基酸对生命的重要性

自然界的生命是氨基酸产生以后才诞生、进化的。构成人体蛋白质的氨基酸虽然只有20种,但组成蛋白质分子所需的氨基酸的数目却很大,少则几十个,多则数十万个,这些氨基酸通过不同的排列组合形成蛋白质不同的一级结构和空间结构,从而形成种类繁多的蛋白质。蛋白质在人体内无处不在,如人体肌肉的组成、身体的增高、遗传物质的传递、神秘的生儿育女、生命现象的调控、对事物的识别和记忆等都是蛋白质的功劳。没有氨基酸,就没有蛋白质,没有生命。

第二节 蛋白质的分子结构与功能

蛋白质是生物大分子,种类繁多,结构复杂,功能多样化,其结构与功能密切相关。因此要理解蛋白质的功能,就要对其分子结构进行研究,不仅要了解蛋白质分子的氨基酸组成和排列顺序,还要清楚多肽链是如何卷曲、折叠而形成三维空间结构的。

蛋白质的分子结构分为一级结构、二级结构、三级结构和四级结构。

一、蛋白质的一级结构

多肽链中氨基酸的排列顺序由 DNA 分子中具有编码功能的核苷酸排列顺序所决定。构成蛋白质的所有氨基酸在多肽链中的排列顺序,称为蛋白质的一级结构(primary structure)。一级结构是蛋白质的基本结构,一级结构的主要化学键是肽键,某些蛋白质分子的一级结构中还含有少量的二硫键。

多肽链中,由氨基酸的氨基与羧基脱水形成的酰胺键骨架,称为多肽链分子的骨架或主链;每一个氨基酸残基上都有一个 R 侧链,不同的 R 侧链有不同的功能基团,R 侧链是多肽链形成特定空间结构和行使特定生物学功能的基础。

胰岛素是胰岛 β-细胞分泌的一种激素。它由 A、B 两条多肽链组成,A 链含有 21 个氨基酸残基,B 链含有 30 个氨基酸残基。A、B 两条链通过两个二硫键连接起来,A 链本身还有一个链内二硫键。人体胰岛素的一级结构见图 1-6。

1954 年英国生物化学家 Sanger 首次公布了牛胰岛素的全部氨基酸残基排列顺序,拉开了蛋白质一级结构测定的序幕。1965 年我国生物化学家首次人工合成了具有生物活性的结晶牛胰岛素,开创了人工合成生物活性蛋白质的新篇章,这为人类探索生命奥秘向前迈出了一大步。目前,人们已经可以自动测定蛋白质的一级结构,为采用基因工程方法生产有生物活性的肽或蛋白质奠定了基础。

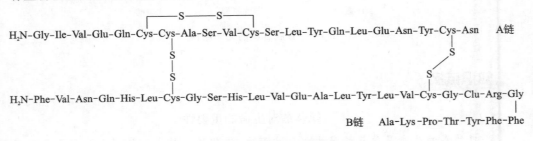

图 1-6　牛胰岛素一级结构示意图

知识链接

人工合成结晶牛胰岛素

从 1958 年开始,中国科学院上海生物化学研究所、中国科学院上海有机化学研究所和北京大学生物系三个单位联合,以钮经义为首,由龚岳亭、邹承鲁、杜雨花、季爱雪、邢其毅、汪猷、徐杰诚等人共同组成一个协作组,在前人对胰岛素结构和肽链合成方法研究的基础上,开始探索用化学方法合成胰岛素。经过周密研究,确立了合成牛胰岛素的程序。协作组的科学工作者们经过多年艰苦卓绝的努力,终于在 1965 年 9 月 17 日完成了结晶牛胰岛素的合成。经过严格鉴定,它的结构、生物活性、物理化学性质、结晶形状等都和天然的牛胰岛素完全一样。这是世界上第一个人工合成的蛋白质,为人类认识生命、揭开生命奥秘迈出了可喜的一大步。这项成果获 1982 年中国自然科学一等奖。

二、蛋白质的空间结构

(一)蛋白质的分子构象

蛋白质的三维结构是指蛋白质分子内各原子以及各基团围绕某些共价键旋转,而形成的各种空间排布及相互关系,蛋白质的这种三维结构也称为构象。构象又分为主链构象和侧链构象,主链构象指多肽链上由肽键相连的各原子的排布及相互关系;侧链构象是指各氨基酸侧链基团中原子的排布及相互关系。主链构象决定侧链基团的排布,侧链构象影响主链构象的卷曲和折叠,二者相互依存,互相影响。

维持蛋白质分子构象的化学键,大多是一些次级键,也称为副键,主要的次级键有氢键、疏水键、盐键(离子键)和范德华引力等。虽然这些次级键的键能相对较小,但是在蛋白质分子中次级键的数量较多,所以它们是维持蛋白质三维结构的决定性化学键。构象发生改变时,蛋白质分子中的原子和基团的空间位置发生变化,但肽键不断裂。

各种蛋白质的分子形状、理化特性和生物活性,取决于蛋白质分子特定的构象。一旦空间构象被破坏,蛋白质功能也随之丧失。

(二)肽键平面

肽键中的 C、O、N、H 这 4 个原子和与它们相邻的 2 个 α-碳原子(即—C_{a1}—CO—NH—C_{a2}—)6 个原子都处于同一平面上,此平面称为肽键平面或酰胺平面(图 1-7)。

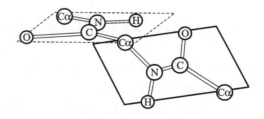

图 1-7 肽键平面示意图

经过 X-射线衍射分析证明,肽键平面中肽键键长为 0.132 nm,短于—C—N—单键(0.147 nm),而长于—C═N—双键(0.127 nm),所以肽键应该具有部分双键的性质,不能自由旋转。但肽键平面上与 α-碳原子间形成的单键可以自由旋转,这样整个肽链以肽键平面为单位围绕 α-碳原子旋转,就可以牵动多肽链形成各种形式的主链和侧链构象,构成蛋白质的三维结构。因此,肽键平面是蛋白质构象的基本结构单位,也可以称为肽单位,是蛋白质三维结构的基础。多肽链也可以看成是由许多重复的肽单位连接而成的。

（三）蛋白质的二级结构

蛋白质的二级结构是指多肽链主链沿中心轴螺旋盘绕、折叠所形成的有规则的局部空间结构。天然蛋白质的二级结构主要有 α-螺旋、β-折叠、β-转角、无规则卷曲等几种基本形式。

1. α-螺旋　1951 年 Pauling 等人对头发的 α-角蛋白进行了 X-射线衍射分析，提出了 α-螺旋的结构模型。α-螺旋是指蛋白质分子中多个肽键平面以 α-碳原子为转折点，沿长轴方向旋转、盘绕形成的稳定的螺旋形结构，如图 1-8 所示。α-螺旋是蛋白质分子中普遍存在的一种二级结构形式。该结构特点如下。

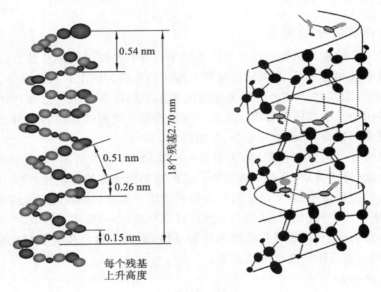

图 1-8　α-螺旋结构示意图

（1）由 L-α-氨基酸构成的多肽链旋转、折叠形成稳定的右手螺旋。仅在极少数的蛋白质分子中存在左手螺旋。

（2）螺旋一周含 3.6 个氨基酸残基，每个氨基酸残基上升高度为 0.15 nm，螺距为 0.54 nm。

（3）螺旋结构中相邻的 2 个氨基酸残基之间形成氢键，所有氢键的方向大致与螺旋中心轴平行。氢键是使 α-螺旋构象稳定的主要次级键。

（4）肽链中氨基酸残基的侧链 R 基团都伸向螺旋外侧，其空间形状、大小及电荷对 α-螺旋结构的形成和稳定有重要影响。酸性或碱性氨基酸集中的区域，由于同种电荷产生相互排斥作用，不利于 α-螺旋结构的形成。具有较大 R 侧链的氨基酸（如苯丙氨酸、色氨酸、异亮氨酸）集中的区域产生的空间位阻，也妨碍 α-螺旋结构的形成。脯氨酸是亚氨基酸，形成肽键以后，氮原子上没有氢原子了，不能参与氢键的形成，因此也不易形成 α-螺旋结构。纤维状蛋白质通常由多条 α-螺旋状肽链组成，球状蛋白质也常含有较多的 α-螺旋肽链，如血红蛋白和肌红蛋白，而有些球状蛋白质只含有少量 α-螺旋肽链，如溶菌酶和糜蛋白酶等。

2. β-折叠 β-折叠又称 β-片层结构,是蛋白质多肽链主链中的肽键平面通过反复折叠形成的锯齿状的三维结构。用热水或稀碱处理,蛋白质的 α-螺旋也可以伸展成 β-折叠。丝心蛋白具有典型的 β-片层结构,赋予了蚕丝十分柔软的特性。β-折叠的结构模型如图 1-9所示。该结构的特点是:

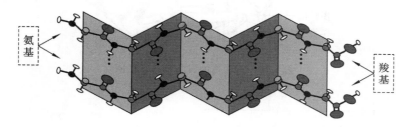

图 1-9 β-折叠结构示意图

(1)肽链比较伸展,肽平面之间折叠成锯齿状。

(2)若干条多肽链或一条多肽链迂回,肽段之间互相靠拢,平行排列,相邻肽链之间肽键互相交错,通过氢键连接,氢键的方向与主链互相垂直。氢键是维持该构象的主要次级键。

(3)侧链基团,分布在肽平面相连形成的片层上下。

(4)相邻排列的两条 β-折叠的方向相同时,称为顺向平行;反之,称为逆向平行。

3. β-转角 多肽链形成 180°的 U 形回折,回折转角处的构象就是 β-转角,或称 β-回折,由自身链内氢键维持该构象的稳定。

4. 无规则卷曲 多肽链主链没有确定规律的折叠称为无规则卷曲或自由回转。一般存在于 α-螺旋与 β-片层或 β-片层与 β-片层等规则构象之间。

(四)蛋白质的三级结构

蛋白质的三级结构是指多肽链在二级结构的基础上,由于氨基酸残基侧链基团的相互作用,进一步卷曲折叠形成的特定的空间结构,包括主链构象和侧链构象的全部内容,如图1-10 所示。肽链上各氨基酸残基侧链基团之间相互作用的化学键包括氢键、盐键(离子键)、疏水键和范德华力等次级键(图 1-11)以及二硫键,其中以疏水键最为重要。在蛋白质三级结构中,疏水的侧链基团往往避水而分布于分子内部,形成疏水键;亲水的侧链基团则趋向水而暴露或接近于分子的表面,使蛋白质整体表现为亲水性。蛋白质至少具有三级结构才具有一定的生物学功能。

(五)蛋白质的四级结构

蛋白质的四级结构是指由两条或两条以上的多肽链通过次级键相互聚合而形成的复杂构象,这些多肽链具有独立的三级结构,称为亚基。由亚基相互作用构成具有四级结构的蛋白质称为寡聚体,亚基数目较多的又称为多聚体。蛋白质寡聚体的亚基结构可能相同,或者不同。

蛋白质四级结构中由相同亚基构成的,称为均一四级结构,如过氧化氢酶由 4 个相同的亚基构成。由不同类型亚基构成的,称为非均一四级结构,如血红蛋白(Hb)分子的四级

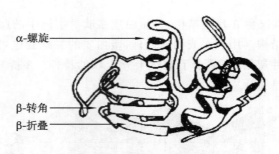

图 1-10　溶菌酶的三级结构示意图

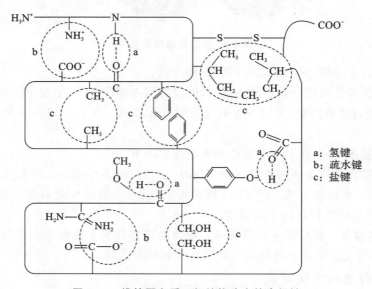

图 1-11　维持蛋白质三级结构稳定的次级键

结构是由 2 个 α-亚基和 2 个 β-亚基构成(图 1-12)。具有四级结构的蛋白质往往具有复杂的生物学功能,如果四级结构解聚成为亚基,蛋白质就不能执行正常生物学功能。蛋白质分子之间的聚合,蛋白质与核酸、脂类等的结合,都不属于蛋白质的四级结构,它们是更复杂的超分子复合体。蛋白质一、二、三、四级结构的大致形式如图 1-13 所示。

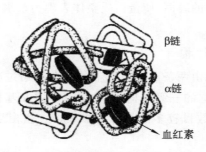

图 1-12　血红蛋白的四级结构示意图

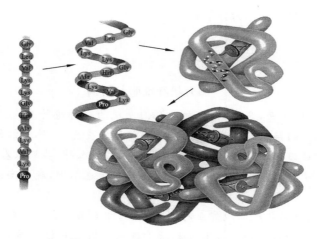

图 1-13　蛋白质的各级结构示意图

三、蛋白质结构与功能的关系

研究蛋白质结构与功能的相互关系,可以从分子水平上认识生命现象,阐述酶、激素等生物活性物质的作用机制,为预防和治疗疾病(如肿瘤、遗传性疾病)及药物的研发提供理论依据。

(一)蛋白质一级结构与功能的关系

蛋白质一级结构是其空间结构、理化性质和生理功能的分子基础。一级结构相似的蛋白质往往具有相似的高级结构与功能,因此可通过比较蛋白质的一级结构来预测蛋白质的同源性。同源蛋白质是由同一基因进化而来的一类蛋白质,其一级结构、空间结构和生物学功能极为相似。这些同源蛋白质在进化过程中,构成活性部位的氨基酸残基的种类和空间排布相对保守。例如,不同哺乳类动物的胰岛素分子都是由 51 个氨基酸分 A 链和 B 链组成,除个别氨基酸有差异外,其二硫键的配对位置和空间结构极为相似,表明其关键的活性部位相对保守,因此,在细胞内都执行着调节糖代谢等生理功能。

但是如果蛋白质分子中关键的氨基酸残基发生变化,严重影响空间结构,就会导致功能发生改变,甚至引发疾病。正常人血红蛋白(HbA)是由两条 α-链和两条 β-链组成,四条多肽链通过各种次级键作用形成四级结构,行使其运输 O_2 和 CO_2 的生理功能。镰刀型细胞贫血症,其病因是血红蛋白基因中的一个核苷酸的突变导致该蛋白质分子中 β-链第 6 位亲水性的谷氨酸被疏水性的缬氨酸取代(图 1-14)。镰刀状红细胞贫血症患者的红细胞呈镰刀状,容易发生溶血,就是因为患者的血红蛋白(HbS)分子的 β 链一级结构中有一个氨基酸残基与正常人的 Hb 不同,导致低氧分压下脱氧 HbS 容易聚集,造成红细胞变形、易破裂,甚至堵塞毛细血管造成永久性组织损伤。这种由于蛋白质一级结构中个别氨基酸残

		1	2	3	4	5	6	7	8
HbA	β-链	H_2N—缬氨酸	组氨酸	亮氨酸	苏氨酸	脯氨酸	谷氨酸	谷氨酸	赖氨酸
HbS	β-链	H_2N—缬氨酸	组氨酸	亮氨酸	苏氨酸	脯氨酸	缬氨酸	谷氨酸	赖氨酸

图 1-14　正常人和镰刀状红细胞贫血症患者血红蛋白 β 链 N-端的氨基酸序列

基的改变而引发的机体疾病,称为分子病。

知识链接

镰刀状红细胞贫血病

镰刀状红细胞贫血,是 20 世纪初被人们发现的一种遗传病。1910 年一位黑人青年到医院看病,他的症状是发烧和肌肉疼痛,经过检查发现,他的红细胞不是正常圆饼形,而是弯曲的镰刀形。这种贫血症主要发生于黑色人种,非洲黑人的发病率最高,意大利、希腊等地中海沿岸国家和印度等地,发病人数也不少,我国南方地区也发现有这类病例。

现在有检测镰刀状红细胞贫血的辅助方法,即检测血液中一种叫脑利尿钠肽的激素。血液中有了这个生物标志,不仅有助于致死性镰刀状红细胞贫血病患者的确诊,而且还可以预测哪些患者处于高危状态,并有利于对这些高危患者进行及时治疗。

研究蛋白质一级结构与生物学功能的关系对于指导疾病治疗,扩大生化制药工业中制剂来源等具有重要意义。

（二）蛋白质空间结构与功能的关系

空间结构决定着蛋白质的生物学功能。用尿素和 β-巯基乙醇处理核糖核酸酶,破坏维持其空间结构所必需的氢键和二硫键,尽管蛋白质一级结构中氨基酸的组成及排列顺序没有发生改变,但由于正常的三维构象被破坏,导致其生物活性丧失。如果采用透析法除去尿素和 β-巯基乙醇,酶的活性几乎能够恢复到之前的水平（图 1-15）。经检测,透析处理后的核糖核酸酶主要的变化就是空间构象的恢复,这个实验充分说明了空间结构与生物学功能之间的直接关系。

体内某些酶和一些蛋白质往往以前体的形式产生或分泌,这些蛋白质前体无活性或活性很低,在特定条件下,这些前体只有经过激活,才有活性。而激活的本质即是通过水解除去部分肽段,引起蛋白质空间结构的变化,形成特定的空间构象或暴露出生物学功能所必需的"关键"部位,蛋白质表现出特有的生物活性,如酶的催化作用。猪的胰岛素原是由 84 个氨基酸残基组成的一条多肽链,其活性仅为胰岛素的 10%。在体内两种专一性水解酶的作用下,胰岛素原来的 31 和 32、62 和 63 位氨基酸残基所形成的两个肽键被断开,切除一条由 29 个氨基酸残基组成的 C 链,形成 21 个氨基酸残基的 A 链和 30 个氨基酸残基的 B 链,并进一步形成 3 个二硫键,形成特定的空间构象,表现其生物活性。

如果蛋白质空间结构发生改变,其功能活性就随之改变,甚至导致疾病,这种由蛋白质空间结构改变导致机体组织结构或功能异常所造成的疾病称为构象病。如肌萎缩性脊髓侧索硬化症,就是超氧化物歧化酶的空间结构发生折叠错误导致的构象病。虽然此酶的一级结构没有改变,但空间结构的变化,使其功能发生改变。又如朊病毒病（prion virus diseases）是机体的朊病毒蛋白（prion virus protein,PrP）空间结构发生折叠错误导致的构象病,是引起人或动物神经组织退化的一类疾病,包括动物的疯牛病、羊瘙痒症、人的库鲁病、克雅氏病（又称为人疯牛病）。该朊病毒蛋白,其空间结构的部分 α-螺旋变成了 β-折叠

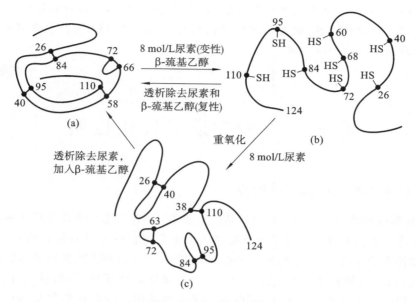

图 1-15　核糖核酸酶的结构与功能的关系

（图 1-16）。异常朊病毒蛋白虽然其一级结构没有变化，但由于空间结构的改变，使其功能活性发生了较大变化：水溶性差，易成聚集状态，出现淀粉样蛋白沉淀，中枢神经系统发生病变。该类蛋白质构象病具有遗传性、传染性和偶发性特点，临床表现的共同点为痴呆（人类还会出现记忆力减退），丧失运动协调性，神经系统功能障碍，最终导致死亡。

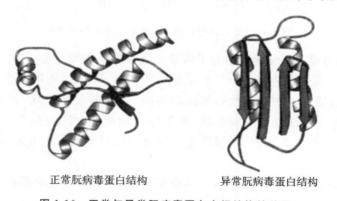

正常朊病毒蛋白结构　　　　　异常朊病毒蛋白结构

图 1-16　正常与异常朊病毒蛋白空间结构的差异

知识链接

疯 牛 病

1985 年 4 月，医学家们在英国首先发现了牛患的一种新病，初期表现行为反常，烦躁不安，步态不稳，经常乱踢以致摔倒、抽搐等中枢神经系统错乱的变化。后期出现强直性痉挛，两耳对称性活动困难，体重下降，极度消瘦，痴呆，很快死亡。组织病理学检查，发现病牛中枢神经系统的脑灰质部分形成海绵状空泡，脑干灰质两侧呈对称性病变,神经纤维网有中等数量的不连续的卵形和球形空洞,神经细胞肿胀成气球状,还有明显的神经细胞变性、坏死和淀粉样沉积物。1986 年 11 月,科学家将此病定名为牛海绵状脑病,又称"疯牛病"。

第三节　蛋白质的理化性质

一、蛋白质的两性解离与等电点

1. 蛋白质两性解离　蛋白质是由氨基酸组成的,与氨基酸一样具有两性解离的性质,是两性电解质。蛋白质分子中除了每条肽链两个末端的自由 α-氨基和 α-羧基可以解离生成正离子和负离子外,许多氨基酸残基侧链上的基团,也可以解离成正离子或负离子,如赖氨酸的氨基,精氨酸的胍基和组氨酸的咪唑基等都能解离成正离子,而谷氨酸和天冬氨酸的羧基也可以解离成负离子。因此,蛋白质分子在溶液中所带电荷的数量和性质,取决于蛋白质分子可解离基团的种类和数目,而蛋白质解离后的电性则受溶液 pH 值的影响。溶液 pH 值越低,蛋白质分子带正电荷越多,负电荷越少;反之,溶液 pH 值越高,蛋白质分子带负电荷越多,正电荷越少。蛋白质解离成正离子、负离子见图 1-17。

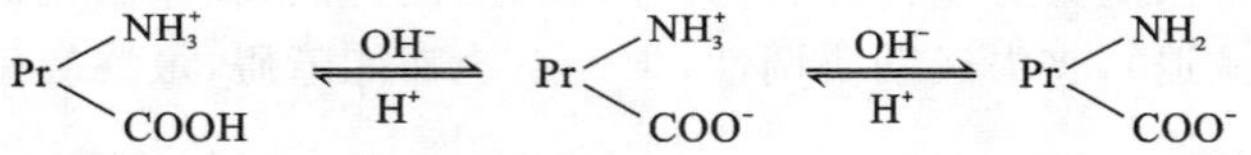

$$Pr\underset{COOH}{\overset{NH_3^+}{<}} \underset{H^+}{\overset{OH^-}{\rightleftharpoons}} Pr\underset{COO^-}{\overset{NH_3^+}{<}} \underset{H^+}{\overset{OH^-}{\rightleftharpoons}} Pr\underset{COO^-}{\overset{NH_2}{<}}$$

图 1-17　蛋白质在不同 pH 值溶液中的解离方向

2. 蛋白质的等电点　使蛋白质分子所带正电荷与负电荷相等,净电荷等于零时溶液的 pH 值称为蛋白质的等电点(pI)。它是蛋白质的特征常数,不同蛋白质的等电点不同(见表 1-3)。蛋白质分子中含碱性氨基酸较多的,其等电点会偏碱,如组蛋白、鱼精蛋白等;蛋白质分子中含酸性氨基酸较多的,其等电点偏酸,如酪蛋白、胃蛋白酶等。人体大部分蛋白质的等电点在 5.0 左右,因此生理状态下(pH 7.4),体内大部分蛋白质都带负电荷。

在等电点时,蛋白质净电荷为零,其溶解度最小,容易从溶液中析出,利用蛋白质的这一特性,既可以测定蛋白质的等电点,也可以分离纯化蛋白质。

表 1-3　几种蛋白质的等电点

蛋白质	等电点(pI)	蛋白质	等电点(pI)
胃蛋白酶	1.0	α-凝乳蛋白酶	8.3
血清蛋白	4.7	核糖核酸酶	9.5
β-乳球蛋白	5.2	细胞色素-c	10.7
血红蛋白	6.7	溶菌酶	11.0

二、蛋白质的高分子性质

蛋白质是高分子化合物,其相对分子质量在一万到数十万,最大的能够达到数千万,直径为 1～100 nm,属于胶体颗粒的范围,所以蛋白质是胶体物质,具有诸如布朗运动、光散射现象、不能通过半透膜等性质以及具有吸附能力。

知识链接

血清蛋白电泳

所谓血清蛋白电泳,是指带电血清蛋白在电场中移动的现象。利用醋酸纤维薄膜作血清蛋白质支持物,通过电泳、染色,血清蛋白质会出现五条稳定的蓝色蛋白区带:清蛋白(A)、α_1-、α_2-、β-、γ-球蛋白。血清蛋白电泳的临床意义:在病理情况下,各种血清蛋白的区带可发生改变,预示着各种血清蛋白的浓度和组分间的比例发生了改变。如:慢性肝炎、肝硬化患者的清蛋白降低,γ-球蛋白升高 2～3 倍;肾病患者的清蛋白降低,α_2 及 β-球蛋白升高;多发性骨髓瘤患者的清蛋白降低,γ-球蛋白升高,并在区带之间多出现一个"M"带;临产妇的 γ-球蛋白及 A/G 比值降低,α_2、β-球蛋白升高。

蛋白质水溶液是稳定的亲水胶体。蛋白质颗粒表面有许多极性亲水基团,如—NH$_3^+$、—COO$^-$、—CO—NH$_2$、—OH、—SH、肽键等,可以与水发生水合作用,水分子受蛋白质极性基团的影响,定向排列在蛋白质颗粒表面,形成较厚的水化层,将蛋白质颗粒相互分开,不能聚集而形成沉淀。在偏离等电点的溶液中,同种蛋白质分子表面还会带上同性电荷,形成电荷层,同性电荷互相排斥,能够防止蛋白质颗粒相互聚集而形成沉淀。

所以蛋白质易溶于水且能形成稳定的胶体溶液。蛋白质表面的水化层和同性电荷是维持蛋白质胶体稳定的两个主要因素,一旦稳定因素遭到破坏,蛋白质就会因为分子间引力的加大而聚集形成沉淀析出。

蛋白质胶体颗粒比较大,不易通过半透膜,所以可以通过透析的方法,将蛋白质与小分子物质分离而使蛋白质纯化。最简单的透析装置是将蛋白质溶液放入含有半透膜的袋子内,然后将袋子浸入蒸馏水或适宜的缓冲溶液中,小分子物质从袋子中透出,大颗粒的蛋白质仍然保留在袋子中,透析是纯化蛋白质的常用方法之一。蛋白质分子不易通过半透膜的性质,可以用作渗透压保护剂,对于维持生物体内渗透压的平衡中发挥着重要的作用。

蛋白质在一定的溶液介质中,经过超速离心,可以产生沉降。单位重力场中的沉降速度即为蛋白质的沉降系数 S。通常情况下,蛋白质分子愈大,沉降愈快,沉降系数愈高,可以根据沉降系数大小来分离和鉴定蛋白质。

三、蛋白质的变性与沉淀

(一)蛋白质的变性

在某些理化因素的作用下,蛋白质分子特定的三维构象被改变或破坏而导致某些理化性质改变及生物活性的丧失,这种现象称为蛋白质的变性。

使蛋白质变性的物理因素有高温、高压、紫外线照射、X-射线、机械搅拌、超声波等,化学因素有强酸、强碱、重金属离子、尿素、丙酮、乙醇、三氯醋酸及盐酸胍等。变性的实质就是各种理化因素使维系蛋白质三维结构的次级键发生了断裂,三维结构遭到破坏,多肽链变得伸展,成为随机卷曲的无规则线团,亦即从规则的紧密结构变为无规则的松散状态。变性蛋白质的肽键没有断裂,一级结构没有改变,只是天然的三维构象发生了变化,所以有些变性蛋白质在变性因素去除后能够恢复天然的空间结构和生物学功能,此现象称为可逆变性。如果变性因素作用太强、变性较剧烈,在变性因素去除后蛋白质天然的结构和功能仍然不能恢复,则称为不可逆变性。

变性蛋白质最重要的变化是生物活性部分或全部丧失。如酶的催化活性、蛋白质类激素的调节作用、抗原-抗体的特异性反应、毒素的致毒作用、血红蛋白运输 O_2 和 CO_2 的功能等在相应蛋白质变性后均可丧失。此外,由于原本隐藏在分子内部的疏水基团暴露,变性蛋白质失去亲水能力,溶解度明显下降而容易发生凝聚而沉淀,但如果在远离等电点的溶液中,由于同种电荷的排斥作用,仍然可以保持溶解状态。变性蛋白质还存在其他理化特性的改变,如球状蛋白不对称程度增加、黏度增大、扩散系数降低、失去结晶能力等。变性后的蛋白质分子结构相对松散,肽键更多暴露,易被蛋白酶水解,因此熟食较生食更易于消化吸收。

变性蛋白质经加热煮沸,多肽链相互缠绕,可形成较坚固的凝块,这种现象称为蛋白质的凝固作用。加热凝固是蛋白质变性的进一步发展,蛋白质凝固是不可逆的。

蛋白质变性作用广泛地应用于医药卫生工作中,如紫外线、高温、高压、乙醇等的消毒作用,就是利用这些变性因素能使细菌、病毒等蛋白质变性失活,从而丧失对人体的侵害作用。在中草药有效成分的提取以及微生物发酵生产抗生素等药品过程中,也经常使用乙醇或等电点加热的方法,使蛋白质变性形成沉淀而除去,以保证制剂的澄清度并消除其抗原性。另一方面,在分离、制备和保存酶、激素、抗体、疫苗和血清等生物活性蛋白质时,为防止蛋白质变性失活,要严格控制操作条件:应保持在低温条件下进行操作;避免强酸、强碱及重金属离子的污染;避免剧烈振荡或机械搅拌引起泡沫;避免强烈光线的直接照射;甚至可以加入其他蛋白质作为保护剂,以增强蛋白质的抗变性能力。

(二) 蛋白质的沉淀

蛋白质分子聚集而从溶液中析出的现象称为蛋白质的沉淀(图 1-18)。蛋白质的沉淀反应有重要的应用价值,如蛋白质类生物制品的分离纯化、灭菌消毒、样品的分析、去除蛋白质等操作都涉及蛋白质的沉淀。由于沉淀产生的条件不同,可分为可逆沉淀与不可逆沉淀。如果采用透析、超滤等简单的物理方法除去沉淀条件,沉淀蛋白质可以重新溶解,蛋白质没有发生变性,这种蛋白质沉淀称为可逆沉淀;反之,为不可逆沉淀。

下面介绍几种使蛋白质沉淀的常用方法。

1. 盐析 在蛋白质溶液中加入中性盐,低浓度的中性盐可以使蛋白质溶解度增加,称为盐溶现象。因为低浓度盐可以使蛋白质表面吸附某种离子,使其颗粒表面同性电荷增加而相互排斥增强,同时与水分子作用增强,增加蛋白质的溶解度。当盐浓度增加到一定程度时,溶液中的蛋白质反而因溶解度降低而从溶液中沉淀析出,这种现象称为盐析。通常盐析采用的中性盐有 $(NH_4)_2SO_4$、Na_2SO_4 及 $MgSO_4$ 等,它们在水中溶解度大,亲水性强,

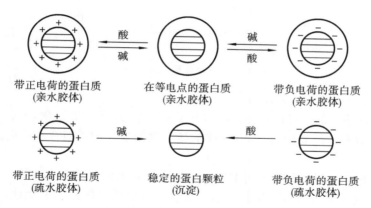

图 1-18 溶液中蛋白质的沉淀

与蛋白质颗粒竞争与水的结合,从而破坏了蛋白质分子周围的水化层;此外,这些中性盐又都是强电解质,解离作用强,高浓度时,能中和蛋白质分子表面的相反电荷,破坏蛋白质颗粒外围的电荷层,这样使蛋白质胶体溶液稳定的两个因素都遭到破坏,蛋白质溶解度下降,相互聚集而从溶液中沉淀析出。由于这些中性盐只改变了蛋白质外围电荷而不影响蛋白质的天然状态,因此盐析不会引起蛋白质的构象改变,不发生变性作用。析出的蛋白质经透析除去中性盐,便获得了保持生物活性的纯化蛋白质,所以盐析法是制备药用酶制剂、血浆白蛋白、球蛋白、活性肽以及蛋白质类激素等最常采用的方法之一。

2. 有机溶剂沉淀法 在蛋白质溶液中加入一定量的能与水混溶的有机溶剂,如乙醇、甲醇、丙酮、甲醛等,它们都能破坏蛋白质的水化层而使蛋白质凝聚沉淀,在等电点时蛋白质沉淀得更完全。用有机溶剂沉淀蛋白质时,为防止蛋白质变性失活,常需要在低温条件下快速进行操作,严格控制可能引起蛋白质变性的各种因素,如有机溶剂的浓度、作用时间、环境温度等。

3. 重金属盐沉淀法 在 pH 值稍大于等电点的溶液中蛋白质分子能解离成负离子,并易于与重金属离子(如 Hg^{2+}、Pb^{2+}、Cu^{2+}、Ag^+ 等)结合生成不溶于水的蛋白盐沉淀,同时引起蛋白质变性(图 1-19)。

$$Pr\begin{matrix} NH_2 \\ COOH \end{matrix} \quad + \quad AgNO_3 \quad \longrightarrow \quad Pr\begin{matrix} NH_2 \\ COOAg \end{matrix} \downarrow \quad + \quad NO_3^-$$

图 1-19 AgNO₃ 沉淀蛋白质

误食重金属盐可以使人体内蛋白质变性沉淀而失活。临床上常采用口服大量新鲜牛奶和生鸡蛋清、豆浆等高蛋白溶液并催吐抢救重金属盐中毒的患者。口服蛋白质与重金属盐结合生成不溶性沉淀物,阻止机体对重金属盐的吸收,从而达到急救的目的。

4. 生物碱试剂沉淀法 在 pH 值小于等电点的溶液中,蛋白质分子能解离成正离子,并易于与生物碱试剂(如苦味酸、磺基水杨酸、磷钨酸、鞣酸、三氯醋酸、磷钼酸、过氯酸等)结合,生成不溶性的蛋白盐沉淀,同时引起蛋白质变性(图 1-20)。

临床检验常用这类有机酸作为尿蛋白的检测试剂。在生物样品分析过程中,制备无蛋白质滤液时,有机酸也作为蛋白质沉淀剂使用。三氯醋酸还可用来检测中草药中有无杂蛋

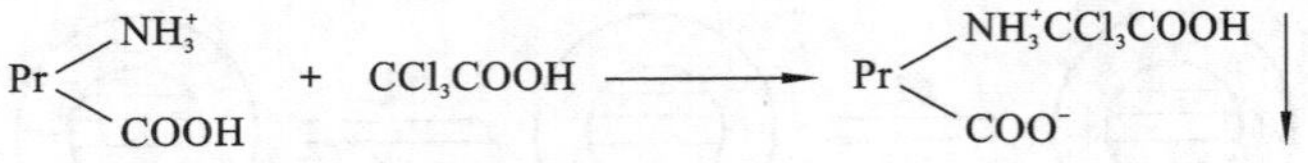

图 1-20 三氯醋酸沉淀蛋白质

白存在。

5. 加热沉淀法 加热可以增加蛋白质分子的能量,加强布朗运动,蛋白质分子相互碰撞的概率上升,容易发生凝聚而沉淀,继续加热则发展成凝固。通常在等电点处加热使杂蛋白沉淀除去。

蛋白质的变性和沉淀是两个不同的概念,二者有联系但又不完全一致。蛋白质变性可能表现为沉淀,也可能仍为溶解状态;反之,沉淀的蛋白质可能发生了变性,也可能没发生变性,这取决于沉淀的方法、条件以及是否对蛋白质的空间结构造成破坏,不能只看表面现象。

四、蛋白质的紫外线吸收特征

组成蛋白质的苯丙氨酸、酪氨酸和色氨酸由于含有共轭双键,具有吸收紫外光的能力,其最大吸收峰在280 nm处。因此,蛋白质溶液在280 nm处的光吸收值可用于蛋白质的定性和定量测定。

五、蛋白质的呈色反应

在蛋白质的定性和定量测定中,常利用蛋白质分子中某些氨基酸残基或某些特殊结构与特定试剂发生的颜色反应,作为测定的依据。

1. 茚三酮反应 蛋白质水解后的氨基酸可与茚三酮反应生成蓝紫色化合物。

2. 双缩脲反应 双缩脲是由两分子尿素缩合而成的化合物。将尿素加热到180 ℃,则两分子尿素缩合成一分子双缩脲,并放出一分子氨。双缩脲在碱性溶液中能与硫酸铜反应产生紫红色络合物,此反应称双缩脲反应。蛋白质分子中含有许多和双缩脲结构相似的肽键,因此也能起双缩脲反应,形成红紫色络合物。通常可用此反应鉴定蛋白质或判断蛋白质水解的程度,也可根据反应产生的颜色在540 nm处的吸光度值,定量测定蛋白质。

3. Folin-酚试剂(福林试剂)反应 蛋白质分子一般都含有酪氨酸,而酪氨酸中的酚基能将福林试剂中的磷钼酸及磷钨酸还原成蓝色化合物(即钼蓝和钨蓝的混合物)。蓝色的深浅与蛋白质含量成正比,因此这一反应常用来测定蛋白质的含量。此反应的灵敏度比双缩脲反应高100倍。

此外,蛋白质还可以与乙醛酸试剂、米伦试剂等发生颜色反应。

第四节 蛋白质的分类

一、按蛋白质的形状分类

根据蛋白质形状上的不同,可将其分为球状蛋白质(globular protein)及纤维状蛋白质

(fibrous protein)两类。

（一）球状蛋白质

这类蛋白质分子的长轴与短轴相差不多,整个分子盘曲呈球状或椭球状。生物界多数蛋白质属于球状蛋白质,一般为可溶性,有特异生物活性,如胰岛素、血红蛋白、酶、免疫球蛋白,以及多种溶解于胞液中的蛋白质多属球状蛋白质。

（二）纤维状蛋白质

这类蛋白质分子的长轴与短轴相差悬殊,一般长轴比短轴长 10 倍以上。分子的构象呈长纤维状,多由几条肽链绞合成麻花状的长纤维,且大多难溶于水。构成的长纤维分子具有韧性,如毛发、指甲中的角蛋白,皮肤、骨骼、牙齿和结缔组织中的胶原蛋白和弹性蛋白等。它们多属于结构蛋白,为机体提供坚实的支架,连接细胞、组织及脏器,更新较慢。

二、按蛋白质的组成分类

根据蛋白质分子组成上的特点,可将蛋白质分为单纯蛋白质和结合蛋白质两类。

（一）单纯蛋白质

分子组成中,除氨基酸外再无别的组分的蛋白质称为单纯蛋白质(simple protein)。自然界许多蛋白质属于此类。

（二）结合蛋白质

结合蛋白质(conjugated protein)是由蛋白质和其他化合物(非蛋白质部分)结合而成,被结合的其他化合物称为结合蛋白质的辅基。结合蛋白质又可按其辅基的不同分为核蛋白、糖蛋白、脂蛋白、磷蛋白、色蛋白及金属蛋白等(表 1-4)。

表 1-4 蛋白质按照组成分类

蛋白质类别	辅基	举例
单纯蛋白质	无	清蛋白、球蛋白、精蛋白、组蛋白、谷蛋白
结合蛋白质		
核蛋白	核酸	病毒核蛋白、染色体核蛋白
糖蛋白	糖类	免疫球蛋白、黏蛋白、血型糖蛋白
脂蛋白	各种脂类	乳糜微粒、低密度脂蛋白、极低密度脂蛋白、高密度脂蛋白
磷蛋白	磷酸	酪蛋白、卵黄磷酸蛋白
色蛋白	色素	血红蛋白、肌红蛋白、细胞色素
金属蛋白	金属离子	铁蛋白、铜蓝蛋白

三、按蛋白质的功能分类

按蛋白质的功能可将蛋白质分为活性蛋白质和非活性蛋白质。属于活性蛋白质的有:酶、激素蛋白质、运输和储存蛋白质、运动蛋白质、受体蛋白质、膜蛋白质等。属于非活性蛋白质的有胶原、角蛋白等。

小 结

　　蛋白质在自然界中分布广泛,含量丰富,种类繁多。每一种蛋白质都有其特定的空间构象和生物学功能。组成蛋白质的基本单位为 L-α-氨基酸,共有 20 种编码氨基酸,可分为非极性疏水性氨基酸、极性中性氨基酸、酸性氨基酸和碱性氨基酸 4 类。氨基酸属于两性电解质,在溶液的 pH＝pI 时,氨基酸呈兼性离子。氨基酸可通过肽键相互连接成肽。

　　蛋白质的结构可分为一级、二级、三级和四级结构 4 个层次。蛋白质一级结构是指蛋白质分子中氨基酸从 N 端至 C 端的排列顺序,即氨基酸序列,其连接键为肽键,还包括二硫键。二级结构是指蛋白质主链局部的空间结构,不涉及氨基酸残基侧链构象,主要为 α-螺旋、β-折叠、β-转角和不规则卷曲,主要以氢键维持其稳定性。三级结构是指多肽链主链和侧链的全部原子的空间排布。三级结构的形成和稳定主要靠次级键。四级结构是指蛋白质亚基之间通过次级键缔合而成的聚合体结构。

　　一级结构是蛋白质空间结构和生物学功能的基础。蛋白质空间构象的维系对其功能的发挥至关重要。空间结构的破坏也会导致其理化性质的变化,称为蛋白质变性。变性的蛋白质只要一级结构未遭破坏,仍可能在一定条件下复性,恢复原有的空间结构和功能。

　　蛋白质是两性电解质,具有胶体性质。可利用蛋白质的紫外吸收性质和颜色反应进行蛋白质的定性、定量检测。

　　根据蛋白质的形状,蛋白质可分为球状蛋白质和纤维状蛋白质。根据其组成成分,还可以将其分为单纯蛋白质和结合蛋白质。根据蛋白质的主要功能,可将蛋白质分为活性蛋白质和非活性蛋白质。

能力检测

能力检测答案

一、单项选择题

1. 维系蛋白质中 α-螺旋稳定的化学键是(　　　)。

A. 盐键　　　　　　B. 二硫键　　　　　　C. 肽键　　　　　　D. 疏水键　　　　　　E. 氢键

2. 蛋白质多肽链具有的方向性是(　　　)。

A. 从 5′到 3′　　　　　　　　　　B. 从 3′到 5′　　　　　　　　　　C. 从 C 端到 N 端

D. 从 N 端到 C 端　　　　　　E. 以上都不是

3. 蛋白质分子中的 α-螺旋和 β-折叠都属于(　　　)。

A. 一级结构　　　B. 二级结构　　　C. 三级结构　　　D. 四级结构　　　E. 以上都不是

4. 在各种蛋白质分子中含量相近的元素是(　　　)。

A. 碳　　　　　　B. 氧　　　　　　C. 硫　　　　　　D. 氮　　　　　　E. 磷

5. 蛋白质溶液的稳定因素是(　　　)。

A. 蛋白质溶液的黏度大　　　　　　B. 蛋白质分子表面的疏水基团相互排斥

C. 蛋白质分子表面带有水化膜和电荷　　　　D. 蛋白质分子质量大

E. 以上都不是

6. 维系蛋白质三级结构的主要化学键是（　　）。

A. 盐键　　　　B. 二硫键　　　　C. 肽键　　　　　D. 疏水键　　　　E. 氢键

7. 盐析法沉淀蛋白质的原理是（　　）。

A. 中和电荷，破坏水化膜　　　　　　　　B. 盐与蛋白质结合形成不溶性蛋白盐

C. 降低蛋白质溶液的介电常数　　　　　　D. 调节蛋白质溶液的等电点

E. 以上都不是

8. 血清蛋白（pI 为 4.7）在下列哪种 pH 值的溶液中带正电荷？（　　）

A. pH 4.0　　　B. pH 5.0　　　C. pH 6.0　　　D. pH 7.0　　　E. 以上都不是

9. 在 280 nm 波长处有吸收峰的氨基酸是（　　）。

A. 丝氨酸　　　B. 谷氨酸　　　C. 精氨酸　　　D. 色氨酸　　　E. 半胱氨酸

10. 属于碱性氨基酸的是（　　）。

A. 天冬氨酸　　B. 异亮氨酸　　C. 组氨酸　　　D. 苯丙氨酸　　E. 半胱氨酸

11. 关于蛋白质结构与功能，下列描述错误的是（　　）。

A. 肌红蛋白与血红蛋白亚基的一级结构相似，功能也相同

B. 蛋白质折叠错误可引起某些疾病

C. 蛋白质中氨基酸序列可提供重要的生物进化信息

D. 人血红蛋白 β 亚基第六个氨基酸序列突变可产生溶血性贫血

E. 变性的核糖核酸酶若一级结构不被破坏，仍可恢复高级结构

12. 不属于蛋白质二级结构的是（　　）。

A. β-折叠　　　B. 无规则卷曲　　C. 右手双螺旋　D. α-螺旋　　　E. β-转角

13. 不存在于人体蛋白质中的氨基酸是（　　）。

A. 亮氨酸　　　B. 谷氨酸　　　C. 丙氨酸　　　D. 鸟氨酸　　　E. 甘氨酸

14. 维系蛋白质二级结构稳定的主要化学键是（　　）。

A. 肽键　　　　B. 二硫键　　　C. 疏水键　　　D. 盐碱　　　　E. 氢键

15. 多肽链中肽键的本质是（　　）。

A. 磷酸二酯键　B. 疏水键　　　C. 二硫键　　　D. 糖苷键　　　E. 酰胺键

二、名词解释

1. 肽键

2. 蛋白质的等电点

3. 蛋白质的变性

三、简答题

1. 编码氨基酸只有 20 种，为什么组成的蛋白质的种类却极其繁多？

2. 什么是蛋白质的一级结构和空间结构？并简述维持各级结构的化学键。

3. 试述蛋白质变性的概念、机制及其后果。

（李　岩）

第二章
核酸的结构与功能

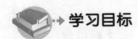 **学习目标**

　　掌握：核酸的分类、基本成分、基本组成单位；DNA 的一级结构；DNA 的二级结构；三种 RNA 的结构与功能。

　　熟悉：核苷酸的连接方式；核酸的紫外吸收性质；核酸的变性、复性与杂交。

　　了解：核酸的一般性质；DNA 的超级结构。

本章 PPT

　　核酸（nucleic acid）包括脱氧核糖核酸（deoxyribonucleic acid，DNA）和核糖核酸（ribonucleic acid，RNA）。1868 年，瑞士生物学家 F. Miescher 首次从外伤渗出的脓细胞中获得了核酸样物质。1944 年，O. Avery 等通过肺炎球菌转化实验证实了 DNA 是遗传的物质基础，开启了人们对于核酸功能的认识。1953 年，J. Watson 和 F. Crick 提出的 DNA 双螺旋结构模型是核酸研究过程中具有里程碑意义的成果，奠定了现代分子生物学研究的基础。随着分子生物学技术的不断发展，人们对于核酸的结构和功能的认识不断深入：人类基因组计划顺利完成、许多具有特殊功能的 RNA 被相继发现、基因编辑不再只是梦想……这些成果标志着人类已经从初步认识生命本质发展到主动改造生命的新阶段。

　　在真核细胞中，DNA 主要存在于细胞核内，负责遗传信息的储存和传递，是物种进化和世代繁衍的物质基础。线粒体中也存在少量 DNA，负责为某些线粒体蛋白质编码。RNA 主要存在于细胞质中，在线粒体、叶绿体和核蛋白体等细胞器中都有 RNA 的分布，仅有 10% 左右的 RNA 存在于细胞核内。按照结构和功能不同，可以将 RNA 分为不同的类别，各种 RNA 在遗传信息的传递和表达过程中发挥不同的作用。也有一些病毒以 RNA 作为遗传信息的储存形式。

　　核酸与机体的生长、发育、遗传和变异等生物学过程都存在着密切的联系。其特有的生物学功能和理化性质是由其特定的分子结构所决定的。

第一节　核酸的分子组成

一、核酸的元素组成

组成核酸的元素主要有 C、H、O、N 和 P 等。由于 P 元素的含量相对恒定，为 9%～10%，因此可以通过测定核酸样品中磷的含量，计算出核酸的含量。

二、核酸的基本组成单位——核苷酸

核酸水解可以得到游离的核苷酸（nucleotide），核苷酸是核酸的基本组成单位。核苷酸由碱基、戊糖和磷酸三部分组成。

（一）碱基

核酸中的碱基均为含氮的杂环化合物，按主环结构的差别可以将碱基分为嘌呤和嘧啶两类。嘌呤主要有腺嘌呤（A）和鸟嘌呤（G），嘧啶主要有胞嘧啶（C）、尿嘧啶（U）和胸腺嘧啶（T）（图 2-1）。其中 A、G、C、T 主要存在于 DNA 中，A、G、C、U 主要存在于 RNA 中，DNA 和 RNA 碱基分布的差别主要在于 T 和 U 的不同。

除上述五种基本碱基外，核酸分子中还含有少量稀有碱基，后者多为五种基本碱基的修饰产物（甲基化最常见），如 5-甲基胞嘧啶、7-甲基鸟嘌呤和二氢尿嘧啶（DHU）等。RNA 中含有较多的稀有碱基。

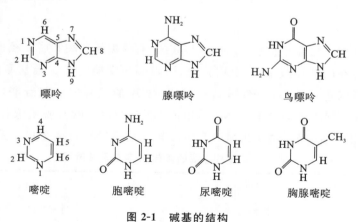

图 2-1　碱基的结构

（二）戊糖

核酸中的戊糖均为 β-呋喃糖，根据 C-2 位上是否含有羟基可以将戊糖分为脱氧核糖和核糖。DNA 中的戊糖是 β-D-2-脱氧核糖，RNA 中的戊糖是 β-D-核糖（图 2-2）。为了与碱基中的原子编号区别，核苷或核苷酸中戊糖的 C 原子编号都加"'"，如 C-1 写成 C-1'。

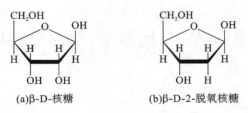

(a)β-D-核糖   (b)β-D-2-脱氧核糖

图 2-2　两种戊糖的结构

（三）核苷

碱基和戊糖通过糖苷键连接而成的化合物称核苷，由嘌呤的 N-9 或嘧啶的 N-1 所连接的氢与戊糖的 $C-1'$ 上的羟基脱水形成糖苷键（图 2-3）。核苷也是核苷酸分解代谢的中间产物，可以分为核糖核苷和脱氧核糖核苷。

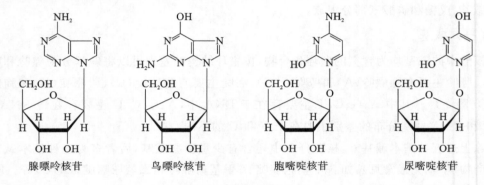

腺嘌呤核苷　　　鸟嘌呤核苷　　　胞嘧啶核苷　　　尿嘧啶核苷

图 2-3　核糖核苷的结构

（四）核苷酸

磷酸与核苷的戊糖羟基脱水可以形成核苷酸，有核糖核苷酸和脱氧核糖核苷酸。通常生物体内游离存在的核苷酸都是 $5'$-核苷酸，即磷酸与戊糖的 $C-5'$ 羟基形成的核苷酸（图 2-4）。核苷酸可以进一步形成核酸，其中组成 RNA 的核苷酸有腺苷酸（AMP）、鸟苷酸（GMP）、胞苷酸（CMP）和尿苷酸（UMP），组成 DNA 的核苷酸有脱氧腺苷酸（dAMP）、脱氧鸟苷酸（dGMP）、脱氧胞苷酸（dCMP）和脱氧胸苷酸（dTMP）（表 2-1）。

表 2-1　核酸中主要的核苷、核苷酸及其缩写

核酸	核苷	核苷酸
RNA	核糖核苷	核糖核苷酸（NMP）
	腺苷	腺苷酸（AMP）
	鸟苷	鸟苷酸（GMP）
	胞苷	胞苷酸（CMP）
	尿苷	尿苷酸（UMP）

核酸	核苷	核苷酸
DNA	脱氧核糖核苷	脱氧核糖核苷酸(dNMP)
	脱氧腺苷	脱氧腺苷酸(dAMP)
	脱氧鸟苷	脱氧鸟苷酸(dGMP)
	脱氧胞苷	脱氧胞苷酸(dCMP)
	脱氧胸苷	脱氧胸苷酸(dTMP)

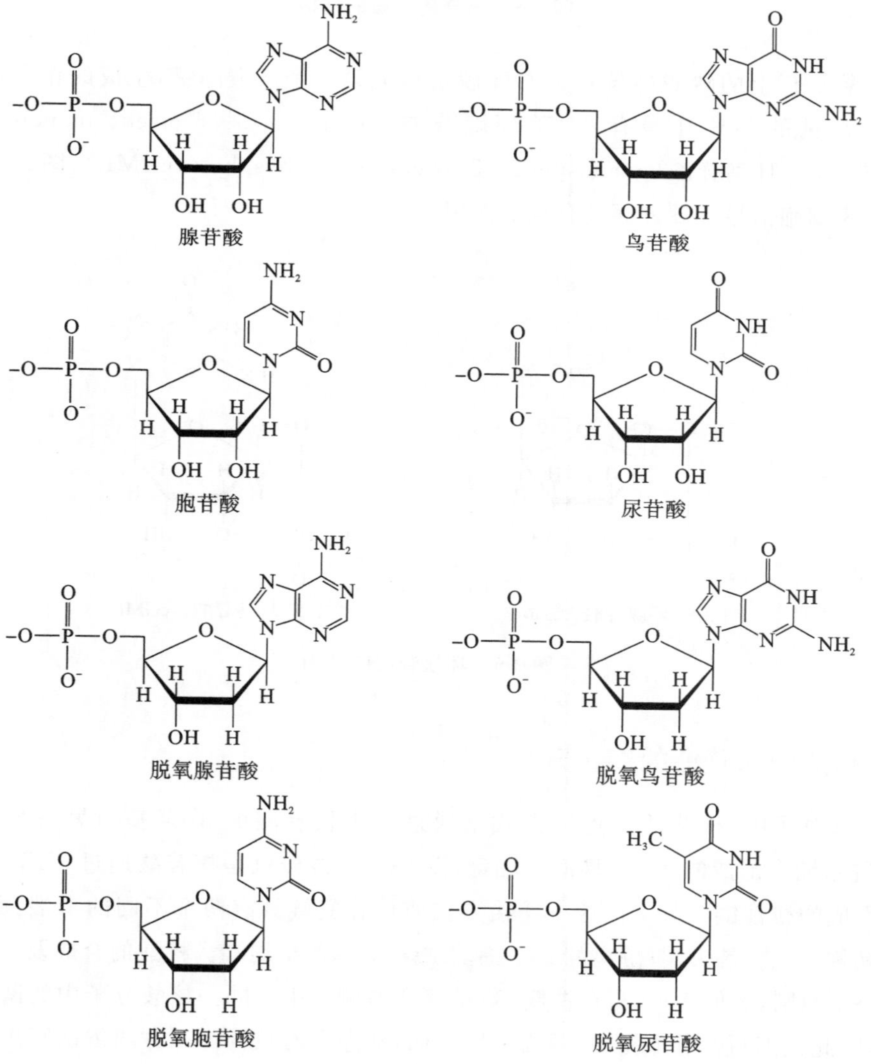

腺苷酸

鸟苷酸

胞苷酸

尿苷酸

脱氧腺苷酸

脱氧鸟苷酸

脱氧胞苷酸

脱氧尿苷酸

图 2-4　核酸中主要核苷酸的结构

5′-核苷酸的磷酸还可以再连接一个或两个磷酸,形成核苷二磷酸(NDP)/脱氧核苷二磷酸(dNDP)或核苷三磷酸(NTP)/脱氧核苷三磷酸(dNTP)(图 2-5)。核苷高磷酸化合物在能量代谢或活性化合物形成中具有重要作用,NTP/dNTP 也是核酸合成的直接原料。

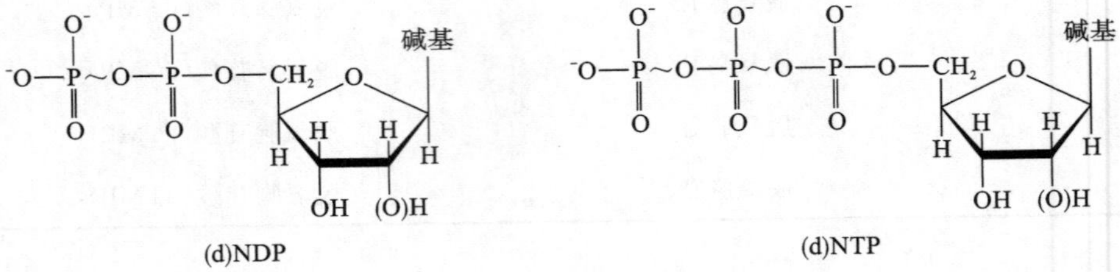

(d)NDP

(d)NTP

图 2-5　核苷高磷酸的结构

核苷酸 C-5′上的磷酸再与 C-3′-OH 脱水形成第二个磷酸酯键,生成的化合物称为环核苷酸。常见的环核苷酸有 3′,5′-环腺苷酸(adenosine 3′,5′-cyclic monophosphate, cAMP)和 3′,5′-环鸟苷酸(guanosine 3′,5′-cyclic monophosphate,cGMP)(图 2-6)。环核苷酸在跨膜细胞信号转导方面具有重要作用。

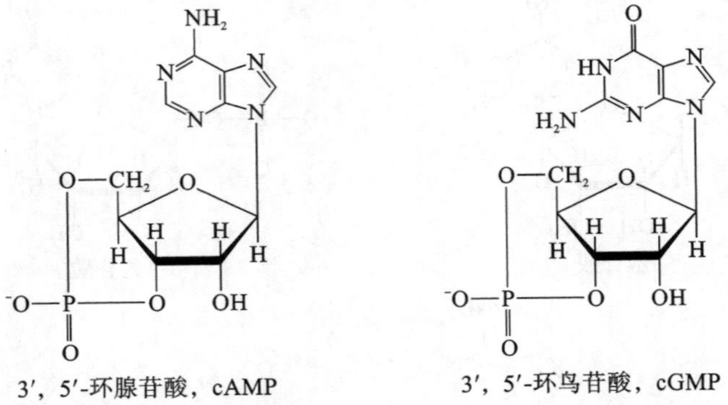

3′,5′-环腺苷酸,cAMP

3′,5′-环鸟苷酸,cGMP

图 2-6　环核苷酸的结构

三、核酸中核苷酸的连接方式

在核酸分子中,核苷酸的连接方式是通过一个核苷酸的 3′-羟基与另一个核苷酸的 5′-磷酸脱水缩合形成的 3′,5′-磷酸二酯键(图 2-7)。核酸就是核苷酸通过 3′,5′-磷酸二酯键连接而成的线性链状分子。这一连接方式使核苷酸链具有两个不同的末端:游离的 5′-磷酸末端称 5′-端,是头端;游离的 3′-羟基末端称 3′-端,是尾端。核酸的合成及书写方向都遵循 5′→3′原则,一般 5′-端写在左侧,3′-端写在右侧。由于同一核酸分子中的磷酸和戊糖都相同,因此在书写核苷酸链时,只需标明方向,从左向右按 5′→3′方向依次写出碱基的排列顺序即可(图 2-8)。

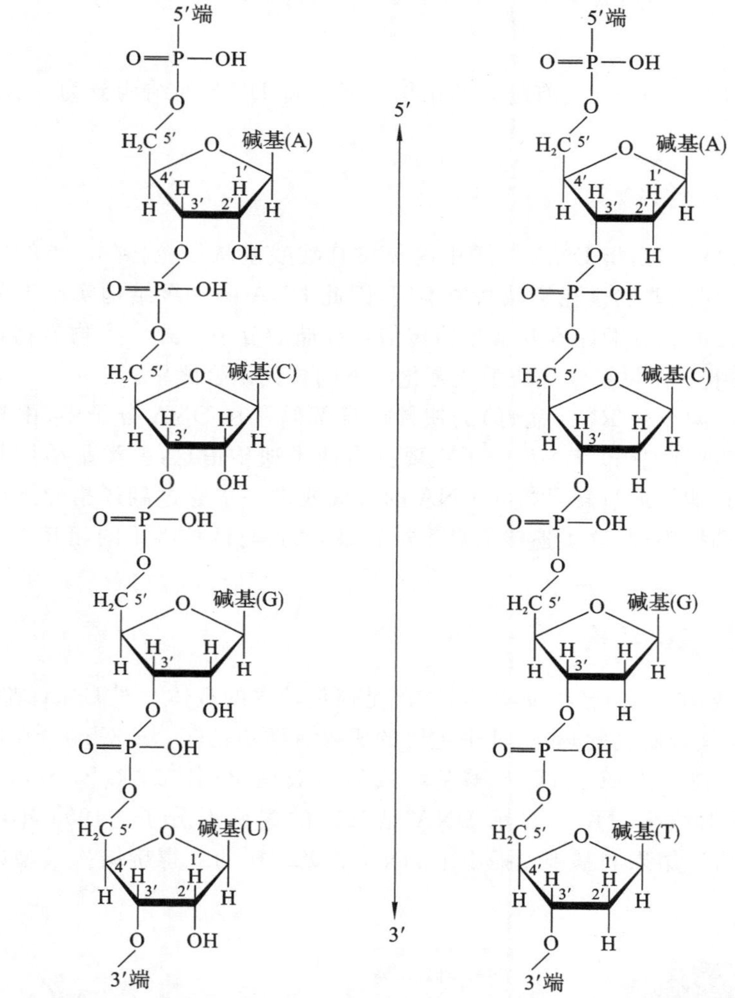

RNA分子中的部分多核苷酸链结构　　　DNA分子中的部分多核苷酸链结构

图 2-7　核酸分子中核苷酸的连接方式

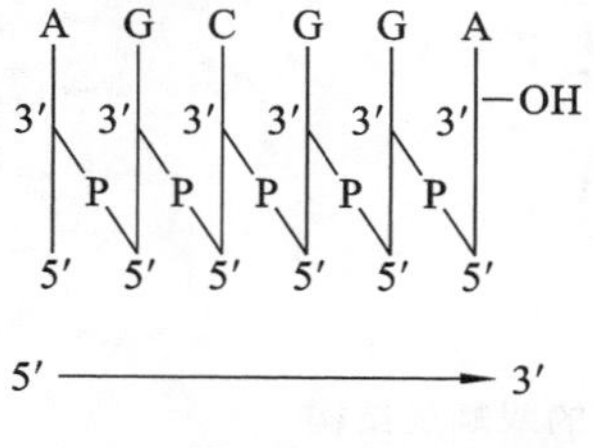

pApGpCpGpGpA

A→G→C→G→G→A

AGCGGA

图 2-8　核酸分子中核苷酸的书写方式

第二节　DNA 的结构与功能

DNA 属于生物大分子,具有复杂的结构。通常将 DNA 的结构分为一、二和三级结构进行阐述。

一、DNA 的一级结构

DNA 的一级结构是指 DNA 分子中脱氧核苷酸残基从 5′-端到 3′-端的排列顺序。由于脱氧核苷酸之间的差别仅在于碱基的不同,因此 DNA 的一级结构实质上就是它的碱基排列顺序。DNA 的碱基顺序本身就是遗传信息存储的分子形式。生物界物种的多样性即寓于 DNA 分子中四种脱氧核苷酸千变万化的不同排列组合之中。

大多数生物(除少数 RNA 病毒)的遗传信息都储存在 DNA 分子中,由特定的核苷酸(碱基)排列顺序进行编码。DNA 分子主要携带两类遗传信息:一类是结构基因即编码序列,这类遗传信息能够通过转录指导 RNA 的合成或进一步通过翻译指导蛋白质多肽链的合成;另一类是调控序列,这类遗传信息不被转录,通过与调控因子的相互作用影响相关基因的表达。

二、DNA 的二级结构

20 世纪 40 年代,人们已经证实了 DNA 是遗传信息的载体。对 DNA 结构的探索成为当时分子生物学领域研究的热点,其中主要的成果有两项:其一,E. Chargaff 等利用层析和紫外吸收分析等技术发现了 DNA 碱基组成的一般规律;其二,R. E. Franklin 等获得的 DNA 结晶的 X 射线衍射图片显示 DNA 是双链的螺旋形分子。1953 年,J. Watson 和 F. Crick 在这些研究结果的基础上提出了 DNA 二级结构的双螺旋结构模型(图 2-9),其要点如下:

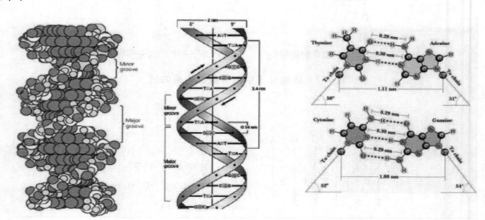

图 2-9　DNA 的双螺旋结构

(1) DNA 分子是由两条长度相同、反向平行的多聚脱氧核苷酸链,围绕同一中心轴形成的双排螺旋形结构,双螺旋为右手螺旋。亲水的糖磷酸骨架位于螺旋外侧,疏水的碱基突出指向螺旋内侧。螺旋表面有大沟(深沟)和小沟(浅沟)。

(2)双螺旋直径 2 nm。相邻碱基的堆砌距离为 0.34 nm,旋转夹角为 36°,螺旋每上升一周包括 10 对脱氧核苷酸残基,螺距为 3.4 nm。

(3)两条链通过碱基间的氢键连接,遵从碱基互补配对原则:A 与 T 配对,形成两个氢键,G 与 C 配对形成三个氢键。

(4)维持双螺旋结构稳定的力量包括互补碱基间的氢键(横向)和上下层碱基间的疏水作用力——碱基堆积力(纵向)。

知识链接

Chargaff 规则

20 世纪中期,E. Chargaff 等人采用层析和紫外吸收分析等技术分析了 DNA 的碱基成分,提出了 DNA 碱基组成的 Chargaff 规则:①DNA 的碱基组成有种属特异性,但没有组织器官特异性。即不同生物种属的 DNA 碱基组成不同,同一个体不同器官、组织的 DNA 具有相同的碱基组成。②DNA 的碱基组成不随年龄、营养和环境的改变而改变。③DNA 分子中腺嘌呤与胸腺嘧啶的摩尔数相等,鸟嘌呤与胞嘧啶的摩尔数相等。

Chargaff 规则和 Franklin 的 X 射线衍射图片是 DNA 双螺旋结构模型提出的重要依据,为推动进一步的 DNA 结构和功能的研究做出了重要贡献。

Watson 和 Crick 提出的 DNA 双螺旋结构模型,是细胞内 DNA 存在的主要形式,称 B-DNA。当测定条件尤其是湿度发生变化时,DNA 二级结构的参数也会发生相应的改变,转变成其他构型,包括 A 型、C 型、D 型和 T 型等。在自然界还发现了左手螺旋 DNA,称 Z 型 DNA,可能与基因的表达调控有关,但确切的生物学功能还不清楚,如图 2-10 所示。

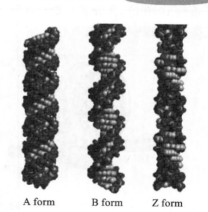

A form　　B form　　Z form

图 2-10　A 型、B 型和 Z 型 DNA 的结构模式图

三、DNA 的三级结构

DNA 在双螺旋结构的基础上,可以进一步盘曲折叠形成致密的超螺旋结构,即 DNA 的三级结构。超螺旋的形成使 DNA 的体积进一步压缩,一方面有利于 DNA 在细胞内的包装,另一方面有利于调控双螺旋的解链程序、影响基因的复制和表达。

通常将盘旋方向与 DNA 双螺旋一致的称为正超螺旋(positive supercoiling);盘旋方向与 DNA 双螺旋相反的称为负超螺旋(negative supercoiling)。

原核生物的基因组 DNA、质粒 DNA、线粒体 DNA 及某些病毒属于共价闭合的双链环

形 DNA,主要以负超螺旋形式存在,若其中任一单股 DNA 链断裂,超螺旋结构即被破坏
(图 2-11)。

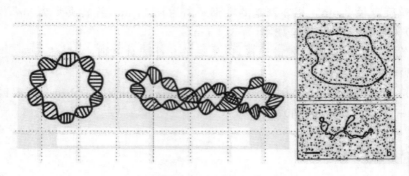

图 2-11 环状和超螺旋 DNA

　　真核生物的核 DNA 十分巨大,人体细胞的 46 条染色体 DNA 的总长可达 1.7 m,只有
进行充分的压缩和折叠才能在细胞核中定位。因此,真核生物 DNA 的三级结构较原核生
物更加复杂。真核生物 DNA 在细胞中的大部分时间里是以染色质的形式存在的,染色质
的基本组成单位是核小体(nucleosome)。每一核小体包括核心颗粒和连接区两部分:核心
颗粒由组蛋白 H2A、H2B、H3 和 H4 各两分子构成双层的组蛋白八聚体,146 bp(碱基对)
长度的双螺旋 DNA 以负超螺旋的形式缠绕八聚体 1.75 圈;连接区由 60 bp 左右的 DNA
与组蛋白 H1 组成,负责将核心颗粒的 DNA 固定在组蛋白八聚体上。核小体的核心颗粒
和连接区间隔排列,形成串珠样染色质细丝,并可进一步卷曲形成直径 30 nm、中空的线圈
状螺线管(每圈含有 6 个核小体),螺线管再经过折叠、盘曲、成袢等过程,可将 DNA 的长度
压缩约 1000 倍,在分裂 0 期可压缩近 10000 倍,从而将近 2 m 长的 DNA 容纳于直径只有
几微米的细胞核中(图 2-12)。

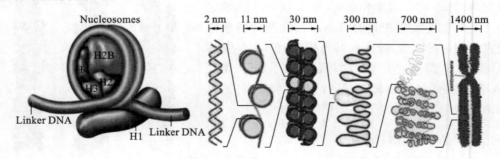

图 2-12 真核生物 DNA 的核小体及进一步压缩的结构

四、DNA 的功能

　　DNA 是遗传的物质基础,是生物体内遗传信息的储存形式,决定了细胞和个体的遗传
型。DNA 既是物种进化和世代繁衍的物质基础,也是生物个体进行生命活动的基础。基
因(gene)是 DNA 分子中的功能性片段,即能编码有功能的蛋白质或 RNA 的完整序列。
基因组(genome)是生物体的全部基因序列,包含了所有的编码和非编码序列,也就是 DNA
分子的全序列。一般来讲,生物进化的程度越高,遗传信息的规模越庞大,基因组越复杂。

如 SV40 病毒的基因组仅有 5100 bp,大肠杆菌的基因组为 577 kb,人的基因组则有 $3.0\times$ 10^9 bp 组成。庞大的基因组决定了遗传信息的编码和调控都非常复杂。

第三节　RNA 的结构与功能

　　RNA 与 DNA 的化学结构相似,也是由核苷酸通过 $3',5'$-磷酸二酯键连接而成的链状结构,只是核糖核苷酸取代了脱氧核糖核苷酸。RNA 链的长度与 DNA 比较起来要短得多,一般以单链形式存在,某些可配对区段也可以回折形成局部的双螺旋,转折处则膨出形成环,称发夹结构(hairpin)或茎环结构(stem-loop)。RNA 局部双链结构的形成遵循碱基互补配对原则,只是以 U 与 A 配对。

　　RNA 种类繁多,生物学功能各异,但其最主要的功能是参与蛋白质的生物合成。按照在蛋白质生物合成中的作用,可以将 RNA 分成三类:信使 RNA(messenger RNA, mRNA)、转运 RNA(transfer RNA,tRNA)和核蛋白体 RNA(ribosomal RNA,rRNA)。

一、信使 RNA

　　mRNA 负责从 DNA 抄录遗传信息,指导蛋白质多肽链的合成,是蛋白质生物合成的直接模板。mRNA 含量仅占 RNA 总量的 $1\%\sim5\%$,但其种类最多,分子大小各异,代谢更新速度最快。

　　真核生物的成熟 mRNA 来自其前体——不均一核 RNA(heterogeneous nuclear RNA,hnRNA)。hnRNA 是 mRNA 的初级转录产物,在酶促作用下经过首尾修饰和剪接等加工过程成为成熟的 mRNA 并具有如下特点:

　　(1) $5'$-端有"帽子结构",即在 $5'$-端加入的一个 7-甲基鸟苷三磷酸(m^{7}GPPPN)的修饰核苷酸结构,N 为任意核苷酸,通常第 2、3 位核苷酸的核糖 C-2-OH 也是甲基化的(如图 2-13)。帽子结构的主要作用是保护 mRNA 免受核酸酶从 $5'$-端对其进行降解,并参与翻译的起始。

　　(2) $3'$-端有多聚腺苷酸的尾(PolyA 尾)。PolyA 尾是一段长度为 $30\sim200$ 个腺苷酸的特殊聚合体结构,也是转录后加上去的(图 2-13)。它对于维持 mRNA 的稳定性及模板活性都很重要。

　　(3) 核苷酸序列分为编码区和非编码区。在 mRNA 分子中,起"模板"作用的序列被称为开放阅读框(open reading frame,ORF)即编码区。真核生物的一个 mRNA 分子只为一条多肽链编码,称单顺反子。在 mRNA 开放阅读框中每 3 个相邻的核苷酸编为一组形成三联体,在蛋白质合成时代表一种氨基酸,称为三联体密码(triplet code)或密码子(codon)。编码区两侧的核苷酸序列无模板作用,称为非编码区或非翻译区(untranslatedregion,UTR)(图 2-14)。其中 $5'$ UTR 有翻译起始信号,$3'$ UTR 可能与mRNA 的稳定性有关。

　　原核生物的 mRNA 一般没有 $5'$-端的"帽子结构"和 $3'$-端的 PolyA 尾。原核生物的一个 mRNA 分子的编码区往往可以为多条多肽链编码,不同多肽链的编码序列以间隔序列

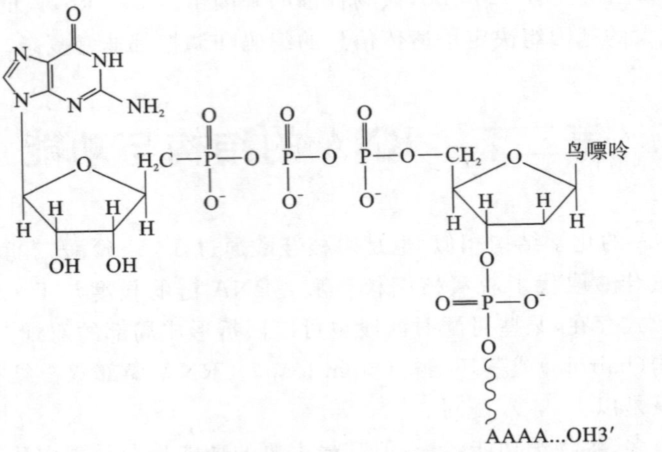

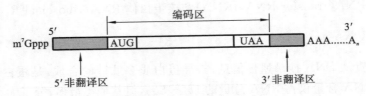

图 2-13　真核生物 mRNA5′-端的"帽子结构"和 3′-端的 PolyA 尾

编码区

5′ m⁷Gppp　AUG　　　　UAA　AAA......A_n　3′

5′非翻译区　　　　　　　3′非翻译区

图 2-14　真核生物 mRNA 的整体结构

分隔,在 5′-端和 3′-端也存在非翻译区。

二、转运 RNA

在蛋白质生物合成中,tRNA 负责按照 mRNA 上密码子的排列顺序,将活化的氨基酸转运至核蛋白体合成多肽链。因此,tRNA 是氨基酸的转运工具,也是氨基酸与 mRNA 相互联系的接合器。tRNA 约占 RNA 总量的 15%,只有 70~90 个核苷酸组成,是分子质量最小的 RNA。由于每种氨基酸都有一种以上的 tRNA 与之结合,因此细胞内有几十种tRNA。

大部分 tRNA 都具有如下共同的结构特征:

(1) tRNA 的一级结构中,5′-端一般是磷酸鸟苷(pG),3′-端一般是-CCA 序列,其中 A 的 3′-OH 是氨基酸结合的部位,这些特定的核苷酸都是转录后加上去的。tRNA 分子中含有较多的稀有碱基,一般每分子含 7~15 个稀有碱基,占碱基总数的 10%~20%。多数稀有碱基都是基本碱基的甲基化产物,另外还包括 DHU 和假尿嘧啶(Ψ)等,假尿嘧啶核苷的形成是由于尿嘧啶环中与戊糖的 C-1′相连的原子是 C-5 而不是 N-1,不同于常见的尿嘧啶核苷。

(2) tRNA 的二级结构呈三叶草形,是通过链内互补碱基结合形成的多个茎环结构,包括 3 个环、4 个臂和 1 个附加叉。氨基酸臂由 5′-末端和 3′-末端构成,最末端的 3′-OH 可以结合活化的氨基酸。TΨC 环和 DHU 环因含有相应的稀有碱基而得名,在维持 tRNA 的高级结构及与核糖体相互作用中发挥重要作用。反密码环由 7~9 个核苷酸组成,中间的 3

个碱基构成反密码子,与 mRNA 的密码子互补结合。附加叉又称可变环,其碱基数目在不同 tRNA 中有所不同。

(3) tRNA 的三级结构呈倒 L 形。一端是氨基酸臂,另一端是反密码环,TΨC 环和 DHU 环在 L 的转角处。

tRNA 的二、三级结构如图 2-15 所示。

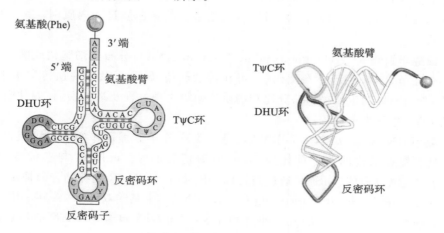

图 2-15 tRNA 的二、三级结构

三、核蛋白体 RNA

rRNA 是细胞内含量最丰富的 RNA,占 RNA 总量的 80% 以上。它们与多种蛋白质结合形成核蛋白体,作为蛋白质生物合成的场所,也有人将核蛋白体称为蛋白质的"装配机"。在蛋白质合成过程中,mRNA 或 tRNA 与核蛋白体的相互作用离不开 rRNA 的介导。

原核生物和真核生物的核蛋白体均由大、小亚基聚合而成的,但其组成成分却并不相同。在原核生物,23S、5SrRNA 与三十多种蛋白质共同组成 50S 的大亚基,16S rRNA 与二十多种蛋白质共同组成 30S 的小亚基,二者聚合后形成 70S 核蛋白体。在真核生物,28S、5.8S、5S rRNA 与五十多种蛋白质共同组成 60S 的大亚基,18S rRNA 与三十多种蛋白质共同组成 40S 的小亚基,二者聚合后形成 80S 核蛋白体。rRNA 也可以形成特定的二级和三级结构。

四、其他 RNA

1. 催化性 RNA 这种 RNA 最初是在研究四膜虫 26S rRNA 前体的剪接成熟过程中发现的,它能将自身的一段 414 个核苷酸的内含子切掉,而整个过程并没有蛋白质(酶)的参与。之后陆续有类似 RNA 的发现,人们将这些具有催化活性的 RNA 统称为核酶(ribozyme)。

2. 非编码 RNA 近年来,随着现代分子生物学研究的不断深入和发展,一些不编码蛋白质但具有重要生物学功能的 RNA 被陆续发现,称为非编码 RNA(non-coding RNA,ncRNA)。常见的 ncRNA 主要包括:

（1）小核 RNA(small nuclear RNA,snRNA)：位于细胞核内，是小核核糖蛋白颗粒的组成成分，主要参与 mRNA 前体的剪接加工以及随后的成熟 mRNA 向细胞质的转运。

（2）小核仁 RNA(small nucleolar RNA,snoRNA)：存在于核仁中，参与 rRNA 前体的加工修饰及核蛋白体亚基的组装。

（3）小胞质 RNA(small cytoplasmic RNA,scRNA)：位于细胞质中，是一组功能复杂的小 RNA，参与形成信号识别颗粒，引导含有信号肽的蛋白质进入内质网，参与分泌蛋白的定位合成。

（4）长链非编码 RNA(longnon-coding RNA,lncRNA)：分布于细胞核或细胞质中，在结构上类似于 mRNA，但不存在编码区，可在转录起始、转录后及表观遗传学水平调控基因的表达，参与机体的生长、发育、分化和物质代谢等生理过程及某些疾病（如肿瘤、神经系统疾病等）的发生和发展过程。

（5）微小 RNA(microRNA,miRNA)：是一类小分子非编码单链 RNA，长度为 $20\sim25$ nt，由具有发夹结构的单链前体经 Dicer 酶剪切后形成。miRNA 与多种蛋白质组成 RNA 诱导的沉默复合体(RISC)，通过与目标 mRNA 的 $3'$-UTR 互补结合而抑制其翻译。

（6）小干扰 RNA(small interfering RNA,siRNA)：由某些双链 RNA 在一定条件下转变生成，是长度为 $21\sim23$ nt 的双链小片段 RNA。siRNA 也参与 RISC 的组成，与目标 mRNA 完全互补结合后诱导其降解，这种作用称 RNA 干扰(RNA interference,RNAi)。

第四节　核酸的理化性质

一、核酸的一般理化性质

核酸分子含有磷酸基团和碱基，是两性电解质，可以用电泳的方法对核酸进行分离和鉴定。由于酸性较强，通常核酸在酸性条件下比较稳定。核酸分子属于大分子，具有一定的黏度。线性高分子 DNA 的黏度极大，在提取过程中容易发生断裂，而 RNA 的黏度要小得多。

二、核酸的紫外吸收性质

由于嘌呤和嘧啶碱基含有共轭双键，使核酸分子在紫外光区有光吸收，其最大吸收峰在 260 nm 附近（图 2-16）。这种紫外吸收性质可用于核酸的定性和定量分析。

知识链接

核酸溶液的光吸收值与核酸含量的对应关系

用 A_{260} 表示核酸溶液在 260 nm 的吸光度(absorbance)值。当 $A_{260}=1.0$ 时，相当于溶液中含有 50 μg 双链 DNA，或 40 μg RNA，或 33 μg 单链 DNA。

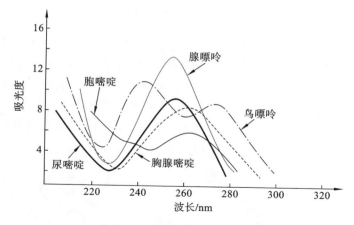

图 2-16　各种碱基的吸收光谱

三、核酸的变性、复性与分子杂交

（一）核酸的变性

维持 DNA 双螺旋结构稳定的力量有氢键和碱基堆积力，任何破坏这两种作用力的因素都能引起双螺旋结构的破坏。在某些理化因素的作用下，双链 DNA 分子互补碱基对之间的氢键断裂，双螺旋结构松散，DNA 由双链转变成单链的过程称为 DNA 的变性（denaturation）。引起 DNA 变性的因素有高温、有机溶剂、强酸、强碱、尿素及酰胺等。

DNA 变性常常伴随一些理化性质的改变，如溶液的黏度降低、密度增加等。由于碱基更多地暴露，变性 DNA 在 260 nm 的光吸收值大大增加，这种现象称为增色效应（hyperchromic effect），是检测 DNA 变性的常用指标。

加热是实验室最常采用的 DNA 变性方法。热变性的 DNA，从开始解链到完全解链是在一个相当狭窄的温度范围内完成的。在解链过程中，使 260 nm 光吸收值的变化达到最大变化值一半时所对应的温度称为 DNA 的解链温度或称融解温度（melting temperature），用 T_m 表示，即 DNA 分子中 50% 的双螺旋被解链时的温度（图 2-17）。T_m 值与 DNA 的长度及 G+C 含量呈正相关，并随溶液离子强度的增加而增大。

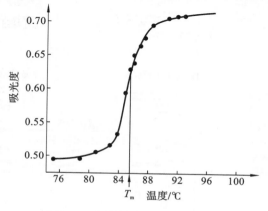

图 2-17　核酸的解链曲线和 T_m 值

（二）核酸的复性

DNA 的变性是可逆的，在适当条件下（如去除变性剂后），两条解离的互补链可以重新配对，恢复原来的双螺旋结构，这一过程称为 DNA 的复性（renaturation）。复性过程伴随 260 nm 光吸收值的降低，称为减色效应（hypochromic effect）。热变性的 DNA 经缓慢降低温度即可复性，这一过程称为退火（annealing），若将温度迅速降至 4 ℃以下，则复性一般不能发生（图 2-18）。复性过程的发生主要与温度、盐浓度及两条链之间碱基互补的程度有关。DNA 复性的最适温度一般比 T_m 低 20～25 ℃。

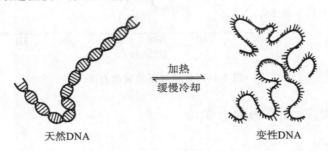

加热
缓慢冷却

天然DNA　　　　　　　变性DNA

图 2-18　核酸的热变性和复性

（三）核酸分子杂交

不同来源的核酸变性后混合在一起进行复性，只要这些核酸含有一定的互补序列，就可以形成异源双链，这一过程称为分子杂交（hybridization）。分子杂交技术以核酸的变性和复性为基础，可以发生在 DNA-DNA、RNA-RNA 甚至 DNA-RNA 之间，只要存在一定程度的碱基互补关系，它们就可能形成杂化双链（图 2-19）。用同位素等标记一个来源的核

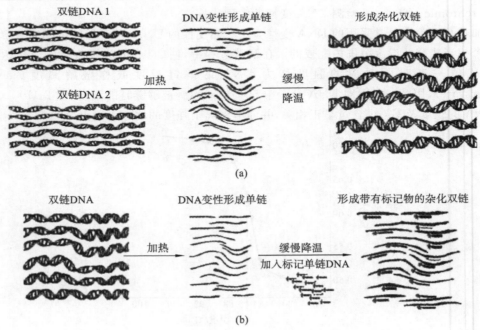

双链DNA 1　　　　　DNA变性形成单链　　　　　形成杂化双链

双链DNA 2

加热　　　　　　缓慢降温

(a)

双链DNA　　　　　DNA变性形成单链　　　形成带有标记物的杂化双链

加热　　　　　缓慢降温
加入标记单链DNA

(b)

图 2-19　DNA 分子的热变性、复性和分子杂交

酸,通过杂交试验就可以检测目的核酸中是否含有其同源序列,这一技术称为探针技术。

分子杂交和探针技术已广泛用于核酸的结构与功能的研究、遗传病的诊断、基因工程及肿瘤病因学的研究。

小 结

核酸是以核苷酸作为基本单位的多聚物分子,包括脱氧核糖核酸(DNA)和核糖核酸(RNA)。

核苷酸由碱基、戊糖和磷酸三部分组成。碱基主要有腺嘌呤(A)、鸟嘌呤(G)、胞嘧啶(C)、尿嘧啶(U)和胸腺嘧啶(T)。其中 A、G、C、T 主要存在于 DNA 中,A、G、C、U 主要存在于 RNA 中。戊糖包括 β-D-2-脱氧核糖和 β-D-核糖,前者主要存在于 DNA 中,后者主要存在于 RNA 中。碱基与戊糖相连形成核苷,包括脱氧核糖核苷和核糖核苷。核苷再与磷酸相连形成核苷酸,通常生物体内游离存在的都是 5'-核苷酸。5'-核苷酸可以进一步形成核苷高磷酸或环核苷酸。核酸是核苷酸聚合而成的无分支的链状聚合物。3',5'-磷酸二酯键是核酸分子的基本结构键。

核酸属于生物大分子,其结构可以分为三个层次。一级结构是指核酸分子中核苷酸即碱基的排列顺序。二级结构一般是双链(如 DNA)或单链(如 RNA)核酸形成的整体或局部的螺旋形结构。三级结构是在二级结构的基础上核酸链进一步盘曲折叠而成的结构,往往需要蛋白质的参与。核酸的不同结构层次都具有其独有的结构特点。另外,近年来还陆续发现了一些具有特殊功能的 RNA,使人们对于核酸功能的认识不断深入。

核酸具有一些重要的理化性质。首先核酸是两性电解质,核酸溶液具有一定的黏度,核酸的最大吸收峰在 260 nm 附近;其次核酸具有变性和复性的性质,在此基础上可以进行核酸分子杂交或利用探针技术检测目的基因中是否含有已知的同源序列。

能力检测

能力检测答案

一、单项选择题

1. DNA 与 RNA 水解产物的特点是( )。

A. 戊糖相同、碱基不同   B. 戊糖不同、碱基相同

C. 戊糖不同、碱基不同   D. 戊糖不同、部分碱基不同

E. 戊糖相同,部分碱基不同

2. 下列元素中,存在于蛋白质中而不存在于核酸中的是( )。

A. 碳   B. 氢   C. 氮   D. 硫   E. 磷

3. 核酸的基本组成单位是( )。

A. 多核苷酸   B. 单核苷酸   C. 氨基酸

D. 碱基   E. 核苷和脱氧核苷

4. 核酸一级结构中核苷酸之间的连接键是( )。

A. 3',5'-磷酸二酯键   B. 2',5'-磷酸二酯键

C. $2',3'$-磷酸二酯键　　　　　　　　　　D. 肽键

E. 糖苷键

5. 有关 DNA 的二级结构,错误的是(　　　)。

A. DNA 分子是由两条走向相反的多核苷酸链组成的右手双螺旋

B. DNA 分子的二级结构表面有大沟和小沟

C. A 与 T 配对形成三对氢键,而 G 与 C 配对形成两对氢键

D. 每 10 个碱基对旋转一周

E. 氢键和碱基堆积力从横向与纵向稳定 DNA 双螺旋

6. 维系 mRNA 稳定性的主要结构是(　　　)。

A. 内含子　　　　　　B. 茎环结构　　　　　　　　C. 三叶草结构

D. 多聚腺苷酸尾　　　　　E. 双螺旋结构

7. 含有稀有碱基比例较多的核酸是(　　　)。

A. 小核 RNA(SnRNA)　　　　　　　　B. 小核仁 RNA(SnoRNA)

C. hnRNA　　　　　　　　　　D. tRNA

E. rRNA

8. 有关 tRNA 的二级结构描述,错误的是(　　　)。

A. 呈三叶草形　　　　　　　　B. 含有 DHU 环

C. 反密码子与 mRNA 上的密码子互补结合　　　D. $5'$末端具有特殊的帽子结构

E. 氨基酸臂起特异结合氨基酸作用

9. 下列哪种结构是 tRNA 的三级结构?(　　　)

A. 双螺旋结构　B. 单螺旋　　　C. 核小体　　　D. 超螺旋结构　E. 倒 L 形

10. 与 mRNA 中的 ACG 密码相对应的 tRNA 反密码子是(　　　)。

A. UGC　　　B. TGC　　　C. CGU　　　D. CGT　　　E. AUG

11. 细胞内含量最丰富的 RNA 是(　　　)。

A. hnRNA　　　B. tRNA　　　C. rRNA　　　D. miRNA　　　E. mRNA

12. 可承载生物遗传信息的分子结构是(　　　)。

A. 核酸的核苷酸序列　　　　　　　B. 氨基酸的侧链基团

C. 多不饱和脂肪酸的双键位置　　　　　D. 脂蛋白的脂质组成

E. 胆固醇的侧链碳原子

13. 有关 DNA 碱基组成规律的叙述,错误的是(　　　)。

A. 不受年龄与营养状况影响　　　　　B. 主要由腺嘌呤组成

C. 嘌呤嘧啶分子数相等　　　　　　D. 适用于不同种属

E. 与遗传特性有关

14. 有关 DNA 变性的叙述,错误的是(　　　)。

A. 加热时可导致变性　　　　　　　B. 变性时二级结构破坏

C. 变性时不伴有共价键断裂　　　　　D. 变性时两条链解离

E. 变性后 260 nm 波长吸收不改变

二、名词解释

1. 核酸的变性

2. 增色效应

3. T_m

三、简答题

1. 简述 DNA 双螺旋结构的要点。

2. 按照在蛋白质生物合成中的作用可以将 RNA 分为哪三类,各自发挥怎样的功能?

（王宏娟）

第三章
酶

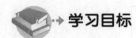

本章 PPT

第一节 概 述

一、酶的概念

酶（enzyme，E）是由活细胞产生的、对其底物具有高度特异性和高度催化效率的生物大分子。1926年，科学家从刀豆中提取出脲酶并证明其具有蛋白质特性开始，至今人们已分离纯化出数千种酶，并利用物理和化学方法分析证明酶的化学本质是蛋白质。几十年来，酶是蛋白质的观念已得到普遍认可，直到20世纪80年代初，科学家发现了具有催化活性的RNA——核酶。核酶是具有高效、特异催化作用的核酸，但由于核酶作用的底物单一，酶促动力学特点也不同于传统意义上的酶，因此本章主要讨论化学本质为蛋白质的传统的酶。

酶所催化的反应称为酶促反应。在酶促反应中，酶所催化的物质称为底物（substrate，S）；反应的生成物称为产物（product，P）；酶所具有的催化能力称为酶的活性；酶失去催化能力称为酶失活。

生物体内绝大多数化学反应都依赖于酶的催化。没有酶的参与，生命活动一刻也不能进行。随着人们对酶分子的结构与功能、酶促反应动力学等研究的深入和发展，慢慢形成了一门新的学科——酶学。酶学与医学联系十分密切，人体的许多疾病与酶的异常紧密相关，许多酶还被用于疾病的诊断和治疗。酶学研究不仅在医学领域具有重要意义，而且对工农业生产实践、科学实践也有深远影响。

知识链接

Eduard Buchner 对酶学的历史性贡献

随着对酵母细胞的深入研究,19 世纪的欧洲掀起了研究生醇发酵机制的热潮。1850 年,法国科学家 Louis Pasteur 经实验断定,发酵离不开活的酵母细胞。虽然 Pasteur 的"活力论"遭到了 Liebig 等著名科学家的反对,但由于 Pasteur 在科学界有很高的声望,他的"活力论"一直得到普遍认可。直到 1897 年,德国生物学家 Eduard Buchner 成功地用酵母提取液实现了发酵,并证明发酵作用与细胞的完整性及生命力无关。他发表了论文《无细胞的发酵》,从此结束了长达半个世纪的有关发酵本质的生命力论和机械论的争论。1903 年,他和他的兄弟(Hans Buchner)出版了《酒化酶发酵》的论著,把酵母细胞的活力和酶化学作用联系到一起,推动了微生物学、生物化学、发酵生理学和酶化学的发展。由于在微生物学和现代酶化学方面做出的历史性贡献,Eduard Buchner 获得了 1907 年的诺贝尔化学奖。

二、酶促反应的特点

酶与一般催化剂一样,在化学反应前后都没有质和量的改变。酶只能催化热力学上允许的化学反应;只能加速反应的速率,而不改变反应的平衡点,即不改变反应的平衡常数;在反应中本身不被消耗,极少量的酶即可大大加速化学反应的进行。由于酶的化学本质是蛋白质,因此,酶促反应又具有不同于一般催化剂催化反应的特点和反应机制。

(一)高度的催化效率

酶的催化效率极高,通常比非催化反应高 $10^8 \sim 10^{20}$ 倍,比一般催化剂高 $10^7 \sim 10^{13}$ 倍。例如,脲酶催化尿素的水解速度是 H^+ 催化作用的 7×10^{12} 倍。由此可见,酶的催化效率是很高的。

(二)高度专一性(或特异性)

酶与一般催化剂不同,对其所催化的底物具有较严格的选择性。即一种酶仅作用于一种或一类化合物,或一种化学键,催化一定的化学反应并产生一定的产物,酶的这种特性称为酶的特异性或专一性。根据酶对底物选择的严格程度不同,可分为两种类型。

1. 绝对专一性 有的酶只能作用于特定结构的底物分子,进行一种专一的反应,生成一定的产物。这种严格的选择性称为绝对专一性。例如,脲酶仅能对尿素起水解作用,生成氨和二氧化碳,对尿素的衍生物则没有催化作用。有些具有绝对专一性的酶可以区分立体异构体,因为其只能催化一种立体异构体进行反应。例如,L-氨基酸氧化酶只能催化 L-氨基酸氧化,对 D-氨基酸则不起作用。这种特性又称为立体异构专一性。

2. 相对专一性 相对专一性就是一种酶能作用于一类化合物或一种化学键,发生一定的化学反应并生成相应的产物,这种不太严格的选择性称为相对专一性。例如,脂肪酶不仅能催化水解脂肪,还能作用于简单的酯类化合物。

(三)高度不稳定性

酶的化学本质是蛋白质,所以其容易受到多种理化因素(如高温、强酸、强碱、抑制剂等)的影响变性而失去催化活性。因此,在酶的生产、储存、运输和应用过程中应尽量防止酶变性。

(四)酶活性的可调节性

生物体在长期进化过程中,为适应内外环境的变化和生命活动的需要,逐步形成了对酶促反应的精细调控机制,其中包括酶的变构调节、共价修饰调节及酶含量的调节等。这些调节使体内各种代谢按照生理需要有条不紊地进行。如果体内酶活性的调控异常,各种代谢将发生紊乱。

三、酶的命名和分类

(一)酶的命名

每一种酶均有其系统名称和推荐名称。在酶学研究早期,酶的名称多采用习惯名称,即根据酶所催化的底物、反应的性质以及酶的来源而定的。这种命名方法虽然简单,但有时会出现同一酶有数个名称的情况,或是有的名称完全不能说明酶促反应的本质。为了克服习惯名称的上述缺点,1961 年,国际生物化学与分子生物学学会(IUBMB)以酶的分类为依据,提出系统命名法。系统命名法规定每一种酶都有一个系统名称,它标明酶的所有底物与反应性质。如果有多个底物,底物名称之间以":"分隔。由于许多酶促反应是双底物或多底物反应,且许多底物的化学名称太长,从而使得许多酶的系统名称过于复杂。为了应用方便,国际酶学委员会又从每种酶的数个习惯名称中选定一个简单实用的推荐名称。如催化 L-天冬氨酸与 α-酮戊二酸之间氨基转换的酶,系统命名为 L-天冬氨酸:α-酮戊二酸氨基转移酶,推荐名为天冬氨酸氨基转移酶。

(二)酶的分类

根据酶催化的反应类型,酶可以分为六大类:

1. 氧化还原酶类

催化氧化还原反应的酶属于氧化还原酶类。例如:乳酸脱氢酶、过氧化物酶、细胞色素氧化酶、琥珀酸脱氢酶、过氧化氢酶等。

$$反应通式:AH_2+B \Longrightarrow A+BH_2$$

2. 转移酶类

催化底物之间基团转移或交换的酶属于转移酶类。例如,甲基转移酶、转硫酶、乙酰转移酶、氨基转移酶等。

$$反应通式:AR+B \Longrightarrow A+BR$$

3. 水解酶类

催化底物发生水解反应的酶属于水解酶类。根据其所水解的底物不同可分为蛋白酶、核酸酶、脂肪酶和脲酶等。

$$反应通式:AB+H_2O \Longrightarrow AOH+BH$$

4. 裂合酶类

催化一个化合物分解为两个化合物或两个化合物合成为一个化合物的酶类。例如,脱水酶、水化酶、脱羧酶、醛缩酶等。

$$反应通式:AB \Longrightarrow A+B$$

5. 异构酶类

催化各种同分异构体之间相互转化的酶类。如磷酸丙糖异构酶、消旋酶等。

$$反应通式:A \Longrightarrow B$$

6. 合成酶类

催化两分子底物合成为一分子化合物,同时偶联有 ATP 的磷酸键断裂释放能量的酶类。例如,氨基酰-tRNA 合酶、谷氨酰胺合酶等。

$$反应通式:A+B+ATP \Longrightarrow AB+ADP+Pi$$

国际系统分类法除按上述六类分类原则,将各种酶依次归类,同时,根据酶所催化的化学键的特点和参加反应的基团不同,将每一大类又进一步细分为亚类,赋予每种酶一个统一的分类编号。每种酶的分类编号均由四组数字组成,数字前冠以 EC(enzyme commission)。编号中第一组数字表示该酶属于六大类中的哪一类;第二组数字表示该酶属于哪一亚类;第三组数字表示亚-亚类;第四组数字表示该酶在亚-亚类中的排序。

第二节 酶的结构与功能

一、酶的化学组成

酶的化学本质是蛋白质。由单一亚基即一条多肽链构成的酶称为单体酶,如牛胰核糖核酸酶 A。由多个相同或不同的亚基以非共价键连接组成的酶称为寡聚酶,如乳酸脱氢酶。此外,由几种不同催化功能的酶彼此聚合组成多酶复合物或称多酶体系。还有一些酶由于进化过程中基因的融合,使得在一条肽链上同时具有多种不同的催化功能,这类酶称为多功能酶,如哺乳动物体内的脂肪酸合成酶系。

按照酶的分子组成可以将酶分为单纯酶和结合酶。

(一)单纯酶

由单纯蛋白质构成的酶称为单纯酶。通常催化水解反应的酶属于此类酶,例如某些蛋白酶、淀粉酶、脂肪酶、核酸酶等。

(二)结合酶

由结合蛋白质构成的酶称为结合酶。其中蛋白质部分称为酶蛋白,非蛋白质部分称为辅助因子。二者结合在一起称全酶。酶蛋白主要决定酶促反应的特异性及其催化机制;辅助因子主要决定酶促反应的性质和类型。当两者单独存在时,是无催化活性的,只有全酶才具有催化作用。

通常根据辅助因子与酶蛋白结合的紧密程度和作用特点不同可将其分为辅酶和辅基。辅酶与酶蛋白的结合比较疏松,通过透析或超滤的方法可将其除去。辅基则与酶蛋白结合很紧密,不能用透析或超滤方法将其除去。在酶促反应中,辅酶在接受质子或基团后可以离开酶蛋白,并携带其参加另一反应后将其转移出去,而辅基一般不能离开酶蛋白。

辅助因子通常是小分子的有机化合物和金属离子。其中小分子有机化合物多为 B 族维生素的衍生物或卟啉化合物,它们在酶促反应中起载体作用,主要参与传递电子、质子或一些基团。金属离子是最常见的辅助因子,通常有 Na^+、K^+、Mg^{2+}、Zn^{2+}、Fe^{3+}/Fe^{2+}、Cu^{2+}/Cu^+ 等,体内大约有 2/3 的酶含有金属离子。

某些金属离子与酶结合较紧密,成为酶分子构成的一部分,提取时不易丢失,称为金属酶,如碱性磷酸酶中的 Mg^{2+}。某些金属离子在酶分子中主要作为连接酶与底物的桥梁,这些金属离子为酶的活性所必需,与酶的结合是可逆的,这类酶称为金属激活酶,如己糖激酶催化反应时需要 Mg^{2+} 连接 ATP。作为酶的辅助因子,金属离子的作用有:①作为酶活性中心的组成部分参与催化反应,帮助底物与酶活性中心的必需基团形成正确的空间排列,有利于酶促反应的发生;②中和电荷,减小静电斥力,有利于底物与酶的结合;③通过与酶的结合稳定酶的空间构象;④作为连接酶与底物的桥梁,形成三元复合物。

有些酶含有多种不同类型的辅助因子,如琥珀酸脱氢酶同时含有 Fe^{2+} 和 FAD,细胞色素氧化酶既含有血红素又含 Cu^+/Cu^{2+}。

二、酶的活性中心

酶是蛋白质,其分子比底物分子大得多。酶的特殊催化能力只局限在酶分子的一定区域。酶分子中氨基酸残基的侧链由不同的化学基团组成,其中一些与酶的活性密切相关的化学基团称作酶的必需基团,常见的必需基团有丝氨酸侧链上的羟基、组氨酸侧链上的咪唑基、半胱氨酸的巯基、谷氨酸和天冬氨酸的羧基等。

酶分子中能与底物特异结合并催化底物转变为产物,形成具有特定三维结构的区域称为酶的活性中心或活性部位。有些必需基团位于酶的活性中心内,有些必需基团则在酶的活性中心之外。存在于酶活性中心内的必需基团由结合基团和催化基团组成,结合基团负责识别与结合底物和辅酶,形成酶-底物过渡态复合物,催化基团则通过影响底物中的某些化学键的稳定性,以催化底物发生化学反应,最终转变成产物(图 3-1)。酶活性中心内的这些必需基团可能在一级结构上距离较远,甚至不在同一条多肽链上,但由于多肽链的折叠、盘曲形成高级结构后,它们彼此靠近,因而在空间结构上距离很近,共同组成酶的活性中心。辅助因子常参与酶活性中心的组成。

酶的活性中心是酶分子中具有三维结构的区域,常形成裂缝或凹陷。它们由酶的特定空间构象所维持,深入酶分子内部,且多由氨基酸残基的疏水基团组成,形成疏水"口袋"。有些必需基团虽然不参加酶活性中心的组成,但为维持酶活性中心的空间结构和作为调节剂的结合部位所必需,这些基团称为活性中心外的必需基团。

三、酶原与酶原的激活

多数酶在细胞合成时即具有活性,但有少数酶在细胞合成或初分泌时,没有催化活性,需要经过一定的加工才具有活性,这类无活性的酶的前体称为酶原(zymogen)。在适当条

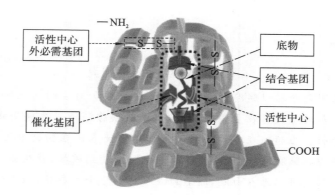

图 3-1 酶的活性中心示意图

件下或特定部位，无活性的酶原向有活性的酶转化的过程称为酶原的激活（zymogens activation）。酶原激活的实质是酶活性中心的形成或暴露过程。例如，胰蛋白酶原进入小肠后，在肠激酶的作用下，第 6 位赖氨酸残基和第 7 位异亮氨酸残基之间的肽键断裂，水解去除 N 端的一段六肽，分子构象发生改变，形成酶的活性中心，从而成为有催化活性的胰蛋白酶（图 3-2）。另外，胃蛋白酶原、弹性蛋白酶原、胰凝乳蛋白酶原及羧基肽酶原等也需经过水解切除一个或几个肽段后，才具有活性。

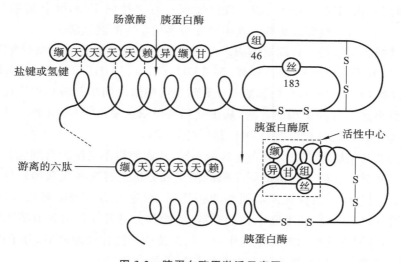

图 3-2 胰蛋白酶原激活示意图

　　酶原只能在特定的部位、环境和条件下被激活，表现出酶的活性，这一特点具有重要的生理意义。消化道蛋白酶以酶原形式分泌可避免胰腺的自身消化和细胞外基质蛋白遭受蛋白酶的水解破坏，同时还能保证酶在特定环境和部位发挥其催化作用。临床上急性胰腺炎就是因为各种原因引起胰蛋白酶原等在胰腺组织被激活所致。正常情况下，血管内的凝血因子以酶原形式存在，血液不凝固。一旦血管壁被破坏，一系列凝血因子被激活，凝血酶原被激活生成凝血酶，最终催化纤维蛋白原转变成纤维蛋白，产生血凝块以阻止机体大量失血，起到保护作用。

知识链接 --------------------------●

酶原激活与急性胰腺炎

正常胰腺可以分泌以胰淀粉酶、蛋白酶、脂肪酶等为主的消化酶。这些酶正常情况下大多以酶原的形式存在于胰腺细胞内,同时胰腺还能产生胰蛋白酶抑制物,抑制胰蛋白酶的活性。当胰腺在各种致病因子作用下使本应在肠道中被激活的胰蛋白酶原和糜蛋白酶原在胰腺内被激活,使胰腺组织细胞受到破坏,产生胰腺坏死,更为严重的是被激活的酶还可以进入血液,随着血液循环到达全身各处,造成致死性后果。

●-------------------------

四、同工酶

同工酶是指催化相同的化学反应,但酶蛋白的分子结构、理化性质甚至免疫学性质不同的一组酶。从分子遗传学角度看同工酶是由不同基因或复等位基因编码,催化相同反应,呈现不同功能的一组酶的多态型。由同一基因转录的 mRNA 前体经过可变剪接,生成的一系列酶也属于同工酶。即使同工酶在一级结构上有差异,但其活性中心的三维结构相同或相似,因而催化相同的化学反应。现已发现一百多种同工酶,如乳酸脱氢酶(lactate dehydrogenase,LDH)、肌酸激酶等。其中研究最多的是乳酸脱氢酶。

动物的乳酸脱氢酶是一种四聚体酶。由两种类型的亚基即骨骼肌型(M 型)和心肌型(H 型)按不同比例构成 5 种同工酶,即 LDH_1(H_4)、LDH_2(H_3M)、LDH_3(H_2M_2)、LDH_4(HM_3)和 LDH_5(M_4),它们都能催化乳酸与丙酮酸之间相互转化的反应。区带电泳是最常用的分离这 5 种同工酶的方法,从正极到负极依次是 LDH_1、LDH_2、LDH_3、LDH_4、LDH_5,其中 LDH_1 泳动速度最快,LDH_5 最慢(图 3-3)。

因同工酶在各组织器官中的分布与含量不同,从而使得不同组织与细胞具有不同的代谢特点及同工酶谱。我们可以借助同工酶的测定和分析进行某些疾病的辅助诊断。如心肌富含 LDH_1,当急性心肌梗死或心肌细胞损伤时,细胞内的 LDH_1 释放入血,使得血清 LDH_1 活性增强;LDH_5 在肝细胞中含量丰富,急性肝炎患者往往出现血清 LDH_5 活性明显增强,这一现象对疾病的诊断有辅助作用。同工酶的研究在代谢调节、分子遗传、生物进化、个体发育、细胞分化以及肿瘤研究方面均具有重要意义。

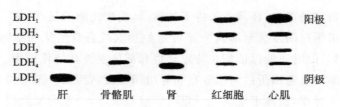

图 3-3 五种乳酸脱氢酶的分布

五、酶活性的调节

细胞内许多酶活性的高低,受多种因素影响,其中最主要的是对代谢途径中关键酶的调节,这种调节主要通过改变酶活性和酶含量来实现。细胞根据内外环境的变化调节关键酶的活性和含量,实现对细胞内物质代谢的调节。

(一)酶活性的调节

细胞对酶活性的调节主要有变构调节和化学修饰调节两种方式。

1. 变构调节 体内一些代谢物可与某些酶活性中心外的某个部位可逆结合,引起酶分子发生构象变化并改变其催化活性,对酶活性的这种调节方式称为变构调节(allosteric regulation),也称别构调节。引起变构效应的物质称为变构效应剂。酶分子中与变构效应剂结合的部位称为变构部位或调节部位。受变构调节的酶称为变构酶。变构酶一般是寡聚酶,除含有底物结合部位外,还含有调节物结合部位(变构部位)。当调节物结合到变构部位时,诱导酶的构象发生变化,从而增强或减弱酶的催化活性,调节代谢途径运行的速度。

2. 化学修饰调节 酶蛋白肽链上的部分基团可在某些酶的催化下,与一些化学基团共价结合或脱掉已结合的化学基团,从而影响酶的活性,酶活性的这种调节方式称为酶的化学修饰(chemical modification)调节或共价修饰调节。在化学修饰过程中,酶的活性发生无活性(或低活性)与有活性(或高活性)两种形式的互变。酶的化学修饰调节通常涉及酶分子特定部位的磷酸化/脱磷酸、腺苷化/脱腺苷、甲基化/脱甲基、乙酰化/脱乙酰基及—SH/—S—S—的互变,其中丝/苏氨酸残基的磷酸化和脱磷酸是最常见的化学修饰方式。化学修饰反应通过酶促反应完成,作用快,效率高,是体内快速调节的一种重要方式。

(二)酶含量的调节

通过改变细胞内酶的含量也能改变酶的活性。酶含量的调节主要通过诱导或阻遏酶蛋白的合成,或者改变酶蛋白的降解速度来实现。这种调节方式消耗 ATP 多,所需时间较长,属于迟缓调节。

六、酶的作用机制

(一)酶能显著降低反应的活化能

在化学反应中,反应物分子所含的能量高低不一,只有那些具备一定能量水平的活化分子才能发生化学反应。活化能是指在一定温度下,1 mol 反应物从基态转变成过渡态所需要的自由能,即过渡态中间物比基态反应物高出的那部分能量。通过加热等方法增加反应物的平均能量,或是降低反应所需的活化能,都能增加反应体系中活化分子的数目,加快反应的速度。酶与一般催化剂一样,可以通过降低反应的活化能来提高反应速率。而作为生物催化剂,酶分子活性中心通过次级键与底物的过渡态中间产物相互作用,可以显著降低反应的活化能,使底物分子只需获得极少的能量便可进入过渡态,生成相应的产物(图3-4)。

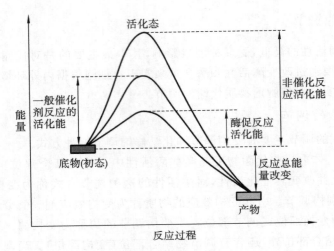

图 3-4　酶促反应活化能的改变示意图

（二）酶催化作用的机制

1. 中间产物学说与诱导契合学说　1913 年生物化学家 Michaelis 和 Menten 提出了酶-底物中间复合物学说。该学说认为,在酶促反应中,酶(E)首先必须与底物(S)结合生成酶-底物中间复合物(ES),ES 很不稳定,很快分解生成产物(P)和游离的酶。

$$E+S \Longleftrightarrow ES \longrightarrow P+E$$

早在 1894 年,由 Fisher 提出的"锁匙学说"认为酶与底物的结合更像是锁和钥匙的关系,是一种刚性结合,不能随便改变。此学说只能解释酶的绝对特异性和立体异构特异性,但对于相对特异性不能做出解答。直到 1958 年,D. E. Koshland 提出的"诱导契合"学说才成功解释了酶的各种特异性。酶-底物结合的"诱导契合"学说认为在酶与底物相互接近时,其结构相互诱导、相互变形和相互适应,进而相互结合(图 3-5)。酶的构象改变有利于与底物结合;底物在酶的诱导下也发生了形变,处于不稳定的过渡态,易受酶的催化攻击。过渡态的底物与酶的活性中心最相吻合,也最有利于酶的催化作用。

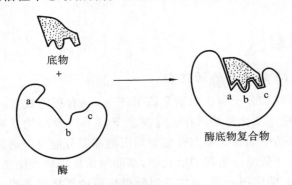

图 3-5　酶与底物结合的诱导契合学说示意图

2. 邻近效应与定向排列　如果有两个以上的底物参加反应,底物之间必须以正确的方向相互碰撞,才有可能发生反应。酶在催化过程中能将多种底物结合到酶的活性中心,使它们相互接近并形成有利于反应的正确定向关系。这种邻近效应与定向排列实际上是将分子间的反应转变成类似于分子内的反应,从而提高反应速率。

3. 表面效应 酶促反应中,酶的活性中心多由疏水基团形成疏水"口袋"。在此疏水环境中,底物分子脱溶剂化,排除周围大量水分子对酶和底物分子功能基团的干扰性吸引或排斥,防止水化膜的形成,有利于反应的进行,这种现象称为表面效应。

4. 多元催化 一般的催化剂通常只存在一种解离状态,在酸碱催化中或者是酸催化,或者是碱催化。而酶分子所含的多种功能基团具有不同的解离常数,即使同一种功能基团处于不同的微环境中,解离程度也有差异。酶活性中心内有些基团是质子供体(酸),有些基团是质子受体(碱),这些基团参与质子的转移,可使反应速率提高 $10^2 \sim 10^5$ 倍。这种催化作用称为酸-碱催化作用。酶对底物还具有亲核催化和亲电子催化作用。实际上许多酶促反应常常涉及多种催化机制的参与,共同完成催化反应。

第三节　影响酶促反应速度的因素

在组织细胞中,酶的含量极低,一般难以用酶的质量数表示。由于酶具有极强的催化效率,故常用酶的活性来表示酶在组织中的含量。酶活性的大小是以酶促反应速度来衡量的。酶促反应速度越快,酶活性越高。为避免反应进行过程中底物消耗和产物堆积等因素对反应速度的影响,通常酶促反应速度是指酶促反应开始时的速度,简称初速度。一般用酶活性单位来表示样品中酶含量的多少。国际生化学会酶学委员会规定:在特定的条件下,每分钟催化 1 μmol 底物转化为产物所需的酶量为 1 个国际单位。实际工作中,有时可根据具体的工作条件和酶的催化性质,采用特定的酶活性单位。临床检验中酶活性的测定,是在底物足量的情况下,测定单位时间内底物的减少量或产物的增加量,即酶促反应速度来反映酶活性的高低。

酶促反应动力学是研究酶促反应速度及其影响因素的科学。体外实验表明影响酶促反应速度的因素主要有酶浓度、底物浓度、pH 值、温度、抑制剂及激活剂等。研究酶促反应动力学具有重要的理论和实践意义。

一、底物浓度对反应速度的影响

在其他反应条件不变的情况下,底物浓度[S]的变化对反应速度的影响呈矩形双曲线(图 3-6)。当[S]很低时,反应速度随[S]的增加而呈正比增加(一级反应期);增加[S],反应速度有所增加,但不再呈正比关系(混合级反应期);在[S]已经很高的基础上继续增加[S],因酶的活性中心已被底物饱和,反应速度不再增加(零级反应期),达最大反应速度(maximum velocity,V_{max}),此时所有酶的活性中心均被底物所饱和。

(一)米氏方程

1913 年 Michaelis 和 Menten 根据酶-底物中间复合物学说,经过大量实验,得出单底物反应速度(v)与底物浓度[S]的数学关系式,即著名的米-曼方程,简称米氏方程(Michaelis equation):

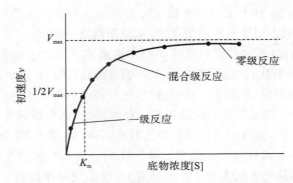

图 3-6 底物浓度与酶促反应速度的关系示意图

$$v = \frac{V_{\max}[S]}{K_m + [S]}$$

式中：v 为反应速度，$V_{\max}$ 值为最大反应速度，$[S]$ 为底物浓度，K_m 值为米氏常数。

（二）K_m 值与 $V_{\max}$ 值的意义

1. K_m 值 K_m 为酶促反应速度为最大反应速率一半时的底物浓度，其单位为 mol/L。当 v 等于 $V_{\max}$ 值的一半时，米氏方程可变换为

$$\frac{V_{\max}}{2} = \frac{V_{\max}[S]}{K_m + [S]}$$

经整理得 $K_m = [S]$。

2. K_m 值是酶的特征性常数之一 K_m 值与酶的结构、底物和反应环境的 pH 值、温度和离子强度有关，而与酶浓度无关。各种酶的 K_m 值是不同的，大多数酶的 K_m 值在 10^{-6} ~10^{-2} mol/L 之间。

3. K_m 值在一定条件下可表示酶对底物的亲和力 K_m 值越大，表示酶对底物的亲和力越小；K_m 值越小，酶对底物的亲和力越大。因为 K_m 值越小，意味着达到最大反应速率时的底物浓度越低，说明酶结合底物的能力越强。如果一种酶可以催化几种底物发生反应，就必然对每一种底物各有一个特定的 K_m 值，其中 K_m 值最小的底物是该酶的最适底物。最适底物与酶的亲和力最大。

4. $V_{\max}$ 值 $V_{\max}$ 值为酶完全被底物所饱和时的反应速度，是酶促反应的最大速度，与酶浓度呈正比。

二、酶浓度对反应速度的影响

当底物浓度足够大，即当 $[S] \gg [E]$ 时，反应中 $[S]$ 的变化可以忽略不计。此时，酶浓度越大，酶促反应速度越快，两者呈正比关系（图 3-7）。在细胞内，通过改变酶浓度来调节酶促反应速度，是细胞调节代谢速度的一种重要方法。

三、温度对反应速度的影响

温度对酶促反应速度的影响具有双重性。一方面，随着反应体系温度的升高，底物分子的热运动加快，分子碰撞的机会增加，酶促反应速度加快；另一方面，当温度升高到一定

临界值时,继续升高温度会使酶蛋白变性失活,反而使酶促反应速度降低(图 3-8)。大多数酶在 60 ℃时开始变性,80 ℃时变性已不可逆。酶促反应速度达最大时,反应系统的温度称为酶的最适温度。当反应温度低于最适温度时,每升高 10 ℃反应速度可提高 1.7～2.5 倍;当反应温度高于最适温度时,随着温度的升高,反应速度则因酶蛋白变性而降低。

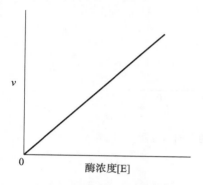

图 3-7　酶浓度对酶促反应速度的影响

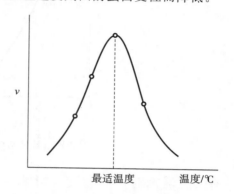

图 3-8　温度对酶促反应速度的影响

不同来源的酶最适温度有很大差别。哺乳动物组织中酶的最适温度多在 35～40 ℃之间;植物细胞酶的最适温度稍高,通常在 40～50 ℃之间;微生物细胞的酶最适温度差别较大,1965 年从美国黄石国家森林公园火山温泉中分离得到一种能在 70～75 ℃环境中生长的水生栖热菌(Thermus aquaticus),从该菌中提取到的 Taq DNA 聚合酶,其最适温度为 72 ℃,95 ℃时该酶的半寿期长达 40 min,此酶作为工具酶已被广泛应用于 DNA 的体外扩增。

酶的最适温度不是酶的特征性常数,它与反应持续的时间有关。在研究和使用酶时都应在最适温度下进行。低温可降低酶的活性,但一般不会使酶蛋白变性而破坏,随着温度的回升,酶的活性又恢复。临床上低温麻醉就是利用酶的这一性质以减慢细胞代谢速度,提高机体对氧和营养物质缺乏的耐受性,利于手术治疗。低温保存菌种和生物制剂也是基于这一原理。高温杀菌则是利用高温使酶蛋白变性失活,从而导致细菌快速死亡。

四、pH 值对反应速度的影响

环境 pH 值对酶活性影响很大,酶在一定的 pH 值范围内才有催化活性。环境 pH 值过高或过低均会使酶的活性下降甚至使其失活,从而降低酶促反应速度。环境 pH 值能够影响酶蛋白、底物或辅助因子中可解离基团的解离状态,从而影响酶的催化活性。当三者处于最佳解离状态时,酶促反应速度最快,酶活性最高。酶催化活性最高时反应体系的 pH 值称为酶的最适 pH(图 3-9)值。不同酶的最适 pH 值一般不相同,动物体内多数酶的最适 pH 值接近中性,但也有例外,如胃蛋白酶的最适 pH 值约为 1.5,肝精氨酸酶的最适 pH 值为 9.8。

酶的最适 pH 值也不是酶的特征性常数,其受到底物种类、缓冲液种类与浓度以及酶的纯度等因素的影响。溶液 pH 值高于或低于最适 pH 值时,酶活性都有所下降。因此,临床上患者出现酸碱平衡紊乱时要及时纠正,以保证酶促代谢过程的正常进行。在测定酶活性时,应选用适宜的缓冲液以保证酶活性的相对稳定。

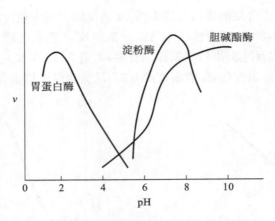

图 3-9　pH 值对酶促反应速率的影响示意图

五、激活剂对反应速度的影响

凡能使酶活性增加的物质统称为酶的激活剂。大多数激活剂为无机离子和小分子有机化合物。激活剂也可以是蛋白质类大分子。如 Cl^- 是唾液淀粉酶最强的激活剂，RNA酶需 Mg^{2+} 作为激活剂，脱羧酶需要 Mg^{2+}、Mn^{2+} 或 Co^{2+} 作为激活剂等。

激活剂的激活作用主要通过如下几条途径实现：①与酶分子中的氨基酸侧链基团结合，稳定酶的空间结构；②作为底物（或辅酶）与酶蛋白之间的桥梁；③作为辅酶或辅基的组成部分，协助酶完成催化作用。激活剂的作用并非固定不变的，一种酶的激活剂对另一种酶来说可能是抑制剂，不同浓度的激活剂对同一种酶活性的影响也不相同。根据功能的不同可将激活剂分为两类：必需激活剂和非必需激活剂。有些激活剂是酶促反应进行必不可少的，其作用类似底物，但不被反应所转变，这类激活剂称为必需激活剂。实际上这类激活剂本身就是酶的一部分，缺少时酶活性会丧失，如己糖激酶只有在 Mg^{2+} 存在时才有活性。有些激活剂不存在时，酶仍有一定的催化活性，但催化效率较低，加入激活剂后，反应大大加快，这类激活剂称为非必需激活剂。它们主要通过与酶、底物或酶-底物复合物结合以提高酶的催化活性，如 Cl^- 对唾液淀粉酶的激活作用属于此类。

六、抑制剂对反应速度的影响

凡能使酶活性下降而不引起酶蛋白变性的物质统称为酶的抑制剂（inhibitor，I）。加热、强酸等因素使酶发生变性而失活，不属于抑制作用范畴。抑制剂通过与酶活性中心或活性中心之外的调节位点结合而抑制酶的活性。根据抑制剂和酶作用方式及抑制作用是否可逆，可将酶的抑制作用分为不可逆性抑制作用与可逆性抑制作用两类。

（一）不可逆性抑制作用

抑制剂与酶活性中心内的必需基团以共价键结合，使酶失活。这种抑制剂一般不能用透析、超滤等简单的方法去除，属不可逆性抑制作用。不可逆性抑制剂可分成专一性不可逆抑制剂和非专一性不可逆抑制剂。

1. 专一性不可逆抑制剂　只能专一性地与酶活性中心内的某些必需基团不可逆结

合,引起酶的活性丧失,这种抑制剂称为专一性不可逆抑制剂。例如,敌敌畏、1059 等有机磷杀虫剂能专一地与胆碱酯酶活性中心的丝氨酸羟基结合,致使其失活,使胆碱能神经末梢分泌的乙酰胆碱不能及时分解而堆积,从而引起迷走神经过度兴奋,表现出一系列中毒症状。例如,恶心、呕吐、腹痛、腹泻、头晕、乏力、惊厥、昏迷等。临床上常通过用解磷定(PAM)解救有机磷化合物中毒患者,机制是解磷定能置换结合于胆碱酯酶上的磷酰基,从而解除有机磷化合物对羟基酶的抑制作用。

知识链接

案 例 分 析

王某,男,57 岁,因头晕、头痛、腹痛、呕吐、冒冷汗、流涎、胸闷、视力模糊等症状来医院就诊。了解病史:平日身体健康,不吸烟喝酒,无药物过敏史及特殊疾病。因数小时前喷洒农药(氧乐化果)后出现上述症状。

化学检查:血清胆碱酯酶活性偏低(<200 U/L,正常参考值:4300~10 500 U/L)。

讨论:

1. 如何对患者进行诊断?

2. 运用所学的知识,解释患者出现上述症状的原因。

3. 拟订治疗方案。

分析:

1. 根据有机磷农药接触史、临床表现,结合全血胆碱酯酶活性降低以及患者体表具有特殊的大蒜臭味,并排除其他中毒和疾病后,进行综合分析,可做出诊断。

2. 有机磷农药(敌百虫、敌敌畏、乐果等)能特异性地与胆碱酯酶结合,使酶失去活性。有机磷农药中毒时,由于胆碱酯酶活性受到抑制,乙酰胆碱水解减少,导致乙酰胆碱堆积,患者表现出胆碱能神经兴奋的一系列症状。

3. 有机磷农药中毒发病急、变化迅速,严重者可造成死亡,因此,必须分秒必争,积极抢救。①迅速清除毒物,防止毒物的继续吸收。②尽快给予特效解毒药,常用的解毒药有抗胆碱药(如阿托品)和胆碱酯酶复能剂(如解磷定、氯磷定等)两类。③对症治疗,加强护理、积极防治并发症。

2. 非专一性不可逆抑制剂 抑制剂与酶分子中一类或几类基团作用,不论是否为必需基团皆可共价结合,若必需基团被抑制剂结合可导致酶的失活,这种抑制剂称为非专一性不可逆抑制剂。某些重金属离子如 Pb^{2+}、Cu^{2+}、Hg^{2+} 及三价砷化合物的 As^{3+},能与酶分子的巯基(—SH)发生共价不可逆结合。许多以巯基作为必需基团的酶(巯基酶)会因此而遭受抑制,如化学毒剂"路易士气"作为砷化合物,能抑制巯基酶的活性,从而使人畜中毒。

二巯丙醇（british anti lewisite，BAL）或二巯丁二钠等含巯基的化合物可以逐渐置换出巯基酶而使酶恢复活性，是巯基酶中毒常用的解毒剂。

$$E\begin{smallmatrix}S\\S\end{smallmatrix}As-CH=CHCl+\begin{smallmatrix}CH_2-SH\\CH-SH\\CH_2-OH\end{smallmatrix}\longrightarrow E\begin{smallmatrix}SH\\SH\end{smallmatrix}+\begin{smallmatrix}CH_2-S\\CH-S\\CH_2-OH\end{smallmatrix}As-CH=CHCl$$

失活的酶　　　　　BAL　　　　巯基酶　　　BAL与砷化合物

知识链接

化学毒剂——路易士气

　　路易士气，糜烂性毒剂的一种，学名 β-氯乙烯二氯砷，因英文 lewisite 而得名，为无色油状液体，有刺激臭味，也能以蒸气、气溶胶的形式通过空气扩散。皮肤接触后，很快出现灼痛感及红斑、起疱等中毒症状；吸入后，能强烈刺激鼻、咽及上呼吸道，严重时能引发肺水肿；误食后，很快出现呕吐、腹痛、腹泻等症状。

　　路易士气由美国人 Capt. W. Lee Lewis 在 1918 年发明，是战争中常用的一种化学武器，在第一次、第二次世界大战中使用过，目前，世界上已经没有国家公开生产路易士气毒剂。

（二）可逆性抑制作用

可逆性抑制剂与酶和（或）酶-底物复合物以非共价键可逆性结合，使酶活性降低或消失。采用透析、超滤等方法可将抑制剂去除，酶的活性能够恢复。可逆性抑制作用遵守米氏方程。根据抑制剂和底物的关系，可逆性抑制作用又分为竞争性抑制作用、非竞争性抑制作用和反竞争性抑制作用三种。

1. 竞争性抑制作用　抑制剂与酶所催化的底物结构相似，能与底物竞争同一个酶的活性中心，阻碍底物与酶结合形成中间产物，这种抑制作用称为竞争性抑制作用（图 3-10）。由于抑制剂与酶的结合是可逆的，抑制程度取决于抑制剂与酶的相对亲和力和与[S]的相对比例。当[S]足够大时，竞争性抑制剂对酶的抑制作用可忽略不计，此时几乎所有的酶分子均可与底物作用，故仍可达到最大反应速度（V_{max}）。然而，由于竞争性抑制剂的干扰，为达到无抑制剂存在时的反应速度，所需的[S]将会增大，即在竞争性抑制剂存在时，酶与底物的亲和力下降，即 K_m 值变大。例如，丙二酸对琥珀酸脱氢酶的抑制作用属于竞争性抑制作用。琥珀酸脱氢酶可催化琥珀酸的脱氢反应，与琥珀酸结构类似的丙二酸为琥珀酸脱氢酶的竞争性抑制剂。该酶对丙二酸的亲和力远大于对琥珀酸的亲和力，当丙二酸的浓度仅为琥珀酸浓度的 1/50 时，酶的活性被抑制 50%。若增大琥珀酸的浓度，抑制作用可被

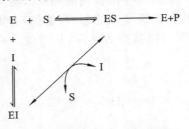

图 3-10　竞争性抑制作用示意图

减弱。

　　竞争性抑制作用可阐明临床上许多药物的作用机制。如磺胺类药物抑菌的机制也属于对酶的竞争性抑制作用。细菌在生长繁殖时，不能直接利用环境中的叶酸，只能在菌体内二氢叶酸合成酶的催化下，利用对氨基苯甲酸、谷氨酸和二氢蝶呤为底物，合成二氢叶酸（dihydrofolic acid，FH_2），进一步在 FH_2 还原酶的催化下合成四氢叶酸（FH_4）。磺胺类药物与对氨基苯甲酸的化学结构相似，竞争性结合 FH_2 合成酶的活性中心，从而抑制 FH_2 和 FH_4 的合成，干扰一碳单位代谢，使核酸合成受阻，细菌的繁殖受到抑制（图 3-11）。人体能直接利用食物中的叶酸，所以体内核酸合成不受磺胺类药物的干扰。根据竞争性抑制作用的特点，为达到有效的抑菌效果，服用磺胺类药物时必须保持血液中足够高的药物浓度。

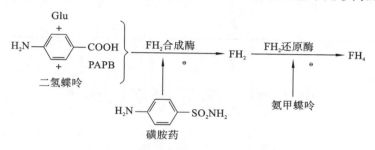

图 3-11　磺胺类药物的抑菌作用示意图

　　2. 非竞争性抑制作用　非竞争性抑制剂与底物的结构一般无相似之处，这些抑制剂与酶活性中心外的必需基团可逆地结合，故酶与抑制剂结合后不影响酶与底物的结合，酶和底物结合后也不影响酶与抑制剂的结合。抑制剂与底物无竞争关系。但形成的酶-底物-抑制剂复合物（ESI）不能进一步释放产物。这种抑制作用称为非竞争性抑制作用。非竞争性抑制作用的特点是不能通过增加底物浓度的方法解除抑制剂对酶的抑制作用。非竞争性抑制作用示意图见图 3-12。

　　ESI 不能释放产物，当抑制剂浓度增加时，酶促反应的 V_{max} 值因非竞争性抑制剂的存在而降低，降低的幅度与抑制剂的浓度相关；而无论抑制剂的浓度如何变化，非竞争性抑制作用不改变酶与底物的亲和力，即酶促反应的表观 K_m 值不变。

　　3. 反竞争性抑制作用　此类抑制剂与上述两种抑制作用不同。反竞争性抑制剂仅与酶和底物形成的中间产物（ES）结合，使中间产物 ES 的量下降。这样既减少了从中间产物转化为产物的量，同时也减少了从中间产物解离出游离酶和底物的量。这种抑制作用称为反竞争性抑制作用。其抑制作用示意图见图 3-13。

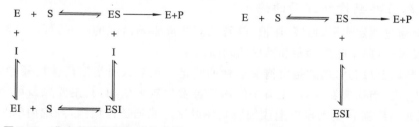

图 3-12　非竞争性抑制作用示意图　　　　图 3-13　反竞争性抑制作用示意图

此类抑制作用可使反应的 V_{max} 值和表观 K_m 值均降低。

现将三种可逆性抑制作用总结于表 3-1。

表 3-1　各种可逆性抑制作用比较

作用特征	无抑制剂	竞争性抑制	非竞争性抑制	反竞争性抑制
与 I 结合的组分		E	E、ES	ES
I 与 E 结合的部位		酶的活性中心	酶活性中心外的必需基团	中间产物
形成的复合物		EI	EI、ESI	ESI
动力学参数				
表观 K_m	K_m	增大	不变	减小
最大速度	V_{max}	不变	降低	降低

第四节　酶与医学的关系

一、酶与疾病的关系

（一）酶与疾病的发生

临床研究发现许多疾病的发病机制直接或间接地与酶的结构异常或酶活性受到抑制相关。已发现的 140 多种先天性代谢缺陷中，很多是由先天性或遗传性酶缺乏所致。例如，酪氨酸酶缺乏引起白化病；苯丙氨酸羟化酶缺乏使苯丙氨酸和苯丙酮酸在体内堆积，高浓度的苯丙氨酸可抑制 5-羟色胺的生成，导致精神幼稚化；积聚的苯丙酮酸经肾排出，表现为苯丙酮酸尿症。

许多疾病在发生发展过程中也会引起酶的异常，而这种异常往往会进一步加重病情。例如，急性胰腺炎发生时，许多由胰腺合成的蛋白水解酶酶原在胰腺被激活，酶原的过早激活会造成胰腺组织蛋白质的自身水解破坏，导致病情加重的恶性循环。

临床上肿瘤细胞的扩散转移一直是一个治疗上的难题，肿瘤细胞的扩散原因之一就是瘤组织局部蛋白水解酶活性高，如胶原酶及组织蛋白酶 B 可使细胞间粘连蛋白水解，瘤细胞脱落而浸润扩散。

（二）酶在疾病诊断方面的应用

临床上通过测定血清、血浆、尿液、脑脊液等体液中酶活性的改变，可以反映某些疾病的发生和发展，有助于临床诊断和预后的判断。

目前，临床上最为常用的是血清酶活性的测定。正常人血清酶活性比较稳定，波动在一定的范围内。当疾病发生时，血清酶的活性会发生较大变动，其主要原因可归纳为几个方面：①某些组织器官受到损伤造成细胞破坏或细胞膜通透性增强，细胞内的某些酶可大量释放入血。例如，急性胰腺炎时血清和尿中淀粉酶活性增强；急性肝炎或心肌炎时血清转氨酶活性增强等。②细胞的转换率增大，其特异的标志酶可释放入血。例如，前列腺癌患者可释放大量酸性磷酸酶入血。③酶的合成或诱导增强。例如，巴比妥盐类或酒精可诱导肝中 γ-谷氨酰转移酶生成增多。④酶的清除受阻也可引起血清酶的活性增强。肝硬化时血清碱性磷酸酶不能被及时清除，胆管阻塞影响了血清碱性磷酸酶的排泄，均可造成血清中此酶的含量明显升高。⑤肝脏功能障碍。由于许多酶的合成、降解、排泄均在肝脏进行，肝功能发生严重障碍时，会影响这类酶的含量变化。如血清凝血酶原、凝血因子Ⅶ等含量下降。此外，许多遗传性疾患是由于先天性缺乏某种有活性的酶所致，故婴儿在出生前，可从羊水或绒毛中检出该酶的缺陷或其基因表达的缺陷，从而可采取早期流产，防患于未然。据统计，酶的测定约占当前临床化学检验总量的 25%，可见酶在临床诊断中的重要作用。

（三）酶在疾病治疗方面的应用

酶制剂作为药物已广泛应用于临床疾病的治疗中。

1. 替代治疗 酶作为药品最早用于助消化，现在已扩大到消炎、抗凝、促凝、降压等各个方面。如因消化腺分泌不足导致的消化不良，可补充胃蛋白酶、胰蛋白酶、胰脂肪酶及胰淀粉酶等以助消化。

2. 抗菌治疗 许多药物可通过抑制生物体内的某些酶来达到治疗目的。凡能阻断或抑制细菌重要代谢途径中的酶活性，便可达到杀菌或抑菌的目的。如前面所述的磺胺类药物引起细菌的核酸合成障碍而阻碍其生长、繁殖。氯霉素因抑制某些细菌的转肽酶活性，而抑制其蛋白质的生物合成。某些对青霉素耐药的细菌，是因为该类细菌生成一种能水解青霉素的 β-内酰胺酶。新设计的 β-内酰胺类抗生素具有不被该酶水解的结构特点，如头孢西丁，其被 β-内酰胺酶分解的速度只有青霉素的 10 万分之一。

3. 抗癌治疗 肿瘤细胞有其独特的代谢方式。人们试图阻断相应的酶活性，以达到遏制肿瘤生长的目的。L-天冬酰胺是某些肿瘤细胞的必需氨基酸，若给予能水解 L-天冬酰胺的天冬酰胺酶，则肿瘤细胞会因为必需氨基酸被剥夺而趋于死亡。又如氨甲蝶呤、5-氟尿嘧啶、6-巯基嘌呤等，都是核苷酸代谢途径中相关酶的竞争性抑制剂，可通过使肿瘤细胞的核酸代谢障碍而抑制其增殖。

4. 对症治疗 如利用胰蛋白酶、胰凝乳蛋白酶、链激酶、尿激酶、纤溶酶、溶菌酶、木瓜蛋白酶、菠萝蛋白酶等进行外科扩创、化脓伤口的净化、浆膜粘连的防治和一些炎症的治疗；利用链激酶、尿激酶、纤溶酶等防治血栓的形成，用于心、脑血管栓塞的治疗。

5. 调整代谢、纠正紊乱 如精神抑郁症系由脑中兴奋性神经递质（如儿茶酚胺类）与抑制性神经递质的不平衡所致，给予单胺氧化酶抑制剂，可减少儿茶酚胺类的代谢灭活，提高突触中儿茶酚胺类的含量而达到抗抑郁的效果，这是许多抗抑郁药的设计依据。

6. 核酶与抗体酶 核酶的临床治疗比较适用于艾滋、肝炎等病毒感染性疾病。人类免疫缺陷病毒（HIV）等病毒突变率很高，用免疫学方法很难检测，但其基因组中有些区域如启动子、剪接信号区的碱基序列较为保守，针对这些保守序列设计的核酶可有效地识别作用于病毒基因，减少突变体的逃避。抗体酶研究是酶工程研究的前沿之一，指的是具有催化功能的抗体分子，可以催化底物发生构象的转变进而发生反应。制取抗体酶的技术简单，可大量生产，可用来制备自然界中不存在的新酶种，为临床治疗提供更丰富的思路。

二、酶在医药学上的其他应用

此外,酶学知识还可服务于产前诊断、优生优育,药物设计,基因工程、临床检验、标记测定等。总之,随着化学技术的不断发展,新的酶制剂会不断问世,必将在工农业生产、医疗服务、药物研究等各个领域发挥更大的作用。

小 结

酶是由活细胞产生的能在体内外起催化作用的一类特殊的蛋白质。结合酶由酶蛋白和辅助因子组成,只有全酶才具有催化作用。

酶促反应的特点:对底物具有极高的催化效率、高度的专一性、高度不稳定性以及其活性具有可调节性。酶的专一性包括绝对专一性与相对专一性。酶催化效率之高,关键是降低了反应的活化能。

酶的活性中心是酶分子中能与底物特异地结合并催化底物转变为产物的具有特定三维结构的区域。活性中心内外的必需基团对于维持酶活性中心的构象是不可或缺的。酶原是无活性的酶前体。酶原激活的实质是酶的活性中心形成或暴露的过程。同工酶是指催化相同的化学反应,但酶蛋白的分子结构、理化性质乃至免疫学性质不同的一组酶。

酶促反应速率受多种因素的影响,如底物浓度、酶浓度、温度、pH 值、激活剂和抑制剂等。米氏方程揭示了单底物反应时底物浓度和酶促反应速度的关系。K_m 值等于反应速率为最大反应速率一半时的底物浓度,在一定程度上可反映酶与底物亲和力的大小。

根据抑制剂和酶作用方式及抑制作用是否可逆,可将酶的抑制作用分为不可逆性抑制与可逆性抑制两类。根据抑制剂和底物的关系,可逆性抑制作用又分为竞争性抑制、非竞争性抑制和反竞争性抑制三种。竞争性抑制剂存在时表观 K_m 增大,V_{max} 不变;非竞争性抑制剂存在时 K_m 不变,V_{max} 下降;反竞争性抑制剂存在时表观 K_m 和 V_{max} 均降低。

能力检测

能力检测答案

一、单项选择题

1. 丙二酸对琥珀酸脱氢酶的抑制是(   )。

A. 不可逆性抑制   B. 竞争性抑制   C. 非竞争性抑制

D. 反竞争性抑制   E. 反馈抑制

2. 关于酶活性中心的叙述,哪项不正确?(   )

A. 酶与底物接触只限于酶分子上与酶活性密切相关的较小区域

B. 必需基团可位于活性中心之内,也可位于活性中心之外

C. 一般来说,总是多肽链的一级结构上相邻的几个氨基酸的残基相对集中,形成酶的活性中心

D. 酶原激活实际上就是完整的活性中心形成的过程

E. 当底物分子与酶分子相接触时,可引起酶活性中心的构象改变

3. 下列关于酶蛋白和辅助因子的叙述,哪一点不正确?(   )

A. 酶蛋白或辅助因子单独存在时均无催化作用

B. 一种酶蛋白只与一种辅助因子结合成一种全酶

C. 一种辅助因子只能与一种酶蛋白结合成一种全酶

D. 酶蛋白决定结合酶反应的专一性

E. 辅助因子直接参加反应

4. 有机磷酸酯农药抑制的酶是(   )。

A. 胆碱酯酶   B. 己糖激酶   C. 琥珀酸脱氢酶

D. 柠檬酸合成酶   E. 异柠檬酸脱氢酶

5. K_m 值是指反应速度为 $\frac{1}{2}V_{max}$ 时的(   )。

A. 酶浓度   B. 底物浓度   C. 抑制剂浓度   D. 激活剂浓度   E. 产物浓度

6. 乳酸脱氢酶同工酶有(   )。

A. 2 种   B. 3 种   C. 4 种   D. 5 种   E. 6 种

7. 酶原之所以没有活性是因为(   )。

A. 酶蛋白肽链合成不全   B. 活性中心未形成或未暴露

C. 酶原是普通的蛋白质   D. 缺乏辅酶或辅基

E. 是已经变性的蛋白质

8. 酶与无机催化剂催化反应不同的是(   )。

A. 不改变反应平衡点   B. 反应前后质和量不变

C. 催化活性的可调节性   D. 只催化热力学上允许的反应

E. 催化效率不高

9. 有关体内酶促反应特点的叙述,错误的是(   )。

A. 只能催化热力学上允许进行的反应   B. 可大幅降低反应活化能

C. 温度对酶促反应速度没有影响   D. 具有可调节性

E. 具有高催化效率

10. 下列关于酶促反应调节的叙述,正确的是(   )。

A. 底物饱和时,反应速度随酶浓度增加而增加

B. 反应速度不受酶浓度的影响

C. 温度越高反应速度越快

D. 在最适 pH 值下,反应速度不受酶浓度的影响

E. 反应速度不受底物浓度的影响

11. 有关同工酶概念的叙述,错误的是(   )。

A. 同工酶催化不同的底物反应   B. 同工酶的免疫性质不同

C. 同工酶常由几个亚基组成   D. 同工酶的理化性质不同

E. 不同器官的同工酶谱不同

二、简答题

1. 以酶原的激活为例，说明蛋白质结构与功能的关系。

2. 试述影响酶活性的因素及它们是如何影响酶的催化活性的？

（熊　书）

第四章
维生素与无机盐

学习目标

掌握:脂溶性和水溶性维生素的生理功能及缺乏症。钙、磷的吸收与排泄及其影响因素。

熟悉:B族维生素的活性形式及与辅酶的关系,钙、磷代谢的调节,各种微量元素的主要生理功能。

了解:维生素的性质和来源,钙、磷的含量、分布及微量元素代谢。

本章PPT

维生素又称维他命,是维持机体正常生命活动所必需的一类小分子有机化合物。通常情况下,人体不能合成或合成量很少,必须由食物提供。维生素既不是机体组织和细胞的组成成分,也不是供能物质。维生素参与机体内的酶促反应,在调节人体物质代谢、维持正常生理功能及促进生长发育等方面发挥着极其重要的作用。长期缺乏某种维生素可导致物质代谢障碍,并出现相应的维生素缺乏症。

无机元素对维持人体正常生理功能必不可少,按人体每日需要量的多少可分为微量元素(trace element)和常量元素(macroelentent),微量元素指人体每日需要量在 100 mg 以下的化学元素,主要包括铁、碘、铜、锌、锰、硒、氟、钥、钴、铬等。常量元素主要有钠、钾、氯、钙、磷、镁等。微量元素在维持人体健康方面具有重要作用,缺乏时,可使机体代谢过程及生理功能改变而导致疾病发生。

知识链接

维生素的发现与命名

维生素的发现是 19 世纪的伟大发现之一。

1897 年,艾克曼在爪哇发现只吃精磨的白米即可患脚气病,未经碾磨的糙米能治疗这种病,并发现可治脚气病的物质能用水或酒精提取,当时称这种物质为"水溶性B"。

1906 年,研究证明食物中含有除蛋白质、脂类、碳水化合物、无机盐和水以外的

"辅助因素",其量很小,但为动物生长所必需。

1911 年卡西米尔·冯克鉴定出在糙米中能对抗脚气病的物质是胺类(一类含氮的化合物),它是维持生命所必需的,所以建议命名为"Vitamine"(即 Vital(生命的)amine(胺))。以后陆续发现的维生素化学结构与性质不同,生理功能不同。许多维生素根本不含胺,也不含氮,因此将最后字母"e"去掉即为 vitamin。

第一节　脂溶性维生素

脂溶性维生素包括维生素 A、维生素 D、维生素 E、维生素 K 四种。它们的主要特点如下:①难溶于水,易溶于脂类及脂肪性溶剂;②当脂类吸收发生障碍时,常导致脂溶性维生素缺乏;③体内储存量较多,主要在肝脏中,长期过量摄入可引起中毒。

一、维生素 A

(一) 化学结构与性质

维生素 A(图 4-1)又名抗干眼病维生素,是由 β-白芷酮环和两分子异戊二烯构成的多烯化合物,呈淡黄色。天然的维生素 A 有 A_1(视黄醇)和 A_2(3-脱氢视黄醇)两种形式。维生素 A 在体内的活性形式有视黄醇、视黄醛和视黄酸三种。其分子结构主要有全反式和 11-顺式两种异构体。维生素 A 化学性质活泼,在空气中易被氧化,或受紫外线照射而破坏,故维生素 A 制剂应在棕色瓶内避光保存。

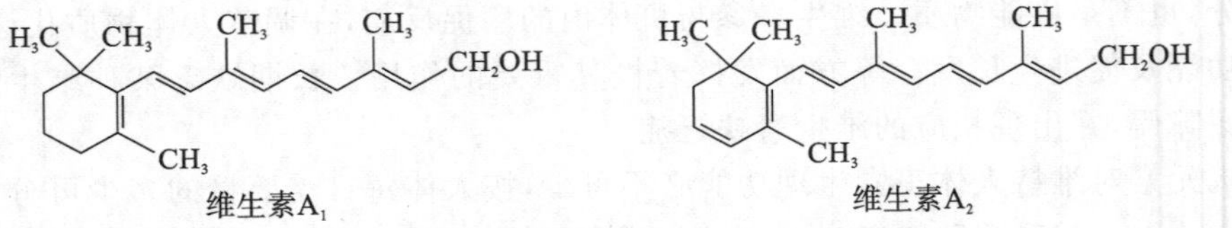

图 4-1　维生素 A_1 和维生素 A_2 的分子结构

(二) 来源

维生素 A 主要来源于动物性食物,如鱼类、肝、肉类、蛋黄、乳制品、鱼肝油等。其中,维生素 A_1 主要存在于动物肝脏、血液和眼球的视网膜中,是天然维生素 A 的主要存在形式;维生素 A_2 主要存在于淡水鱼的肝脏中。植物性食物不含维生素 A,但红色、橙色、深绿色植物中含有丰富的 β-胡萝卜素(图 4-2),能在动物体内肠壁及肝中转变成维生素 A,称为维生素 A 原。在小肠黏膜细胞的 β-胡萝卜素加氧酶的作用下,1 分子 β-胡萝卜素加氧断裂,可生成 2 分子维生素 A_1。

(三) 生理功能与缺乏症

1. 构成视觉细胞内感光物质　维生素 A 是视杆细胞的感光物质视紫红质的组成成分,视紫红质由视蛋白和 11-顺-视黄醛组成,可保证视杆细胞持续感光,出现暗视觉。维生

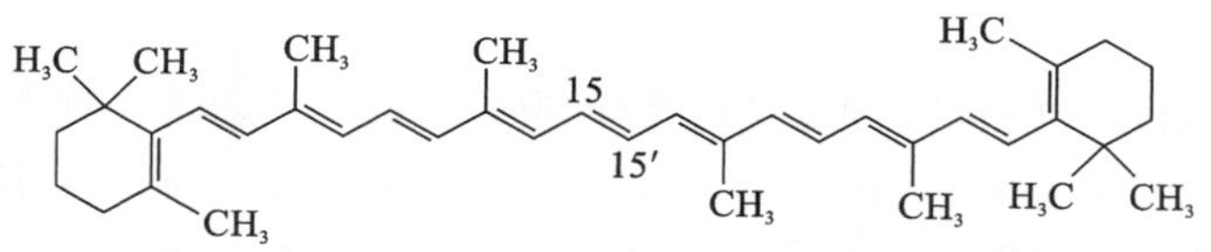

图 4-2 β-胡萝卜素的分子结构

素 A 缺乏时,可导致 11-顺-视黄醛补充不足,视杆细胞中视紫红质合成减少,感受弱光困难,使暗适应时间延长,严重时会出现夜盲症。

2. 维持上皮组织结构的完整和健全 维生素 A 能促进组织发育和分化所必需的糖蛋白的合成。维生素 A 缺乏可引起上皮组织干燥、增生和角化等,主要以眼、呼吸道、消化道等的黏膜上皮受影响最为显著。眼部病变表现为泪腺上皮角化,泪液分泌受阻以致角膜、结合膜干燥产生眼干燥症,还有结膜干燥斑(毕脱斑)、角膜软化症等。皮脂腺及汗腺角化时,皮肤干燥、脱屑、毛囊周围角化过度,发生毛囊丘疹与毛发脱落。

3. 促进生长、发育及繁殖 维生素 A 参与类固醇合成,影响细胞分化,从而影响生长发育。维生素 A 缺乏可造成儿童生长发育迟缓,骨骼成长不良,生殖功能减退,味觉、嗅觉下降,食欲不振。

4. 防癌作用 实验证明,缺乏维生素 A 的动物对化学致癌物更敏感,易诱发肿瘤。此外,β-胡萝卜素能直接消灭自由基,是机体有效的抗氧化剂,在防止脂质过氧化,预防心血管疾病、肿瘤及延缓衰老等方面均有重要意义。

过多摄入维生素 A 会导致中毒,临床表现为毛发易脱、皮肤干燥、瘙痒、烦躁、厌食、肝大及易出血等。

二、维生素 D

(一)化学结构与性质

维生素 D 又名抗佝偻病维生素或钙化醇,是类固醇的衍生物,主要包括维生素 D_2(麦角钙化醇)和维生素 D_3(胆钙化醇)两种,其中以 D_3 最为重要,其化学结构如图 4-3 所示。

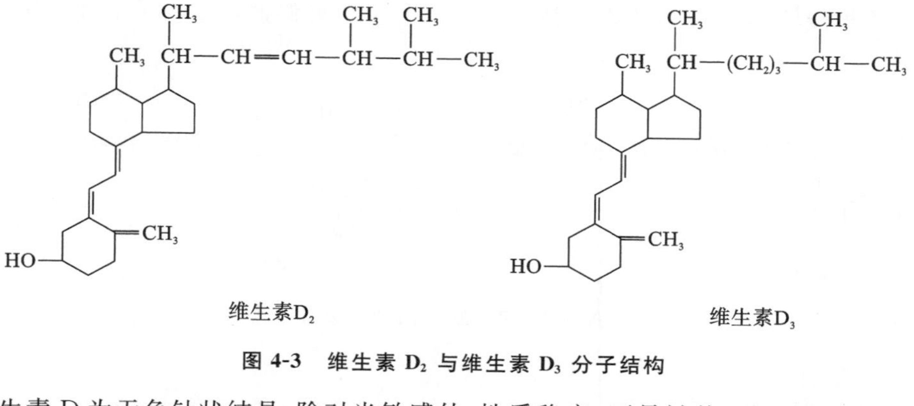

维生素 D_2 　　　　　　　　维生素 D_3

图 4-3 维生素 D_2 与维生素 D_3 分子结构

维生素 D 为无色针状结晶,除对光敏感外,性质稳定,不易被热、酸、碱和氧破坏,故通常烹调方法不会使其损失。含维生素 D 的药剂均应保存在棕色瓶中。

（二）来源

维生素 D_2 来自植物性食物,植物油和酵母中含有的麦角固醇经日光或紫外线照射,转变为可被人体吸收的维生素 D_2,因此麦角固醇被称为维生素 D_2 原。人体皮肤中的 7-脱氢胆固醇经日光或紫外线照射后可转化为维生素 D_3,被称为维生素 D_3 原。一般情况下,成年人暴露于日光下的面部和手臂皮肤光照 10 min,所合成的维生素 D_3 足够维持机体需要,因此多晒太阳是预防维生素 D 缺乏的主要方法之一。

（三）生理功能与缺乏症

1. 维生素 D 的生理功能　维生素 D 自身没有生物活性,食物中的维生素 D 进入人体后,先以乳糜微粒的形式入血,在血液中与其特殊的载体蛋白结合后被运输到肝脏,经 25-羟化酶催化生成 25-(OH)-D_3,然后在肾脏 1-羟化酶的催化下,转化成 1,25-(OH)$_2$-D_3（骨化三醇）才具有生物活性。1,25-(OH)$_2$-D_3 的靶组织主要是小肠黏膜、肾小管和骨骼,其主要功能有:调节钙、磷代谢,促进肾小管对钙、磷的重吸收;促进骨骼的钙化,健全骨骼及牙齿,有效地预防佝偻病和骨质疏松的发生。

2. 维生素 D 缺乏症　婴幼儿、儿童、青少年体内维生素 D 不足,会导致肠道钙和磷吸收不足,引起血液中钙、磷含量下降,导致骨骼、牙齿不能正常发育,临床表现为手足抽搐,严重时可导致维生素 D 缺乏性佝偻病;成人缺乏维生素 D 可引起骨质软化症(亦称软骨病),长期缺乏户外活动、日照不足及周围环境污染严重的工业城市居民中,本病反而多见,女性高于男性。血钙水平降低时可引起骨质疏松症,临床表现为肌肉痉挛、小腿抽筋、惊厥等。

三、维生素 E

（一）化学结构与性质

维生素 E 包括生育酚和生育三烯酚两大类(图 4-4),都是 6-羟基苯骈二氢吡喃的衍生物。根据环上甲基的数目和位置不同,每一类又分为 α、β、γ、δ 四种。自然界中以 α-生育酚活性最强、分布最广。维生素 E 为微带黏性的淡黄色油状物,无氧条件下对热稳定,加热至 200 ℃也不被破坏,但在空气中极易被氧化。维生素 E 可保护其他物质不被氧化,具有抗氧化作用。

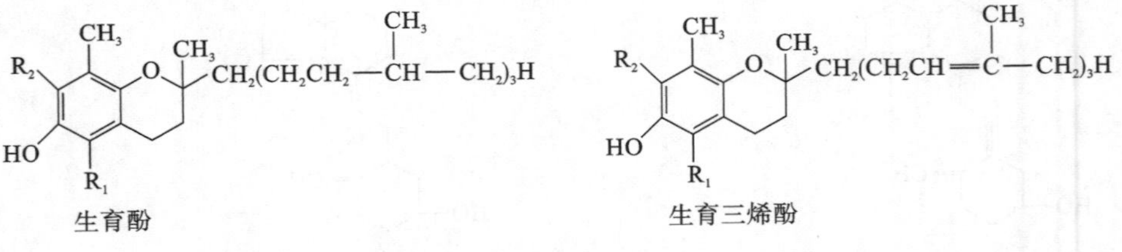

图 4-4　维生素 E 的分子结构

（二）来源

维生素 E 主要存在于植物油、油性种子、水果、蔬菜及麦芽中,以植物种子油中含量最为丰富。冷冻储存的食物中生育酚会大量丢失。

（三）生理功能与缺乏症

1. 抗氧化作用 维生素 E 具有强还原性，是体内抗过氧化物的第一道防线，能捕捉体内的自由基如超氧离子、过氧化物等，防止机体生物膜的不饱和脂肪酸被氧化产生脂质过氧化物，保护生物膜的结构与功能。缺乏维生素 E 时，红细胞膜的不饱和脂肪酸被氧化破坏，容易发生溶血。临床上其常用于防治心肌梗死、动脉硬化、巨幼红细胞贫血等。

2. 与动物生殖功能有关 缺乏维生素 E 的动物可导致生殖器官受损而不育。雌性动物因胚胎和胎盘萎缩引起流产，雄性动物睾丸萎缩而不产生精子。维生素 E 对人体生殖功能的影响尚不明确，至今未发现因维生素 E 缺乏导致的不育症，但临床上其常用于防治先兆流产和习惯性流产。

3. 促进血红素合成 维生素 E 能提高血红素合成过程中的关键酶 δ-氨基-γ-酮戊酸（ALA）合酶和 ALA 脱水酶的活性，从而促进血红素的合成。新生儿缺乏维生素 E 可引起贫血，这可能与血红蛋白合成减少及红细胞寿命缩短有关。

4. 抗衰老作用 动物实验发现，在衰老组织的细胞内会出现色素颗粒，且随着年龄增长色素颗粒增加。这种颗粒是不饱和脂肪酸氧化生成的过氧化物与蛋白质结合的复合物，不易被酶分解或排出而在细胞内蓄积，给予维生素 E 治疗后，既可以减少衰老细胞中的色素颗粒，还可以减轻性腺萎缩、改善皮肤弹性等。因此维生素 E 在抗衰老方面具有重要意义。

人类尚未发现维生素 E 缺乏症，与维生素 A 和维生素 D 不同，即使一次性服用高出常用剂量 50 倍的维生素 E，也未发现中毒现象。

知识链接

维生素 E 的抗衰老及美容作用

近年来，维生素 E 多被用来抗衰老，这与维生素 E 能防止不饱和脂肪酸氧化有关。清除自由基的肌肤自然就健康。维生素 E 能中和自由基，将因日晒、污染、压力产生的自由基消除，保护肌肤组织，改善皮肤弹性，使肌肤不至于过早出现细纹、松弛的状况，还能促进皮肤微血管循环，使脸色看起来自然红润有活力。因而，维生素 E 在抗衰老方面有重要的意义。

四、维生素 K

（一）化学结构与性质

维生素 K 又名凝血维生素，天然维生素 K 有维生素 K_1 和维生素 K_2 两种（图 4-5），都是 2-甲基-1,4-萘醌的衍生物；维生 K_3、维生素 K_4 是人工合成的，能溶于水，可口服及注射，已应用于临床。维生素 K_1 是黄色油状物，维生素 K_2 是淡黄色结晶，化学性质均较稳定，不溶于水，能溶于醚等有机溶剂，耐热和酸，但易被紫外线和碱分解，故应保存在棕色瓶内。

（二）来源

维生素 K 分布较广，深绿色蔬菜及优酪乳是日常饮食中容易获得的维生素 K 补给品。

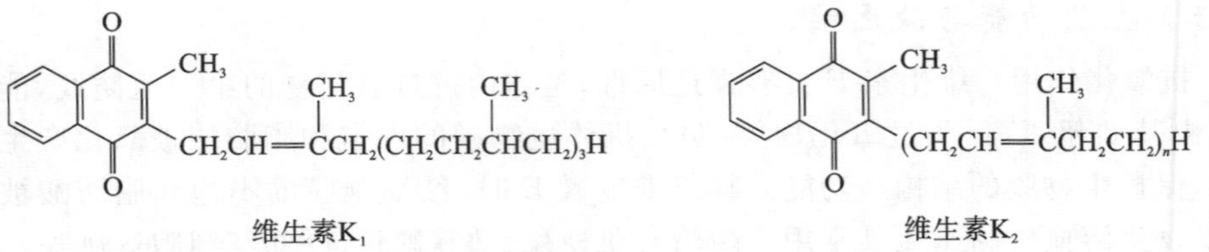

图 4-5　维生素 K_1 和维生素 K_2 的分子结构

维生素 K_1 又名绿醌,最初是从苜蓿中得到的,主要存在于深绿色蔬菜(如甘蓝、菠菜、莴苣、花椰菜等)和植物油中。动物性来源的维生素 K_2 是从细菌和鱼粉中分离得到的,生理状况下由人体肠道正常菌群合成(占 $50\%\sim60\%$),是人体维生素 K 的主要来源。

（三）生理功能与缺乏症

1. 促进凝血因子从无活性到有活性的转化　凝血因子Ⅱ、Ⅶ、Ⅸ、Ⅹ在肝中初合成时是无活性的前体,这些无活性的前体需要在 γ-谷氨酰羧化酶的催化下才能转变为活性形式,而维生素 K 是 γ-谷氨酰羧化酶的辅酶,能促进这些凝血因子的合成而加速血液凝固,是目前常用的止血剂之一。

2. 促进骨代谢及减少动脉硬化　骨中的骨钙蛋白和骨基质 γ-羧基谷氨酸蛋白(骨 Gla 蛋白,骨钙素)都是维生素 K 的依赖蛋白。研究表明,服用低剂量维生素 K 的妇女,其骨盐密度明显低于服用大剂量维生素 K 时的骨盐密度。此外,大剂量的维生素 K 可以降低动脉硬化的危险。

维生素 K 广泛分布于动植物组织中,体内肠道细菌也能合成,人体一般不易缺乏。由于维生素 K 不能通过胎盘,新生儿出生时肠道内无细菌,故新生儿特别是早产儿有可能因维生素 K 缺乏而具有出血倾向,尤其是颅内出血,应适当补充;胰腺疾病、肠道疾病、小肠黏膜萎缩、脂肪便、长期服用抗生素及肠道灭菌药均可能引起维生素 K 缺乏。维生素 K 缺乏时,会出现凝血因子合成障碍,可导致凝血迟缓,易引起皮下、肌肉、胃肠道出血。

第二节　水溶性维生素

水溶性维生素包括 B 族维生素和维生素 C,其主要特点:①均有较好的水溶性;②水溶性维生素均能迅速被机体吸收;③除维生素 B_{12} 和大部分叶酸与蛋白质结合转运外,其余的水溶性维生素均可在体液中自由转运;④多数体内储存不多,机体摄入过多可由尿排出,必须经常补充(维生素 B_{12} 除外,维生素 K 更易储存于体内),不会因体内蓄积而中毒。

B 族维生素的主要生理功能是构成酶的辅助因子,直接影响某些催化反应;维生素 C 既作为某些酶的辅助因子,又是体内重要的还原剂,参与体内的催化反应和氧化还原反应。

一、维生素 B_1

（一）化学性质及来源

维生素 B_1 又名抗脚气病维生素,由含硫的噻唑环和含氨基的嘧啶环通过甲烯基连接而成,属于胺类,故称为硫胺素。维生素 B_1 的纯品为白色结晶,极易溶于水,耐酸,在中性或碱性环境中不稳定,遇光和热效价下降,故应置于避光、阴凉处保存,不宜久置。维生素 B_1 易被小肠吸收,入血后主要在肝及脑组织中经硫胺素焦磷酸激酶催化生成焦磷酸硫胺素(TPP)才能发挥作用,TPP 是维生素 B_1 在体内的活性形式(图 4-6)。

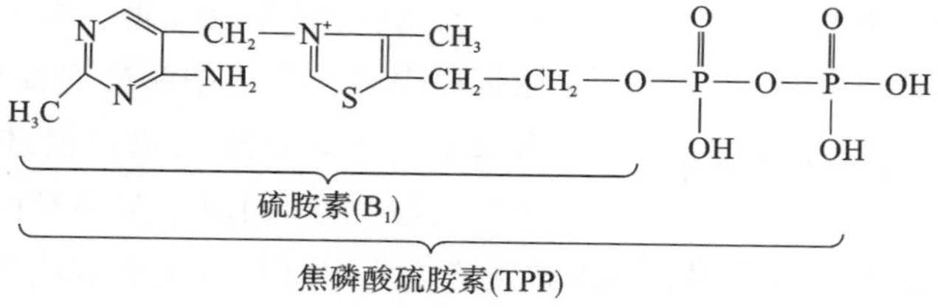

图 4-6 维生素 B_1 的活性形式

维生素 B_1 的来源广泛,在种子的外皮、胚芽、黄豆、酵母、瘦肉及新鲜蔬菜中都含有丰富的维生素 B_1。人体所需的维生素 B_1 全部从食物中摄取。当硫胺素进入体内后主要由小肠吸收,然后入血在硫胺素焦磷酸激酶的作用下生成硫胺素焦磷酸(TPP)。

（二）生理功能及缺乏症

1. 参与糖代谢 维生素 B_1 是羧化辅酶的主要成分,可参与丙酮酸及 α-酮戊二酸的氧化脱羧基作用。当体内缺乏维生素 B_1 时,神经及心脏组织中的糖类代谢出现障碍,丙酮酸的氧化脱羧反应不能正常进行,导致多发性神经炎和脚气病。因此,维生素 B_1 是维持心脏及神经系统正常功能所必需的物质。每日的膳食中应含有丰富维生素 B_1 的物质,如新鲜玉米、豆类、瘦肉和动物内脏等。对于多发性神经炎和脚气病的患者,可根据患者的具体病情,适量补充含有维生素 B_1 的药物制剂。

2. 增强消化系统的功能 维生素 B_1 对于维持消化系统的正常功能具有重要作用。维生素 B_1 可通过抑制胆碱酯酶的活性,增加消化液的分泌,维持胃肠道的正常蠕动,尤其是对糖的消化有明显的增强效果。因此,人体缺乏维生素 B_1 时,会引起胃肠蠕动减慢、消化液分泌减少、食欲缺乏等消化系统症状。

二、维生素 B_2

（一）化学性质及来源

维生素 B_2 又名核黄素,是核醇与 7,8-二甲基异咯嗪的缩合物(图 4-7)。维生素 B_2 因异咯嗪而呈橙黄色晶体物质,能溶于水,但溶解度低,易溶于碱性溶液。维生素 B_2 耐酸、耐热,但对光和紫外线极为敏感,容易被分解破坏。维生素 B_2 来源广泛,在奶类、蛋类、肉类、谷类、根茎类植物及蔬菜水果中都有较多含量。维生素 B_2 在体内的活化形式有两种:黄素单核苷酸(FMN)和黄素腺嘌呤二核苷酸(FAD)。人体从食物中摄取后,在小肠黏膜中黄素激酶的作用下可转变为黄素单核苷酸(FMN);然后在组织细胞内焦磷酸化酶的进一步催化作用下生成黄素腺嘌呤二核苷酸(FAD)。

（二）生理功能及缺乏症

1. 参与激素与维生素的代谢 黄素单核苷酸(FMN)和黄素腺嘌呤二核苷酸(FAD)是

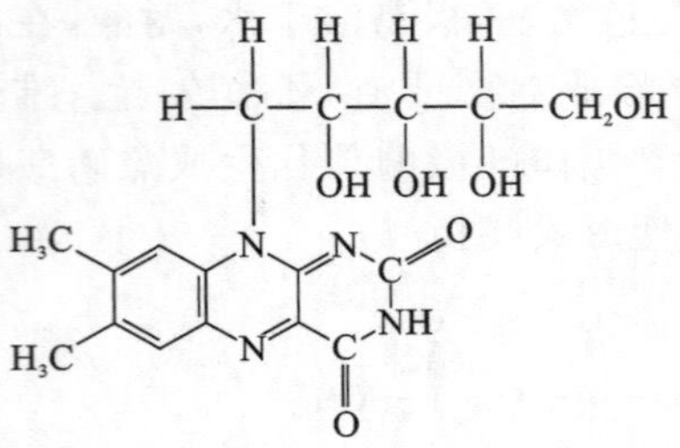

图 4-7 维生素 B_2 的分子结构

许多氧化酶系统的构成成分,它们参与体内的多种氧化还原反应。在氨基酸氧化酶、黄嘌呤氧化酶、琥珀酸脱氢酶复合体等多种酶系统中,主要作为氢传递体,参与激素与维生素的代谢过程。

2. 促进营养的代谢 维生素 B_2 参与物质代谢过程中多种酶的辅酶的必要组成成分。这些脱氢酶系统与氧化酶系统能促进蛋白质、脂肪和糖类的物质代谢,同时参与能量的释放,在组织细胞的呼吸链上起着非常重要的作用。体内缺乏维生素 B_2 时,就会影响生物氧化过程,引起物质代谢紊乱,阻碍细胞的正常呼吸作用,进一步影响脂类代谢,破坏皮肤和黏膜组织的完整性。人体缺乏维生素B_2常见的症状有嘴角发炎、舌炎、口唇出血、眼结膜炎、阴囊炎等。

三、维生素 PP

(一)化学性质及来源

维生素 PP 又名抗癞皮病维生素,是一类吡啶的衍生物,包括尼克酸(烟酸)和尼克酰胺(烟酰胺)两大类(图 4-8)。烟酸的化学本质是吡啶-3-羧酸,在体内可转变为具有生物活性的烟酸酰胺。烟酸性质稳定,受光照、空气、加热和碱的作用时不易被分解破坏。维生素 PP 在植物中主要以烟酸的形式存在,在动物中则常以烟酰胺形式存在。

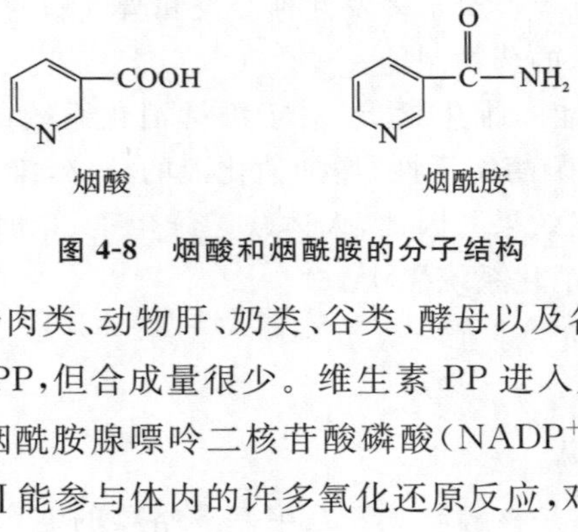

图 4-8 烟酸和烟酰胺的分子结构

维生素 PP 主要来源于肉类、动物肝、奶类、谷类、酵母以及各种蔬菜。人体肝脏能将体内的色氨酸转变为维生素 PP,但合成量很少。维生素 PP 进入人体后,会转变为烟酰胺腺嘌呤二核苷酸(NAD^+)和烟酰胺腺嘌呤二核苷酸磷酸($NADP^+$),两者分别又称为辅酶Ⅰ和辅酶Ⅱ。辅酶Ⅰ和辅酶Ⅱ能参与体内的许多氧化还原反应,对维持机体正常的新陈代谢具有不容忽视的作用。

(二)生理功能及缺乏症

维生素 PP 是人体需要量最多的 B 族维生素,可作为不需氧脱氢酶的辅酶 NAD^+ 和 $NADP^+$ 的组成成分,参与机体物质代谢过程中的氧化脱氢反应。人体缺乏维生素 PP 时,体内 NAD^+、$NADP^+$ 也相应减少,皮肤、消化道和神经系统中的代谢物不能被正常氧化,导致癞皮病。癞皮病的主要表现为对称性皮炎、腹泻及痴呆等。除此以外,维生素PP还可参与性激素的合成。

四、维生素 B₆

（一）化学性质及来源

维生素 B_6 又称吡哆素，包括吡哆醇、吡哆醛和吡哆胺（图 4-9）。它们的化学结构和理化性质相似，在体内可相互转化，均为活化型。维生素 B_6 为白色板状结晶物质，易溶于水，在空气和紫外线作用下易被分解破坏。鱼类、动物组织和酵母中维生素 B_6 的含量较高，植物性食物如蔬菜水果中含量较低。人体从食物中获取的维生素 B_6，进入肝脏转变为磷酸吡哆醛和磷酸吡哆胺而发挥作用。

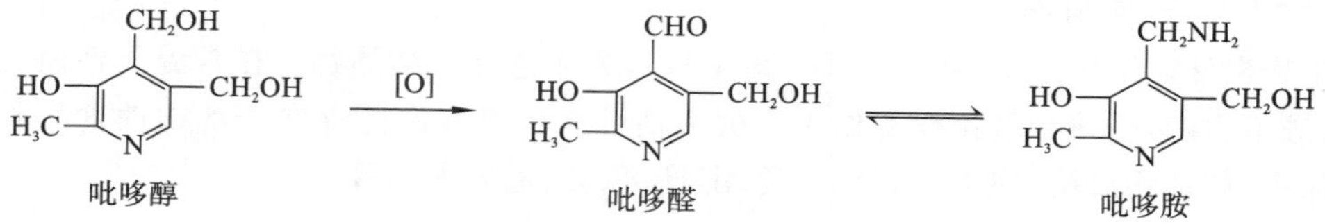

图 4-9　维生素 B₆ 各形式的相互转化

（二）生理功能与缺乏病

维生素 B_6 是氨基酸转氨酶和脱羧酶的辅酶，参与氨基酸的脱氨基和脱羧基作用。维生素 B_6 与脑内所有神经递质的合成有密切关系，尤其是促进 γ-羟基丁酸的生成。人体缺乏维生素 B_6 时，γ-羟基丁酸的合成减少，会引起惊厥、眩晕、恶心、呕吐。因此，临床上维生素 B_6 是治疗小儿惊厥和妊娠呕吐的常用药物。

维生素 B_6 是合成卟啉化合物的必需物质，能促进血红素的合成。人体缺乏维生素 B_6 可能会出现低血色素小细胞性贫血及血清铁的增多。

维生素 B_6 还可参与不饱和脂肪酸的代谢作用，促进亚油酸转化为花生四烯酸。体内缺乏维生素 B_6 时，会引起脂类代谢障碍，导致动脉粥样硬化病变。所以临床常用维生素 B_6 预防脂肪肝以及降低血清胆固醇含量。

五、泛酸

（一）化学性质及来源

泛酸又称遍多酸、维生素 B_3（图 4-10），因在动植物中分布广泛而得名。泛酸由 2,4-二羟基-3,3-二甲基丁酸与 β-丙氨酸通过酰胺键连接而成，为浅黄色黏稠油状物，易溶于水，在热酸或碱中易分解。泛酸几乎存在于所有食物中，进入人体在肠道被吸收，经磷酸化并获得巯乙胺而生成 4-磷酸泛酰巯乙胺。4-磷酸泛酰巯乙胺是辅酶 A（CoA）及酰基载体蛋白（ACP）的主要组成成分。所以泛酸在体内的活性形式是辅酶 A（CoA）和酰基载体蛋白（ACP）。

（二）生理功能及缺乏症

体内 CoA、ACP 是构成酰基转移酶的辅酶，具有转移酰基的作用，并参与糖、脂类、蛋白质代谢及肝的生物转化。泛酸在食物中含量充足，人类很少出现泛酸缺乏症。缺乏者主要症状为低血糖症、血液及皮肤异常、疲倦、忧郁、失眠、食欲不振、消化不良，易患十二指肠溃疡。

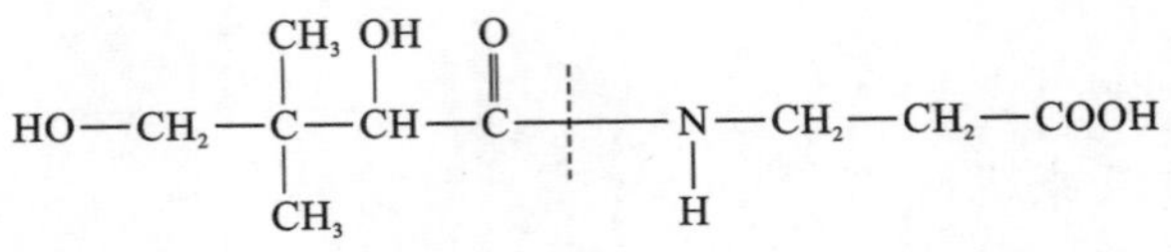

$$HO-CH_2-\underset{\underset{CH_3}{|}}{\overset{\overset{CH_3}{|}}{C}}-\underset{OH}{\overset{|}{CH}}-\overset{\overset{O}{\|}}{C}-\underset{\underset{H}{|}}{N}-CH_2-CH_2-COOH$$

泛酸

图 4-10 泛酸的分子结构

六、生物素

(一) 化学性质及来源

生物素又称维生素 H、维生素 B_7(图 4-11),为无色针状结晶物。在常温下性质比较稳定,耐酸不耐碱,受热和氧化剂的作用会失去活性。生物素广泛存在于动物性食品和植物性食品中,如动物肝脏、瘦肉、鸡蛋、奶类、酵母、鱼类、蔬菜水果等。

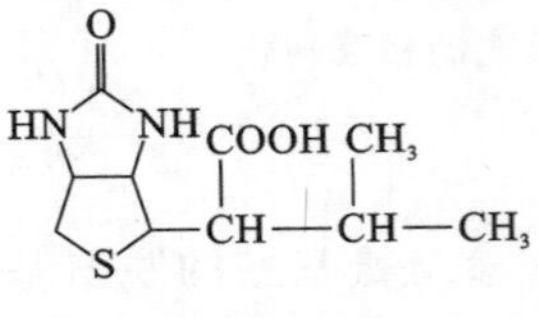

α-生物素 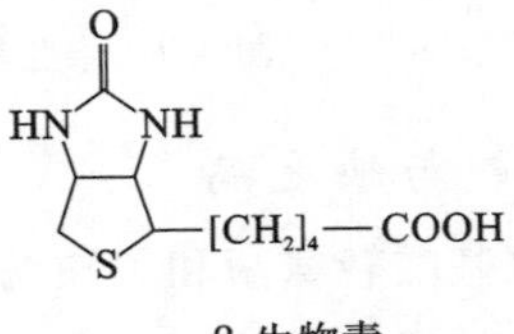   β-生物素

图 4-11 生物素的分子结构

(二) 生理功能及缺乏症

生物素是体内多种羧化酶的辅酶,参与蛋白质、脂肪和糖类代谢中 CO_2 的固定和羧化反应。生物素是合成维生素 C 的必要物质,同时也是维持人体生长发育、皮肤和骨髓健康所不可缺少的营养素。

由于生物素来源广泛,体内肠道细菌也能自身合成,所以正常情况下,人体不会出现生物素缺乏症。但在大量生食鸡蛋、有胃肠道吸收障碍、服用某些抵抗生物素的药物(如苯巴比妥、苯妥英、卡马西平等)后,则会引起生物素的缺乏,主要表现为毛发变细、失去光泽、皮肤鳞片状和红色皮疹等,严重缺乏者皮疹可蔓延至眼睛、鼻子和嘴唇周围。多数患者会有食欲缺乏、精神沮丧、肌痛、抑郁、嗜睡及脑电图异常等症状。在及时补充生物素后这些症状则会自行消失。

七、叶酸

(一) 化学性质及来源

叶酸又称维生素 B_{11},由于在植物绿叶中含量相当丰富而得名。它主要由蝶酸和谷氨酸结合而成,为淡黄色结晶状粉末,无味无臭,可溶于水,对酸和碱敏感。绿叶蔬菜、动物肝及肾、酵母、水果和蛋类等都是叶酸的主要食物来源。进入人体的叶酸在小肠和肝等组织中被二氢叶酸还原酶还原为二氢叶酸(FH_2),二氢叶酸再还原为四氢叶酸(FH_4)而发挥作用。

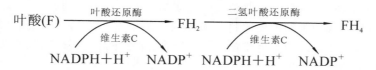

（二）生理功能与缺乏病

叶酸参与一碳单位转移酶辅酶 FH_4 的组成,在嘧啶、嘌呤、蛋氨酸、胆碱以及激素等重要物质的生物合成中起着传递一碳单位的作用。体内缺乏叶酸时,会出现一碳单位代谢障碍,嘌呤和嘧啶的合成减少,影响幼红细胞 DNA 的合成,引起红细胞发育成熟障碍,导致巨幼细胞贫血。

叶酸是参与人体新陈代谢过程的重要物质,体内缺乏叶酸,除了会导致贫血外,还会引起发育迟缓、抵抗力减弱、肠胃不适等,严重者精神萎靡、智力退化,孕产妇则可能会出现早产、妊娠中毒、产后出血等。

知识链接

叶酸与巨幼红细胞性贫血

对于怀孕中的准妈妈而言,叶酸是一种重要的维生素。一方面,叶酸缺乏将导致准妈妈发生巨幼红细胞性贫血,影响胎儿的发育;另一方面,在怀孕早期补充叶酸还能预防胎儿的脑神经管畸形。

1983 年 7 月至 1991 年 4 月,英国医学理事会,完成一项世界范围的研究计划——孕妇补充叶酸对预防神经管缺陷的效果给予肯定。美国和中国也有相似的研究结果。

怀孕早期是补充叶酸的关键时期,为了减少出生缺陷,很多国家建议从计划怀孕起即开始补充每日 0.4 mg 的叶酸。我们每天吃的食物中叶酸的含量为 $200 \sim 400 \ \mu g$,但不是所有的叶酸都能被利用,如食物烹调不当,其损失量可达到 $50\% \sim 90\%$,因而,为了预防巨幼细胞性贫血,准妈妈在怀孕期间可以适量地补充一些叶酸。

八、维生素 B_{12}

（一）化学性质及来源

维生素 B_{12} 又称抗恶性贫血维生素或钴胺素,是唯一含有金属元素的维生素。维生素 B_{12} 为深红色针状结晶物,具有吸湿性,易溶于水和乙醇,但不溶于丙酮、氯仿等有机溶剂,在中性及微酸条件下对热稳定,但对光照、强酸和碱溶液敏感。天然维生素 B_{12} 有羟钴胺素、甲基钴胺素和腺苷钴胺素三种形式,后两者是维生素 B_{12} 的活性型。维生素 B_{12} 的来源主要是动物性食品,包括鱼类、禽类与蛋类等。

（二）生理功能与缺乏病

维生素 B_{12} 是甲基转移酶的辅酶,能促进 FH_4 的再利用,参与一碳单位的合成、分解与转运。人体内蛋白质的合成、脂肪及糖类的代谢都与维生素 B_{12} 密切相关。维生素 B_{12} 还参与骨髓的造血,是合成细胞的重要原料。人体缺乏维生素 B_{12} 时,会影响红细胞成熟,导致巨幼细胞性贫血,主要表现为脸色蜡黄、舌炎、厌食、体重下降、腹部不适、呼吸困难、出血时间延长、神经系统功能紊乱等。

九、维生素 C

(一) 化学性质及来源

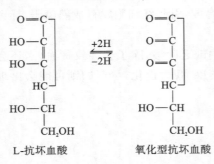

L-抗坏血酸 　　　　　　氧化型抗坏血酸

图 4-12　维生素 C 分子结构

维生素 C 又称 L-抗坏血酸(图 4-12),为酸性己糖衍生物,是 L-己糖酸内酯。维生素 C 为白色无味晶体粉末,性质稳定。但液态维生素 C 在空气、加热、光照、碱性和氧化酶作用下极易被氧化破坏。维生素 C 广泛存在于各种新鲜蔬菜和水果中,尤其在各种绿色蔬菜和柑橘属水果中含量相当丰富。但植物中的抗坏血酸氧化酶能将维生素 C 氧化失活,所以储存过久的蔬菜水果其维生素 C 含量会明显减少。

(二) 生理功能与缺乏病

1. 促进胶原蛋白的合成　维生素 C 是维持胶原脯氨酸羟化酶和胶原赖氨酸羟化酶活性所必需的辅助因子,参与羟化反应,促进胶原蛋白的合成。体内缺乏维生素 C 时,会影响羟化酶活性,使胶原蛋白合成出现障碍,引起毛细血管脆性增加,牙齿松动,皮下、黏膜易出血,伤口不易愈合等症状。人体长期缺乏维生素 C 会导致坏血病(又称维生素 C 缺乏症)。

2. 参与芳香族氨基酸的代谢　维生素 C 可参与苯丙氨酸、酪氨酸及色氨酸的羧基化反应。机体缺乏维生素 C 时,苯丙氨酸会出现大量堆积,此时苯丙氨酸的转氨基作用增强,在患者尿中会出现大量的对羟苯丙酮酸代谢产物。

3. 参与胆固醇的转化　维生素 C 是胆汁酸合成反应中 7α-羟化酶的辅酶。胆固醇可在 7α-羟化酶的催化作用下转变成胆汁酸,所以维生素 C 可促进胆固醇的羟化作用。维生素 C 缺乏会直接影响体内的胆固醇转化,进一步影响脂类代谢的正常进行。

4. 参与体内氧化还原反应　维生素 C 可作为还原剂中和体内许多氧化性物质,保护蛋白质及巯基酶不被氧化,维持其生物活性。维生素 C 能促使谷胱甘肽还原生成还原型谷胱甘肽(图 4-13),具有保护巯基酶不被重金属离子氧化的作用,所以维生素 C 具有解除重金属中毒的作用(图 4-14)。维生素 C 可参与红细胞内高铁血红蛋白还原酶系统,促使高铁血红蛋白还原为血红蛋白,恢复其运输氧气的能力。维生素 C 还能促使肠道内 Fe^{3+} 还原为易溶解易吸收的 Fe^{2+},使食物中的铁更易于吸收,从而增强造血功能。

另外,维生素 C 被认为是一种重要的抗氧化剂,可以保护维生素 A、E 和多种不饱和脂肪酸不被过多的氧化。维生素 C 还可作为供氢体,促使叶酸转变为有生理活性的四氢叶酸。

5. 增强免疫功能与抗肿瘤作用　研究表明,维生素 C 一方面能促进淋巴细胞的生成,增强吞噬细胞的吞噬能力,有助于提高机体的免疫力;另一方面它能促使体内干扰素的大

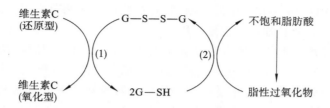

图 4-13 维生素 C 与谷胱甘肽还原反应的关系

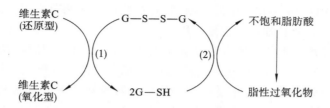

图 4-14 维生素 C 解毒示意图

量生成,从而增强免疫功能,预防各种感染性疾病的发生。此外,维生素 C 参与体内多种氧化还原反应,具有预防癌症的作用。

第三节 钙、磷代谢

一、钙、磷在体内的分布及功能

(一)钙、磷在体内的含量及分布

钙、磷主要以无机盐形式存在于体内。成年人体内钙占体重的 $1.5\%\sim2.2\%$,总量为 $700\sim1400$ g,99% 以上的钙以骨盐形式存在于骨骼中,其余存在于软组织,细胞外液中的钙仅占总钙量的 0.1%,约为 1 g。成人体内的磷占体重的 $0.8\%\sim1.2\%$,总量为 $400\sim800$ g,约 85% 以上的磷存在于骨盐中,其余主要以有机磷酸酯形式存在于软组织中,细胞外液中的磷仅为 2 g,以磷脂和无机磷酸盐形式存在。骨盐占骨总重量的 $60\%\sim65\%$,主要以非晶体的磷酸氢钙和晶体的羟磷灰石两种形式存在,其组成和理化性状随人体生理或病理情况而变化。骨钙与血液循环中的钙不断进行着缓慢的交换,每天可达 $250\sim1000$ mg,是维持血钙恒定的重要机制之一,同时也是骨的不断更新过程。

(二)钙、磷在体内的生理功能

1. 钙的生理作用 ①Ca^{2+} 可降低神经肌肉的应激性,当血浆 Ca^{2+} 浓度降低时,可造成神经肌肉的应激性增强,以致发生抽搐;②Ca^{2+} 能降低毛细血管及细胞膜的通透性,临床上常用钙制剂治疗荨麻疹等过敏性疾病以减轻组织的渗出性病变;③Ca^{2+} 能增强心肌收缩力,与促进心肌舒张的 K^+ 相拮抗,维持心肌的正常收缩与舒张;④Ca^{2+} 是凝血因子之一,参与血液凝固过程;⑤Ca^{2+} 是体内许多酶(如脂肪酶、ATP 酶等)的激活剂,同时也是体内某些酶如 25-OH-VD$_3$-1α-羟化酶等的抑制剂,对物质代谢起调节作用;⑥Ca^{2+}作为激素的第二信使,在细胞的信息传递中起重要作用。

2. 磷的生理作用 ①磷是体内许多重要化合物(如核苷酸、核酸、磷蛋白、磷脂)及多种辅酶(如 NAD$^+$、NADP$^+$ 等)的重要组成成分;②磷以磷酸基的形式参与体内糖、脂类、蛋白质、核酸等物质代谢及能量代谢;③参与物质代谢的调节,蛋白质磷酸化和脱磷酸化是酶共价修饰调节最重要、最普遍的调节方式,以此改变酶的活性对物质代谢进行调节;④血液中的 HPO$_4^{2-}$ 与 H$_2$PO$_4^-$ 是血液缓冲体系的重要组成成分,参与体内酸碱平衡的调节。

二、钙、磷的代谢

(一) 钙的代谢

1. 钙的吸收 正常成人日摄入钙量在 0.6 g~1.0 g 之间。食物中的钙多以络合物形式存在。经消化道吸收时,胃部的强酸环境增加该络合物的溶解度,并在适宜的 pH 值条件下由消化酶将钙从络合物中释放出来,后在十二指肠和近端空肠部位经钙结合蛋白转运吸收。小肠的十二指肠存在钙结合蛋白,该部位吸收钙最多。胆盐能增加钙的溶解度而促进其吸收。

膳食中的乳糖被乳糖酶水解成葡萄糖和半乳糖能增强钙的扩散转运,改善钙吸收;植物成分中的植酸盐、纤维素、糖醛酸、藻酸钠和草酸通过络合沉降可降低钙的吸收;乳糖、蔗糖、果糖等糖类经肠菌进一步的发酵,降低肠腔 pH 值,抑制细胞的有氧代谢,通过形成酸钙复合物而增加钙吸收;蛋白质消化产物如赖氨酸、色氨酸、精氨酸、亮氨酸、组氨酸等,与钙形成可溶性钙盐,促进钙吸收;而膳食中的磷、维生素 C、果胶可影响钙的吸收和排出,但体钙平衡不变,对钙的利用影响很小。

2. 钙的排泄 正常膳食时,机体每日钙的摄入量与粪钙和尿钙的排出总量处于平衡状态。每日肠道中的总钙量包括膳食钙和消化液钙共约 1800 mg,其中约 600 mg 经肠道重吸收,剩余 900 mg 由粪排出,150 mg 由尿排出,其余由汗排出。尿钙的排出量受血钙浓度影响,血钙低于 2.4 mmol/L(7.5 mg/dL)时尿中无钙排出。哺乳期妇女经乳汁排出的钙量为 150~300 mg/d。高温作业者汗多,钙在汗中的浓度增加,损失钙增加。

(二) 磷的代谢

1. 磷的吸收 成人每日进食磷量为 1.0~1.5 g,以磷酸根离子的形式在小肠内吸收,主要吸收部位在十二指肠远端处的小肠上部。小肠对磷的吸收为主动吸收,需要钠离子和钙离子同时存在及能量,受肠管 pH 值、钠浓度和膳食成分的影响。

肠管环境偏碱时促进 Ca$_3$(PO$_4$)$_2$ 的生成,因而降低磷的吸收;乳酸、氨基酸及胃酸等酸性物质有利于 Ca$_3$(PO$_4$)$_2$ 的形成,因此能促进磷的吸收;当肠管相对 pH 值一定而钠浓度增加时,磷的吸收增加;钙、镁、铁、铝等金属离子与磷酸形成难溶性盐而降低磷的吸收;维生素 D 通过调节肾脏磷的重吸收促进磷的吸收,机体钠、葡萄糖、血清磷低于 8 mg/L 时,刺激维生素 D 的合成,促进小肠对磷的吸收;高脂肪食物或脂肪消化与吸收不良时,肠中磷的吸收增加;而药源性的含铝制酸剂能降低肠对磷的吸收。

2. 磷的排泄 磷主要经肾以可溶性磷酸盐形式排出,未经肠道吸收的磷和包括胆汁在内的消化液内源磷从粪便排出,少量也可由汗液排出。肾小球滤出的磷在肾小管(主要是近曲小管)重吸收,受肾上腺调控,早晨尿磷/肌酐比值高,睡眠后较低。禁食、雌激素、糖皮质激素、PTH、甲状腺素、高血钙等因素均会降低肾小管对磷的重吸收,造成尿磷排出增加。此外,血磷水平、酸碱平衡和糖原异生作用等对细胞调节磷酸盐的排泄都有影响。

三、钙、磷代谢的调节

体内钙、磷代谢主要受甲状旁腺素、降钙素和 $1,25-(OH)_2-D_3$ 的调节,它们主要通过影响小肠对钙、磷的吸收,钙、磷在骨组织与体液间的平衡以及肾脏对钙、磷的排泄,从而维持体内钙、磷代谢的正常进行。

(一)甲状旁腺素

甲状旁腺素(PTH)是甲状旁腺主细胞合成分泌的由 84 个氨基酸残基组成的单链多肽激素。它的分泌受血液钙离子浓度的调节,血钙浓度与 PTH 的分泌呈负相关。PTH 的主要靶器官为骨和肾,其次是小肠。甲状旁腺素(PTH)的基本功能为动员骨钙;促进肾对钙的重吸收,从而抑制磷的重吸收,使尿磷排出增加;维持血钙平衡,并通过激活肾 $1-\alpha$-羟化酶活性,促进 $25-(OH)-D_3$ 转化为有活性的 $1,25-(OH)_2-D_3$,进一步影响钙、磷的代谢。甲状旁腺素的分泌受血清游离钙的反馈调节。PTH 的总体作用是使血钙升高,血磷降低。

(二)降钙素

降钙素(CT)是甲状腺滤泡旁细胞(C 细胞)分泌的一种单链 32 肽激素,它的分泌直接受血钙浓度控制,随着血钙浓度的升高,分泌增加,两者呈正相关。CT 的靶器官是骨和肾。降钙素(CT)的基本作用为降低血钙和血磷浓度,其分泌受血钙的反馈调节。降钙素抑制破骨细胞活动,减弱溶骨过程,增强成骨过程,使骨组织释放的钙磷减少,钙磷沉积增加,因而血钙与血磷含量下降。降钙素能抑制肾小管对钙、磷、钠及氯的重吸收,使这些离子从尿中排出增多。

(三)$1,25-(OH)_2-D_3$ 的作用

人和动物除了从食物中得到维生素 D_3 外,在体内还可由胆固醇转化为维生素 D_3。D_3 经血液运至肝,在肝羟化形成 $25-(OH)-D_3$,然后再至肾皮质 $\alpha-1$-羟化酶催化进行第二次羟化,形成 $1,25-(OH)_2-D_3$,它是维生素 D_3 的活化形式。$1,25-(OH)_2-D_3$ 的主要靶器官为小肠和骨,其次是肾。$1,25-(OH)_2-D_3$ 的最主要作用是促进小肠黏膜细胞吸收钙和磷,维持血钙和血磷的正常浓度;$1,25-(OH)_2-D_3$ 对骨组织兼有溶骨和成骨双重作用。其主要作用是增强破骨细胞的活性,加速间叶细胞形成新的破骨细胞,从而促进骨的吸收,动员骨质中钙和磷释放入血。由于溶骨作用以及促进肠道钙和磷的吸收,其结果是使血中的钙和磷增加,故促进了钙化;$1,25-(OH)_2-D_3$ 可直接促进肾近曲小管对钙和磷的重吸收。其总结果使血钙升高,血磷升高,有利于骨的生长和钙化。

总之,体内钙磷代谢受到 PTH、CT 和 $1,25-(OH)_2-D_3$ 三者的严格调节控制,从而维持血钙、血磷浓度的动态平衡。任何一种激素或一个器官(骨、肾、小肠)功能失衡,均可引起血钙、血磷浓度变化,乃至影响骨质结构。

小儿维生素 D 缺乏性佝偻病

维生素 D 缺乏性佝偻病（vitamin D deficiency rickets）是以维生素 D 缺乏，导致钙、磷代谢紊乱和临床以骨骼的钙化障碍为主要特征的疾病。维生素 D 是维持高等动物生命所必需的营养素，它是钙代谢最重要的生物调节因子之一。本病是小儿时期四种疾病防治之一。维生素 D 一直被认为时时刻刻都在参与体内钙和矿物质平衡的调节，维生素 D 不足导致的佝偻病，是一种慢性营养缺乏病，它发病缓慢，不容易引起家长的重视，影响小儿生长发育，因此，必须积极防治。

第四节　微量元素代谢

人体的元素组成约有 60 种，其中有 30 种左右是组成人体所必需的元素。一般将含量占体重万分之一以上，每天需要量都大于 100 mg（总量约 5 g）的元素称为常量元素（或宏量元素），体内的常量元素有碳、氢、氧、氮、硫、磷、钠、钾、氯、钙、镁共 11 种。含量占体重万分之一以下，每天需要量在 100 mg 以下的元素称为微量元素。在体内具有比较重要的特殊生理功能的微量元素包括铁、铜、锌、碘、锰、硒、氟、钼、钴、铬等，绝大部分为金属元素。它们广泛分布于各组织中，含量较恒定，其来源主要为食物。微量元素有十分重要的生理功能和生化作用。

一、铁

1. 体内铁的概况　正常成人体内含铁量为 3～5 g，平均为 4.5 g。女性稍低，与月经失血丢失铁、怀孕期和哺乳期铁的消耗量增加有关。体内铁含量的 65% 左右存在于血红蛋白，10% 存在于肌红蛋白。此外，25% 的铁以铁蛋白和含铁血黄素形式储存于肝、脾及骨髓组织中，这部分铁称为储存铁。人体铁的主要来源为食物铁和体内血红蛋白降解时释放铁的再利用。因此，正常成人每天需铁量很少，约 1 mg，而儿童、妊娠期、哺乳期和月经期妇女需铁量增加。铁的吸收部位在十二指肠和空肠上段。溶解状态的铁易于吸收，二价铁比三价铁溶解度大而易于吸收。人体内铁的排泄主要经肠道和肾，大部分铁随粪便排出，还有部分铁自尿液排出。

2. 铁的生理功能　铁是血红蛋白和肌红蛋白的组成成分，参与 O_2 和 CO_2 的运输；也是细胞色素、铁硫蛋白、过氧化物酶以及过氧化氢酶的组成成分，在生物氧化及氧的代谢中起重要作用。

缺铁性贫血

缺铁性贫血是指体内可用来制造血红蛋白的储存铁已被用尽，红细胞生成障碍所致的贫血,特点是骨髓、肝、脾及其他组织中缺乏可染色铁,血清铁蛋白浓度降低,血清铁浓度和血清转铁蛋白饱和度亦均降低,为小细胞低色素性贫血。临床表现一般为疲乏、烦躁、心悸、气短、头晕、头疼。儿童表现为生长发育迟缓,注意力不集中。部分患者有厌食、胃灼热、胀气、恶心及便秘等胃肠道症状。少数严重患者可出现吞咽困难、口角炎和舌炎。主要原因是铁的需要量增加而摄入不足,铁的吸收不良,失血等。

二、锌

1. 体内锌的概况 正常成人体内含锌量为 2～3 g,广泛分布于各组织中,以视网膜、胰岛、前列腺等组织含锌量为最高。正常成人每天需锌量为 15～20 mg。锌在小肠中吸收,肝、鱼、蛋、瘦肉、海产品、母乳等食物锌含量丰富,植物中的锌较动物组织的锌难以吸收和利用。人体中的锌约 25% 储存在皮肤和骨骼内。头发中锌含量常作为人体内锌含量的指标。锌主要随胰液和胆汁经肠道排出,部分锌可从尿和汗液排出。

2. 锌的生理功能

(1) 参与酶的组成:锌是许多酶的组成成分或激活剂,因此,锌的生理功能主要是通过含锌酶发挥作用。例如,锌参与 DNA 聚合酶组成,与 DNA 复制、细胞增殖等功能有关。锌参与碳酸酐酶组成,对转运 CO_2、调节酸碱平衡、胃酸分泌等起重要作用。锌还参与乳酸脱氢酶、谷氨酸脱氢酶、羧肽酶等组成,故锌在糖酵解、氨基酸代谢和蛋白质的消化吸收等方面都发挥作用。

(2) 对激素的作用:锌在体内易与胰岛素结合,使其活性增加并延长胰岛素作用时间。锌缺乏者糖耐量降低,胰岛素释放迟缓,糖尿病患者尿锌显著增加。

(3) 对大脑功能的影响:脑组织中锌的含量很高,锌能抑制 γ-氨基丁酸合成酶活性,从而减少抑制性中枢神经递质 γ-氨基丁酸的合成。

(4) 锌与味觉、嗅觉有关:唾液中的味觉素就是一种含锌的多肽。

知识链接

锌与伊朗乡村病

伊朗乡村病就是由于缺锌引起的,以贫血、生长发育缓慢为主要症状,该病因为首先在伊朗乡村被发现,所以称之为"伊朗乡村病";又因为患者的身材矮小,故又称"伊朗侏儒症"或"营养性侏儒症"。后经研究表明,该病是由于某些地区的谷物中含有较多的 6-磷酸肌醇,能与锌形成不溶性复合物而影响其吸收所致。

三、铜

1. 体内铜的概况 正常成人体内含铜量为 100～150 mg,在心、肝、肾和脑组织中含量较高。成人每天需从食物中吸收 2 mg 铜。食物中的铜主要在十二指肠吸收,吸收率约为 10%。铜大部分以复合物的形式被吸收,入血后运至肝,参与铜蓝蛋白合成。铜蛋白是各组织储存铜的主要形式。80％左右的铜随胆汁排出，5％左右由肾排出，10％左右经脱落肠黏膜细胞排出。

2. 铜的生理功能

（1）铜是细胞色素氧化酶的组成成分，参与生物氧化，起电子传递体的作用。

（2）参与铁的代谢：铜可以促进无机铁转变成有机铁，促进三价铁转变为二价铁，有利于铁在小肠的消化吸收。血浆铜蓝蛋白具有铁氧化酶活性，能使二价铁氧化成三价铁，加速运铁蛋白的形成，促进组织中铁蛋白的转移和利用。

（3）构成胺氧化酶、抗坏血酸氧化酶。

（4）参与 SOD 的作用：铜是 SOD 活性中心的必需金属离子，为催化活性所必需。

（5）参与毛发和皮肤的色素代谢：铜也是酪氨酸酶的组成成分，与毛发和皮肤的颜色有关，缺铜常引起毛发脱色，如酪氨酸酶缺乏则导致白化症。

四、锰

1. 体内锰的概况　正常成人体内锰含量为 $10\sim20$ mg。其分布广泛但不均匀，以脑含量最高，其次为肝、肾和胰腺。细胞内锰比较集中地分布在线粒体内。正常成人每天需锰量为 $2.5\sim7.0$ mg，食物中的锰主要在小肠中吸收，以十二指肠吸收率最高。体内的锰由胆汁和尿液排泄。

2. 锰的生理功能

（1）是某些酶的组成成分或激活剂：锰是丙酮酸羧化酶、RNA 聚合酶、精氨酸酶等不可缺少的组成成分，与糖、脂肪、蛋白质代谢相关。锰也是 DNA 聚合酶的激活剂，参与 DNA 合成过程。

（2）参与骨骼的生长发育和造血过程：锰可激活多糖聚合酶和半乳糖转移酶活性，还能促进机体利用铜，锰与铁卟啉的合成有关，贫血患者常伴有血锰降低。

（3）维持正常的生殖功能：锰与性激素合成作用有一定关联，缺锰时，可引起曲精细管退行性变化以及睾丸退化，使精子减少而出现不育症。

五、硒

1. 体内硒的概况　正常成人体内含硒量为 $4\sim10$ mg，主要分布在肝、胰和肾中。成人每天的需要量为 $30\sim50$ μg。食物硒主要在肠道吸收，吸收入血的硒主要与血浆球蛋白或球蛋白结合，转运至各组织被利用。体内硒主要经肠道排泄，小部分由肾、肺及汗排出。

2. 硒的生理功能

（1）抗氧化作用：硒是谷胱甘肽过氧化物酶的成分，对细胞膜的结构和功能有保护作用。

（2）参与体内多种代谢活动：硒可激活 α-酮戊二酸脱氢酶，硒也参与辅酶 A、辅酶 Q 的生物合成，故硒与三羧酸循环和呼吸链的电子传递有关。

（3）硒在体内可拮抗和降低多种金属离子的毒性作用，与视觉有关；还有抗癌作用，是肌肉的组成成分等。

六、碘

1. 体内碘的概况 成人体内含碘量为 25～50 mg,大部分集中于甲状腺中,成人每天需碘量为 100～300 μg。食物中碘在消化道吸收快且完全。吸收入血的碘与蛋白质结合而运输。血浆的碘 70%～80% 被甲状腺滤泡上皮细胞摄取和浓聚。碘主要以碘化物的形式经肾排出,成人每天尿碘量约为 170 μg。

2. 碘的生理功能 碘主要通过合成甲状腺激素(T3、T4)而发挥作用。甲状腺激素在调节物质代谢及生长发育中均起重要作用。它具有促进糖、脂类氧化分解,促进蛋白质合成并调节能量代谢,促进骨骼的生长发育,维持中枢神经系统的正常功能。当成人缺碘时,可引起单纯性甲状腺肿;胎儿和新生儿发生缺碘时,可影响个体和智力发育,引起呆小症。

七、其他微量元素

(一)氟

成人体内含氟量为 2～6 g,其中 90% 分布于骨骼和牙齿,少量存在于指甲、毛发及神经肌肉中。氟主要从胃肠和呼吸道吸收,由尿排泄,少部分可由粪便或汗腺排出。氟与骨骼和牙齿的形成及钙、磷代谢密切相关。氟可增强骨骼和牙齿结构的稳定性;能促进钙、磷沉积,有利于骨的生长发育;还能预防龋齿的发生。人体缺氟可导致骨质疏松,牙釉质受损易碎,龋齿发病率增高等。氟中毒则主要表现为氟斑牙和氟骨病。

(二)钴

成人体内含钴量为 1.1～1.5 mg。钴是构成维生素 B_{12} 的组成成分。钴可促进铁的吸收和储存;促进骨髓对铁的利用,增强造血功能;还可促进锌的吸收,提高锌的生物学功能。钴摄入过多,可导致甲状腺肥大和心肌损害。

(三)钼

成人体内含钼约 9 mg,钼是黄嘌呤氧化酶、醛氧化酶、亚硝酸还原酶、亚硫酸氧化酶等的主要组分。人体缺钼可出现嘌呤和含硫氨基酸等的代谢障碍,导致精神神经症,而钼中毒罕见。

(四)钒

成人体内含钒量约为 25 mg。钒可促进骨髓的造血功能,还可抑制体内胆固醇的合成。钒的微尘和蒸气可从肺进入体内,吸入过多可导致钒中毒,对呼吸、消化及神经系统造成损害,并可影响皮肤、心和肾,使用大剂量维生素 C 及配位剂 EDTA 可促使钒排出。

 小 结

　　根据溶解性不同,维生素可分为脂溶性维生素和水溶性维生素两大类;脂溶性维生素包括维生素 A、维生素 D、维生素 E、维生素 K;水溶性维生素包括 B 族维生素和维生素 C。维生素 A 与视蛋白结合成感光物质视紫红质,维持上皮组织的健全与分化,人体缺乏时会引起夜盲症和眼干燥症;维生素 D 参与钙、磷代谢,儿童缺乏维生素

D 会引起佝偻病,成人则会引起骨软化症;维生素 E 有抗氧化作用;维生素 K 促进血液凝固,缺乏时会引起凝血障碍;B 族维生素多以辅酶因子的形式参与酶促反应,维生素 B₁ 又称硫胺素,缺乏时易产生脚气病;维生素 B₂ 又称核黄素,缺乏时可产生舌炎、口角炎及眼结膜炎等皮肤与黏膜的炎症和溃疡;维生素 PP 又称抗癞皮病维生素,缺乏时产生癞皮病;维生素 B₁₂ 及叶酸缺乏时出现巨幼红细胞性贫血;维生素 C 则参与羟化反应与氧化还原反应,缺乏时产生坏血病。钙和磷是体内含量最多的无机元素。钙的主要生理功能是成骨作用,Ca^{2+} 作为第二信使参与细胞间信号转导等。磷的主要生理功能是参与构成骨、牙齿,维持体液的酸碱平衡,组成含磷的有机化合物等。体内钙磷代谢主要受甲状旁腺素、1,25-(OH)₂-D₃、降钙素三者的调节。体内微量元素主要是铁、铜、锌、碘、锰、硒、氟、钼、钴、铬等。微量元素在维持人体健康中具有重要作用。

能力检测

能力检测答案

一、单项选择题

1. 有关维生素 A 的叙述错误的是(　　)。
A. 维生素 A 缺乏可引起夜盲症　　　　B. 维生素 A 可由胡萝卜素转变而来
C. 维生素 A 是水溶性维生素　　　　　D. 维生素 A 参与视紫红质的形成
E. 对紫外线不稳定,易被空气中的氧所氧化

2. 下述哪种维生素缺乏可引起脚气病?(　　)
A. 维生素 A　　B. 维生素 B₁　　C. 维生素 C　　D. 维生素 E　　E. 维生素 K

3. 儿童缺乏维生素 D 时易患(　　)。
A. 佝偻病　　　B. 脚气病　　　C. 坏血病　　　D. 恶性贫血　　　E. 口角炎

4. 临床治疗习惯性流产、先兆流产常选用下列哪种维生素?(　　)
A. 维生素 B₁　　B. 维生素 E　　C. 维生素 B₁₂　　D. 维生素 B₆　　E. 维生素 PP

5. 关于脂溶性维生素的叙述错误的是(　　)。
A. 溶于脂肪和脂溶剂　　　　　　　　B. 不溶于水
C. 在肠道中与脂肪共同吸收　　　　　D. 长期摄入量过多可引起相应的中毒
E. 可随尿排出体外

6. 关于维生素 C 的生化功能的叙述,下列哪一项是错误的?(　　)
A. 既可作为供氢体,又可作为受氢体　　B. 维持谷胱甘肽在氧化状态
C. 促进肠道对铁的吸收　　　　　　　　D. 促进高铁血红蛋白还原为亚铁血红蛋白
E. 参与某些物质的羟化反应

7. 与凝血酶原生成有关的维生素是(　　)。
A. 维生素 B₁₂　　B. 维生素 E　　C. 维生素 C　　D. 遍多酸　　E. 维生素 K

8. 可构成转氨酶辅酶的维生素是(　　)。
A. 维生素 B₁　　B. 维生素 B₂　　C. 维生素 C　　D. 维生素 B₆　　E. 维生素 B₁₂

9. 坏血病是由于缺乏哪种维生素引起的?(　　)
A. 维生素 C　　B. 维生素 D　　C. 维生素 K　　D. 维生素 E　　E. 维生素 A

10. 缺乏时引起巨幼红细胞贫血的维生素是(　　)。

A. 维生素 B_2 B. 维生素 B_6 C. 维生素 PP D. 叶酸 E. 维生素 B_1

11. 影响钙吸收的主要因素是（　　）。

A. 维生素 A B. $1,25\text{-}(OH)_2\text{-}D_3$ C. 25-羟维生素 D_3

D. $1,24\text{-}(OH)_2\text{-}D_3$ E. 肾上腺素

12. 与甲状腺激素合成有关的物质是（　　）。

A. 铁 B. 碘 C. 铜 D. 锌 E. 钾

二、简答题

1. 当维生素 A 缺乏时为什么会患夜盲症？

2. 叶酸和维生素 B_{12} 缺乏时会导致什么疾病？为什么？

3. 试描述钙和磷在体内的生理功能。

4. 调节钙、磷代谢的因素有哪些？它们是如何发挥调节作用的,其调节结果如何？

（马　强）

第五章
糖　代　谢

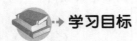**学习目标**

　　掌握：糖酵解、有氧氧化的概念、主要过程及生理意义；磷酸戊糖途径的生理意义；糖异生的概念、关键酶、生理意义。

　　熟悉：糖原的合成和分解的概念及生理意义；血糖的来源和去路，血糖浓度的调节，高血糖、低血糖。

　　了解：糖在体内的生理功能；磷酸戊糖途径的基本过程。

本章 PPT

第一节　概　　述

一、糖在人体内的存在形式及意义

　　糖是多羟基醛或多羟基酮及其衍生物，在人体内糖的主要形式是葡萄糖及糖原。葡萄糖是糖在血液中的运输形式，在机体糖代谢中占据主要地位。糖原是葡萄糖的多聚体，包括肝糖原、肌糖原等，是糖在体内的储存形式。葡萄糖与糖原都能在体内氧化提供能量。

二、糖的生理功能

　　糖主要生理功能就是为机体生理活动提供能量。1 mol 葡萄糖完全氧化成 CO_2 和 H_2O，可释放 2840 kJ(679 kcal)的能量。正常情况下，机体所需能量的 $50\% \sim 70\%$ 来自糖的氧化分解。机体缺乏糖时，可动用脂肪，甚至动用蛋白质氧化供能，糖类供给充足时，则可节省脂肪及蛋白质的消耗。其次，糖也是组织细胞的重要结构成分，如糖与脂类结合为糖脂，是细胞膜及神经组织的组成成分；糖与蛋白质结合为蛋白多糖，是结缔组织的成分，具有支持和保护作用。此外，激素、免疫球蛋白及血型物质是体内重要的生物活性物质，其结构中也含有糖类物质。

三、糖代谢的概况

糖代谢主要是指葡萄糖在体内的一系列复杂的化学反应。不同类型的细胞中代谢的途径也有所不同,其分解代谢方式在很大程度上受供氧状况的影响:在氧充足时,葡萄糖进行有氧氧化,彻底氧化成 CO_2 和 H_2O;在缺氧时,则进行糖酵解生成乳酸;葡糖糖也可进入磷酸戊糖途径等进行代谢,发挥不同的生理作用。葡糖糖还可经合成代谢聚合成糖原,储存在肝或肌肉组织中,为肌肉提供能量及维持血糖浓度的相对恒定。过剩的葡萄糖还可转变为脂肪、氨基酸等其他物质;其他非糖物质如乳酸、丙氨酸等也可经糖异生途径转变成葡萄糖或糖原。糖代谢概况如图 5-1 所示。

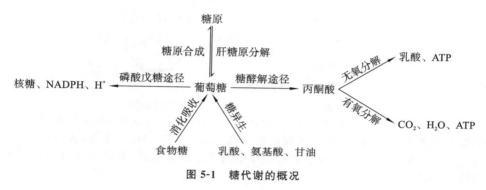

图 5-1 糖代谢的概况

第二节 糖的分解代谢

生物体内糖的主要分解代谢途径包括糖的无氧氧化、有氧氧化和磷酸戊糖途径。无氧氧化和有氧氧化过程中可逐步释放能量,以满足机体生命活动的需要。

一、糖的无氧氧化

在机体缺氧的条件下,葡萄糖或糖原经一系列酶促反应生成乳酸的过程称为糖的无氧氧化,亦称糖酵解。无氧氧化的全过程在细胞的胞液中进行,红细胞和肌肉组织中最为活跃。

(一)糖无氧氧化的反应过程

糖的无氧氧化可分为两个阶段,第一个阶段是葡萄糖或糖原分解为丙酮酸的过程,也称糖酵解途径。第二个阶段是丙酮酸还原生成乳酸的过程。

1. 丙酮酸的生成

(1)葡萄糖磷酸化生成 6-磷酸葡萄糖(glucose-6-phosphate,G-6-P):葡萄糖由己糖激酶或葡萄糖激酶(肝)催化生成 G-6-P,ATP 提供磷酸基团,Mg^{2+} 作为激活剂,是一个不可逆的反应。糖原进行糖酵解时,首先由磷酸化酶催化糖原非还原性末端的葡萄糖单位磷酸化,生成 1-磷酸葡萄糖(G-1-P),此反应不消耗 ATP。G-1-P 在磷酸葡萄糖变位酶催化下生成 6-磷酸葡萄糖(G-6-P)。

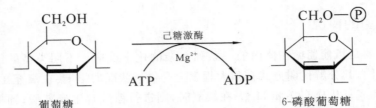

葡萄糖   6-磷酸葡萄糖

G-6-P 是一个重要的中间代谢产物,是许多糖代谢途径的桥梁,己糖激酶是糖酵解过程的第一个关键酶。

（2）6-磷酸葡萄糖转变为 6-磷酸果糖（fructose-6-phosphate,F-6-P）:6-磷酸葡萄糖在磷酸己糖异构酶催化下异构为 6-磷酸果糖。

6-磷酸葡萄糖   6-磷酸果糖

（3）6-磷酸果糖磷酸化生成 1,6-二磷酸果糖（1,6-fructose-bisphosphate,F-1,6-BP）:这是第 2 个磷酸化反应,由 6-磷酸果糖激酶-1 催化,需 ATP、Mg^{2+} 参与,为消耗 ATP 的不可逆反应。6-磷酸果糖激酶-1 为糖酵解途径中最重要的限速酶,其活性高低直接影响着糖酵解的速度和方向。

6-磷酸果糖   1,6-二磷酸果糖

（4）1,6-二磷酸果糖裂解为两分子磷酸丙糖:F-1,6-BP 在醛缩酶的催化下分子发生断裂,生成 2 分子磷酸丙糖,即 3-磷酸甘油醛和磷酸二羟丙酮。二者互为同分异构体,在磷酸丙糖异构酶的催化下可互相转变。由于 3-磷酸甘油醛不断地参加下一步反应被移去,磷酸二羟丙酮迅速转变成 3-磷酸甘油醛,继续进行代谢。故 1 分子 F-1,6-BP 裂解相当于生成了 2 分子 3-磷酸甘油醛。

磷酸二羟丙酮

1,6-二磷酸果糖   3-磷酸甘油醛

上述四个反应为酵解途径中的耗能阶段,1分子葡萄糖分解生成2分子3-磷酸甘油醛,共消耗2分子ATP;如从糖原开始,1个葡萄糖单位代谢仅消耗1分子ATP。

(5)3-磷酸甘油醛氧化生成1,3-二磷酸甘油酸:在3-磷酸甘油醛脱氢酶催化下,3-磷酸甘油醛脱氢氧化并磷酸化生成1,3-二磷酸甘油酸。由于脱氢反应,引起1,3-二磷酸甘油酸分子内部能量重新分布,生成高能磷酸键(高能键用"～"表示)。反应脱下的2H由NAD^+接受,生成$NADH+H^+$,这是糖酵解途径中唯一的脱氢氧化反应。

(6)1,3-二磷酸甘油酸转变为3-磷酸甘油酸:1,3-二磷酸甘油酸在磷酸甘油酸激酶催化下其分子中的高能磷酸键直接转移给ADP生成ATP,自身生成3-磷酸甘油酸。这种ADP磷酸化与底物的氧化反应相偶联的过程,称为底物水平磷酸化。这是糖酵解过程中第一次产生ATP的反应。

(7)3-磷酸甘油酸转变为2-磷酸甘油酸:在磷酸甘油变位酶的催化下,3-磷酸甘油酸第3位碳原子上的磷酸基转移到第2位碳原子上,生成2-磷酸甘油酸。

(8)2-磷酸甘油酸转变为磷酸烯醇式丙酮酸(PEP):2-磷酸甘油酸在烯醇化酶的催化下脱水,分子内部能量重新分布形成了1个高能磷酸键,生成高能磷酸化合物——磷酸烯醇式丙酮酸。

(9)丙酮酸的生成:在丙酮酸激酶的催化下,磷酸烯醇式丙酮酸将高能磷酸键转移给ADP生成ATP,同时生成烯醇式丙酮酸,后者自动转变为丙酮酸。丙酮酸激酶是糖酵解途径中的第3个限速酶,该反应不可逆。这也是糖酵解过程中的第二次底物水平磷酸化反应。

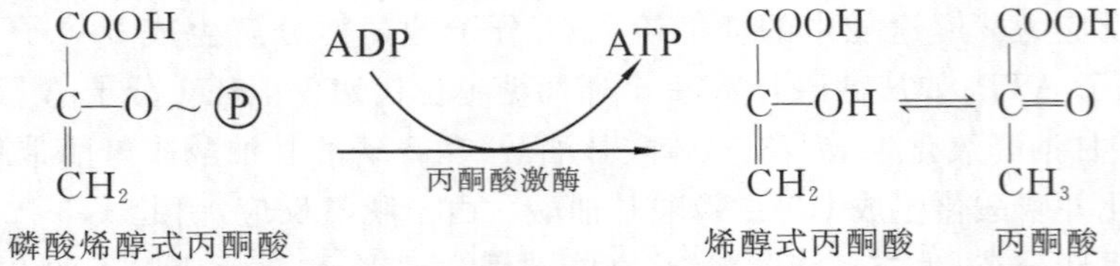

$$\begin{array}{c}\text{COOH} \\ | \\ \text{C—O} \sim \text{\textcircled{P}} \\ \| \\ \text{CH}_2\end{array} \qquad \xrightarrow[\text{丙酮酸激酶}]{\text{ADP} \quad \text{ATP}} \qquad \begin{array}{c}\text{COOH} \\ | \\ \text{C—OH} \\ \| \\ \text{CH}_2\end{array} \Longleftrightarrow \begin{array}{c}\text{COOH} \\ | \\ \text{C=O} \\ | \\ \text{CH}_3\end{array}$$

磷酸烯醇式丙酮酸 烯醇式丙酮酸 丙酮酸

以上 5 步反应是糖酵解途径中释放能量的阶段,通过底物水平磷酸化共生成 4 分子 ATP。

2. 丙酮酸还原为乳酸 在无氧条件下,由乳酸脱氢酶催化丙酮酸被还原为乳酸。乳酸脱氢酶的辅酶是 NAD^+。还原反应所需的 $NADH+H^+$ 是 3-磷酸甘油醛脱氢时产生,丙酮酸起受氢体作用,使 $NADH+H^+$ 转变为 NAD^+,使糖酵解得以继续进行。

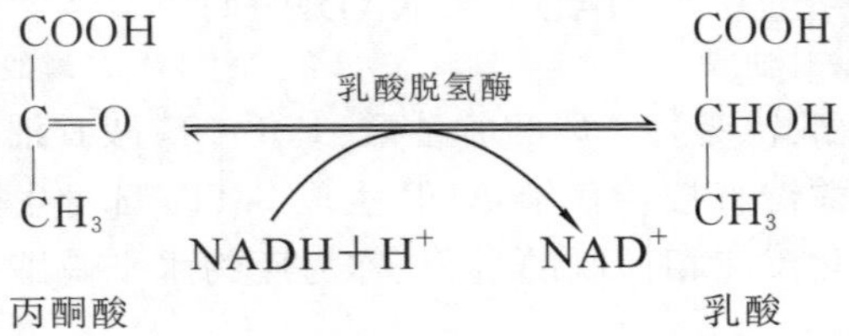

$$\begin{array}{c}\text{COOH} \\ | \\ \text{C=O} \\ | \\ \text{CH}_3\end{array} \qquad \xrightarrow[\text{NADH}+\text{H}^+ \quad \text{NAD}^+]{\text{乳酸脱氢酶}} \qquad \begin{array}{c}\text{COOH} \\ | \\ \text{CHOH} \\ | \\ \text{CH}_3\end{array}$$

丙酮酸 乳酸

反应全过程如图 5-2 所示。

糖无氧氧化反应的特点:

(1) 糖无氧氧化全过程在胞液中进行,没有氧的参与,反应生成的 $NADH+H^+$ 以丙酮酸作为受氢体,使之还原为乳酸即糖酵解的终产物。

(2) 糖无氧氧化是生物界普遍存在的供能途径,但产生能量较少。1 分子葡萄糖经糖酵解可生成 2 分子丙酮酸,经两次底物水平磷酸化,产生 4 分子 ATP,减去消耗的 2 分子 ATP,可净生成 2 分子 ATP;糖原中的 1 个葡萄糖单位,经酵解可净生成 3 分子 ATP,所以在有氧的情况下糖酵解不是主要供能方式。

(二) 糖酵解的调节

己糖激酶(葡萄糖激酶)、6-磷酸果糖激酶-1、丙酮酸激酶 3 种酶催化的反应不可逆,反应速度最慢,为糖酵解的关键酶(也称调节酶),其活性高低可直接影响糖酵解的速度和方向,是各种因素调节糖酵解速度的调节点,这三个调节点在细胞内起着控制代谢途径的阀门作用。其中 6-磷酸果糖激酶-1 的 K_m 值最大,催化效率最低,是糖酵解的限速酶。这些酶的活性可受变构剂和激素的调节,影响整个代谢途径的速度和方向。

1. 6-磷酸果糖激酶-1 6-磷酸果糖激酶-1 受多种变构调节剂的调节,ATP 和柠檬酸等是该酶的变构抑制剂,而 AMP、ADP、1,6-二磷酸果糖和 2,6-二磷酸果糖是该酶的变构激活剂。1,6-二磷酸果糖是该酶的产物,是代谢过程中少见的产物正反馈调节,它有利于糖的分解。2,6-二磷酸果糖是 6-磷酸果糖激酶-1 最强的变构激活剂。

2. 丙酮酸激酶 丙酮酸激酶是第二个调节点。1,6-二磷酸果糖是其变构激活剂,而 ATP、肝内的丙氨酸、乙酰 COA 和长链脂肪酸是其变构抑制剂。胰高血糖素可通过 cAMP 抑制此酶活性。

3. 己糖激酶 此酶活性受 6-磷酸葡萄糖的负反馈调节。肝内为葡萄糖激酶,对底物的亲和力低,而且分子上无 6-磷酸葡萄糖的结合位点,故其活性不受 6-磷酸葡萄糖浓度的

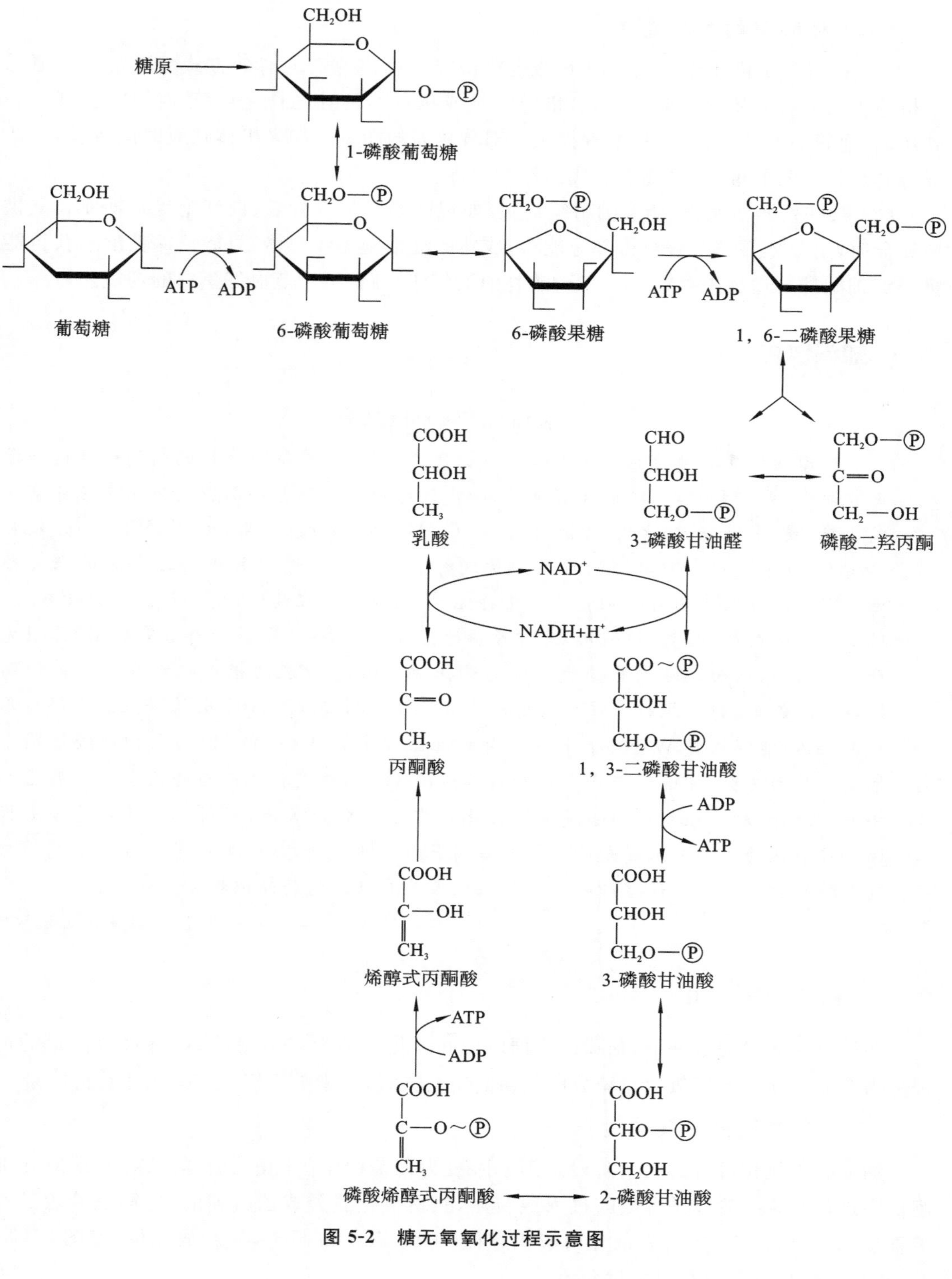

图 5-2 糖无氧氧化过程示意图

调节。胰岛素可诱导葡萄糖激酶基因的转录,促进酶的合成,故在肝细胞损伤或糖尿病时,此酶活性降低,影响糖的氧化分解与糖原合成,使血糖浓度升高。

（三）糖酵解的生理意义

（1）糖酵解是机体在缺氧情况下迅速获得能量以供急需的有效方式。正常生理情况下机体主要靠有氧氧化供能,但当氧供应不足或相对不足时,如剧烈运动时、呼吸受阻、心肺疾病、血管病变等时,需靠糖酵解提供一部分急需的能量。如果机体缺氧时间较长,可造成酵解产物乳酸的堆积,可能引起代谢性酸中毒。

（2）某些代谢活跃、耗能多的组织细胞(如视网膜、睾丸、骨髓、白细胞等),即使在氧供应充分时,也要依靠糖酵解获得部分能量;成熟的红细胞无线粒体,只能依靠糖酵解获得能量。红细胞酵解途径中存在 2,3-二磷酸甘油酸代谢支路,可调节血红蛋白的携氧能力。

知识链接

肿瘤与 Warburg 效应

肿瘤细胞具有独特的代谢规律。以糖代谢为例,肿瘤细胞消耗的葡萄糖远远多于正常细胞,更重要的是,即使在有氧时,肿瘤细胞中葡萄糖也不彻底氧化而是被分解生成乳酸,这种现象由德国生物化学家 O. H. Warburg 发现,故称 Warburg 效应 (Warburg effect)。肿瘤细胞为何偏爱这种低产能的代谢方式成为近年来的研究热点。Warburg 效应使肿瘤细胞获得生存优势,至少体现在两方面:一是提供大量碳源,用以合成蛋白质、脂类、核酸,满足肿瘤快速生长的需要;二是关闭有氧氧化通路,避免产生自由基,从而逃避细胞凋亡。肿瘤选择 Warburg 效应的根本机制在于对关键酶的调节。例如,肿瘤组织中往往过量表达 M2 型丙酮酸激酶(PKM2),并且其二聚体形式占主体,能够诱发 Warburg 效应。异柠檬酸脱氢酶 1/2(IDH1/2)在神经胶质瘤中常发生基因突变,促进体内产生 2-羟戊二酸(2-HG),该产物积累与肿瘤发生发展密切相关。此外,肿瘤组织中磷酸戊糖途径比正常组织更为活跃,有利于进行生物合成代谢。目前认为一部分原因是肿瘤抑制基因 P53 发生突变,从而失去了对 6-磷酸葡萄糖脱氢酶的抑制作用。这些肿瘤代谢特征已成为疾病诊治的新依据和突破点。

二、糖的有氧氧化

在氧供应充足的条件下,葡萄糖或糖原彻底氧化分解为 CO_2 和 H_2O 并释放能量的过程称为有氧氧化。有氧氧化是糖分解代谢的主要方式,大多数组织从有氧氧化获得能量。

（一）有氧氧化的反应过程

糖的有氧氧化可分为三个阶段。第一阶段为葡萄糖至丙酮酸(糖酵解途径,反应在细胞液中进行);第二阶段是丙酮酸进入线粒体,然后氧化脱酸成乙酰辅酶 A;第三阶段是乙酰辅酶 A 进入三羧酸循环及氧化磷酸化过程,生成 CO_2 和 H_2O,并释放能量,如图 5-3 所示,氧化磷酸化过程将在第六章介绍。

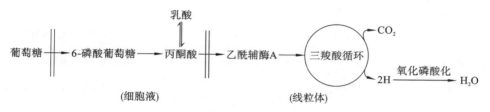

图 5-3　有氧氧化的反应过程

1. 葡萄糖分解成丙酮酸(糖酵解途径)　此过程与糖无氧氧化的第一阶段基本相同,在胞液中进行。两者的差别是在无氧条件下,3-磷酸甘油醛脱氢反应生成的2H,由NADH传递给丙酮酸,使丙酮酸还原为乳酸;在有氧条件下,NADH的2H经穿梭作用转移至线粒体,通过呼吸链的传递与氧结合生成水,释放能量并生成ATP。

2. 丙酮酸氧化脱羧生成乙酰辅酶A　机体在有氧条件下,丙酮酸从胞液进入线粒体。在丙酮酸脱氢酶复合体的催化下进行氧化脱羧反应,生产乙酰CoA,反应不可逆。

$$
\underset{\text{丙酮酸}}{\overset{\text{COOH}}{\underset{\text{CH}_3}{\overset{|}{\underset{|}{C=O}}}}} + \underset{\text{辅酶A}}{\text{HS—CoA}} \xrightarrow[\text{NAD}^+ \quad \text{NADH+H}^+]{\text{丙酮酸脱氢酶系}} \underset{\text{乙酰CoA}}{\overset{|}{\underset{\text{CH}_3}{\overset{O=C \sim SCoA}{}}}} + CO_2
$$

丙酮酸脱氢酶复合体是由三种酶组成的多酶复合体,它包括丙酮酸脱氢酶,二氢硫辛酰胺乙酰转移酶及二氢硫辛酸脱氢酶(表5-1)。以乙酰转移酶为核心,周围排列着丙酮酸脱氢酶及二氢硫辛酸脱氢酶。参与的辅酶有焦磷酸硫胺素(TPP)、硫辛酸、FAD、NAD$^+$及辅酶A。在多酶复合体中进行着一系列的连锁反应,使丙酮酸脱氢和脱羧生成乙酰辅酶A及NADH+H$^+$。若维生素B$_1$缺乏,体内TPP不足,则丙酮酸氧化受阻,能量生成减少,丙酮酸及乳酸堆积,可发生多发性末梢神经炎。

表 5-1　丙酮酸脱氢酶复合体的组成

丙酮酸脱氢酶复合体	辅　　酶	所含维生素
丙酮酸脱氢酶	焦磷酸硫胺素(TPP)	维生素 B$_1$
二氢硫辛酰胺乙酰转移酶	硫辛酸、辅酶A	硫辛酸、泛酸
二氢硫辛酸脱氢酶	FAD、NAD$^+$	维生素 B$_2$、PP

3. 三羧酸循环(Tricarboxylic Acid Cycle,TAC)　三羧酸循环也称为柠檬酸循环,由Krebs正式提出三羧酸循环的学说,所以此循环又称为Krebs循环。从乙酰CoA和草酰乙酸缩合生成含三个羧基的柠檬酸开始,反复进行脱氢脱羧,使一分子乙酰基彻底氧化,同时又生成草酰乙酸,再重复循环反应的过程。该循环是乙酰CoA彻底氧化的途径,在线粒体中进行,反应如下:

(1) 乙酰CoA与草酰乙酸缩合生成柠檬酸:1分子乙酰辅酶A与1分子草酰乙酸缩合成柠檬酸,反应由柠檬酸合酶催化,后者是三羧酸循环的第一个关键酶,是重要的调节点。缩合反应所需能量来源于高能硫酯键的水解,此反应不可逆。

$$CO \sim SCoA + \underset{\substack{| \\ CH_2 \\ | \\ COOH}}{\overset{\substack{COOH \\ | \\ C=O \\ |}}{}} \xrightarrow[\substack{| \\ H_2O \quad HSCoA}]{柠檬酸合酶} \underset{\substack{| \\ CH_2—COOH}}{\overset{\substack{CH_2—COOH \\ | \\ HO—C—COOH \\ |}}{}}$$

$$CH_3$$

乙酰辅酶A　　　草酰乙酸　　　　　　　　　　　　　　　　　柠檬酸

（2）柠檬酸生成异柠檬酸：反应由顺乌头酸酶催化，柠檬酸原来在 C3 上的羟基转到 C2 上，脱水、加水生成异柠檬酸。

$$\underset{\substack{| \\ CH_2—COOH}}{\overset{\substack{CH_2—COOH \\ | \\ HO—C—COOH \\ |}}{}} \underset{\substack{\nearrow \\ H_2O}}{\overset{顺乌头酸酶}{\rightleftharpoons}} \underset{\substack{| \\ CH—COOH}}{\overset{\substack{CH_2—COOH \\ | \\ C—COOH \\ ‖}}{}} \underset{\substack{\nearrow \\ H_2O}}{\overset{顺乌头酸酶}{\rightleftharpoons}} \underset{\substack{| \\ CHOH—COOH}}{\overset{\substack{CH_2—COOH \\ | \\ CH—COOH \\ |}}{}}$$

柠檬酸　　　　　　　　　　　　顺乌头酸　　　　　　　　　　　异柠檬酸

（3）异柠檬酸氧化脱羧转变为 α-酮戊二酸：异柠檬酸在异柠檬酸脱氢酶催化下进行脱氢、脱羧，这是三羧酸循环中第一次氧化脱羧。异柠檬酸先脱氢生成草酰琥珀酸，再脱羧产生 CO_2、α-酮戊二酸。异柠檬酸脱氢酶是三羧酸循环的第二个关键酶也是唯一的限速酶，是最主要的调节点，辅酶是 NAD^+，脱氢生成的 $NADH+H^+$ 经线粒体内膜上呼吸链的氧化生成 2.5 分子 ATP。

$$\underset{\substack{| \\ CHOH—COOH}}{\overset{\substack{CH_2—COOH \\ | \\ CH—COOH \\ |}}{}} \xrightarrow[\substack{\\ NAD^+ \quad NADH+H^+ \quad CO_2}]{Mg^{2+},Mn^{2+}异柠檬酸脱氢酶} \underset{\substack{| \\ COOH}}{\overset{\substack{COOH \\ | \\ CH_2 \\ | \\ CH_2 \\ | \\ C=O \\ |}}{}}$$

异柠檬酸　　　　　　　　　　　　　　　　　　　　　　　　α-酮戊二酸

（4）α-酮戊二酸氧化、脱羧生成琥珀酰辅酶 A：这是三羧酸循环中第二次氧化脱羧，此反应在 α-酮戊二酸脱氢酶复合体的催化下脱氢、脱羧生成琥珀酰辅酶 A，产物琥珀酰辅酶 A 中含有一个高能硫酯键，此反应不可逆。α-酮戊二酸脱氢酶复合体是三羧酸循环的第三个关键酶，是第三个调节点。α-酮戊二酸脱氢酶复合体是多酶复合体，其组成与催化反应过程都与丙酮酸脱氢酶复合体相似。脱氢生成的 $NADH+H^+$，在线粒体内膜上经呼吸链传递生成 2.5 分子 ATP。

$$\underset{\substack{| \\ COOH}}{\overset{\substack{COOH \\ | \\ CH_2 \\ | \\ CH_2 \\ | \\ C=O \\ |}}{}} +HSCoA \xrightarrow[\substack{\\ NAD^+ \quad NADH+H^+ \quad CO_2}]{α-酮戊二酸脱氢酶复合体} \underset{\substack{| \\ CO \sim SCoA}}{\overset{\substack{COOH \\ | \\ CH_2 \\ | \\ CH_2 \\ |}}{}}$$

α-酮戊二酸　　　　　　　　　　　　　　　　　　　　　琥珀酰辅酶 A

（5）琥珀酰辅酶 A 生成琥珀酸：反应由琥珀酰辅酶 A 合成酶（也称琥珀酸硫激酶）催化，琥珀酰辅酶 A 中的高能硫酯键释放能量，可以转移给 ADP（或 GDP），形成 ATP（或 GTP）。细胞中有两种同工酶，一种生成 ATP，另一种生成 GTP。这是三羧酸循环中唯一的一次底物水平磷酸化，生成 1 分子 ATP 或 GTP。

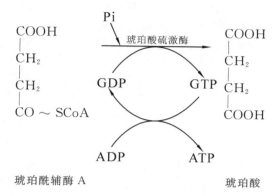

（6）琥珀酸脱氢生成延胡索酸：反应由琥珀酸脱氢酶催化，辅酶是 FAD，脱氢后生成 $FADH_2$，经线粒体内膜上呼吸链传递生成 1.5 分子 ATP。

（7）延胡索酸转变为苹果酸：反应由延胡索酸酶催化，加水生成苹果酸，反应可逆。

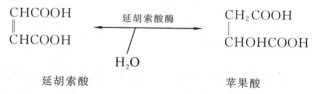

（8）苹果酸脱氢生成草酰乙酸：三羧酸循环的最后反应由苹果酸脱氢酶催化苹果酸脱氢生成草酰乙酸，脱氢后由 NAD^+ 接受生成 $NADH+H^+$，在线粒体内膜上经呼吸链传递生成水，氧化磷酸化生成 2.5 分子 ATP。在细胞内草酰乙酸不断地被用于柠檬酸的合成。

三羧酸循环的反应过程可归纳如下，见图 5-4。

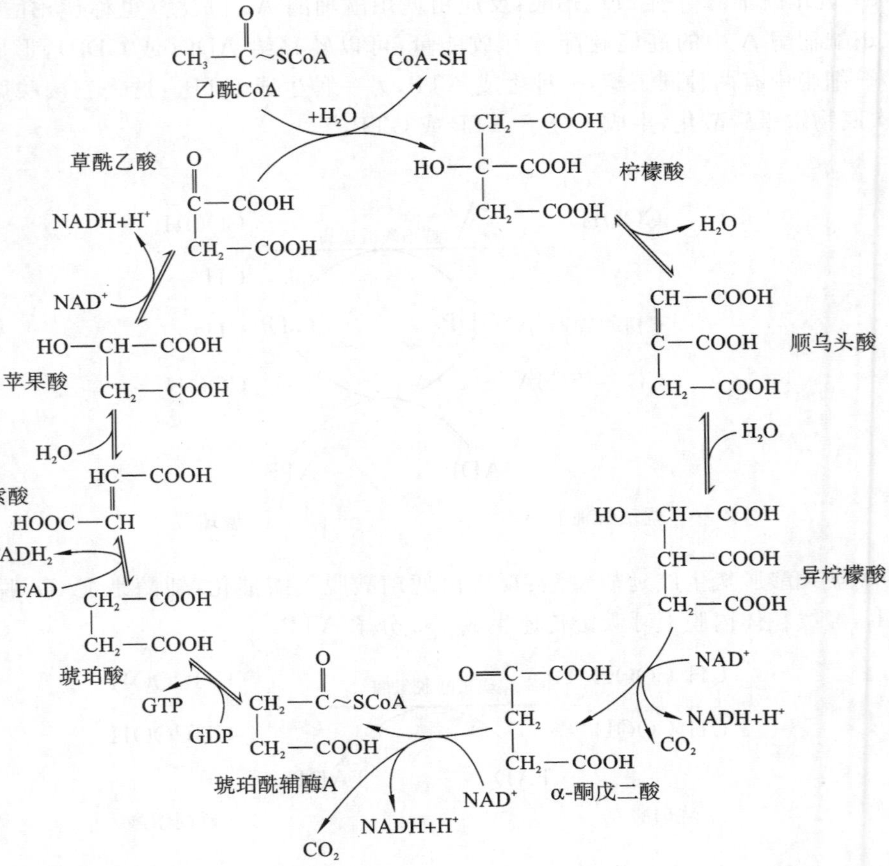

乙酰CoA

$CH_3—C\sim SCoA$
O

CoA-SH

$+H_2O$

草酰乙酸

$C—COOH$
O
$CH_2—COOH$

$NADH+H^+$

NAD^+

柠檬酸

$CH_2—COOH$
$HO—C—COOH$
$CH_2—COOH$

H_2O

顺乌头酸

$CH—COOH$
$C—COOH$
$CH_2—COOH$

H_2O

苹果酸

$HO—CH—COOH$
$CH_2—COOH$

异柠檬酸

$HO—CH—COOH$
$CH—COOH$
$CH_2—COOH$

NAD^+

延胡索酸

$HC—COOH$
$HOOC—CH$

H_2O

$FADH_2$

FAD

琥珀酸

$CH_2—COOH$
$CH_2—COOH$

$NADH+H^+$

CO_2

α-酮戊二酸

$O=C—COOH$
CH_2
$CH_2—COOH$

琥珀酰辅酶A

$CH_2—C\sim SCoA$
O
$CH_2—COOH$

GTP

GDP

NAD^+

$NADH+H^+$

CO_2

图 5-4 三羧酸循环

知识链接

生化学家的诺奖风采——汉斯·阿道夫·克雷布斯

汉斯·阿道夫·克雷布斯(1900—1981)是英籍德裔生物化学家,哥丁根大学毕业后在柏林威廉研究所工作,后在德国阿尔托纳医院当医生。1933 年受纳粹迫害,逃往英国。在剑桥大学获得硕士学位后,便在霍普金斯手下从事研究,先后任谢菲尔德大学和牛津大学的教授。1932 年,他与同事共同发现了脲循环,阐明了人体内尿素生成的途径。1937 年他发现了三羧酸循环,揭示了生物体内糖经酵解途径变为三碳物质后,进一步氧化为二氧化碳和水的途径以及代谢能的主要来源。这一循环与糖、蛋白质、脂肪等的代谢都有密切关系,是所有需氧生物代谢中的重要环节。这一发现被公认是代谢研究的里程碑,因此获诺贝尔 1953 年医学和生理学奖。

三羧酸循环有以下特点:

(1) 三羧酸循环是产生 ATP 的主要途径。反应中 1 次底物水平磷酸化产生 1 分子

GTP,相当于产生 1 分子 ATP。反应中共 4 次脱氢生成 3 分子 $NADH+H^+$ 和 1 分子 $FADH_2$。1 分子 $NADH+H^+$ 携带的一对氢经呼吸链传递生成 2.5 分子 ATP,1 分子 $FADH_2$ 携带的一对氢经呼吸链传递生成 1.5 分子 ATP,这种产生 ATP 的方式属于氧化磷酸化。4 次脱氢氧化磷酸化产能:$3×2.5$ 分子 ATP$+1×1.5$ 分子 ATP$=9$ 分子 ATP。1 分子乙酰 CoA 经三羧酸循环氧化产能共 10 分子 ATP。

（2）两次脱羧反应生成 2 分子 CO_2。

（3）3 个不可逆反应:柠檬酸合酶、异柠檬酸脱氢酶、α-酮戊二酸脱氢酶复合体催化的反应不可逆,是三羧酸循环的关键酶。

（4）三羧酸循环的中间产物可转变为其他物质,需要不断补充。如琥珀酰 CoA 是合成血红素的原料,α-酮戊二酸可转变为谷氨酸,草酰乙酸可转变为天冬氨酸等。

（二）有氧氧化的调节

糖有氧氧化是机体获得能量的主要方式,机体对能量的需求变动很大,因此有氧氧化的速率和方向必须受到严格的调控。有氧氧化的三个阶段均有代谢调节点,第一阶段糖酵解途径的调节详见前节,第二、三阶段的调节如下:

1. 丙酮酸脱氢酶复合体可通过变构调节和共价修饰两种方式进行快速调节 其催化反应产物乙酰 CoA、NADH、ATP 及长链脂肪酸是其变构抑制剂,而辅酶 A、NAD^+、ADP 是其变构激活剂。另外,胰岛素和 Ca^{2+} 可促进丙酮酸脱氢酶的去磷酸化作用,使酶转变为活性形式,通过共价修饰,加速丙酮酸的氧化进程。

2. 三羧酸循环的速率和流量受多种因素的调控 关键酶柠檬酸合酶、α-酮戊二酸脱氢酶复合体和异柠檬酸脱氢酶的反应产物如柠檬酸、NADH、ATP、琥珀酰 CoA 或脂肪分解产物长链脂酰 CoA 是其变构抑制剂;反之,反应的底物如 AMP、ADP 和 Ca^{2+} 是其变构激活剂。另外,氧化磷酸化的速率对三羧酸循环的运转也起着非常重要的作用。三羧酸循环 4 次脱氢产生的 $NADH+H^+$ 或 $FADH_2$,需经氧化磷酸化生成 H_2O 和 ATP,才能使脱氢反应继续进行。

3. 有氧氧化和酵解途径之间存在互相制约的关系 法国科学家 Pasteur 发现酵母菌在无氧时可进行生醇发酵,将其转移至有氧环境,生醇发酵即被抑制,这种有氧氧化抑制生醇发酵的现象称为巴斯德效应(Pasteur effect)。此效应也存在于人体组织中,即在供氧充足的条件下,组织细胞中糖有氧氧化可抑制糖酵解作用,该现象也被称为巴斯德效应。与此相反,在少数糖酵解进行较旺盛的组织(如视网膜、肾髓质、粒细胞等)及癌细胞中,无论有氧与否,都可发生很强的糖酵解作用,这种糖酵解抑制有氧氧化的作用称为反巴斯德效应或 Crabtree 效应。

（三）有氧氧化的生理意义

1. 糖的有氧氧化是机体获得能量的主要方式 1 分子葡萄糖经有氧氧化完全分解生成 CO_2 和 H_2O,可净生成 32 或 30 分子 ATP(表 5-2)。不同的组织中,1 分子葡萄糖氧化分解,净生成 ATP 分子数稍有差别。一般认为脑、骨骼肌净生成 30 分子 ATP,而心、肝、肾组织中则生成 32 分子 ATP。

2. 三羧酸循环是体内三大营养物质彻底氧化分解的共同通路 糖、脂肪、氨基酸在体内氧化分解都可产生乙酰 CoA,然后经三羧酸循环彻底氧化。值得注意的是,三羧酸循环本身并不是释放能量生成 ATP 的主要环节,其主要作用在于通过 4 次脱氢反应,为氧化磷酸化生成 ATP 提供 NADH＋H⁺ 和 FADH₂。

表 5-2　葡萄糖有氧氧化过程中 ATP 的生成

反　　应	辅酶	ATP 的生成
细胞液反应阶段		
葡萄糖→6-磷酸葡萄糖		−1
6-磷酸果糖→1,6-二磷酸果糖		−1
2×3-磷酸甘油醛→2×1,3-二磷酸甘油酸	NAD⁺	2×2.5 或 2×1.5 *
2×1,3-二磷酸甘油酸→2×3-磷酸甘油酸		2×1
2×磷酸烯醇式丙酮酸→2×丙酮酸		2×1
线粒体内反应阶段		
2×丙酮酸→2×乙酰 CoA	NAD⁺	2×2.5
2×异柠檬酸→2×α-酮戊二酸	NAD⁺	2×2.5
2×α-酮戊二酸→2×琥珀酰 CoA	NAD⁺	2×2.5
2×琥珀酰 CoA→2×琥珀酸		2×1
2×琥珀酸→2×延胡索酸	FAD	2×1.5
2×苹果酸→2×草酰乙酸	NAD⁺	2×2.5
		净生成 32(或 30)ATP

＊ NADH＋H⁺ 经苹果酸穿梭进入线粒体产生 2.5 个 ATP;如经磷酸甘油穿梭进入线粒体,则产生 1.5 个 ATP。

3. 三羧酸循环是体内三大营养物质代谢相互联系的枢纽　糖、脂肪和氨基酸均可转变为三羧酸循环的中间产物,它们可以通过三羧酸循环相互转变、相互联系。如糖代谢的中间产物 α-酮戊二酸、丙酮酸、草酰乙酸可氨基化生成谷氨酸、丙氨酸、天冬氨酸,同样这些氨基酸脱氨基又可生成相应的酮酸。糖代谢产物乙酰 CoA 参与脂酸的合成,脂肪分解生成的甘油可转变为糖等。

三、磷酸戊糖途径

磷酸戊糖途径是葡萄糖氧化分解的另一条重要途径,它的功能不是产生 ATP,而是产生细胞所需的具有重要生理作用的特殊物质 NADPH 和 5-磷酸核糖。这条途径存在于肝脏、脂肪组织、甲状腺、肾上腺皮质、性腺、红细胞等组织中。代谢相关的酶存在于胞液中。

(一)磷酸戊糖途径的反应过程

磷酸戊糖途径是一个比较复杂的代谢途径,反应在胞质中进行。磷酸戊糖途径的反应过程可分为两个阶段:第一阶段产生 NADPH 及 5-磷酸核糖,是氧化反应;第二阶段为一系列基团的转移过程,是非氧化反应。

第一阶段为氧化反应。6-磷酸葡萄糖由 6-磷酸葡萄糖脱氢酶催化脱氢生成 6-磷酸葡萄糖酸内酯,反应过程中 NADP⁺ 为受氢体,生成 NADPH＋H⁺;6-磷酸葡萄糖酸内酯在内酯酶作用下水解为 6-磷酸葡萄糖酸。后者在 6-磷酸葡萄糖酸脱氢酶的作用下,于第一位碳原子上脱氢脱羧而转变为5-磷酸核酮糖,同时生成另一分子 NADPH＋H⁺。此反应需要 Mg^{2+} 参与。5-磷酸核酮糖在异构酶的作用下转变为5-磷酸核糖。在这一阶段,产生了 NADPH＋H⁺ 和5-磷酸核糖这两个重要的代谢产物。6-磷酸葡萄糖脱氢酶是磷酸戊糖途径的关键酶。

第二阶段为非氧化反应阶段。磷酸戊糖在此阶段继续代谢,通过多次基团转移反应,最后转变成6-磷酸果糖和3-磷酸甘油醛继续代谢。通过异构反应5-磷酸核酮糖转变为5-磷酸木酮糖或5-磷酸核糖,三种形式的磷酸戊糖经转醛醇酶及转酮醇酶催化,进行基团转移,中间生成三碳、七碳、四碳和六碳等的单糖磷酸酯,最后转变成6-磷酸果糖和3-磷酸甘油醛,再进一步代谢,图5-5为磷酸戊糖途径的反应过程。

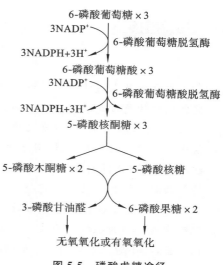

图 5-5 磷酸戊糖途径

(二)磷酸戊糖途径的生理意义

1. 为核酸的生物合成提供核糖 核糖是核酸和游离核苷酸的组成成分。体内的核糖并不依赖从食物摄入,而是通过磷酸戊糖途径生成。葡萄糖既可经6-磷酸葡萄糖脱氢、脱羧的氧化反应产生磷酸核糖,也可通过糖酵解途径的中间产物3-磷酸甘油醛和6-磷酸果糖经过前述的基团转移反应而生成磷酸核糖。这两种方式的相对重要性因物种而异。人类主要通过氧化反应生成核糖。肌肉组织内缺乏6-磷酸葡萄糖脱氢酶,磷酸核糖靠基团转移反应生成。

2. 提供 NADPH＋H⁺ 作为供氢体参与多种代谢反应

(1) NADPH 是体内许多合成代谢的供氢体:如脂肪酸、胆固醇的合成需要 NADPH 作为供氢体;又如机体合成非必需氨基酸时,先由 α-酮戊二酸与 NADPH 及 NH_3 生成谷氨酸,谷氨酸再将氨基转给其他 α-酮酸生成相应的氨基酸。

(2) NADPH 参与体内的生物转化:NADPH 是加单氧酶体系的组成成分,参与激素、药物、毒物的生物转化。

(3) NADPH 还用于维持谷胱甘肽的还原状态:谷胱甘肽是一个活性三肽,以 GSH 表示。2分子 GSH 可以脱氢氧化生成 GSSG,后者可在谷胱甘肽还原酶作用下,被 NADPH ＋H⁺ 重新还原为还原型谷胱甘肽。谷胱甘肽能与氧化剂如 H_2O_2 等反应,从而保护巯基蛋白或酶免受氧化剂损害。还原型谷胱甘肽对维持红细胞膜的完整性有重要意义,如果体内缺乏6-磷酸葡萄糖脱氢酶,NADPH 产生减少,还原型谷胱甘肽含量不足,在某些因素诱发下,如食用蚕豆或服用伯氨喹类抗疟药,红细胞很易破裂而发生溶血(蚕豆病)。

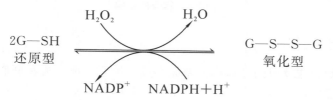

知识链接

蚕 豆 病

　　蚕豆病是在遗传性 6-磷酸葡萄糖脱氢酶（G6PD）缺陷的情况下，食用新鲜蚕豆后突然发生的急性血管内溶血。该病通过性连锁不全显性遗传。G6PD 基因在 X 染色体上，患者大多为男性，男女之比约为 7∶1。G6PD 是磷酸戊糖途径中的关键酶，该途径中生成的 NADPH＋H$^+$ 具有维持细胞中还原型谷胱甘肽（GSH）正常含量的作用。红细胞中的 GSH 可保护细胞膜上的巯基酶和巯基蛋白质免受氧化剂的破坏，从而维持红细胞膜结构和功能的完整性。患者因红细胞中缺乏 G6PD，磷酸戊糖途径不能正常进行，导致 NADPH＋H$^+$ 缺乏，GSH 减少而失去对红细胞膜的保护作用，造成红细胞膜对氧化剂的抵抗能力减弱。此时，若食入新鲜蚕豆，受新鲜蚕豆中的蚕豆素的氧化攻击，数小时至数天（1～3 天）内即可引起红细胞大量破裂而发病。

第三节　糖原的合成与分解

　　糖原是动物体内糖的储存形式。糖原主要储存在肌肉和肝脏中，肌肉中糖原占肌肉总重量的 1%～2%，约为 400 g，肝脏中糖原占总量 6%～8%，约为 100 g。肝糖原的合成与分解主要是为了维持血糖浓度的相对恒定；肌糖原是肌肉糖酵解的主要来源。糖原是以葡萄糖为基本单位通过 α-1,4-糖苷键（直链）及 α-1,6-糖苷键（分支）相连聚合而成的带有分支的多糖，存在于胞液中。糖原的结构见图 5-6。

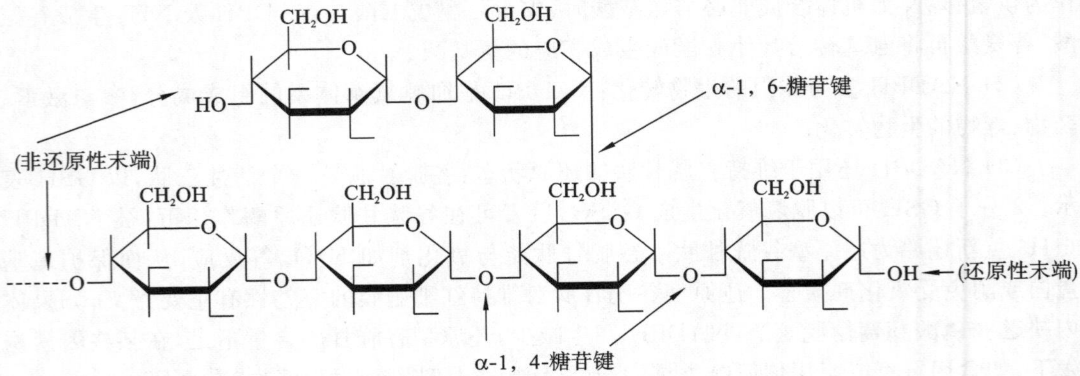

图 5-6　糖原的结构

一、糖原的合成代谢

　　体内由葡萄糖合成糖原的过程称为糖原合成。糖原合成主要在肝脏和肌肉组织中进行。糖原合成的反应过程如下。

（一）葡萄糖磷酸化生成 6-磷酸葡萄糖

这步反应与糖酵解的第一步反应相同，由己糖激酶或葡萄糖激酶催化。

$$葡萄糖 \xrightarrow[\substack{己糖激酶\\葡萄糖激酶（肝）}]{ATP \quad ADP} 6\text{-}磷酸葡萄糖$$

（二）6-磷酸葡萄糖转变为 1-磷酸葡萄糖

该反应由磷酸葡萄糖变位酶催化。

$$6\text{-}磷酸葡萄糖 \underset{}{\overset{磷酸葡萄糖变位酶}{\rightleftharpoons}} 1\text{-}磷酸葡萄糖$$

（三）1-磷酸葡萄糖生成尿苷二磷酸葡萄糖（UDPG）

在尿苷二磷酸葡萄糖焦磷酸化酶的催化下，1-磷酸葡萄糖与尿苷三磷酸反应生成 UDPG，该反应不可逆。UDPG 为葡萄糖的活化形式。

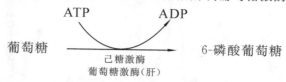

1-磷酸葡萄糖　　　　　　　　　　UTP

UDPG

（四）糖原的合成

在糖原合酶的催化下，UDPG 提供葡萄糖基，将其转移到细胞内原有的糖原引物（为细胞内原有的较小的糖原分子）上，以 α-1,4-糖苷键相连，使糖链上增加了一个葡萄糖残基，重复进行以上 4 步反应，可使糖原分子的直链不断延长。

$$糖原（Gn）+UDPG \xrightarrow{糖原合酶} 糖原（Gn+1）+UDP$$

糖原合酶只能催化糖原直链的延长，当延长至约 12 个葡萄糖基时，分支酶就会将 6～7 个葡萄糖残基的糖链转移至邻近的糖链上，以 α-1,6-糖苷键相连，构成糖原的分支（图 5-7）。糖原合酶是糖原合成过程中的关键酶。

糖原的合成必须要有糖原引物，因为游离的葡萄糖不能作为 UDPG 提供的葡萄糖基的受体。由于葡萄糖转变为 6-磷酸葡萄糖时消耗 1 分子 ATP；1-磷酸葡萄糖转变为 UDPG 时又消耗 1 分子 UTP，所以在糖原合成过程中，每增加一个葡萄糖单位，相当于消耗 2 分子 ATP。

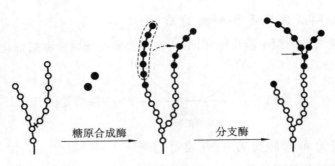

图 5-7　分支酶的作用

二、肝糖原的分解代谢

糖原分解是指肝糖原分解为葡萄糖以补充血糖的过程。

（一）1-磷酸葡萄糖的生成

糖原由糖原磷酸化酶催化从非还原端开始,逐一分解以 α-1,4-糖苷键连接的葡萄糖残基,释放出 G-1-P。在糖原分解过程中,当糖原磷酸化酶作用到距糖原分支点只有 4 个葡萄糖残基时,糖原磷酸化酶不再发挥作用。此时,由脱支酶负责分解糖原的分支,脱支酶具有 α-1,6-葡萄糖苷酶和转寡糖基酶活性,将糖原分支上残留的 3 个葡萄糖残基转移到另外分支的末端糖基上,并以 α-1,4-糖苷键连接(图 5-8),然后水解残留的最后一个葡萄糖残基生成葡萄糖。糖原的分支去除后,糖原磷酸化酶继续催化分解葡萄糖残基形成 G-1-P。

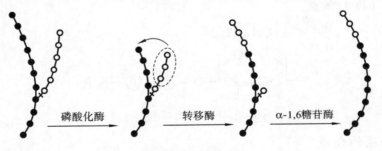

图 5-8　脱支酶的作用

（二）1-磷酸葡萄糖转变为 6-磷酸葡萄糖

反应由磷酸葡萄糖变位酶催化,将 1 位磷酸转移至 6 位。

1-磷酸葡萄糖　——磷酸葡萄糖变位酶——→　6-磷酸葡萄糖

（三）6-磷酸葡萄糖水解为葡萄糖

由葡萄糖-6-磷酸酶催化 6-磷酸葡萄糖水解为葡萄糖。

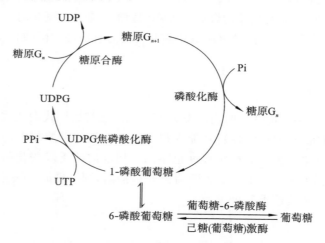

葡萄糖-6-磷酸酶只存在于肝、肾中,而肌肉中无此酶。因此肝糖原可以分解为葡萄糖,进入血液,补充血糖;肌糖原在肌肉中不能分解为葡萄糖,肌糖原不能直接补充血糖。肌糖原分解生成 6-磷酸葡萄糖后可进入糖酵解生成乳酸,乳酸经过血液到肝脏,再经糖异生作用合成葡萄糖或糖原,所有肌糖原可以间接补充血糖,但意义不大。肌糖原的主要生理意义是为肌肉收缩提供能量。

糖原合成与分解代谢过程见图 5-9。

图 5-9 糖原合成与分解代谢

三、糖原的合成与分解的生理意义

当人体进食后,进入血液的葡萄糖较多,肝细胞和肌细胞可以利用葡萄糖大量合成糖原,防止血糖浓度过度升高而从尿中排出。当血糖浓度降低时,肝糖原分解补充血糖,有效维持了血糖浓度的相对恒定。对于保证一些主要依赖葡萄糖供能的组织(如脑和红细胞)的能量供应具有重要意义。

四、糖原代谢的调节

糖原的合成与分解代谢不是简单的可逆反应,而是分别通过不同的代谢途径进行的,以便进行精细的调节。糖原合成与分解的生理性调节主要依靠两种重要激素，即胰岛素和胰高血糖素。前者抑制糖原分解，促进糖原合成；后者促进糖原分解。肾上腺素也促进糖原分解，但可能仅在应激状态下发挥作用。肌糖原与肝糖原的代谢调节略有不同，肝脏主要受胰高血糖素的调节，肌肉主要受肾上腺素的调节。

糖原合酶和糖原磷酸化酶分别是糖原合成和分解过程中的限速酶，这两种酶活性的高低决定了糖原代谢的方向，二者均受到共价修饰调节和变构调节。

（一）共价修饰调节

糖原合酶和磷酸化酶通过磷酸化和去磷酸化来改变酶的活性。这两种酶因其活性不同分为 a、b 两种形式。糖原合酶 a 有活性，磷酸化后的糖原合酶 b 则无活性。磷酸化的糖原磷酸化酶 a 有活性，去磷酸化的糖原磷酸化酶 b 则无活性。当机体受某些因素影响，如血糖水平下降、剧烈运动、应激反应时，肾上腺素、胰高血糖素分泌增加，导致糖原合酶 a 磷酸化失去活性转变为糖原合酶 b，抑制了糖原合成；同时磷酸化酶 b 磷酸化，变为有活性的磷酸化酶 a，促进糖原的分解。

（二）变构调节

糖原合酶和糖原磷酸化酶都是变构酶，均可受到代谢物的变构调节。6-磷酸葡萄糖是糖原合酶 b 的变构激活剂，当血糖浓度升高时，6-磷酸葡萄糖含量升高，使糖原合酶 b 转变为有活性的糖原合酶 a，加速糖原的合成。AMP 是糖原磷酸化酶 b 的变构激活剂，当能量供应不足时，AMP 浓度升高，使糖原磷酸化酶 b 转变为有活性的磷酸化酶 a，促进糖原的分解。

五、糖原累积症

糖原累积症是一类遗传性代谢病。患者先天性缺乏与糖原代谢相关的酶类，导致糖原在组织器官中大量沉积，使组织器官功能受损。由于缺失的糖原相关的酶不同，所引起的病理反应不同，对健康或生命的影响程度也不同。如肝内缺乏磷酸化酶时，肝糖原沉积导致肝肿大，但婴儿仍可成长。如果缺乏葡萄糖-6-磷酸酶，则肝糖原无法分解为葡萄糖，不能维持血糖浓度，将会造成严重后果。

第四节　糖　异　生

糖异生是指由非糖物质转变为葡萄糖或糖原的过程。能异生为糖的非糖物质主要有乳酸（来自糖无氧分解）、生糖氨基酸（来自蛋白质分解）和甘油（来自脂肪水解）等。能进行糖异生作用的组织主要是肝脏，其次是肾脏（长期饥饿，更加明显）。

一、糖异生途径

糖异生途径基本上是糖酵解的逆过程，糖酵解过程中的大多数酶促反应是可逆的，但是，由己糖激酶、6-磷酸果糖激酶-1 及丙酮酸激酶催化的三个反应是不可逆的。因此，在糖异生途径中，这三个反应是通过其他相应酶的催化，使反应逆行，从而完成糖异生反应。

（一）丙酮酸转变为磷酸烯醇式丙酮酸

丙酮酸生成磷酸烯醇式丙酮酸的反应需要丙酮酸羧化酶和磷酸烯醇式丙酮酸羧激酶催化。此反应分两步进行,也叫"丙酮酸羧化支路"(图 5-10),是糖酵解过程中丙酮酸激酶催化的磷酸烯醇式丙酮酸生成丙酮酸的逆过程。

1. 丙酮酸羧化成为草酰乙酸 该反应由丙酮酸羧化酶催化,生物素是该酶的辅酶,同时需要 ATP、Mg^{2+}(Mn^{2+})参与,催化丙酮酸羧化生成草酰乙酸。此酶存在于线粒体中,因此,丙酮酸只有进入线粒体后才能被转化为草酰乙酸。该反应是体内草酰乙酸的重要来源之一。

2. 草酰乙酸脱羧生成磷酸烯醇式丙酮酸(PEP) 由磷酸烯醇式丙酮酸羧激酶催化该反应,GTP 提供能量,释放 CO_2。人体线粒体及胞液中均有磷酸烯醇式丙酮酸羧激酶存在。线粒体中的草酰乙酸可以经磷酸烯醇式丙酮酸羧激酶催化直接脱羧生成 PEP 转运到胞液,也可以从线粒体以苹果酸的形式穿梭到胞液,再由胞液中的磷酸烯醇式丙酮酸羧激酶催化生成 PEP。在胞液中,PEP 经糖酵解逆过程生成 1,6-二磷酸果糖。

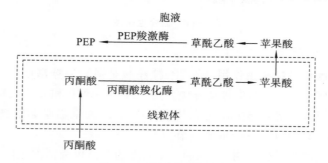

图 5-10 丙酮酸羧化支路

（二）1,6-二磷酸果糖转变为 6-磷酸果糖

果糖二磷酸酶催化 1,6-二磷酸果糖转变为 6-磷酸果糖,是糖酵解过程中 6-磷酸果糖激酶-1 催化反应的逆反应。

$$1,6\text{-二磷酸果糖} \xrightarrow{\text{果糖二磷酸酶}} 6\text{-磷酸果糖}+Pi$$

（三）6-磷酸葡萄糖转变为葡萄糖

葡萄糖-6-磷酸酶催化 6-磷酸葡萄糖转变为葡萄糖,是糖酵解过程中己糖激酶催化反应的逆反应。

$$6\text{-磷酸葡萄糖} \xrightarrow{\text{葡萄糖-6-磷酸酶}} 葡萄糖+Pi$$

糖异生途径总的反应过程如图 5-11 所示。

二、糖异生的调节

糖异生途径中的 4 个关键酶即丙酮酸羧化酶、磷酸烯醇式丙酮酸羧激酶、果糖二磷酸酶、葡萄糖-6-磷酸酶受多种变构剂及激素的调节。同时,糖酵解途径和糖异生过程是方向相反的两条代谢途径,促进糖异生的同时必然抑制糖酵解,反之亦然。

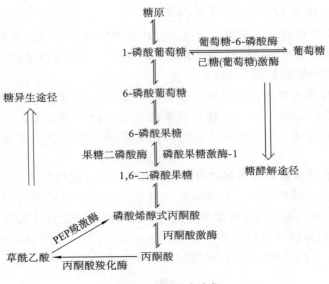

图 5-11　糖异生途径

（一）变构剂的调节

1. ATP、柠檬酸促进糖异生作用　ATP、柠檬酸是磷酸果糖激酶-1的变构抑制剂,却是果糖二磷酸酶的变构激活剂,促进糖异生作用。ADP、AMP和2,6-二磷酸果糖是果糖二磷酸酶的变构抑制剂,抑制糖异生作用。其中,2,6-二磷酸果糖是调节糖酵解或糖异生的主要信号;ATP/AMP值也是一个重要调节因素。

2. 乙酰CoA促进糖异生作用　乙酰CoA浓度的升高可激活丙酮酸羧化酶,同时抑制丙酮酸脱氢酶系的活性,使反应往糖异生的方向进行。当脂肪酸大量氧化时产生大量乙酰CoA,可以促进糖异生补充血糖,抑制糖酵解,节省糖的消耗。

（二）激素调节

激素可诱导合成糖异生的关键酶和通过cAMP介导酶的共价修饰作用改变酶的活性,使糖异生与糖酵解两条途径得以协调,从而满足机体的生理需求。

1. 糖皮质激素　糖皮质激素可以诱导肝内糖异生的4个关键酶的合成,又能促进肝外组织蛋白质分解为氨基酸,增加糖异生的原料,因此糖皮质激素是重要的调节糖异生的激素。

2. 肾上腺素和胰高血糖素　这两种激素可以提高磷酸烯醇式丙酮酸羧激酶活性,促进糖异生。另外,它们还可以促进脂肪动员,生成的甘油作为糖异生原料,生成的脂肪酸氧化产生的乙酰CoA也能促进糖异生作用。胰高血糖素能够诱导磷酸烯醇式丙酮酸羧激酶基因的表达,增加酶的合成,促进糖异生。它还能抑制2,6-二磷酸果糖的合成,从而抑制1,6-二磷酸果糖的生成,降低丙酮酸激酶的活性。

3. 胰岛素　胰岛素可以降低磷酸烯醇式丙酮酸羧激酶的活性,抑制糖异生作用,从而降低血糖。

三、糖异生的生理意义

1. 维持血糖浓度恒定　　即使在饥饿状态下,机体也要消耗一定量的葡萄糖来维持生命活动。此时这些葡萄糖几乎全部依赖糖异生生成。如正常成人脑组织不能利用脂肪酸,主要依赖葡萄糖供能;红细胞没有线粒体,完全通过糖酵解获得能量;骨髓、神经等组织由于代谢活跃,经常发生糖酵解。糖异生最主要的生理意义是在饥饿时维持血糖水平恒定,其主要原料为乳酸、生糖氨基酸和甘油。乳酸进行糖异生主要与运动强度有关。肌肉组织糖异生活性低,因此肌糖原分解生成的乳酸不能在肌肉组织中重新合成葡萄糖,须经血液转运至肝脏后才能异生成糖。饥饿时糖异生的主要原料是生糖氨基酸和甘油。在饥饿早期,一方面肌肉组织每天有 180～200 g 蛋白质分解为氨基酸,再以丙氨酸和谷氨酰胺形式运输至肝脏进行糖异生,可生成 90～120 g 葡萄糖;另一方面随着脂肪组织分解增强,运送至肝脏的甘油增多,每天生成 10～15 g 葡萄糖。而长期饥饿时,除仍有一定量的糖异生外,酮体成为大多数组织的能源物质(见第七章)。

2. 推动体内乳酸循环　　乳酸是糖酵解的终产物。剧烈运动后,骨骼肌中的糖经糖酵解产生大量的乳酸,乳酸很容易通过细胞膜弥散入血,经血液循环运至肝脏,再经糖异生作用转变为葡萄糖;肝脏糖异生作用产生的葡萄糖又可释放入血,经血液循环再被肌肉摄取利用,这一过程称为乳酸循环(或 Cori 循环),见图 5-12。乳酸循环不仅避免了乳酸堆积对机体的不利影响,还为肝脏糖异生提供了原料。

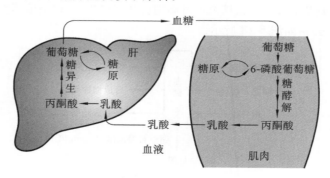

图 5-12　乳酸循环

3. 补充肝糖原　　糖异生是肝脏补充或恢复糖原储备的重要途径,在饥饿后进食时更为重要。长期以来人们一直认为,进食后丰富的肝糖原储备是葡萄糖经 UDPG 合成糖原的结果(即直接途径),但后来发现事实并非如此。肝灌注和肝细胞培养实验结果都表明,由于葡萄糖激酶的活性不高,因此肝脏对葡萄糖的摄取能力很弱,直接途径并不是糖原合成的主要途径。如在灌注液中加入一些可异生成糖的甘油、谷氨酸、丙酮酸或乳酸,则肝糖原迅速增加,并观察到相当一部分葡萄糖先分解成丙酮酸、乳酸等三碳化合物,再异生成糖原,这条糖原的合成途径称为三碳途径,亦称为间接途径。"三碳途径"解释了肝脏摄取葡萄糖能力虽低,但仍可合成糖原的现象,也解释了进食 2、3 小时内,肝脏内持续高水平的糖异生活性。

4. 调节酸碱平衡　　乳酸经糖异生作用转变为葡萄糖,可以防止乳酸堆积引起代谢性酸中毒。另外,长期饥饿时,肾的糖异生作用增强,可以促进肾小管细胞分泌氨,使 NH_3 和 H^+ 结合生成 NH_4^+ 排出体外,有利于肾的排酸保碱作用。

第五节 血糖及其调节

血糖是指血液中的葡萄糖。血糖随进食、活动等变化有所波动,正常人在安静空腹状态下,静脉血糖浓度为 3.89~6.11 mmol/L。血糖浓度的相对稳定对保证组织器官,特别是脑组织的正常生理活动具有重要意义。血糖浓度的相对恒定依赖于体内血糖来源和去路的动态平衡。

一、血糖的来源与去路

(一)血糖的来源

血糖的来源主要有三方面:①食物中的糖类消化生成葡萄糖进入血液,这是血糖的主要来源。②肝糖原分解产生的葡萄糖,为空腹时血糖的来源。③非糖物质在肝、肾中经糖异生作用转变为葡萄糖,是饥饿时血糖的来源。

(二)血糖的去路

一般情况下,血糖的去路主要有三方面:①在组织细胞中氧化分解供能,这是血糖的主要去路。②在肝脏、肌肉等组织中合成糖原储存。③转变成脂肪及其他物质,如核糖、脱氧核糖、有机酸、非必需氨基酸等。④血糖浓度过高则会从尿中排出,这是葡萄糖的非正常去路。

血糖的来源与去路如图 5-13 所示。

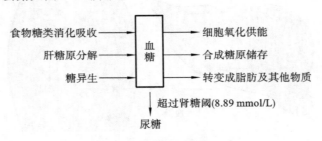

图 5-13 血糖的来源与去路

二、血糖浓度的调节

正常情况下,血糖来源与去路的平衡需要体内包括神经、组织器官和激素等多个层次的协同调节,才能维持血糖浓度的相对恒定。

(一)器官水平的调节

1. 肝脏调节 肝是调节血糖浓度最主要的器官。当血糖浓度升高时,肝糖原的合成作用加强,肝糖原分解及糖异生作用减弱,使血糖浓度降低;当血糖浓度降低时,肝糖原的分解作用及糖异生作用加强,糖原合成作用减弱,使血糖浓度升高。

2. 肾的调节 肾脏可以通过糖异生作用和肾小管细胞对原尿中葡萄糖的重吸收作用来调节血糖浓度。长时间饥饿时血糖浓度降低,肾脏糖异生作用明显加强,这是血糖的一个重要来源;当血糖浓度过高,超出肾糖阈时,多余的葡萄糖则从尿中排出。

(二)激素调节

调节血糖的激素可以分为两类:一类是降低血糖的激素,主要是胰岛素;另一类是升高血糖的激素,包括胰高血糖素、肾上腺素、糖皮质激素和生长素等。两类激素通过调节糖代谢途径中限速酶的活性,影响相应的代谢过程,使血糖的来源与去路维持平衡。它们既相互对立,又相互统一,使血糖维持在正常水平。其作用如表 5-3 所示。

表 5-3　激素对血糖浓度的调节

激　素	生 化 作 用
降低血糖的激素	
胰岛素	1. 促进肌、脂肪细胞摄取葡萄糖
	2. 促进糖的氧化
	3. 促进糖原合成,抑制糖原分解
	4. 促进糖转变为脂肪,抑制脂肪分解
	5. 抑制糖异生
升高血糖的激素	
胰高血糖素	1. 抑制肝糖原合成,促进肝糖原分解
	2. 促进糖异生
	3. 促进脂肪动员,减少糖的利用
糖皮质激素	1. 促进肌肉蛋白质分解,加速糖异生
	2. 抑制肝脏外组织摄取利用葡萄糖
肾上腺素	1. 促进肝糖原分解和肌糖原酵解
	2. 促进糖异生

(三)神经调节

人体血糖的调节以激素调节为主,同时又受到神经的调节。当血糖水平升高时,下丘脑的相关区域兴奋,通过副交感神经直接刺激胰岛 β-细胞释放胰岛素,并同时抑制胰岛 α-细胞分泌胰高血糖素,从而使血糖降低。当血糖水平降低时,下丘脑的另一区域兴奋,通过交感神经作用于胰岛 α-细胞分泌胰高血糖素,并抑制胰岛 β-细胞分泌胰岛素,使得血糖升高。另外,神经系统还可以通过控制甲状腺和肾上腺的分泌活动来调节血糖含量。

三、血糖水平异常

糖代谢障碍可发生血糖水平紊乱,常见有低血糖与高血糖。

(一)低血糖

空腹血糖浓度低于 2.80 mmol/L,称为低血糖。低血糖影响脑的正常功能,因为脑细胞所需要的能量主要来自葡萄糖的氧化。当血糖水平过低时,就会影响脑细胞的功能,从而出现头晕、倦怠无力、心悸等症状,严重时出现昏迷,称为低血糖休克,如不及时补充葡萄糖,可导致机体死亡。

出现低血糖的病因：

(1) 糖摄入不足或吸收不良；

(2) 肿瘤，如胃癌等，对糖的消耗量过多；

(3) 严重肝脏疾病，如肝癌、糖原累积症等；

(4) 临床治疗时使用胰岛素过量；

(5) 胰岛 β-细胞功能亢进，胰岛 α-细胞功能低下等胰性原因；

(6) 内分泌异常，如垂体功能低下，肾上腺皮质功能减退等。

(二) 高血糖

空腹血糖水平高于 7.1 mmol/L 称为高血糖。当血糖浓度高于 8.89 mmol/L 时，即超过了肾小管的重吸收能力，可出现糖尿，这一血糖水平称为肾糖阈。高血糖可由多种原因引起。其中生理性高血糖及糖尿是指在生理情况下，如情绪激动使交感神经兴奋、肾上腺素分泌增加，或一次性大量摄入葡萄糖等使血糖暂时性升高，分别称为情感性和饮食性糖尿。这种高血糖和糖尿都是暂时的，日常的空腹血糖浓度为正常值。病理性高血糖和糖尿则常见于内分泌机能紊乱，表现为持续性高血糖和糖尿，特别是空腹血糖和糖耐量降低，其中以糖尿病最多见。

(三) 糖尿病

糖尿病是由胰岛素绝对或相对缺乏所致的一组糖、脂和蛋白质代谢紊乱综合征，并以高血糖作为主要特征。根据病因，目前糖尿病主要分为四种类型：胰岛素依赖型糖尿病(1 型)、非胰岛素依赖型糖尿病(2 型)、妊娠期糖尿病(3 型)和特异型糖尿病(4 型)。1 型糖尿病多发生于青少年时期，常因自身免疫等原因而使胰岛 β 细胞分泌胰岛素不足。2 型糖尿病可能由胰岛素受体功能缺陷所致，与肥胖关系密切。糖尿病常常出现典型的"三多一少"症状即多饮、多食、多尿及体重减轻，并可能伴有多种并发症，如视网膜病变、周围神经病变、糖尿病肾病及糖尿病坏疽等。

知识链接

糖耐量试验

糖耐量是指人体对摄入的葡萄糖的处理能力。临床上常用葡萄糖耐量试验(glucose tolerance test,GTT)检查人体对血糖的调节能力及作为诊断糖尿病的一项重要指标。

糖耐量试验的具体方法：给成年受试者一次性进食 75 g 葡萄糖，在之后的 0.5、1、2、3 h 分别采血测定血糖浓度，然后以时间为横坐标，血糖为纵坐标，绘制得到的曲线称为糖耐量曲线。

正常人一次食入大量葡萄糖后，血糖浓度会暂时升高，但一般不会超过 7.22 mmol/L，且 2 h 左右会恢复正常水平，这是正常的耐糖现象。糖尿病患者进食糖后，血糖迅速上升，并超出肾糖阈，2 h 后血糖也难以恢复到空腹水平，称为糖耐量降低。

小 结

　　糖是自然界中一类重要的含碳化合物。其主要的生物学功能是在机体代谢中提供能量和碳源，也是组织和细胞结构的重要组成成分。糖在体内的代谢途径包括糖的分解代谢、糖原的代谢、糖异生等。糖的分解代谢途径包括糖无氧氧化、有氧氧化及磷酸戊糖途径。

　　糖无氧氧化是指机体缺氧情况下，葡萄糖经一系列的酶促反应生成丙酮酸进而还原成乳酸的过程。己糖激酶、6-磷酸果糖激酶-1、丙酮酸激酶是调节糖酵解的关键酶，全部反应在胞液中进行。其生理意义在于迅速提供能量和为一些特殊组织细胞提供能量，1 分子葡萄糖经糖酵解可净生成 2 分子 ATP。

　　糖有氧氧化是指葡萄糖在有氧条件下彻底氧化生成水和 CO_2 的反应过程，是糖氧化供能的主要方式。其反应过程分为三个阶段：第一个阶段为葡萄糖循糖酵解途径转化为丙酮酸；第二阶段为丙酮酸进入线粒体在丙酮酸脱氢酶复合体催化下氧化脱羧生成乙酰 CoA；第三阶段为乙酰 CoA 进入三羧酸循环和氧化磷酸化。糖酵解的三个关键酶、丙酮酸脱氢酶复合体、柠檬酸合酶、异柠檬酸脱氢酶和 α-酮戊二酸脱氢酶复合体是糖有氧氧化的关键酶。

　　葡萄糖通过磷酸戊糖途径可产生磷酸核糖和 NADPH。磷酸核糖是合成核苷酸的重要原料。NADPH 作为供氢体参与多种代谢反应。磷酸戊糖途径的关键酶是 6-磷酸葡萄糖脱氢酶，反应在胞液中进行。

　　糖原主要储存在肝脏和肌肉组织中，是体内糖的储存形式。肝糖原的合成途径需要将葡萄糖转变成其活性形式 UDPG。糖原分解主要是指肝糖原分解成葡萄糖补充血糖的过程。由于肌组织缺乏葡萄糖-6-磷酸酶，肌糖原不能补充血糖，只能供肌细胞氧化利用。糖原合酶及磷酸化酶是糖原合成与分解的关键酶。

　　糖异生是指由乳酸、甘油和生糖氨基酸等非糖化合物转变为葡萄糖或糖原的过程。糖异生的主要器官是肝脏。糖异生的生理意义在于维持血糖水平的恒定，是补充或恢复肝糖原储备的重要途径。

　　血糖是指血液中的葡萄糖，空腹血糖维持在 3.89～6.11 mmol/L。血糖水平受多种激素的调控。胰岛素能降低血糖；而胰高血糖素、肾上腺素、糖皮质激素和生长素有升高血糖的作用。当人体糖代谢出现障碍时可导致高血糖或低血糖。空腹血糖低于 2.8 mmol/L 时称为低血糖，空腹血糖高于 7.1 mmol/L 时称为高血糖。胰岛素绝对或相对缺乏所致的以高血糖为主要特征的代谢紊乱综合征称为糖尿病。

能力检测

能力检测答案

一、单项选择题

1. 糖酵解途径中的关键酶是（　　）。

A. 果糖二磷酸酶-1　　　　B. 6-磷酸果糖激酶-1　　　　C. HMGCoA 还原酶

D. 磷酸化酶　　　　E. HMG-CoA 合成酶

2. 关于三羧酸循环过程的叙述正确的是(　　　)。

A. 循环一周生成 4 对 NADH　　　　　　　B. 循环一周可生成 2ATP

C. 乙酰 CoA 经三羧酸循环转变成草酰乙酸　　　D. 循环过程中消耗氧分子

E. 循环一周生成 2 分子 CO_2

3. 与肌糖原相比,肝糖原可以补充血糖,因为肝脏有(　　　)。

A. 果糖二磷酸酶　　　　　　B. 葡萄糖激酶　　　　　　C. 磷酸葡萄糖变位酶

D. 葡萄糖-6-磷酸酶　　　　　E. 磷酸己糖异构酶

4. 不能进行糖异生的物质是(　　　)。

A. 乳酸　　　　B. 丙酮酸　　　　C. 草酰乙酸　　　　D. 脂肪酸　　　　E. 天冬氨酸

5. 关于尿糖,哪项说法是正确的?(　　　)

A. 尿糖阳性,血糖一定也升高　　　　　B. 尿糖阳性是由于肾小管不能将糖全部重吸收

C. 尿糖阳性肯定是有糖代谢紊乱　　　　D. 尿糖阳性是诊断糖尿病的唯一依据

E. 尿糖阳性一定是由于胰岛素分泌不足

6. 糖皮质激素升高血糖的机制是(　　　)。

A. 促进糖类转变为脂肪　　　　　　　B. 促进脂肪合成

C. 减少糖异生　　　　　　　　　　　D. 抑制肝外组织的葡萄糖的利用

E. 促进葡萄糖氧化

7. 长期饥饿时糖异生的生理意义之一是(　　　)。

A. 有利于脂肪合成　　　　　　　　　B. 有利于必需氨基酸的合成

C. 有利于脂酸合成　　　　　　　　　D. 有利于排钠保钾

E. 有利于补充血糖

8. 成熟红细胞利用葡萄糖的主要代谢途径是(　　　)。

A. 糖原分解　　　　　　　B. 三羧酸循环　　　　　　　C. 磷酸戊糖途径

D. 有氧氧化　　　　　　　E. 无氧氧化

9. 不能补充血糖的生化过程是(　　　)。

A. 食物中糖类的消化吸收　　　　　　B. 葡萄糖在肾小管的重吸收

C. 肌糖原分解　　　　　　　　　　　D. 肝糖原分解

E. 糖异生

10. 磷酸戊糖途径的主要产物之一是(　　　)。

A. CoQ　　　　B. cAMP　　　　C. NADPH　　　　D. FMN　　　　E. ATP

二、简答题

1. 机体是如何维持血糖浓度相对恒定的?

2. 解释糖尿病时高血糖与糖尿现象的生化机制。

(孙厚良)

第六章
生 物 氧 化

学习目标

掌握：生物氧化的概念、特点；呼吸链的概念、组成及排列顺序。

熟悉：ATP 的生成与利用；氧化磷酸化的影响因素；线粒体外 NADH 转运进入线粒体的机制。

了解：生物氧化的有关酶类；氧化磷酸化的机制；非线粒体氧化体系。

本章 PPT

一切生物都需靠能量维持生存，生物体所需要的能量主要来自体内糖、脂肪、蛋白质等有机物的氧化，这些营养物质在体内氧化分解时最终生成 CO_2 和 H_2O，并逐步释放能量。物质在生物体内氧化分解的过程称为生物氧化(biological oxidation)。生物氧化是在细胞内进行的。线粒体内生物氧化产生的能量相当一部分转化成 ATP，以供生命活动所需，其余能量以热能形式释放，可用于维持体温。线粒体内生物氧化实际上是需氧细胞呼吸作用中的一系列氧化还原反应，所以又称为细胞氧化或细胞呼吸。而微粒体和过氧化物酶体中进行的生物氧化则与机体内代谢物、药物及毒物的清除、排泄等有关。

第一节 概 述

一、生物氧化的方式和特点

（一）生物氧化的方式

在化学本质上，生物氧化与物质在体外的氧化相同，其氧化方式遵循氧化反应的一般规律：加氧、脱氢以及脱电子反应。

1. 加氧反应 向底物分子中直接加入氧原子或氧分子。如：

$$\bigcirc + \frac{1}{2}O_2 \longrightarrow \bigcirc\!\!-OH$$

苯　　　　　　　　酚

2. 脱氢反应 体内底物脱氢主要有直接脱氢和加水脱氢两种方式。

直接脱氢是从底物分子上脱下一对氢原子,由受氢体接受氢。如:

$$CH_3CH(OH)COOH+NAD^+ \longrightarrow CH_3COCOOH+NADH+H^+$$

乳酸   丙酮酸

加水脱氢也是机体内一类较常见的脱氢反应,底物先与水结合,然后脱去两个氢原子,结果是底物分子上加入了一个氧原子。如:

$$CH_3CHO+H_2O \longrightarrow CH_3COOH+2H$$

乙醛   乙酸

3. 脱电子反应 从底物分子上脱下一个电子。如:

$$Fe^{2+} \longrightarrow Fe^{3+}+e$$

(二)生物氧化的特点

同一物质在体内、外氧化时所消耗的氧量、终产物(CO_2、H_2O)及释放的能量均相同,但二者所进行的方式却大不一样。体外燃烧是有机物中的碳和氢与空气中的氧直接化合成 CO_2 和 H_2O,并骤然以光和热的形式散发出大量能量。与物质在体外氧化过程相比,体内的氧化反应有以下特点:①生物氧化过程是在细胞内温和的环境中(在体温及近于中性条件下),由酶催化逐步进行的过程;②CO_2 的产生方式为代谢中间产物有机酸的脱羧,H_2O 是由底物脱下的氢经电子传递过程最后与氧结合而生成的;③生物氧化时能量是逐步释放的,其中一部分能量以化学能的方式储存在高能磷酸化合物中;④生物氧化的速率受到体内多种因素的调节。

二、生物氧化的酶类

生物体内的氧化方式以加氧、脱氢及失电子为主,其中脱氢反应是最常见的氧化方式,脱氢可视为同时失去质子(H^+)和电子。参与生物体内氧化反应的酶类可分为氧化酶类、需氧脱氢酶类和不需氧脱氢酶类等。

1. 氧化酶类 氧化酶催化代谢物脱氢,将氢直接交给氧分子生成 H_2O。细胞色素氧化酶、抗坏血酸氧化酶等属于此类酶。该类酶的亚基通常含有铁、铜等金属离子,作用方式如图 6-1 所示。

2. 需氧脱氢酶类 需氧脱氢酶可催化代谢物脱氢,直接将氢传递给氧生成产物 H_2O_2。L-氨基酸氧化酶、黄嘌呤氧化酶等属于此类酶。该酶的辅基是黄素单核苷酸(flavin mononucleotide,FMN)和黄素腺嘌呤二核苷酸(flavin adenine dinucleotide,FAD),故又称黄素酶。作用方式如图 6-2 所示。

3. 不需氧脱氢酶类 不需氧脱氢酶是指能催化代谢物脱氢,但不以氧为直接受氢体,而是将底物脱下的氢经一系列传递体传递给氧,生成的产物为 H_2O。不需氧脱氢酶是体内最重要的脱氢酶,依据辅助因子不同可分为两类:一是以 NAD^+、$NADP^+$ 为辅酶的不需氧脱氢酶,如乳酸脱氢酶、异柠檬酸脱氢酶、苹果酸脱氢酶等;二是以 FAD(或 FMN)为辅基的不需氧脱氢酶,如琥珀酸脱氢酶、脂酰辅酶 A 脱氢酶等。不需氧脱氢酶类作用方式如图 6-3 所示。

4. 其他酶类 除上述酶类外,体内还有加单氧酶、加双氧酶、过氧化氢酶、过氧化物酶、超氧化物歧化酶(SOD)等氧化还原酶类参与氧化还原反应。

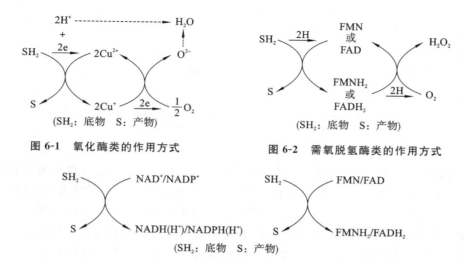

图 6-1 氧化酶类的作用方式

图 6-2 需氧脱氢酶类的作用方式

图 6-3 不需氧脱氢酶类的作用方式

三、生物氧化中二氧化碳的生成

生物氧化的重要产物之一是 CO_2，人体内 CO_2 的生成并不是代谢物的碳原子与氧的直接化合，而是来源于有机酸的脱羧反应。糖类、脂类、蛋白质在体内代谢过程中可产生许多不同的有机酸，有机酸在酶的催化下，经过脱羧基作用产生 CO_2。脱羧反应根据脱去的羧基在有机酸分子中的位置不同，分为 α-脱羧和 β-脱羧两种；又根据脱羧是否伴有氧化反应，可分为单纯脱羧和氧化脱羧两种类型。

1. α-单纯脱羧 如氨基酸脱羧生成胺。

$$R-\overset{\alpha}{C}H-\boxed{COO}H \xrightarrow[\text{Vit } B_6]{\text{氨基酸脱羧酶}} R-CH_2-NH_2 + CO_2$$
$$\qquad\underset{NH_2}{|}$$

α-氨基酸 　　　　　　　　　　　　　　　胺

2. α-氧化脱羧 如丙酮酸氧化脱羧生成乙酰辅酶 A。

$$CH_3\overset{\alpha}{C}O\boxed{COO}H + NAD^+ + HSCoA \xrightarrow{\text{丙酮酸脱氢酶复合体}}$$

丙酮酸

$$CH_3CO\sim SCoA + NADH + H^+ + CO_2$$

乙酰辅酶 A

3. β-单纯脱羧 如草酰乙酸脱羧生成丙酮酸。

$$\underset{\alpha COCOOH}{\overset{\beta CH_2-\boxed{COO}H}{|}} \overset{\text{脱羧酶}}{\underset{\text{丙酮酸羧化酶}}{\rightleftharpoons}} CH_3COCOOH + CO_2$$

草酰乙酸 　　　　　　　　　　　丙酮酸

4. β-氧化脱羧 如苹果酸脱羧生成丙酮酸。

$$\beta CH_2 - \boxed{COO}H + NADP^+ \xrightarrow{\text{苹果酸酶}} CH_3COCOOH + NADPH + H^+ + CO_2$$
$$\alpha CHOHCOOH$$

苹果酸   丙酮酸

第二节　线粒体氧化体系

　　生物氧化过程中,代谢物脱下的成对氢原子(2H)在线粒体内通过多种酶和辅酶所催化的连锁反应逐步传递,最终与氧结合生成水。由于此过程与细胞呼吸有关,所以将此传递链称为呼吸链(respiratory chain)。在呼吸链中,酶和辅酶按一定顺序排列在线粒体内膜上,其中传递氢的酶或辅酶称为递氢体,传递电子的酶或辅酶称为电子传递体。不论是递氢体还是电子传递体都起着传递电子的作用($2H \rightleftharpoons 2H^+ + 2e$),所以呼吸链又称为电子传递链。

一、呼吸链的组成

(一)呼吸链的主要成分及其作用机制

呼吸链成分复杂,主要有如下五类。

1. 以 NAD⁺ 或 NADP⁺ 为辅酶的脱氢酶类　烟酰胺腺嘌呤二核苷酸(nicotinamide adenine dinucleotide,NAD^+),又称辅酶Ⅰ(CoⅠ);烟酰胺腺嘌呤二核苷酸磷酸(nicotinamide adenine dinucleotide phosphate,$NADP^+$),也称为辅酶Ⅱ(CoⅡ)。NAD^+和$NADP^+$作为辅酶,可分别与不同的酶蛋白组成功能各异的脱氢酶。

　　在生理 pH 值条件下,NAD^+ 或 $NADP^+$ 分子中烟酰胺的氮为五价,能可逆地接受电子而成为三价氮。其对侧的碳原子也比较活泼,能进行可逆加氢与脱氢反应,因此该类酶在呼吸链中主要起递氢作用。烟酰胺在加氢反应时只能接受一个氢原子和一个电子,将一个质子(H^+)游离出来,即

$NAD(P)^+$ $NAD(P)H$

　　2. 黄素蛋白　黄素蛋白(flavoprotein,FP)也是一类氧化还原酶,其辅基中含有核黄素(维生素 B_2)而呈黄色,故又称黄素酶。黄素蛋白的辅基有两种:黄素单核苷酸(FMN)和黄素腺嘌呤二核苷酸(FAD)。

　　FMN 或 FAD 发挥功能的部位是核黄素结构中的异咯嗪环,在该环上可以进行可逆的加氢或脱氢反应。所以黄素蛋白在呼吸链中起递氢作用。氧化型或醌型的 FMN 或 FAD 可接受一个质子和一个电子形成不稳定的半醌型 FMNH 或 FADH,再接受一个质子和一

个电子后转变成还原型或氢醌型 $FMNH_2$ 或 $FADH_2$。

$$FMN(FAD) + 2H \Longrightarrow FMNH(FADH) \Longrightarrow FMNH_2(FADH_2)$$

（氧化型或醌型）　　　　　　（半醌型）　　　　　　（还原型或氢醌型）

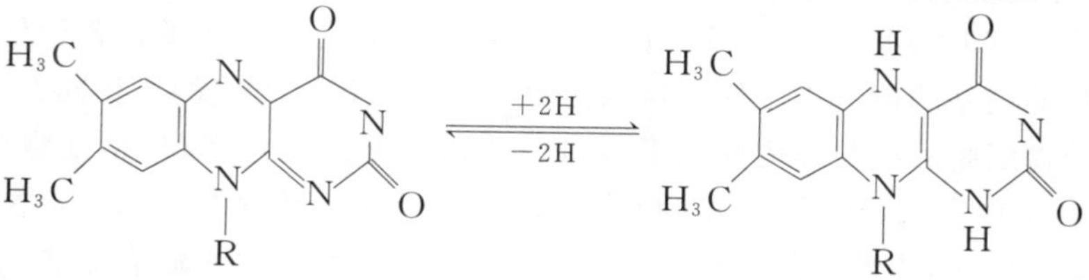

FMN(FAD)　　　　　　　　　$FMNH_2$($FADH_2$)

3. 铁硫蛋白　铁硫蛋白(iron-sulfur protein)是存在于线粒体内膜上的一类与传递电子有关的蛋白质,该蛋白以非血红素铁与对酸不稳定的硫构成的铁硫中心(Fe-S)为辅基,Fe-S 含有等量的铁原子和硫原子(如 Fe_2S_2、Fe_4S_4),通过铁原子与蛋白分子中半胱氨酸残基的巯基硫相连接(图 6-4)。

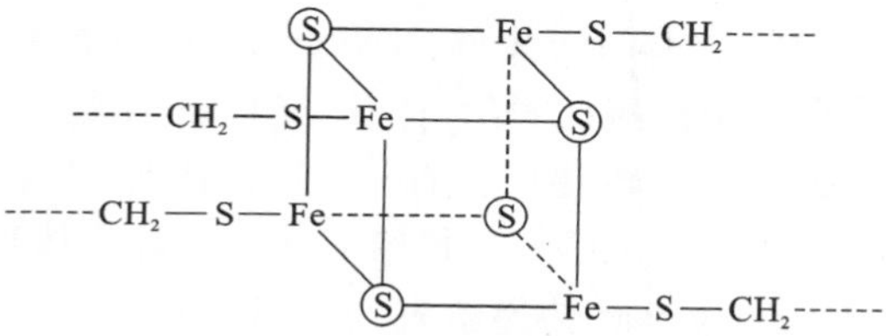

Ⓢ: 无机硫

图 6-4　铁硫蛋白(Fe₄S₄)结构示意图

铁硫蛋白的铁原子能进行可逆的得失电子反应($Fe^{2+} \Longrightarrow Fe^{3+} + e$),属于单电子传递体,在呼吸链中的作用是将 FMN 的电子传递给泛醌。

4. 泛醌　泛醌(ubiquinone)是一种黄色脂溶性醌类化合物,曾称之为辅酶 Q(coenzyme Q,CoQ),后来发现它是以游离的形式而不是与蛋白质结合的形式存在的,故现称为泛醌。

泛醌具有醌的性质,在呼吸链传递过程中,它接受黄素蛋白与铁硫蛋白复合物传递的一个质子和一个电子还原成半醌,再接受一个质子和一个电子还原成二氢醌,后者又可脱去质子和电子而被氧化成醌型,将电子传递给细胞色素体系,将质子留在环境中,因此属于递氢体。

$$CoQ \xrightarrow{+H}_{-H} CoQH \xrightarrow{+H}_{-H} CoQH_2$$

泛醌　　　　　　　一氢泛醌　　　　　　二氢泛醌
（氧化型或醌型）　　（半醌型）　　　　（还原型或氢醌型）

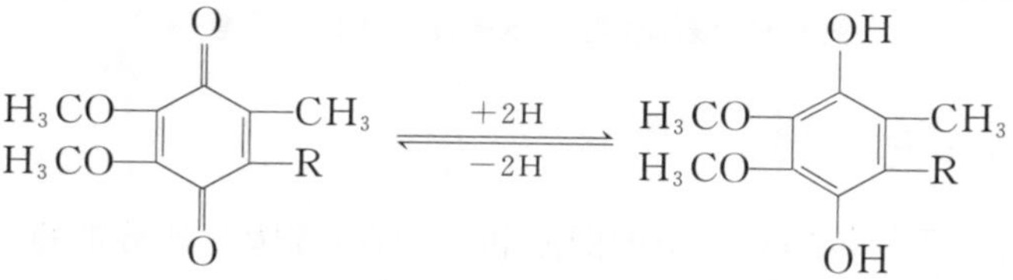

氧化型 CoQ　　　　　　　　　还原型 CoQ

5. 细胞色素 细胞色素(cytochromes,Cyt)是细胞内一类以铁卟啉为辅基的催化电子传递的酶类,具有颜色,因此而得名。细胞色素具有特殊的吸收光谱,根据它们吸收光谱的不同,可将其分为多种。参与呼吸链组成的细胞色素有细胞色素 a、b、c(Cyt a,Cyt b, Cyt c)三类,每一类中又因其最大吸收峰的微小差别再分为几个亚类。各种细胞色素的主要差别是铁卟啉辅基的侧链以及铁卟啉与蛋白质部分的连接方式均不相同。

从高等动物细胞的线粒体内膜上至少可分离出五种细胞色素,包括细胞色素 a、a_3、b、c、c_1,在呼吸链中传递电子的顺序是 Cyt b→Cyt c_1→Cyt c→Cyt aa_3→O_2。Cyt c 是一种水溶性的膜表面蛋白质,为游动的电子传递体。Cyt a 和 Cyt a_3 由于结合紧密,很难分开,故将 Cyt a 和 Cyt a_3 合称为 Cyt aa_3(也称为细胞色素氧化酶)。Cyt aa_3 中除有 2 个铁卟啉辅基外,还有 2 个铜原子。铜原子也可进行得失电子反应传递电子($Cu^+ \rightleftharpoons Cu^{2+} + e$)。

(二) 呼吸链酶复合体

线粒体内膜呼吸链的主要组成成分中,除泛醌与细胞色素 c 以游离形式存在外,其余的成分均以复合体的形式存在,用胆酸、脱氧胆酸等反复处理线粒体内膜,得到四种具有传递电子功能的酶复合体:①复合体 I(又称 NADH-泛醌还原酶),该复合体将电子从 NADH 经 FMN 及铁硫蛋白传给泛醌;②复合体 II(又称琥珀酸-泛醌还原酶),该复合体将电子从琥珀酸经 FAD 及铁硫蛋白传递给泛醌;③复合体 III(又称泛醌-细胞色素 c 还原酶),该复合体将电子从泛醌经 Cyt b、Cyt c_1 传给 Cyt c;④复合体 IV(又称细胞色素 c 氧化酶),该复合体将电子 Cyt c 经 Cyt aa_3 传递给氧(表 6-1,图 6-5)。

表 6-1 人体线粒体呼吸链复合体

复合体	酶名称	多肽链数目	辅基
复合体 I	NADH-泛醌还原酶	39	FMN,Fe-S
复合体 II	琥珀酸-泛醌还原酶	4	FAD,Fe-S
复合体 III	泛醌-细胞色素 c 还原酶	10	Cyt b,Cyt c_1,Fe-S
复合体 IV	细胞色素 c 氧化酶	13	Cyt aa_3,Cu

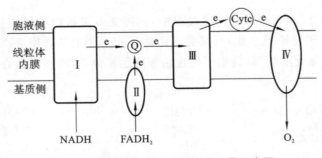

图 6-5 线粒体呼吸链各复合体位置示意图

二、呼吸链的种类

呼吸链中氢和电子的传递有严格的顺序和方向性,呼吸链成分的排列顺序是由下列实验确定的。①根据呼吸链各组分的标准氧化还原电位($E^{\ominus}$),按由低到高的顺序排列(电位低容易失去电子)(表 6-2);②在体外将呼吸链拆开与重组,鉴定四种复合物的组成与排列;③利用呼吸链特异的抑制剂阻断某一组分的电子传递,阻断部位前的组分处于还原状态,后面组分处于氧化状态,根据吸收光谱的改变进行检测;④利用呼吸链各组分特有的吸收光谱,以离体线粒体无氧时处于还原状态作为对照,缓慢给氧后观察各组分被氧化的顺序。

表 6-2 呼吸链中各种氧化还原对的标准氧化还原电位

氧化还原对	$E^{\ominus\prime}(V)$
$NAD^+/NADH+H^+$	-0.32
$FMN/FMNH_2$	-0.30
$FAD/FADH_2$	-0.06
Cytb Fe^{3+}/Fe^{2+}	0.04(或 0.10)
$Q_{10}/Q_{10}H_2$	0.07
Cyt c_1 Fe^{3+}/Fe^{2+}	0.22
Cyt c Fe^{3+}/Fe^{2+}	0.25
Cyt a Fe^{3+}/Fe^{2+}	0.29
Cyt a_3 Fe^{3+}/Fe^{2+}	0.55
$1/2 O_2/H_2O$	0.82

$E^{\ominus\prime}$表示在 pH=7.0、25 ℃、1 mol/L 反应物浓度条件下测得的标准氧化还原电位。

根据以上实验结果分析得到呼吸链各组分的排列顺序,线粒体内膜上存在两条氧化呼吸链:NADH 氧化呼吸链和琥珀酸氧化呼吸链(图 6-6)。

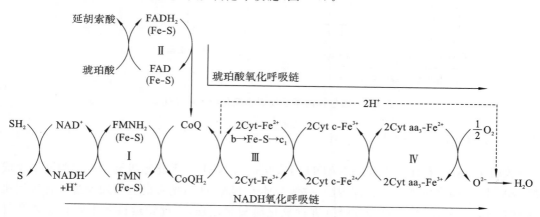

图 6-6 NADH 氧化呼吸链及琥珀酸氧化呼吸链

(一)NADH 氧化呼吸链

生物氧化中大多数脱氢酶如乳酸脱氢酶、苹果酸脱氢酶都是以 NAD^+ 为辅酶,多种代谢物(SH_2)在相应的脱氢酶催化下脱氢,脱下来的氢由 NAD^+ 接受而生成 $NADH+H^+$,$NADH+H^+$ 经 NADH 氧化呼吸链将氢最终传递给氧而生成水。即 $NADH+H^+$ 脱下的 2H 经复合体 Ⅰ(FMN,Fe-S)传给 CoQ,再经复合体 Ⅲ(Cyt b,Fe-S,Cyt c_1)传给 Cyt c,然后传至复合体 Ⅳ(Cyt aa_3),最后将 2e 交给氧(O_2),使氧活化,活化的氧(O^{2-})和介质中的

$2H^+$ 结合成水。一对电子经 NADH 氧化呼吸链传递给氧的过程中产生 2.5 个 ATP。

在线粒体中,大多数代谢物都是通过 NADH 氧化呼吸链而被氧化分解,如糖、脂代谢的中间产物异柠檬酸、α-酮戊二酸、苹果酸、β-羟丁酸等。

(二) 琥珀酸氧化呼吸链(FADH₂ 氧化呼吸链)

线粒体中,有些代谢物如琥珀酸、α-磷酸甘油、脂酰辅酶 A 等通过 $FADH_2$ 氧化呼吸链而被氧化。代谢物由脱氢酶催化脱下的 2H 经复合体 Ⅱ (FAD,Fe-S,Cyt b)使 CoQ 形成 $CoQH_2$,$CoQH_2$ 将 2e 经复合体 Ⅲ (Cyt b,Cyt c_1)传给 Cyt c,然后经复合体 Ⅳ (Cyt aa_3)传给氧(O_2),使氧活化,活化的氧(O^{2-})和介质中的 $2H^+$ 结合成水。一对电子经琥珀酸氧化呼吸链传递给氧的过程中产生 1.5 个 ATP。

线粒体内,物质氧化的主要方式是脱氢反应。通过脱氢酶催化的脱氢反应产生 $NADH+H^+$ 和 $FADH_2$,两者再通过呼吸链彻底氧化生成水。线粒体内一些重要代谢物氧化分解时氢的传递顺序如图 6-7 所示。

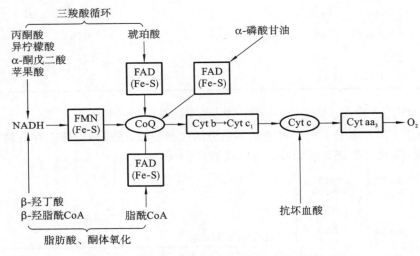

图 6-7 线粒体内重要代谢物氧化时的电子传递

三、线粒体外 NADH 的氧化

如上所述,线粒体内生成的 NADH 可直接进入 NADH 氧化呼吸链。然而胞液中生成的 NADH 不能自由透过线粒体内膜,故线粒体外 NADH 所携带的氢必须通过某种转运机制才能进入线粒体,然后再经呼吸链进行氧化磷酸化过程,这种转运机制主要有 α-磷酸甘油穿梭和苹果酸-天冬氨酸穿梭两种。

1. α-磷酸甘油穿梭作用 α-磷酸甘油穿梭作用(α-glycerophosphate shuttle)主要存在于脑和骨骼肌中。如图 6-8 所示,线粒体外的 NADH 在胞液中磷酸甘油脱氢酶(辅酶为 NAD^+)催化下,使磷酸二羟丙酮还原成 α-磷酸甘油,后者通过线粒体外膜,再经位于线粒体内膜近胞液侧的磷酸甘油脱氢酶(辅基为 FAD)催化下生成磷酸二羟丙酮和 $FADH_2$,磷酸二羟丙酮可穿出线粒体外膜至胞液,继续进行穿梭,而 $FADH_2$ 则进入琥珀酸氧化呼吸链,经磷酸化可生成 1.5 分子 ATP。因此在脑和骨骼肌等组织中的 3-磷酸甘油醛脱氢产生的 NADH＋H⁺ 需通过 α-磷酸甘油穿梭进入线粒体,故 1 分子葡萄糖彻底氧化生成 30 分子 ATP。

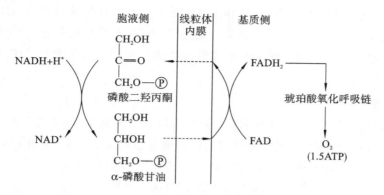

图 6-8 α-磷酸甘油穿梭

2. 苹果酸-天冬氨酸穿梭作用 苹果酸-天冬氨酸穿梭作用(malate-asparate shuttle)主要存在于肝脏和心肌中。如图 6-9 所示,胞液中的 NADH 在苹果酸脱氢酶(辅酶为 NAD^+)的作用下,使草酰乙酸还原成苹果酸,后者通过线粒体内膜上的 α-酮戊二酸载体进入线粒体,又在线粒体内苹果酸脱氢酶(辅酶为 NAD^+)的作用下重新生成草酰乙酸和 NADH。NADH 进入 NADH 氧化呼吸链,经磷酸化可生成 2.5 分子 ATP。线粒体内生成的草酰乙酸经谷草转氨酶的作用生成天冬氨酸,后者经酸性氨基酸载体转运出线粒体再转变成草酰乙酸,继续进行穿梭作用。因此在肝脏和心肌组织中的 3-磷酸甘油醛脱氢产生的 NADH＋H⁺ 可通过苹果酸-天冬氨酸穿梭进入线粒体,故 1 分子葡萄糖彻底氧化可产生 32 分子 ATP。

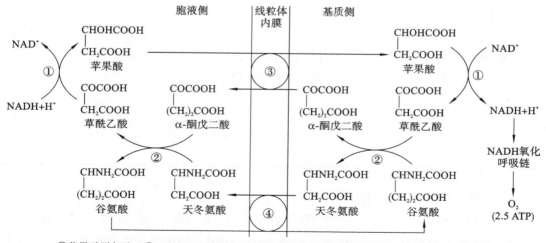

①苹果酸脱氢酶;②天冬氨酸氨基转移酶;③α-酮戊二酸转运蛋白;④酸性氨基酸转运蛋白

图 6-9 苹果酸-天冬氨酸穿梭

四、ATP 的代谢

生物氧化不仅消耗 O_2，产生 CO_2 和 H_2O，更重要的是有能量的释放。生物氧化过程中所释放的能量大约有 40% 以化学能形式储存于 ATP 及其他高能化合物中，其中 ATP 是体内各种生命活动及代谢过程中主要供能的高能化合物。它在能量代谢及转换中处于十分重要的中心地位。

（一）高能化合物

高能键是指水解时产生较多能量（大于 21 kJ/mol）的化学键，通常用"～"符号表示。含高能键的化合物为高能化合物，体内常见的高能化合物见表 6-3。在体内所有高能磷酸化合物中，以 ATP 末端的磷酸键最为重要。

表 6-3　几种常见的高能化合物

通　式	举　例	释放能量(pH7.0,25 ℃) kJ/mol(kcal/mol)
$\overset{NH}{\underset{}{R-\overset{\|}{C}-NH}}\sim Ⓟ$	磷酸肌酸	43.9(10.5)
$\overset{CH_2}{R-\overset{\|}{C}-O}\sim Ⓟ$	磷酸烯醇式丙酮酸	61.9(14.8)
$\overset{O}{R-\overset{\|\|}{C}-O}\sim Ⓟ$	乙酰磷酸	41.8(10.1)
$R-O-Ⓟ\sim Ⓟ\sim Ⓟ$ $R-O-Ⓟ\sim Ⓟ$	ATP,GTP,UTP,CTP ADP,GDP,UDP,CDP	30.5(7.3)
$\overset{O}{R-\overset{\|\|}{C}}\sim SCoA$	乙酰 CoA	31.4(7.5)

（二）ATP 的生成与调节

体内 ATP 的生成方式主要有底物水平磷酸化和氧化磷酸化，其中以氧化磷酸化为主。

1. 底物水平磷酸化(substrate level phosphorylation)　代谢物在氧化分解过程中，有少数反应因脱氢或脱水而引起分子内原子重新排列，从而使能量分布集中，产生高能键。将底物分子中高能键（高能磷酸键或高能硫酯键）的能量转移给 ADP（或 GDP）生成 ATP（或 GTP）的过程称为底物水平磷酸化。底物水平磷酸化是体内生物氧化生成 ATP 的次要方式，主要存在于糖酵解以及三羧酸循环的三个反应中。

$$1,3\text{-二磷酸甘油酸} + ADP \xrightleftharpoons{\text{磷酸甘油酸激酶}} 3\text{-磷酸甘油酸} + ATP$$

$$\text{磷酸烯醇式丙酮酸} + ADP \xrightarrow{\text{丙酮酸激酶}} \text{丙酮酸} + ATP$$

$$\text{琥珀酰辅酶 A} + GDP + Pi \xrightleftharpoons{\text{琥珀酰辅酶 A 合成酶}} \text{琥珀酸} + HSCoA + GTP$$

2. 氧化磷酸化 (oxidative phosphorylation)

（1）氧化磷酸化：代谢物脱下的 2H，经呼吸链氧化为水时所释放的能量驱动 ATP 合酶催化 ADP 磷酸化生成 ATP，这种 ATP 生成方式称为氧化磷酸化。氧化磷酸化在线粒体内进行，可产生大量的 ATP，是体内 ATP 生成的最主要方式。由于氧化磷酸化是氧化与磷酸化相偶联的过程，所以又称为电子传递水平磷酸化或偶联磷酸化。

（2）氧化磷酸化偶联的部位：氧化磷酸化过程中，无机磷原子消耗的物质的量与氧原子消耗的物质的量之比称为 P/O 比值。由于无机磷酸的消耗伴随 ATP 的生成（$ADP + H_3PO_4 \longrightarrow ATP + H_2O$），因此，从 P/O 比值可了解物质氧化时每消耗 1 mol 氧原子生成的 ATP 数。最初的实验测定 P/O 比值发现，代谢物脱下的氢，经 NADH 氧化呼吸链氧化，P/O 比值接近 3，而代谢物脱下的氢经琥珀酸氧化呼吸链氧化，P/O 比值接近 2，因而推测 NADH 氧化呼吸链有三个氧化与磷酸化相偶联的部位，琥珀酸氧化呼吸链有两个氧化与磷酸化相偶联的部位。NADH 氧化呼吸链磷酸化的部位分别在 NADH 与辅酶 Q 之间、细胞色素 b 与细胞色素 c 之间、细胞色素 aa_3 与 O_2 之间。琥珀酸氧化呼吸链磷酸化的部位分别在细胞色素 b 与细胞色素 c 之间、细胞色素 aa_3 与 O_2 之间（图 6-10）。近年来实验证实：一对电子经 NADH 氧化呼吸链传递，P/O 比值约为 2.5；一对电子经琥珀酸氧化呼吸链传递，P/O 比值约为 1.5。

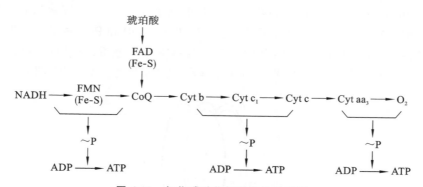

图 6-10　氧化磷酸化偶联部位示意图

（3）氧化磷酸化偶联机制：关于氧化磷酸化的机制有多种假说，目前被普遍接受的是化学渗透假说。

化学渗透假说是英国生物化学家 Peter Mitchell 经过大量实验后于 1961 年首先提出，1978 年获诺贝尔化学奖。其基本要点是：电子经呼吸链传递时，复合体 Ⅰ、Ⅲ、Ⅳ 均有质子泵功能，可将质子（H^+）从线粒体内膜的基质侧泵到内膜胞液侧，由于 H^+ 不能自由透过线粒体内膜，于是产生膜内外质子电化学梯度（H^+ 浓度梯度和跨膜电位差），以此储存能量。当质子顺浓度梯度回流时驱动 ADP 与 Pi 生成 ATP（图 6-11）。

ATP 合酶（ATP synthase）是线粒体内膜上利用呼吸链氧化所释放的能量催化 ADP

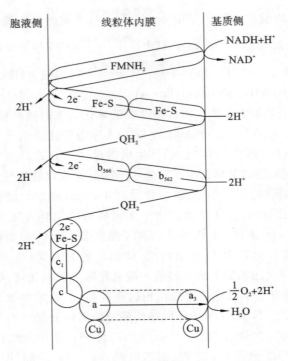

图 6-11 化学渗透假说

和 Pi 生成 ATP 的酶。该酶是膜蛋白复合体,主要由疏水的 F_0 部位和亲水的 F_1 部位组成。F_1 主要由 α_3、β_3、γ、δ、ε 亚基组成,其功能是催化生成 ATP。F_0 是镶嵌在线粒体内膜中的质子通道,当 H^+ 顺浓度梯度经 F_0 回流时,F_1 催化 ADP 和 Pi 生成 ATP,此外在 F_0 和 F_1 之间的柄部还有其他亚基存在,其中一个称为寡霉素敏感蛋白(oligomycin sensitivity conferring protein,OSCP),使 ATP 合酶在寡霉素存在时不能生成 ATP(图 6-12)。

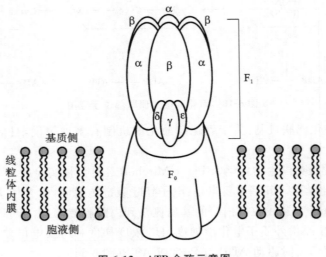

图 6-12 ATP 合酶示意图

（4）影响氧化磷酸化的因素：调节氧化磷酸化的因素主要有 ADP/ATP 比值的调节、激素的调节以及抑制剂的作用。

①ADP/ATP 比值的调节：氧化磷酸化主要受细胞对能量需求的影响。细胞内能量供应缺乏时，ADP 增加，ADP/ATP 比值增大，氧化磷酸化速率加快，NADH 迅速减少而 NAD^+ 增多，促进三羧酸循环；反之，细胞内能量供应充足时，即 ATP 增加，ADP 减少，ADP/ATP 比值减小，氧化磷酸化速率减慢，NADH 消耗减少，三羧酸循环减缓。ADP/ATP 比值是调节氧化磷酸化的基本因素，这种反馈调节可使机体适应生理需要，合理利用并节约能源。

②激素的调节：甲状腺激素是调节氧化磷酸化的重要激素。目前认为甲状腺激素能诱导细胞膜上 Na^+,K^+-ATP 酶生成，使 ATP 分解为 ADP 的速度加快，线粒体中 ADP/ATP 比值增大，导致氧化磷酸化加强。由于 ATP 的合成和分解增加，机体耗氧量和产热量也增加。甲状腺功能亢进症患者常出现基础代谢速率增大，产热量也增加。

③抑制剂的作用：一些化合物对氧化磷酸化有抑制作用，根据其作用部位不同分为三类。第一类是呼吸链抑制剂，它们可阻断电子传递链上某一环节的电子传递，由于电子传递受阻，磷酸化反应也无法正常进行。例如，鱼藤酮、粉蝶霉素 A 及异戊巴比妥（阿米妥）能阻断 NADH 到 CoQ 之间的电子传递；抗霉素 A、二巯丙醇能抑制 Cyt b 与 $Cyt\ c_1$ 间的电子传递；氰化物（CN^-）、CO、N_3^- 及 H_2S 可抑制细胞色素 c 氧化酶，使其失去电子传递能力。第二类为解偶联剂，它们不影响呼吸链的电子传递，而是解除氧化与磷酸化的偶联作用，使氧化过程产生的能量不能生成 ATP，而是以热能形式散发。例如 2,4-二硝基苯酚、缬氨霉素以及哺乳动物和人的棕色脂肪组织、骨骼肌、心肌线粒体内膜中的解偶联蛋白等均有解偶联作用。某些新生儿缺乏棕色脂肪组织，不能维持正常体温而引起硬肿症。感冒或患某些传染性疾病时，患者体温升高，就是由于细菌或病毒产生的解偶联剂所致。第三类为氧化磷酸化抑制剂，此类抑制剂对电子传递和 ATP 合成均有抑制作用。例如寡霉素通过与 OSCP 的结合，阻止 H^+ 从 F_0 通道向 F_1 回流，抑制了 ATP 合酶活性，阻断了磷酸化过程，此时由于线粒体内膜两侧电化学梯度增大，影响呼吸链质子泵的功能，继而也抑制了电子传递，使氧化过程和磷酸化过程同时受抑制（图 6-13）。

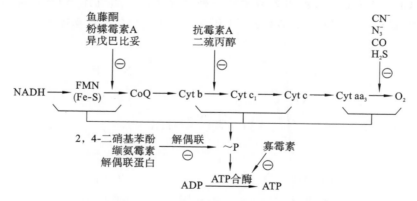

图 6-13　各种抑制剂对呼吸链的抑制作用部位

知识链接 ┄┄┄┄┄┄┄┄┄┄┄┄┄┄┄┄┄┄┄●

氰化物中毒

吸入 HCN 气体或摄入氰化钾（KCN），可引起线粒体电子传递链在细胞色素氧化酶步骤发生迅速而广泛的抑制。氰化物属于作用快速的已知剧毒物质之一。它与电子传递链终端的细胞色素 aa_3 中的血红素 Fe^{3+} 结合，并阻止氧同细胞色素 aa_3 反应，以致线粒体的呼吸与产能中断，细胞迅速死亡。机体死亡原因是组织窒息，其中中枢神经系统受影响尤甚。假如尚未致命则可给予患者亚硝酸盐治疗。亚硝酸盐使血液中的氧合血红蛋白（HbO_2）转变为高铁血红蛋白，后者（含 Fe^{3+}）同细胞色素 aa_3（Fe^{3+}）竞争氰化物，形成氰化高铁血红蛋白。还可注入硫代硫酸盐，可促进硫氰酸酶反应，使氰化物转变为毒性较小的硫氰酸盐（SCN^-）。

（三）ATP 的转移、储存和利用

机体内能量的释放、储存和利用都以 ATP 为中心。ATP 是生物界普遍的供能物质，体内能量代谢的重要反应是 ADP/ATP 转换，ADP 磷酸化生成 ATP，ATP 水解产生 ADP，同时释放出用于生命活动所需的能量（如合成代谢、肌肉收缩、物质的主动运输等）。

体内多数合成反应都以 ATP 为直接能源，但有些合成反应以其他高能化合物为能量的直接来源，如 UTP 用于糖原合成、CTP 用于磷脂合成、GTP 用于蛋白质合成等，然而为这些合成代谢提供能量的 UTP、CTP、GTP 等，通常是在二磷酸核苷激酶的催化下，从 ATP 中获得～P 而生成。反应如下。

$$UDP+ATP \rightleftharpoons UTP+ADP$$
$$CDP+ATP \rightleftharpoons CTP+ADP$$
$$GDP+ATP \rightleftharpoons GTP+ADP$$

此外，ATP 可在肌酸激酶的作用下，将～P 转移给肌酸生成磷酸肌酸（creatine phosphate，CP），作为肌肉和脑组织能量的一种储存形式。当机体 ATP 消耗过多而导致 ADP 增多时，磷酸肌酸再将～P 转移给 ADP，生成 ATP，供代谢活动需要。

$$
\begin{array}{ccc}
& NH_2 & \\
& | & \\
& C{=}NH & \\
& | & \\
H_3C{-}N & & +ATP \xrightleftharpoons[\quad]{肌酸激酶} \\
& | & \\
& CH_2 & \\
& | & \\
& COOH & \\
& 肌酸 &
\end{array}
\qquad
\begin{array}{ccc}
& H & \\
& | & \\
& N \sim P & \\
& | & \\
& C{=}NH & \\
& | & \\
H_3C{-}N & & +ADP \\
& | & \\
& CH_2 & \\
& | & \\
& COOH & \\
& 磷酸肌酸 &
\end{array}
$$

由此可见，生物体内能量的储存和利用都以 ATP 为中心（图 6-14）。

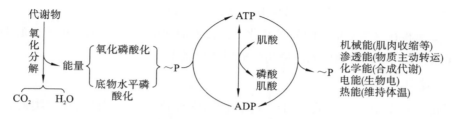

图 6-14 ATP 的生成与利用

第三节 非线粒体氧化体系

除线粒体外,细胞的微粒体和过氧化物酶体也是生物氧化的重要场所,其中存在一些不同于线粒体的氧化酶类,组成特殊的氧化体系,其特点是在氧化过程中不伴有偶联磷酸化,不能生成 ATP。

一、微粒体氧化体系

存在于微粒体中的氧化体系主要为加单氧酶和加双氧酶。

(一) 加单氧酶

加单氧酶(monooxygenase)由细胞色素 P450(CytP450)、NADPH-细胞色素 P450 还原酶(其辅酶为 FAD)和细胞色素 b_5 还原酶组成。它可催化 1 个氧原子加到底物分子上(羟化),另 1 个氧原子被氢(来自 NADPH＋H^+)还原成水。反应中 1 个氧分子发挥了两种功能,故该酶又被称为混合功能氧化酶。由于其氧化产物主要是羟化物,亦称羟化酶。其催化反应通式如下。

$$NADPH＋H^+＋O_2＋RH \xrightarrow{\text{加单氧酶}} NADP^+＋H_2O＋ROH$$

该酶在肝脏、肾上腺的微粒体中含量最多,参与类固醇激素、胆汁酸及胆色素的生成、灭活,以及药物、毒物的生物转化过程。

(二) 加双氧酶

加双氧酶催化氧分子的 2 个氧原子加到底物中带双键的 2 个碳原子上。如 β-胡萝卜素在加双氧酶的作用下,碳碳双键断裂形成两分子视黄醛。

$C_{10}H_{12}$—CH=CH—$C_{10}H_{12}$ $\xrightarrow[\text{O}_2]{\text{加双氧酶}}$ 2 $C_{10}H_{12}$—CHO

β-胡萝卜素　　　　　　　　　　　　　　　　　　视黄醛

二、过氧化物酶体氧化体系

(一) 过氧化氢酶

过氧化氢酶(catalase)又称触酶,其辅基含有 4 个血红素,催化反应如下。

$$2H_2O_2 \longrightarrow 2H_2O+O_2$$

在粒细胞和吞噬细胞中，H_2O_2 可氧化杀死侵入的细菌；甲状腺细胞中产生的 H_2O_2 可使 2 个 I^- 氧化为 I_2，进而使酪氨酸碘化生成甲状腺激素。

（二）过氧化物酶

过氧化物酶（peroxidase）也以血红素为辅基，它催化 H_2O_2 直接氧化酚类或胺类化合物，催化反应如下。

$$R+H_2O_2 \longrightarrow RO+H_2O \quad 或 \quad RH_2+H_2O_2 \longrightarrow R+2H_2O$$

临床上判断粪便中有无隐血时，就是利用白细胞中含有过氧化物酶的活性，将联苯胺氧化成蓝色化合物。

体内还存在一种含硒的谷胱甘肽过氧化物酶，可使 H_2O_2 或过氧化物（ROOH）与还原型谷胱甘肽（GSH）反应，生成氧化型谷胱甘肽，再由 NADPH 供氢使氧化型谷胱甘肽重新还原。此类酶具有保护生物膜及血红蛋白免遭氧化损伤的作用。

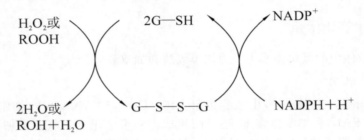

三、超氧化物歧化酶

O_2 得到一个电子使氧原子外层产生未成对电子，这种氧原子称为超氧离子（$O_2^- \cdot$）。呼吸链电子传递过程中漏出的电子可与 O_2 结合产生超氧离子，体内其他物质（如黄嘌呤）氧化时也可产生超氧离子。超氧离子可进一步生成 H_2O_2 和羟自由基（$\cdot OH$），统称为活性氧类（reactive oxygen species，ROS）。这些物质化学性质活泼，几乎对所有的生物分子均有氧化作用，尤其可对各种生物大分子造成氧化损伤，影响细胞的功能。例如，活性氧类物质可使磷脂分子中不饱和脂肪酸氧化生成过氧化脂质，使生物膜损伤；过氧化脂质还可与蛋白质结合形成化合物，累积成棕褐色的色素颗粒，称为脂褐素，脂褐素与组织老化密切相关。

超氧化物歧化酶（superoxide dismutase，SOD）可催化 1 分子超氧离子氧化生成 O_2，另一分子超氧离子还原成 H_2O_2。

$$2O_2^- \cdot +2H \xrightarrow{SOD} H_2O_2+O_2$$

在真核细胞胞液中，该酶以 Cu^{2+}、Zn^{2+} 为辅基，称为 CuZn-SOD；线粒体内以 Mn^{2+} 为辅基，称 Mn-SOD。生成的 H_2O_2 可被活性极强的过氧化氢酶分解。SOD 是人体防御内外环境中超氧离子损伤的重要酶类。

小 结

　　营养物质在生物体内氧化分解的过程称为生物氧化,在体外及细胞线粒体内均可进行,但氧化过程及意义不同。线粒体内生物氧化产生 CO_2 和水的同时,释放能量生成 ATP,以供生命活动之需。生物氧化是在酶的催化下,在体温及近于中性环境中进行的,它产生的能量逐步释放,一部分能量使 ADP 磷酸化生成 ATP。CO_2 是通过有机酸的脱羧基作用生成的。生物氧化的方式有加氧、脱氢、脱电子等。催化氧化还原反应的酶类包括氧化酶类、不需氧脱氢酶类、需氧脱氢酶类、加氧酶等。

　　生物氧化过程中代谢物脱下的氢经一系列递氢体或递电子体传递,最后传递到氧生成水。这些递氢体和递电子体按一定顺序排列在线粒体内膜上,组成连锁反应体系,称为呼吸链,也称电子传递链。呼吸链的组成成分主要有五类:NAD^+、以 FMN 及 FAD 为辅基的黄素蛋白、铁硫蛋白、泛醌、细胞色素体系。这些组分在线粒体内膜上组成四个复合体,而泛醌和 Cyt c 则不包含在这些复合体中,以游离形式存在。体内重要的呼吸链有两条,即 NADH 氧化呼吸链和琥珀酸氧化呼吸链。

　　ATP 几乎是组织细胞内能够直接利用的唯一能源,体内 ATP 的生成方式有两种,即底物水平磷酸化和氧化磷酸化。将代谢物分子中的能量直接转移给 ADP(或 GDP)生成 ATP(或 GTP)的反应,称为底物水平磷酸化;在呼吸链电子传递过程中偶联 ADP 磷酸化生成 ATP 的过程,称为氧化磷酸化。一对电子经 NADH 氧化呼吸链传递给氧的过程中可产生 2.5 个 ATP,一对电子经琥珀酸氧化呼吸链传递给氧的过程中可产生 1.5 个 ATP。化学渗透假说是被普遍接受的氧化磷酸化的机制,该假说认为电子经呼吸链传递时,可将 H^+ 从线粒体内膜的基质侧泵到内膜外侧,产生质子电化学梯度储存能量,当质子顺浓度梯度经 ATP 合酶回流时催化 ADP 和 Pi 生成 ATP。氧化磷酸化受许多因素的影响,如 ADP/ATP 比值、甲状腺素、解偶联剂和呼吸链阻断剂等。解偶联剂可使氧化与磷酸化脱节,以致氧化过程照常进行但不能生成 ATP。阻断剂是抑制呼吸链的不同部位,使氧化磷酸化无法进行。

　　线粒体外的 $NADH+H^+$ 所携带的 2H 通过 α-磷酸甘油穿梭和苹果酸-天冬氨酸穿梭进入线粒体内进行氧化磷酸化,分别生成 1.5 分子和 2.5 分子 ATP。生物体内能量的转化、储存和利用都以 ATP 为中心。在肌肉和脑组织中,磷酸肌酸可作为能源的储存形式。

　　除线粒体外,体内还有非线粒体氧化体系,如微粒体、过氧化物酶体等,其特点是不伴有氧化磷酸化,不能生成 ATP,主要参与体内代谢物、药物和毒物的生物转化作用。

能力检测

能力检测答案

一、单项选择题

1. 生命活动中能量的直接供体是(　　　)。

A. 三磷酸腺苷　B. 脂肪酸　　　　C. 氨基酸　　　　D. 磷酸肌酸　　　　E. 葡萄糖

2. 下列有关氧化磷酸化的叙述,错误的是(　　　)。

A. 物质在氧化时伴有 ADP 磷酸化生成 ATP 的过程

B. 氧化磷酸化过程存在于线粒体内

C. P/O 可以确定 ATP 的生成数

D. 氧化磷酸化过程有两条呼吸链

E. 电子经呼吸链传递至氧产生 3 分子 ATP

3. 氰化物中毒抑制的是(　　　)。

A. 细胞色素 b　　　　　　　B. 细胞色素 c　　　　　　　C. 细胞色素 c_1

D. 细胞色素 aa_3　　　　　　E. 辅酶 Q

4. 能够作为解偶联剂的物质是(　　　)。

A. C　　　　　B. CN^-　　　　　C. H_2S　　　　D. 二硝基苯酚　E. 抗霉素 A

5. 下列化合物不属于高能化合物的是(　　　)。

A. 1,3-二磷酸甘油酸　　　　　B. 乙酰 CoA　　　　　　　C. AMP

D. 氨基甲酰磷酸　　　　　　　E. 磷酸烯醇式丙酮酸

6. 线粒体中呼吸链的排列顺序哪个是正确的?(　　　)

A. $NADH-FMN-CoQ-Cyt-O_2$　　　　　　B. $FADH_2-NAD^+-CoQ-Cyt-O_2$

C. $FADH_2-FAD-CoQ-Cyt-O_2$　　　　　　D. $NADH-FAD-CoQ-Cyt-O_2$

E. $NADH-CoQ-FMN-Cyt-O_2$

7. 正常生理条件下控制氧化磷酸化的主要因素是(　　　)。

A. O_2 的水平　　　　　　　B. ADP 的水平　　　　　　C. 线粒体内膜的通透性

D. 底物水平　　　　　　　　E. 酶的活力

8. 2H 经过 NADH 氧化呼吸链传递可产生的 ATP 数为(　　　)。

A. 2　　　　B. 2.5　　　　C. 4　　　　D. 6　　　　E. 12

9. 2H 经过琥珀酸氧化呼吸链传递可产生的 ATP 数为(　　　)。

A. 1.5　　　　B. 2.5　　　　C. 4　　　　D. 6　　　　E. 12

10. 体内细胞色素 c 直接参与的反应是(　　　)。

A. 叶酸还原　B. 糖酵解　C. 肽键合成　D. 脂肪酸合成　E. 生物氧化

二、简答题

1. 简述生物氧化的概念和特点。

2. 简述呼吸链的概念以及构成成分。

3. 写出线粒体内两条氧化呼吸链的排列顺序。

4. 体内 ATP 的生成方式有哪些?

5. 影响氧化磷酸化的因素有哪些?

(徐世明)

第七章
脂 类 代 谢

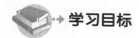

学习目标

掌握：甘油三酯的生理功能；脂肪酸的氧化分解主要途径；肝内生成酮体和肝外组织酮体的利用；脂肪酸的合成原料、限速酶；血浆脂蛋白的组成、来源和生理功能；胆固醇的主要去路。

熟悉：胆固醇、磷脂的生理功能；胆固醇和甘油磷脂的合成部位、原料。

了解：甘油磷脂的合成过程。

本章 PPT

第一节　概　　述

脂类（lipids，又称脂质）是脂肪（fat）及类脂（lipoid）的总称，它是一类低溶于水而高溶于有机溶剂，并能为机体所利用的生物有机大分子物质。脂类的元素组成主要是碳、氢、氧，还有些含有氮、磷以及硫。

脂肪是由 1 分子甘油（glycerol）和 3 分子脂肪酸（fatty acid）通过酯键连接而成的酯，故又称甘油三酯（triglyceride，TG）或三酯酰甘油。类脂主要包括胆固醇（cholesterol，Ch）、胆固醇酯（cholesterol ester，ChE）、磷脂（phospholipid，PL）、糖脂（glycolipid，GL）等。

一、脂类的主要生理功能

1. 储能与供能　脂类中脂肪的主要生理功能是储能与供能。人体活动所需要能量的 20％～30％由脂肪所提供。糖原属于亲水的极性物质，在体内以高度水合的形式储存，1 g 干燥的糖原可结合 2 g 水，在体内所占体积约为 4.8 mL。脂肪是疏水的非极性物质，在体内储存几乎不结合水，1 g 脂肪在体内所占体积约为 1.2 mL，是储存同重量干燥糖原所占体积的 1/4。与此同时，脂肪的代谢能是相同重量的糖原的 6 倍。完全氧化的情况下，1 g 脂肪所产生的能量约为 38.9 kJ（9.3 kcal），较之同等重量的糖或蛋白质产生的能量大一倍多。在饥饿或禁食等特殊情况时，脂肪可被动员，以满足机体对能量的需要。若禁食 1～3

天,人体所需能量的85％来自脂肪。因此,脂肪是体内重要的储能和供能物质。

2. 保护作用和保温作用 人和动物的脂肪具有润滑和保护内脏的作用。内脏周围的脂肪组织相当于缓冲层,可在一定程度上减弱外界机械撞击对内脏的冲击,从而起到保护内脏器官的作用。分布于人体皮下组织的脂肪不容易导热,可防止过多的热量散失而保持体温。

3. 提供必需脂肪酸 多数不饱和脂肪酸在体内能够合成,但亚油酸、亚麻酸和花生四烯酸不能在体内合成,必须从食物中摄取,这类脂肪酸称为营养必需脂肪酸。营养必需脂肪酸与细胞的结构和功能关系密切;必需脂肪酸与胆固醇代谢关系密切。必需脂肪酸缺乏,可引起皮肤、肝脏、肾脏和神经等多个组织器官的疾病,临床上可出现皮疹、生殖障碍、生长迟缓等症状。

知识链接

多不饱和脂肪酸与健康

20世纪60年代末,科学家们偶然发现身居北极的格陵兰岛因纽特人几乎不患心脑血管疾病,而欧洲和美国人的发病率最高,亚洲的日本人发病率较低。原来因纽特人具有全世界独一无二的食谱"生鱼和海豹肉",其中富含防治心脑血管疾病的最有效的物质——多不饱和脂肪酸,包括廿二碳六烯酸(DHA)、廿二碳五烯酸(NPA)、廿碳五烯酸(EPA)、廿碳四烯酸、十八碳四烯酸等。多不饱和脂肪酸是防治心脑血管疾病的特殊营养物质,它能促进胆固醇代谢,防止脂质在肝脏和动脉壁沉积,还能降低血小板的凝集能力,减少血栓的产生。世界卫生组织提出的"膳食目标"中脂肪所占总摄入能量的比率为30％,美国心脏学会、食品和营养委员会以及美国医学会进一步推荐,膳食中饱和脂肪酸,单不饱和脂肪酸和多不饱和脂肪酸应各占10％。日本研究人员进一步提出:每天平均摄取200～500 mg的n-3系不饱和脂肪酸,冠状动脉性心脏病死亡率减少30％～50％,相当于每天摄取30 g鱼,即n-3系脂肪酸摄取量应当为每天350～400 mg。

4. 维持细胞膜正常的结构与功能 类脂主要是磷脂和胆固醇酯,是构成生物膜结构(如细胞膜、核膜、线粒体膜及内质网膜等)的基本原料,占到细胞膜重量的50％左右。它们与蛋白质结合后以脂蛋白的形式参与生物膜的形成。胆固醇在细胞膜中含量较多,而磷脂在亚细胞结构中含量较多。

5. 作为第二信使参与代谢调节 细胞膜上的磷脂酰肌醇4,5-二磷酸被磷脂酶水解生成三磷酸肌醇和甘油二酯,两者均为激素作用的第二信使。

6. 转变成多种重要的生理活性物质 类脂在体内可转变成多种重要的生理活性物质,如胆固醇在体内可转化为胆盐、维生素 D_3、类固醇激素等具有重要生理功能的物质。花生四烯酸是前列腺素、血栓烷及白三烯等多种生物活性物质的前体。前列腺素能升高体温(发烧),促进炎症,调节血流进入特定器官,控制跨膜转运,调整突触传递,诱导睡眠,刺激分娩和月经期间子宫肌肉收缩。血栓烷能促进血小板聚集,血管收缩,促进凝血及血栓形成。白三烯能促进趋化性,炎症和变态反应或称过敏反应。

此外,脂类还具有内分泌作用,参与构成某些内分泌激素;脂类可提供脂溶性维生素并促进脂溶性维生素(维生素 A、D、E、K)的吸收等。

二、脂类在体内的分布

脂肪和类脂在体内的分布差异很大。

脂肪主要储存于脂肪组织的脂肪细胞中,多分布于皮下、腹腔大网膜、肾周围及肌纤维间,这一部分脂肪称为储存脂(stored fat),脂肪组织则称为脂库。脂肪是体内含量最多的脂类,特别是储存脂,是机体能量的主要储存形式。在正常体温下,储存脂多为液态或半液态,其形态主要取决于所含饱和脂肪酸和不饱和脂肪酸的比例。机体深处的储存脂中饱和脂肪酸比例大,故熔点较高而流动性较小,通常处于半固体状态,有利于保护内脏器官;皮下脂肪的储存脂中不饱和脂肪酸比例较大,故熔点低而流动性大,这使得皮下脂肪在较冷环境中仍能保持液态,有利于代谢的进行。人体内的脂肪含量受饮食、机体活动、营养状况和疾病等诸多因素的影响,不同个体间差异较大,同一个体的不同时期也有明显的差异,因此脂肪又称为可变脂。成年男性的脂肪含量占体重的 $10\%\sim20\%$,女性稍高。

类脂是生物膜的基本组成成分,主要存在于细胞的各种膜性结构中,占生物膜总重量的 50% 以上。人体内类脂的含量不受饮食、机体活动和营养状况的影响,因此又称固定脂或基本脂。类脂在不同组织中的含量不同,在一般组织中较少,但在神经组织中较多。

三、脂类的消化吸收

成人每天平均摄入的脂肪为 $60\sim150$ g,其中主要是含量为 90% 以上的甘油三酯,即脂肪,此外还有少量的磷脂、胆固醇、胆固醇酯及一些游离的脂肪酸。口腔中不存在消化脂类的酶,故食物中的脂类不能在口腔中消化。胃产生脂肪酶,它在胃的低 pH 值环境中是稳定、有活性的。脂肪的消化实际开始于胃中的胃脂肪酶,彻底的消化是在小肠内由胰脏分泌的胰脂肪酶(pancreatic lipase)完成。脂类的消化及吸收主要在小肠中进行,首先在小肠上段,通过小肠蠕动,由胆汁中的胆汁酸盐使食物脂类乳化,使不溶于水的脂类分散成水包油的小胶体颗粒,提高溶解度增加了酶与脂类的接触面积,有利于脂类的消化及吸收。在形成的水油界面上,分泌入小肠的胰液中包含的酶类,开始对食物中的脂类进行消化,这些酶包括胰脂肪酶(pancreatic lipase),辅脂酶(colipase),胆固醇酯酶(pancreatic cholesteryl ester hydrolase or cholesterol esterase)和磷脂酶 A_2(phospholipase A_2)。食物中的脂类经上述胰液中酶类消化后,生成甘油、甘油一酯、脂肪酸、胆固醇及溶血磷脂等,这些产物极性明显增强,与胆汁乳化成混合微团(mixed micelles)。这种微团体积很小(直径 20 nm),极性较强,可被肠黏膜细胞吸收。

脂类的吸收主要在十二指肠下段和盲肠。甘油及中短链脂肪酸($\leqslant10$ C)无须混合微团协助,直接吸收入小肠黏膜细胞后,通过门静脉进入血液。长链脂肪酸及其他脂类消化产物随微团吸收入小肠黏膜细胞。长链脂肪酸在脂酰 CoA 合成酶(fattyacyl CoA synthetase)催化下,生成脂酰 CoA,此反应消耗 ATP。脂酰 CoA 可在转酰基酶(acyltransferase)作用下,将甘油一酯、溶血磷脂和胆固醇酯化生成相应的甘油三酯、磷脂

生物化学 ■ ·136·

和胆固醇酯。在小肠黏膜细胞中，生成的甘油三酯、磷脂、胆固醇酯及少量胆固醇，与细胞内合成的载脂蛋白（apolipoprotein，apo）构成乳糜微粒（chylomicrons，CM），通过淋巴液最终进入血液，被其他细胞所利用。

第二节　甘油三酯的代谢

甘油三酯是人体脂类中含量最多的成分，它是机体主要的能量储存形式以及重要的能量来源。甘油三酯主要在肝脏、脂肪等组织中合成，合成后主要储存在脂肪组织中，甘油三酯可在人体大部分组织器官进行分解代谢以供给能量。

一、甘油三酯的分解代谢

（一）脂肪动员

储存在脂肪细胞中的甘油三酯，在脂肪酶的作用下逐步水解为游离脂肪酸（free fatty acid，FFA）和甘油，释放入血以供其他组织氧化利用，此过程称为脂肪动员，又称脂解作用（图 7-1）。

甘油三酯 —甘油三酯脂肪酶→ 甘油二酯 —甘油二酯脂肪酶→ 甘油一酯 —甘油一酯脂肪酶→ 甘油
H_2O 脂肪酸　H_2O 脂肪酸　H_2O 脂肪酸

图 7-1　脂肪水解的过程

脂肪动员中的脂肪酶包括：甘油三酯脂肪酶、甘油二酯脂肪酶及甘油一酯脂肪酶。其中，甘油三酯脂肪酶的活性最低，因此甘油三酯脂肪酶是甘油三酯分解的限速酶。由于甘油三酯脂肪酶受多种激素的调节，故又称激素敏感性甘油三酯脂肪酶（hormone-sensitive triglyceride lipase，HSL）。

在禁食、饥饿或交感神经兴奋的情况下，肾上腺素、去甲肾上腺素、胰高血糖素、糖皮质激素等分泌增加，能够增强 HSL 活性，从而促进脂肪动员，这类激素称为脂解激素。而胰岛素、前列腺素 E_2 等的分泌，使得 HSL 活性降低，从而抑制脂肪动员，这类激素称为抗脂解激素。

脂肪动员生成的游离脂肪酸和甘油直接释放入血。游离的脂肪酸难溶于水，入血后与血浆白蛋白结合形成脂肪酸-白蛋白复合物的形式，通过血液运送到全身各组织器官，主要是心脏、肝脏、骨骼肌等摄取利用；甘油溶于水，可以直接由血液运送到肝脏、肾脏、肠等处。

（二）脂肪酸的氧化

脂肪酸在体内主要有三种氧化分解方式：β-氧化、α-氧化和 ω-氧化，以前者最为重要。脂肪酸在一系列酶催化下，活化后，羧基端的 β 位碳原子发生氧化，碳链在 α 位碳原子与 β 位碳原子间发生断裂，每次生成一分子乙酰 CoA 和较原来少两个碳原子的脂肪酸，这个不断重复进行的脂肪酸氧化过程称为脂肪酸的 β-氧化。

脂肪酸是人及哺乳动物的主要能源物质。在 O_2 供给充足的条件下，脂肪酸可在体内

分解成 CO_2 及 H_2O 并释放出大量能量，以 ATP 形式供机体利用。除脑组织外，大多数组织均能氧化脂肪酸，但以肝脏及肌肉最活跃。脂肪酸 β-氧化过程大致分为：脂肪酸的活化、脂酰 CoA 进入线粒体、脂肪酸的 β-氧化及乙酰 CoA 的彻底氧化四个过程。

1. 脂肪酸的活化　脂肪酸必须首先进行活化后，才能进行氧化分解。脂肪酸的活化在线粒体外的胞浆中进行。内质网及线粒体外膜上的脂酰 CoA 合成酶（acyl-CoA synthetase）在 ATP、Mg^{2+}、CoASH 的参与下，活化脂肪酸形成脂酰 CoA。具体反应如图 7-2 所示。

$$\underset{\text{脂肪酸}}{RCOOH+ATP+HS\text{-}CoA} \xrightarrow[Mg^{2+}]{\text{脂酰CoA合成酶}} \underset{\text{脂酰CoA}}{RCO\sim CoA+AMP+PPi}$$

图 7-2　脂肪酸的活化

脂肪酸活化后不仅含有高能硫酯键，而且增加了其水溶性，从而提高了脂肪酸的代谢活性。反应过程中生成的焦磷酸（PPi）立即被细胞内的焦磷酸酶水解，阻止了逆向反应的进行。故 1 分子脂肪酸活化，实际上消耗了 2 个高能磷酸键。

2. 脂酰 CoA 进入线粒体　脂酰 CoA 在胞浆中生成，而催化其氧化的酶系存在于线粒体的基质内，因此活化的脂酰 CoA 必须进入线粒体内才能进行代谢。实验证明，长链脂酰 CoA 不能直接穿过线粒体内膜，它进入线粒体需以肉碱作为载体进行转运。

位于线粒体外膜的肉碱脂酰转移酶 I（carnitine acyl transferase I，CAT I），催化脂酰 CoA 与肉碱形成脂酰肉碱，然后脂酰肉碱在位于线粒体内膜的肉碱-脂酰肉碱转位酶（carnitine-acylcarnitine translocase）的作用下，通过线粒体内膜进入线粒体基质。进入到线粒体基质中的脂酰肉碱，在位于线粒体内膜的肉碱脂酰转移酶 II（carnitine acyl transferase II，CAT II）的催化下，重新分解成为脂酰 CoA 和肉碱。脂酰 CoA 即可在线粒体基质中酶系的作用下，进行 β-氧化。位于线粒体内膜上的肉碱-脂酰肉碱转位酶（carnitine-acylcarnitine translocase）是转运肉碱和脂酰肉碱的载体，它在转运线粒体内膜外侧的一分子脂酰肉碱进入线粒体基质的同时，转运线粒体基质中一分子肉碱进入线粒体内膜外侧。转运过程见图 7-3。

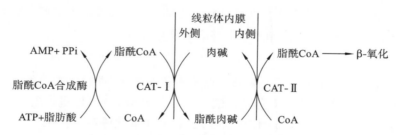

图 7-3　肉碱协助脂酰基进入线粒体示意图

肉碱脂酰转移酶 I 是脂肪酸 β 氧化的限速酶，脂酰 CoA 进入线粒体是脂肪酸 β-氧化的主要限速步骤。当机体饥饿、进食高脂低糖膳食或患糖尿病时，就会动用脂肪酸替代糖类进行供能，此时肉碱脂酰转移酶 I 活性增强，脂肪酸氧化增强。相反，机体饱食后，脂肪合成及丙二酰 CoA 增加，后者抑制肉碱脂酰转移酶 I 活性，因而脂肪酸的氧化被抑制。

3. 脂肪酸的 β-氧化　脂酰 CoA 进入线粒体基质后，在线粒体基质中脂肪酸 β-氧化多酶复合体的催化下,从脂酰基的 β-碳原子开始,进行脱氢、加水、再脱氢及硫解等四步连续反应,脂酰基断裂生成 1 分子比原来少 2 个碳原子的脂酰 CoA 及 1 分子乙酰 CoA。

脂肪酸 β-氧化的过程如下:

(1) 脱氢:脂酰 CoA 在脂酰 CoA 脱氢酶的催化下,α、β 碳原子各脱下一个氢原子,生成反式 α,β-烯脂酰 CoA。FAD 接受脱下的 2H,生成 $FADH_2$。

(2) 加水:α,β-烯脂酰 CoA 在烯脂酰水化酶的催化下,加水生成 β-羟脂酰 CoA。

(3) 再脱氢:β-羟脂酰 CoA 在 β-羟脂酰 CoA 脱氢酶的催化下,脱下 2H 生成 β-酮脂酰 CoA,NAD^+ 接受脱下的 2H,生成 $NADH+H^+$。

(4) 硫解:β-酮脂酰 CoA 在 β-酮脂酰 CoA 硫解酶催化下,加 CoASH 使碳链断裂,生成 1 分子乙酰 CoA 和少 2 个碳原子的脂酰 CoA。

脂肪酸经过一次 β-氧化,可生成 1 分子 $FADH_2$、1 分子 $NADH+H^+$、1 分子乙酰 CoA 和 1 分子比原来少 2 个碳原子的脂酰 CoA。后者可再进行脱氢、加水、再脱氢及硫解反应。如此反复进行,直至最后完全生成乙酰 CoA,即完成脂肪酸的 β-氧化(图 7-4)。

脂肪酸 β-氧化生成的大量终产物乙酰 CoA,主要有三个去路:一是在体内各组织细胞的线粒体中通过三羧酸循环彻底氧化分解;二是在肝细胞的线粒体中缩合形成酮体,通过血液运输到肝外组织加以氧化利用;三是作为中间代谢产物,转变为其他物质。

4. 乙酰 CoA 的彻底氧化 脂肪酸经 β-氧化后生成大量的乙酰 CoA 可进入三羧酸循环(见糖有氧氧化),彻底氧化成 CO_2 和 H_2O,并释放大量能量。

知识链接

脂肪酸 β-氧化的实验研究

1904 年 F. Knoop 用不能被机体分解的苯基标记脂肪酸的 ω 甲基,以此喂养犬或兔,发现如喂标记偶数碳的脂肪酸,尿中排出的代谢物均为苯乙酸;如喂标记奇数碳的脂肪酸则尿中出现的代谢产物均为苯甲酸。据此他提出脂肪酸在体内的氧化分解是从羧基端 β-碳原子开始,每次断裂 2 个碳原子的"β-氧化学说",这是同位素示踪技术未建立前颇有创造性的实验。以后用酶学及同位素标记等技术证明,他的设想是正确的。20 世纪 50 年代已基本阐明脂肪酸 β-氧化的过程。

脂肪酸氧化是体内能量的重要来源。以软脂肪酸为例,进行 7 次 β-氧化,生成 7 分子 $FADH_2$、7 分子 $NADH+H^+$ 及 8 分子乙酰 CoA。每分子 $FADH_2$ 进入琥珀酸氧化呼吸链产生 1.5 分子 ATP,每分子 $NADH+H^+$ 进入 NADH 氧化呼吸链产生 2.5 分子 ATP,每分子乙酰 CoA 进入三羧酸循环彻底氧化产生 10 分子 ATP。因此 1 分子软脂肪酸彻底氧化共生成 $(7 \times 1.5) + (7 \times 2.5) + (8 \times 10) = 108$ 个 ATP,减去脂肪酸活化时耗去的 2 个高能磷酸键(相当于 2 个 ATP),净生成 106 分子 ATP。1 mol ATP 水解释放的自由能为 30.54 kJ,那么 106 mol ATP 水解释放的自由能为 3237 kJ。1 mol 软脂酸在体外彻底氧化成 CO_2 和 H_2O 时释放的自由能为 9791 kJ,故软脂酸在体内氧化的能量利用率为 33%,其余以热能形式散失。

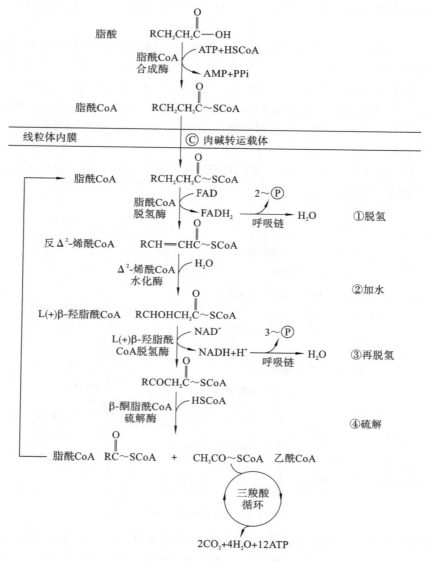

图 7-4 软脂酸的 β-氧化

（三）酮体的生成与利用

在心肌、骨骼肌等肝外组织线粒体内，脂肪酸经 β-氧化产生的乙酰 CoA 直接进入三羧酸循环彻底氧化供能。而在肝细胞内产生的乙酰 CoA，除部分通过三羧酸循环生成 ATP 供能外，还有部分在线粒体内转化生成酮体（ketone bodies）。

酮体是脂肪酸在肝脏分解氧化时特有的中间代谢物，包括乙酰乙酸（acetoacetate）、β-羟丁酸（β-hydroxybutyrate）及丙酮（acetone）三种物质。酮体总量中约 70% 为 β-羟丁酸，30% 为乙酰乙酸，丙酮只占少量。丙酮易挥发，主要通过肾随尿排出，也可从肺直接呼出，呼出的气体有烂苹果味。

1. 酮体的生成 酮体的合成部位为肝脏细胞的线粒体，合成的原料来源于脂肪酸在

线粒体中经 β-氧化生成的大量乙酰 CoA。整个合成过程在线粒体内酶的催化下,分三步进行(图 7-5)。

(1) 2分子乙酰 CoA 在肝脏线粒体乙酰 CoA 硫解酶(thiolase)的作用下,缩合成乙酰 CoA,并释放出 1 分子 CoASH。

(2) 乙酰 CoA 在羟甲基戊二酸单酰 CoA(HMG CoA)合成酶的催化下,再与 1 分子乙酰 CoA 缩合生成羟甲基戊二酸单酰 CoA(3-hydroxy-3-methyl glutaryl CoA,HMG CoA),并释出 1 分子 CoASH。羟甲基戊二酸单酰 CoA 在 HMG CoA 裂解酶的作用下,裂解生成乙酰乙酸和乙酰 CoA。

(3) 乙酰乙酸在线粒体内膜 β-羟丁酸脱氢酶的催化下,被还原成 β-羟丁酸;部分乙酰乙酸可在酶催化下脱羧而生成丙酮。

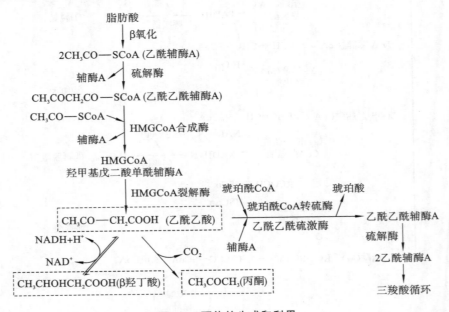

图 7-5　酮体的生成和利用

肝脏线粒体内含有各种合成酮体的酶类,尤其是 HMG-CoA 合成酶,因此生成酮体是肝脏特有的功能。由于肝细胞中酮体氧化酶的活性很低,因此肝脏不能氧化利用酮体。肝脏产生的酮体,透过细胞膜进入血液循环,运输到肝外组织进行氧化利用。

2. 酮体的利用　肝外许多组织具有活性很强的利用酮体的酶,可先将酮体裂解成乙酰 CoA,然后进入三羧酸循环彻底分解氧化供能(图 7-5)。

(1) 琥珀酰 CoA 转硫酶:心脏、肾脏、脑及骨骼肌的线粒体具有较高的琥珀酰 CoA 转硫酶活性。在有琥珀酰 CoA 存在时,此酶能使乙酰乙酸活化,生成乙酰 CoA。

(2) 乙酰乙酸硫激酶:心脏、肾脏和脑的线粒体中尚有乙酰乙酸硫激酶,可直接活化乙酰乙酸生成乙酰 CoA。

(3) 乙酰 CoA 硫解酶:心脏、肾脏、脑及骨骼肌线粒体中还有乙酰 CoA 硫解酶,催化乙酰 CoA 的硫解,生成 2 分子乙酰 CoA,后者即可进入三羧酸循环彻底氧化。

β-羟基丁酸在 β-羟丁酸脱氢酶的催化下,脱氢生成乙酰乙酸;然后再转变成乙酰 CoA

而被氧化。部分丙酮可在一系列酶作用下转变为丙酮酸或乳酸,进而异生成糖。

总之,肝脏是生成酮体的器官,但不能利用酮体;肝外组织不能生成酮体,却可以利用酮体。简而言之,肝内生酮,肝外利用。

3. 酮体的生理意义　酮体是肝脏输出能源的一种形式,是脂肪酸在肝内正常的中间代谢产物。酮体溶于水,分子小,能通过血脑屏障及肌肉毛细血管壁,是肌肉尤其是脑组织的重要能源。脑组织不能氧化脂肪酸,却能利用酮体。机体长期饥饿、糖供应不足时酮体可以代替葡萄糖成为脑组织及肌肉的主要能源。

正常情况下,血中仅含有少量酮体,为 $0.03 \sim 0.5$ mmol/L($0.3 \sim 5$ mg/dL)。在机体饥饿、进食高脂低糖膳食及患糖尿病时,脂肪酸动员加强,酮体生成增加。尤其对于未控制糖尿病患者,血液酮体的含量可高出正常情况的数十倍,这时丙酮约占酮体总量的一半。酮体生成超过肝外组织利用的能力,引起血中酮体升高,可导致酮症酸中毒,并随尿排出,引起酮尿。

（四）甘油的代谢

脂肪动员生成的甘油,由于其溶于水,经血液运送至肝脏、肾脏、肠等处后,主要是在肝甘油激酶(glycerokinase)作用下,转变为 3-磷酸甘油,然后脱氢生成磷酸二羟丙酮,循糖代谢途径进行分解或转变为糖(图 7-6)。脂肪细胞及骨骼肌等组织因甘油激酶活性很低,故不能很好地利用甘油。

图 7-6　甘油的氧化

二、甘油三酯的合成代谢

（一）合成部位

人体许多组织都可以合成甘油三酯,尤其以肝脏、脂肪组织及小肠最为活跃,以肝脏的合成能力最强,其合成的细胞定位是胞浆。

（二）合成原料

甘油三酯合成的基本原料是 α-磷酸甘油和脂肪酸。因此甘油三酯的合成代谢主要介绍 α-磷酸甘油的来源和脂肪酸的合成。

1. α-磷酸甘油的来源　体内 α-磷酸甘油的来源有两条途径:一条是由糖酵解途径产生的磷酸二羟丙酮还原生成(见糖酵解章节)。磷酸二羟丙酮在 α-磷酸甘油脱氢酶的催化下,以 NADPH＋H⁺ 为辅酶,还原生成 α-磷酸甘油,这是 α-磷酸甘油的主要来源。另一条途径是由甘油在甘油激酶的催化下,消耗 ATP,生成 α-磷酸甘油(图 7-7)。

2. 脂肪酸的合成　人体内的脂肪酸大部分来源于食物,为外源性脂肪酸,在体内经代谢途径加工改造后被人体利用。同时,体内的糖和蛋白质亦可以转变为脂肪酸,为内源性脂肪酸,用于甘油三酯的生成,储存能量。

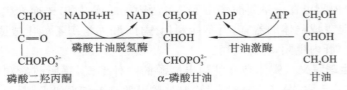

图 7-7 α-磷酸甘油的生成

(1) 合成部位 脂肪酸合成酶系存在于肝脏、肾脏、脑、肺、乳腺及脂肪等组织，位于胞浆中。肝脏是人体合成脂肪酸的主要场所。

(2) 合成原料 乙酰 CoA 是合成脂肪酸的主要原料，主要来自葡萄糖。细胞内的乙酰 CoA 全部在线粒体内产生，而合成脂肪酸的酶系存在于胞浆中。线粒体内的乙酰 CoA 必须进入胞浆中才能成为合成脂肪酸的原料。实验证明，乙酰 CoA 不能自由透过线粒体内膜，主要通过柠檬酸-丙酮酸循环（citrate pyruvate cycle）完成。在此循环中，乙酰 CoA 首先在线粒体内与草酰乙酸缩合生成柠檬酸，通过线粒体内膜上的载体转运进入胞浆；胞浆中 ATP 柠檬酸裂解酶，使柠檬酸裂解释放出乙酰 CoA 及草酰乙酰。进入胞浆的乙酰 CoA 即可用以合成脂肪酸，而草酰乙酸则在苹果酸脱氢酶的作用下，还原成苹果酸，再经线粒体内膜载体转运入线粒体内。苹果酸也可在苹果酸酶的作用下分解为丙酮酸，再转运入线粒体，最终均形成线粒体内的草酰乙酸，再参与转运乙酰 CoA（图 7-8）。

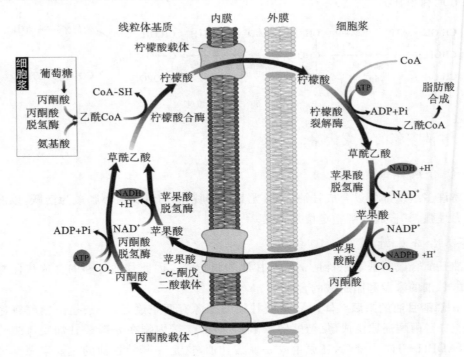

图 7-8 柠檬酸-丙酮酸循环

脂肪酸的合成除需乙酰 CoA 外，还需 ATP、NADPH、HCO_3^-（CO_2）及 Mn^{2+} 等。脂肪酸的合成系还原性合成，所需的氢全部由 NADPH 提供。NADPH 主要来自磷酸戊糖途径。胞浆中异柠檬酸脱氢酶及苹果酸酶（两者均以 NADP 为辅酶）催化的反应亦可提供少量的 NADPH。

（3）脂肪酸合成酶系及反应过程

①丙二酰 CoA 的合成：脂肪酸合成的第一步反应是乙酰 CoA 羧化成丙二酰 CoA。此反应由乙酰 CoA 羧化酶（acetyl CoA carboxylase）所催化,反应如下：

$$CH_3CO\sim SCoA+HCO_3^-+ATP \xrightarrow[\text{生物素 } Mn^{2+}]{\text{乙酰 CoA 羧化酶}} \underset{\underset{COOH}{|}}{CH_2CO}\sim SCoA + ADP + Pi$$

乙酰 CoA   丙二酸单酰 CoA

乙酰 CoA 羧化酶是脂肪酸合成的限速酶,该酶存在于胞浆中,辅基为生物素,Mn^{2+} 为激活剂。这是一种变构酶,柠檬酸、异柠檬酸可使此酶发生别构,由无活性的单体聚合成有活性的多聚体,而软脂酰 CoA 及其他长链脂酰 CoA 则能使多聚体解聚成单体,抑制乙酰 CoA 羧化酶的催化活性。该酶有两种存在形式,一种是无活性的单体,相对分子质量约为4 万,另一种是有活性的多聚体,相对分子质量为 60 万～80 万,通常由 10～20 个单体构成,呈线性排列,催化活性增加 10～20 倍。

有研究表明,乙酰 CoA 羧化酶也受磷酸化、去磷酸化的调节。此酶可被一种依赖于AMP 的蛋白激酶磷酸化而失活。胰高血糖素能激活此激酶而抑制乙酰 CoA 羧化酶的活性,而胰岛素则能通过蛋白质磷酸酶的作用使磷酸化的乙酰 CoA 羧化酶脱去磷酸而恢复活性。高糖膳食可促进酶蛋白的合成,因而可促进乙酰 CoA 的羧化反应。

②软脂酸合成：从丙二酰 CoA 合成长链脂肪酸,实际上是一个重复加成反应过程,每次延长 2 个碳原子。催化酶脂肪酸合成酶系,其复合体包含有多种活性酶和一个酰基载体蛋白（acyl carrier protein,ACP）,所有这些酶全部定位于单一的多功能多肽链。脂肪酸合成包含 4 个阶段反应：启动、装载、C 链延长和释放。其中 C链的延长由缩合、还原、脱水、还原 4 步反应循环完成（图 7-9）,丁酰 ACP 是脂肪酸合成的第一轮循环产物,通过这一轮反应,碳链延长了两个碳原子。如此重复进行 7次循环可合成 16 个碳的软脂酰 ACP,然后水解释放出软脂酸,完成软脂酸的合成。

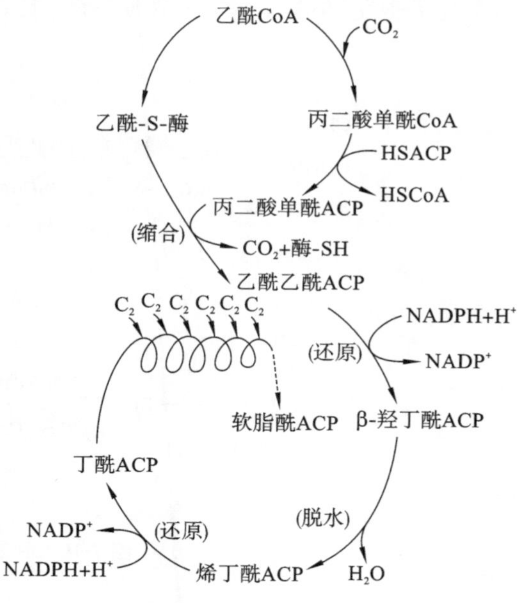

图 7-9 软脂酸的合成

软脂肪酸合成的总反应式为

$$CH_3CO\sim SCoA+7HOOCCH_2CO\sim SCoA+14NADPH+14H^+ \xrightarrow{\text{脂肪酸合成酶系}}$$
$$CH_3(CH_2)_{14}COOH+7CO_2+6H_2O+8HSCoA+14NADP^+$$

（4）脂肪酸碳链的延长和缩短 脂肪酸合酶系催化的反应只能合成软脂酸。以软脂酸为基础,碳链在线粒体或内质网中经过进一步延长或缩短,生成人体中碳链长短不一的脂肪酸。

碳链的缩短在线粒体内通过 β-氧化进行,而碳链的延长则由存在于线粒体或内质网内的特殊酶系催化完成。在线粒体内,软脂酰 CoA 与乙酰 CoA 缩合,将乙酰 CoA 的乙酰基掺入到软脂酰 CoA 分子中,这一延长过程基本上是 β-氧化的逆过程,需要 NADPH＋H⁺供氢。通过这种方式,每一轮可增加 2 个碳原子,一般可延长至 24 或 26 个碳原子的脂肪酸。在内质网中,碳链的延长是以丙二酸单酰 CoA 作为二碳单位的共体,使软脂酰 CoA 的碳链延长,其延长过程与脂肪酸合酶系催化的反应过程非常相似,区别在于脂酰基是连在HSCoA 上进行反应而不是以 ACP 作为载体。在内质网中通常碳链可延长到 24 个碳原子。

（三）合成途径

甘油三酯以 α-磷酸甘油和脂酰 CoA 为原料合成。合成甘油三酯的主要部位是肝脏细胞和脂肪细胞的内质网,其次是小肠黏膜。甘油三酯合成有两条基本途径:

1. 甘油一酯途径　小肠黏膜细胞中甘油三酯合成的主要途径。该途径的起始物为消化吸收的甘油一酯,加上 2 分子脂酰 CoA,合成甘油三酯。

2. 甘油二酯途径　肝脏细胞和脂肪细胞中甘油三酯合成的主要途径。在 α-磷酸甘油脂酰转移酶的催化下,来自糖代谢的 α-磷酸甘油 1 分子,结合 2 分子脂酰 CoA 首先合成磷脂酸。磷脂酸经磷酸酶水解生成甘油二酯,然后在甘油二酯脂酰转移酶催化下,甘油二酯又与 1 分子脂酰 CoA 作用生成甘油三酯(图 7-10)。

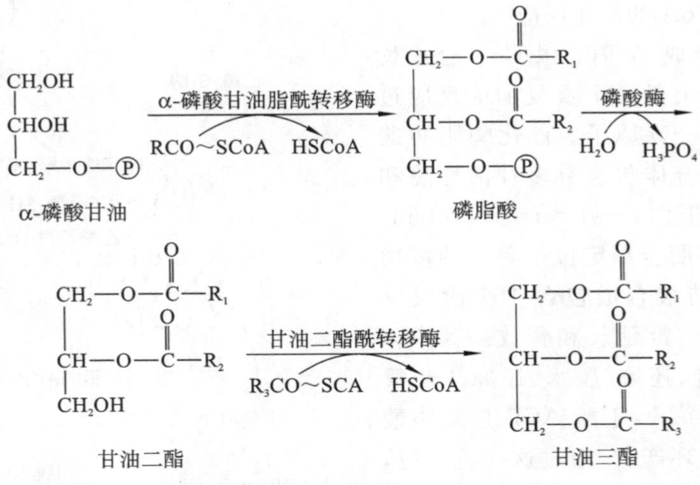

图 7-10　甘油三酯的合成

第三节　磷脂的代谢

一、磷脂的生理功能

含磷酸的脂类称磷脂。由甘油构成的磷脂统称甘油磷脂(phosphoglyceride),由鞘氨醇构成的磷脂称鞘磷脂(sphingomyelin)。

甘油磷脂分布广泛,是体内含量最多的磷脂。因与磷酸相连的取代基团的不同,甘油磷脂分为磷脂酰胆碱(卵磷脂)、磷脂酰乙醇胺(脑磷脂)、磷脂酰丝氨酸,磷脂酰甘油,二磷脂酰甘油(心磷脂)及磷脂酰肌醇等。鞘磷脂在脑髓鞘和红细胞膜中特别丰富。磷脂功能复杂,磷脂是生物膜及神经髓鞘等的重要组分,保障其结构和功能的稳定;磷脂也参与脂蛋白的组成与转运;磷脂的代谢产物甘油二酯和三磷酸肌醇作为激素第二信使参与信息传递等。

二、甘油磷脂的代谢

甘油磷脂由甘油、脂酸、磷酸及含氮化合物等组成,其基本结构为

$$
\begin{array}{c}
\quad\quad\quad\quad\quad\quad O \\
\quad\quad\quad\quad\quad\quad \| \\
O\quad\quad\quad CH_2O-C-R_1 \\
\| \quad\quad\quad\quad | \\
R_2-C-O-CH\quad\quad O \\
\quad\quad\quad\quad | \quad\quad \| \\
\quad\quad\quad CH_2O-P-O-X \\
\quad\quad\quad\quad\quad\quad | \\
\quad\quad\quad\quad\quad\quad HO
\end{array}
$$

在甘油的 1 位和 2 位羟基上各结合 1 分子脂酸,通常 2 位脂酸为花生四烯酸,在 3 位羟基再结合 1 分子磷酸,即为最简单的甘油磷脂——磷脂酸。根据与磷酸羟基相连的取代基团不同,即 X 的不同,可将甘油磷脂分为磷脂酰胆碱(卵磷脂)、磷脂酰乙醇胺(脑磷脂)、磷脂酰丝氨酸及磷脂酰肌醇等。

卵磷脂和脑磷脂是细胞膜中含量最丰富的脂类。血小板膜中带负电的酸性磷脂,主要是磷脂酰丝氨酸,称为血小板第三因子,当血小板因组织受损而被激活时,与其他凝血因子一起使凝血酶原活化。磷脂酰肌醇存在于细胞膜中,其衍生物磷脂酰肌醇-4-单磷酸(PIP)和-4,5-双磷酸(PIP$_2$),是细胞内信使肌醇-1,4,5-三磷酸(IP$_3$)和 1,2-二酰甘油(DAG)的前体,这些信使参与激素信号的放大。

(一)合成代谢

1. 合成部位 与脂肪的合成不同,全身各组织细胞内质网均有合成磷脂的酶系,因此均能合成甘油磷脂,但以肝脏、肾脏及肠等组织最活跃。

2. 合成原料 甘油磷脂 2 位的多不饱和脂酸必须从植物油摄取,而脂酸、甘油主要由葡萄糖代谢转化而来。另外,还需胆碱(choline)、丝氨酸、肌醇(inositol)、磷酸盐等。胆碱可由食物供给,亦可由丝氨酸及甲硫氨酸在体内合成。丝氨酸本身是合成磷脂酰丝氨酸的原料,脱羧后生成的乙醇胺又是合成磷脂酰乙醇胺的前体。乙醇胺由 S-腺苷甲硫氨酸获得 3 个甲基即可合成胆碱。合成除需 ATP 外,还需 CTP 参加。CTP 在磷脂合成过程中必不可少,它为合成 CDP-乙醇胺、CDP-胆碱及 CDP-甘油二酯等活化中间物所必需。

3. 合成过程 甘油磷脂的合成有两条途径,分别是甘油二酯途径和 CDP-甘油二酯途径。磷脂酰胆碱(卵磷脂)及磷脂酰乙醇胺(脑磷脂)这两类磷脂在体内含量最多,占组织及血液中磷脂的 75% 以上,主要通过甘油二酯途径合成。甘油二酯是合成的重要中间物。胆碱及乙醇胺由活化的 CDP-胆碱及 CDP-乙醇胺提供(图 7-11)。

　　磷脂酰胆碱亦可由磷脂酰乙醇胺从 S-腺苷甲硫氨酸获得甲基生成,通过这种方式合成的磷酯酰胆碱占人体合成总量的 10%~15%。磷脂酰丝氨酸可由磷脂酰乙醇胺羧化或其乙醇胺与丝氨酸交换生成。

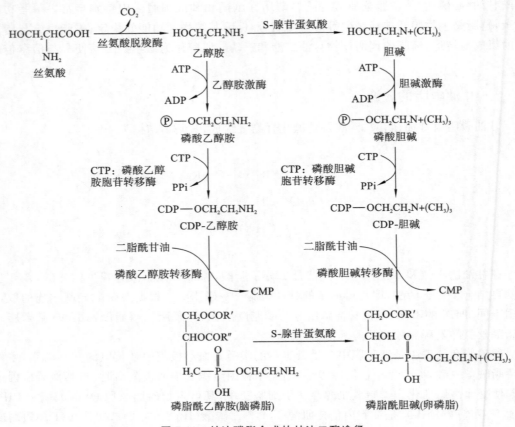

图 7-11　甘油磷脂合成的甘油二酯途径

　　肺泡 II 型上皮细胞合成并分泌肺泡表面活性物质,以单分子层形式存在于肺泡液层表面。其主要成分是二棕榈酰磷脂胆碱,由 2 分子软脂酸构成。其 1,2 位均为软脂酰基,是较强的乳化剂,能降低肺泡的表面张力,有利于肺泡的扩张。有些早产儿,因肺泡 II 型上皮细胞尚未成熟,缺乏肺泡表面活性物质,以致出生时易发生以肺不张为主要表现的新生儿呼吸窘迫症。成年人肺炎或肺栓塞时,也可由于肺泡表面活性物质的减少而出现肺不张的现象。

(二) 分解代谢

　　生物体内存在能使甘油磷脂水解的多种磷脂酶类(phospholipase),分别作用于甘油磷脂分子中不同的酯键。磷脂酶 A_1 广泛存在于动物的细胞器、微粒体中,专一水解磷脂分子 C_1 上的酯键;磷脂酶 A_2 大量存在于蛇毒、蝎毒、蜂毒中,专一水解 C_2 上的酯键;磷脂酶 B 专一水解磷脂酶 A_2 的水解产物 1-脂酰磷脂 C_1 上的酯键;磷脂酶 C 主要存在于动物脑、蛇毒和微生物中,作用于磷脂酸 C_3 位的磷酸酯键;磷脂酶 D 主要存在于高等植物中,水解 C_3 位第 2 个磷酸酯键(图 7-12)。

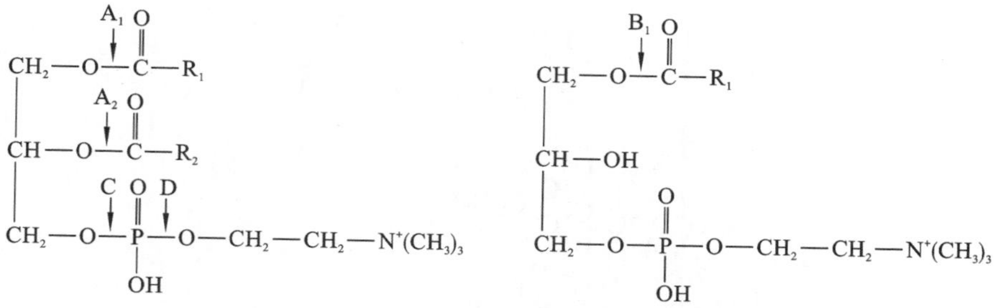

图 7-12　甘油磷脂磷脂酶作用位点

磷脂酶 A_2 存在于动物各组织的细胞膜及线粒体膜上,Ca^{2+} 为其激活剂,使甘油磷脂分子中 2 位酯键水解,产物为溶血磷脂及多不饱和脂酸(大多为花生四烯酸)。溶血磷脂 1 为 2 位脱去脂酰基的磷脂,其具有较强的表面活性,能使红细胞膜或其他细胞膜被破坏而引起溶血或细胞坏死。有人认为,急性胰腺炎的发病机制与胰腺磷脂酶 A_2 对胰腺细胞膜的损伤密切相关。溶血磷脂在细胞内溶血磷脂酶 1 即磷脂酶 B_1 的作用下,使 1 位酯键水解,另一脂酸脱下生成不含脂酸的甘油磷酸胆碱即失去溶解细胞膜的作用,后者能进一步被磷脂酶 D 水解为磷酸甘油及含氮碱。磷脂酶 A_1 存在于动物组织溶酶体中(蛇毒及某些微生物亦含有),能水解磷脂的 1 位酯键,产生脂酸及溶血磷脂 2。磷脂酶 C 存在于细胞膜及某些细菌中,能特异水解 3 位磷酸酯键,产物为甘油二酯及磷酸胆碱或磷酸乙醇胺等。

第四节　胆固醇代谢

知识链接

鞘磷脂的代谢

鞘磷脂由鞘氨醇、脂肪酸及磷酸胆碱(少数是磷酰乙醇胺)构成,磷酸胆碱以磷酰基与 N-酯酰鞘氨醇的一级羟基相接形成鞘磷脂。鞘磷脂是所有动物细胞的组成成分。它在包裹着神经细胞轴突的髓鞘中含量特别丰富,并由此而得名"神经鞘磷脂",它构成的多层膜的结构对神经纤维起保护和绝缘作用。在红细胞中鞘磷脂主要存在于脂质双层的外表层。鞘磷脂在血浆蛋白中也有发现,因此,又是血浆脂蛋白的组成成分。

胆固醇是最早由动物胆石中分离出具有羟基的固体醇类化合物,故称为胆固醇(cholesterol)。所有固醇(包括胆固醇)均具有环戊烷多氢菲的共同结构。环戊烷多氢菲由 3 个己烷环及 1 个环戊烷稠合而成。不同的固醇均具环戊烷多氢菲的基本结构,区别是碳原子数及取代基不同,其生理功能各异。动物胆固醇见下式。

正常成人体内约含胆固醇 140 g,平均为 2 g/kg,广泛分布于全身各组织中,大约 1/4 分布在脑及神经组织中,约占脑组织的 2%。肝、肾、肠等内脏及皮肤,脂肪组织亦含较多的胆固醇,每 100 g 组织含 200~500 mg,其中以肝脏最多。肌肉组织含量较低。肾上腺、卵巢等合成类固醇激素的内分泌腺胆固醇含量较高,达 5%~10%。人体内胆固醇有两条来源,即内源性胆固醇和外源性胆固醇。外源性胆固醇靠从食物中摄取,正常人每天膳食中含胆固醇 300~500 mg,主要来自动物内脏、蛋黄、奶油及肉类。内源性胆固醇靠体内自身合成,正常人 50% 以上的胆固醇来自机体自身合成。

胆固醇是细胞生物膜的重要构成成分,对于维持生物膜的流动性和正常功能发挥重要作用。膜结构中的胆固醇均为游离胆固醇,而细胞中储存的都是胆固醇酯。胆固醇是体内胆汁酸、维生素 D_3、肾上腺皮质激素及性激素等重要生理活性物质的前体。胆固醇也是血浆脂蛋白复合体的成分,其代谢发生障碍可使血浆胆固醇增高,是形成动脉粥样硬化的一种危险因素,是动脉壁上形成的粥样硬化斑块成分之一。

一、胆固醇的生物合成

(一)合成部位

除成年动物脑组织及成熟红细胞外,几乎全身各组织均可合成胆固醇,每天可合成 1 g 左右。肝是合成胆固醇的主要场所。体内胆固醇 70%~80% 由肝脏合成,10% 由小肠合成。胆固醇的合成主要在胞浆及内质网中进行。

(二)合成原料

乙酰 CoA 是合成胆固醇的原料,是胆固醇合成的碳源,来源于葡萄糖、氨基酸及脂酸在线粒体内的分解。NADPH 为胆固醇的合成提供氢,主要来源于胞浆中的磷酸戊糖途径。此外,合成过程还需要 ATP 提供能量,主要来源于线粒体中糖的有氧氧化。

在线粒体中产生的乙酰 CoA 无法通过线粒体内膜,其能够从线粒体进入胞浆参与胆固醇的合成,是在柠檬酸-丙酮酸循环的协助下完成的。

(三)合成基本过程

胆固醇合成过程复杂,有近 30 步酶促反应,大致可划分为三个阶段。

1. 甲羟戊酸的合成 在胞浆中,2 分子乙酰 CoA 在乙酰硫解酶的催化下,缩合成乙酰 CoA;然后在胞浆中羟甲基戊二酸单酰 CoA 合酶(3-hydroxy-3 methylglutaryl CoAsynthase,HMG CoA synthase)的催化下再与 1 分子乙酰 CoA 缩合生成羟甲基戊二酸单酰 CoA(3-hydroxy-3-methylglutaryl CoA,HMG CoA)。HMG CoA 是合成胆固醇及酮体的重要中间产物。在线粒体中,3 分子乙酰 CoA 缩合成的 HMG CoA 裂解后生成酮体;

而在胞浆中生成的 HMG CoA,则在内质网 HMG CoA 还原酶(HMG CoAreductase)的催化下,由 NADPH+H⁺供氢,还原生成甲羟戊酸(mevalonic acid,MVA)。HMG CoA 还原酶是合成胆固醇的限速酶,这步反应是合成胆固醇的限速反应。

2. 鲨烯的合成 MVA 在一系列酶的催化下,由 ATP 提供能量先磷酸化、再脱羧、脱羟基生成活性的 5 碳焦磷酸化合物,然后 3 分子 5 碳焦磷酸化合物缩合生成 15 碳的焦磷酸法尼酯(farnesyl pyrophosphate,FPP),2 分子 FPP 再缩合,还原即生成 30 碳的多烯烃化合物——鲨烯(squalene)。

3. 胆固醇的合成 鲨烯经加单氧酶、环化酶等催化,先环化生成羊毛固醇,再经氧化、脱羧和还原等反应,脱去 3 分子 CO_2 生成 27 碳的胆固醇。

二、胆固醇的酯化

细胞内和血浆中的游离胆固醇都可以被酯化为胆固醇酯,但不同部位催化胆固醇酯化的酶及其反应过程不同。

(一)胞内胆固醇的酯化

在组织细胞内,游离胆固醇可在脂酰辅酶 A 胆固醇脂酰转移酶(acylCoA:cholesterol acyltranssferase,ACAT)的催化下,接受脂酰辅酶 A 的脂酰基形成胆固醇酯。其反应过程见下式。

$$脂酰辅酶 A + 胆固醇 \xrightarrow{ACAT} 胆固醇酯 + HS\sim CoA$$

(二)血浆内胆固醇的酯化

在血浆中,脂酰基由卵磷脂分子中第 2 位的脂酰基提供合成胆固醇酯,该反应由卵磷脂胆固醇脂酰转移酶(lecithin:cholesterol acyltransferase,LCAT)催化,此酶系由肝合成后分泌入血发挥作用的。肝实质有病变或损害时,可使 LCAT 活性下降,引起血浆胆固醇酯含量下降。其反应过程见下式。

$$卵磷脂 + 胆固醇 \xrightarrow{LCAT} 胆固醇酯 + 溶血卵磷脂$$

三、胆固醇在体内的转化与排泄

知识链接

胆固醇代谢的调节

美国得克萨斯大学健康科学中心的 M. S. Brown(布朗)和 J. L. Goldstein(戈尔兹坦)教授因发现"胆固醇代谢的调控"而获得 1985 年诺贝尔生理医学奖。其主要工作为:他们发现在细胞表面存在介导富含胆固醇的 LDL 颗粒摄取的 LDL 受体。家族性高胆固醇血症患者 LDL 受体功能部分或完全缺失。正常人饮食胆固醇含量增加,继而聚集在动脉壁引起动脉粥样硬化,并导致心脏病发作和中风的发生。他们的研究成果为动脉粥样硬化的治疗、预防等提供新的思路。

胆固醇的母核——环戊烷多氢菲在体内不能被降解,但它的侧链可被氧化、还原或降解转变为其他具有环戊烷多氢菲的母核的生理活性化合物,参与调节代谢,或排出体外。

(一)转化为胆汁酸

胆固醇在肝中转化成胆汁酸(bile acid)是其在体内代谢的主要去路。正常人每天合成的胆固醇为 $1\sim1.5$ g,其中 $40\%(0.4\sim0.6$ g)在肝中转变为胆汁酸,随胆汁排入肠道,它是来自膳食的脂类消化和吸收所不可少的。胆汁酸的分子结构中,既有亲水基团,又有疏水基团,故其属两性分子,能够在油水两相间起降低表面张力的作用。因此胆汁酸在肠道中可起到促进脂类的消化吸收、抑制胆汁中胆固醇的析出等作用。

(二)转化为类固醇激素

胆固醇是肾上腺皮质、睾丸、卵巢等内分泌腺合成及分泌类固醇激素的原料。肾上腺皮质细胞中储存大量胆固醇酯。其含量可达 $2\%\sim5\%$,90%来自血液,10%自身合成。肾上腺皮质球状带,束状带及网状带细胞以胆固醇为原料可分别合成醛固酮、皮质醇及雄激素。睾丸间质细胞合成睾酮,卵巢的卵泡内膜细胞及黄体可合成及分泌雌二醇及黄体酮,三者均是以胆固醇为原料合成的。

(三)转化为 7-脱氢胆固醇

在皮肤细胞内,胆固醇可被氧化为 7-脱氢胆固醇,后者经紫外光照射转变为维生素 D_3(见维生素一章)。

(四)胆固醇的排泄

胆固醇在体内的主要去路是转化为胆汁酸。胆汁酸形成后,绝大部分都转变为胆汁酸盐(胆盐)进入肠道,它乳化肠内的脂类,帮助消化脂类的酶对脂质进行分解。进入肠道的胆汁酸(胆固醇)剩余部分,在细菌作用下,还原生成类固醇,被直接排出体外。机体每日随粪便排泄的胆固醇大约为 0.4 g。

第五节 血脂与血浆脂蛋白

一、血脂的种类和含量

血浆中的脂类物质统称为血脂。它的组成复杂,包括:甘油三酯,磷脂,游离脂酸,以及胆固醇及其酯等。磷脂主要有卵磷脂(约 70%)、神经鞘磷脂(约 20%)及脑磷脂(约 10%)。血脂的来源有两种:一种是外源性,从脂类食物摄取经消化吸收进入血液;另一种是内源性,由肝脏等组织器官合成或脂肪动员释放入血。

血脂含量不如血糖恒定,受膳食、年龄、性别、职业以及代谢等的影响,波动范围较大。食用高脂肪膳食后,血浆脂类含量大幅度上升,通常在 $3\sim6$ h 后可逐渐趋于正常。故临床上测定血脂,常在空腹 $12\sim14$ h 后采血,这样能较真实地反映血脂水平。正常成年人空腹 $12\sim14$ h 血脂的组成及含量见表 7-1。

表 7-1　正常成年人空腹血脂的主要成分及含量

脂 类 物 质	浓度/(mmol/L)
游离脂肪酸	0.5～0.7
游离胆固醇	1.0～1.8
胆固醇酯	1.8～5.2
总胆固醇	2.6～6.5
总磷脂	1.9～3.2
甘油三酯	0.1～1.7
脂类总量	6.7～12.2

正常情况下,内源性和外源性脂类物质都需经血液运转于各组织之间,因此,虽然人体脂类总量中仅有极小一部分为血脂,但是血脂含量可以在一定程度上反映体内脂类代谢的情况。血脂含量的测定,广泛应用于高脂血症、动脉硬化以及冠心病等疾病的诊断和防治研究。由于血浆胆固醇和甘油三酯水平的高低与动脉粥样硬化的发生有关,因此这两项成为血脂测定的重点项目。

二、血浆脂蛋白的分类、组成及代谢

脂类属于疏水性非极性物质,不溶或微溶于水,在水中形成乳浊液。而正常人血浆含脂类虽多,却仍清澈透明,说明血脂在血浆中不是以自由状态存在,而是与血浆中的某种物质结合,以可溶性的形式存在。

经证实,血脂主要与血浆中的载脂蛋白结合,形成具有亲水性的脂蛋白(lipoprotein, LP)进行运输。血浆脂蛋白是血浆中脂类物质主要的存在、运输及代谢形式。血浆中游离的脂肪酸与清蛋白结合进行运输,不属于血浆脂蛋白的范围。

(一)血浆脂蛋白的分类

不同血浆脂蛋白所含脂类及蛋白质的种类和比例不同,其密度、颗粒大小、表面电荷、电泳行为等理化以及免疫学性质均有不同,可用物理、化学及免疫学方法将它们分成多种类型。通常运用电泳分离法及超速离心法,将复杂的血浆脂蛋白分为四种类型。

1. 电泳法　电泳法是分离血浆脂蛋白最常用的一种方法。由于不同血浆脂蛋白颗粒大小及表面电荷不同,其在电场中具有不同的迁移速率。分离血浆脂蛋白的电泳,常用滤纸、琼脂糖、醋酸纤维素膜或聚丙烯酰胺凝胶作为支持物。按其在电场中移动的速率由慢到快,可将脂蛋白分为乳糜微粒(chylomicron,CM)、β-脂蛋白(β-lipoprotein,β-LP)、前 β-脂蛋白(pre β-lipoprotein,pre β-LP)及 α-脂蛋白(α-lipoprotein,α-LP)四种类型。乳糜微粒(CM)留在原点不动;β-脂蛋白相当于 β-球蛋白的位置;前 β-脂蛋白位于 β-脂蛋白之前,相当于 α_2-球蛋白的位置;α-脂蛋白泳动最快,相当于 α_1-球蛋白的位置(图 7-13)。

2. 超速离心法　由于不同血浆脂蛋白所含脂类及蛋白质种类及比例不同,其密度亦各不相同。血浆脂蛋白在一定密度的盐溶液中进行超速离心时,不同血浆脂蛋白因密度不同而沉降或漂浮,呈现一定的梯度条带,据此分为四种类型:乳糜微粒(chylomicron,CM),由于含脂最多,密度小于 0.95,易浮于离心管的上部;其余的按密度由小到大依次为极低

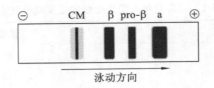

图 7-13 血浆脂蛋白琼脂糖凝胶电泳示意图

密度脂蛋白(very low density lipoprotein,VLDL)、低密度脂蛋白(low density lipoprotein,LDL)和高密度脂蛋白(high density lipoprotein,HDL)。超速离心法分离的以上四种血浆脂蛋白,分别相当于电泳分离法的 CM、前 β-脂蛋白、β-脂蛋白及 α-脂蛋白。

除上述四类脂蛋白外,还有组成及密度介于 VLDL 及 LDL 之间的一类脂蛋白,它是中密度脂蛋白(IDL),属于 VLDL 在血浆中的代谢物。

(二) 血浆脂蛋白的组成

血浆脂蛋白的主要组成成分:蛋白质、甘油三酯、磷脂、胆固醇及其酯。各类脂蛋白都含有这五种成分,但其组成比例及含量却大不相同。各种脂蛋白的密度主要取决于其组成中蛋白质的比例,其组成中蛋白质的比例越大,密度越大。乳糜微粒含蛋白质最少,仅有约 1%,故密度最小(<0.95),血浆静置即可漂浮;其含甘油三酯最多,约 90%,故颗粒最大。VLDL 含蛋白质(约 10%)高于 CM,故密度较 CM 大;其含甘油三酯亦较多,约 60%。LDL 含蛋白质(约 23%)高于 VLDL,故密度较 VLDL 大;其含胆固醇及胆固醇酯最多,约 45%。HDL 含蛋白质最多,高达 50%,故密度最大,颗粒最小。各种血浆脂蛋白的性质、组成和功能见表 7-2。

表 7-2　各种血浆脂蛋白的性质、组成和功能

分类	超速离心法	CM	VLDL	LDL	HDL
	电泳法	CM	pre β-LP	β-LP	α-LP
性质	密度(g/mL)	<0.95	0.95~1.01	1.01~1.06	1.06~1.21
	漂浮系数(S_f)	>400	20~400	0~20	—
	颗粒直径(nm)	80~500	25~80	—	7.5~10
组成 (%)	蛋白质	0.5~2	5~10	20~25	50
	脂类	98~99	90~95	75~80	50
	甘油三酯	80~95	50~70	10	5
	磷脂	5~7	15	20	25
	总胆固醇	4~5	15~19	48~50	20~23
	游离胆固醇	1~2	5~7	8	5~6
	胆固醇酯	3	10~12	40~42	15~17
合成部位		小肠黏膜细胞	肝细胞	血浆	肝脏、肠、血浆
功能		转运外源性甘油三酯	转运内源性甘油三酯	转运内源性胆固醇	转运肝外胆固醇入肝

血浆脂蛋白中的蛋白质部分称为载脂蛋白(apolipoprotein,apo)。到目前为止已从血浆中分离出 20 种之多的载脂蛋白,分为 apoA、B、C、D、E 等五大类,每一类又可分为不同的亚类。载脂蛋白是决定脂蛋白结构、功能和代谢的主要因素,其主要功能有以下三点:一是构成并稳定血脂蛋白结构,作为脂类的运输载体;二是可调节脂蛋白代谢关键酶的活性;三是参与脂蛋白受体的识别、结合及其代谢过程。

（三）血浆脂蛋白的代谢

1. 乳糜微粒(CM) CM 形成于小肠黏膜,它的主要功能就是转运外源性甘油三酯。食物中消化吸收的脂质在小肠黏膜细胞内利用胆固醇及其酯与载脂蛋白合成新的 CM,经淋巴进入血液变为成熟 CM。成熟 CM 在脂蛋白脂肪酶(LPL)反复作用下,将甘油三酯逐渐水解为甘油和脂肪酸,供组织细胞摄取利用。随着甘油三酯的逐步水解,CM 逐渐变小,最后,肝细胞将以含胆固醇酯为主的乳糜微粒吞噬。

2. 极低密度脂蛋白(VLDL) VLDL 主要形成于肝脏,小肠黏膜细胞也能生成少量 VLDL,其主要功能是运转内源性的甘油三酯。VLDL 分泌入血后,接受来自 HDL 的 apoC 和 apoE,apoC II 激活 LPL,催化甘油三酯水解,产物被肝外组织利用。同时 VLDL 与 HDL 之间进行物质交换,一方面是将 apoC 和 apoE 等在两者之间转移;另一方面是在胆固醇酯转移蛋白协助下,将 VLDL 的磷脂、胆固醇等转移至 HDL,将 HDL 的胆固醇酯转至 VLDL,这样 VLDL 转变为中间密度脂蛋白(IDL)。IDL 有两条去路:一是可通过肝细胞膜上的 apoE 受体而被吞噬利用;另外,还可进一步被降解生成 LDL。

3. 低密度脂蛋白(LDL) LDL 由 VLDL 转变而来,功能是将肝脏合成的内源性胆固醇运到肝外组织。LDL 在血中可被肝脏及肝外组织细胞表面存在的 apoB100 受体识别,通过此受体介导,吞入细胞内,与溶酶体融合,胆固醇酯水解为胆固醇及脂肪酸。这种胆固醇除可参与细胞生物膜的生成之外,还对细胞内胆固醇的代谢具有重要的调节作用。LDL 是正常成人空腹血浆中的主要脂蛋白,约占血浆脂蛋白总量的 2/3。血浆 LDL 增多的人,易诱发动脉粥样硬化。

4. 高密度脂蛋白(HDL) HDL 在肝脏和小肠中生成。HDL 中的载脂蛋白含量很多,包括 apoA、apoC、apoD 和 apoE 等,脂质以磷脂为主。正常人空腹血浆中 HDL 含量约占脂蛋白总量的 1/3。HDL 的主要功能是将肝外细胞释放的胆固醇转运到肝脏内,这样可以防止胆固醇在血中聚积,防止动脉粥样硬化,血中 HDL 的浓度与冠状动脉粥样硬化呈负相关。

知识链接 - ●

胆固醇与动脉粥样硬化(AS)

胆固醇易沉积于动脉内皮细胞间隙,形成粥样脂斑,使动脉血管受到损伤,导致动脉粥样硬化(AS)的发生,继而引发心脑血管疾病。高脂血症、吸烟等均易引起动脉粥样硬化。而 HDL 参与胆固醇的逆向转运,即将肝外组织细胞内的胆固醇,通过血循环转运到肝,在肝转化为肝汁酸后排出体外,故 HDL 可抑制动脉粥状的发生和发展,反之,HDL 较低则易患此病。如糖尿病和肥胖患者血浆中 HDL 较低,易患冠心病。动物脑、鹌鹑蛋、蛋黄等食物中含胆固醇颇高,故应不食或限量。

三、血浆脂蛋白代谢异常

(一) 高脂蛋白血症

目前在临床上,高脂血症(hyperlipidemia)是指血浆中甘油三酯或胆固醇浓度异常升高。由于血浆脂蛋白是血脂在血液中的存在和运输形式,因此高脂血症也会出现不同类型脂蛋白含量的升高,故高脂血症亦可称为高脂蛋白血症(hyperlipoproteinemia)。正常人上限标准因地区、膳食、年龄、劳动状况、职业以及测定方法不同而有差异。一般以成人空腹12~14 h 血甘油三酯超过 2.26 mmol/L(200 mg/dL),胆固醇超过 6.21 mmol/L(240 mg/dL),儿童胆固醇超过 4.14 mmol/L(160 mg/dL)均为高脂血症标准。

1970 年世界卫生组织(WHO)建议,将高脂蛋白血症分为五型六类,其血浆脂蛋白及血脂的改变见表 7-3。由于此法分型过于复杂,目前临床上将高脂血症简单分为 4 种类型:一是高胆固醇血症;二是混合型高脂血症;三是高甘油三酯血症;四是低高密度脂蛋白血症。

表 7-3 高脂蛋白血症的分型

	I	II		III	IV	V
		II a	II b			
脂蛋白变化	CM 增高	LDL 增高	LDL 和 VLDL 同时增高	IDL 增高 (电泳出现宽带)	LDL 增高	CM 和 VLDL 同时增高
血脂变化	TG↑↑↑	TC↑↑	TC↑ TG↑↑	TC↑ TG↑↑	TG↑↑	TC↑ TG↑↑↑
发病率	罕见	常见	常见	罕见	最多见	稀少

高脂蛋白血症可分为原发性与继发性两大类。原发性高脂蛋白血症与脂蛋白的组成和代谢过程中有关的载脂蛋白、酶和受体等的先天性缺陷有关,而继发性高脂蛋白血症常继发于其他疾病如糖尿病、肾病、肝病及甲状腺功能减退症等。

(二) 高脂血症与动脉粥样硬化

动脉粥样硬化(atherosclerosis, AS)是指动脉管壁的退行性病理变化。它是非常复杂的多基因遗传倾向性疾病,与遗传、环境、年龄、性别等因素有关。流行病学调查已知,引起动脉粥样硬化的危险因素有高脂蛋白血症、高血压、吸烟、内分泌紊乱和遗传等。大量研究证实,在引起动脉粥样硬化的诸多危险因素中,脂类代谢的紊乱是其重要原因之一,尤其是脂蛋白代谢异常所致的脂蛋白的质和量的改变。人体中同时存在致 AS 的因素和抗 AS 的因素。

1. VLDL、LDL 和 Lp(a)为致动脉粥样硬化的因素 目前引起人们关注的致 AS 的脂蛋白主要有 VLDL、变性 LDL、B 型 LDL 和 Lp(a)。脂蛋白代谢过程中产生的 VLDL 残粒会转变成富含胆固醇酯和 ApoE 的颗粒沉积于血管壁;变性 LDL 都会经清道夫受体介导摄取进入巨噬细胞,使之转变为泡沫细胞,促进动脉粥样硬化斑块的形成;B 型 LDL 为小而密 LDL,不易通过 LDL 受体介导途径从循环中清除,易被氧化并被巨噬细胞摄取,促进动脉粥样硬化的发生;血液中 Lp(a)浓度过高会存留在血管内皮细胞中,促进泡沫细胞脂肪斑块形成及平滑肌细胞增生,与此同时,它还会发生自身氧化,进而被清道夫受体识别结合,诱导刺激单核细胞分化为巨噬细胞并进一步泡沫化。

2. HDL 为抗动脉粥样硬化的因素 抗动脉粥样硬化的脂蛋白有 HDL,HDL 水平与动脉粥样硬化性心脑血管疾病的发病率呈负相关。HDL 的抗动脉粥样硬化作用主要表现为促进细胞胆固醇外流,使胆固醇酯逆转运至含 ApoB 的脂蛋白,再运至肝脏,最后使胆固醇通过转变成胆汁酸从胆道排出,维持血中胆固醇的正常水平,HDL 还能抑制 LDL 氧化、中和修饰 LDL 配基活性以及抑制内皮细胞黏附分子的表达等,在巨噬细胞的抗泡沫化和脱泡沫化中有重要的作用。

小 结

脂类分为脂肪(甘油三酯)和类脂两大类。脂肪是人体的重要营养素,主要功能是储能供能。类脂包括胆固醇及其酯、磷脂及糖脂等,是生物膜的重要组分,参与细胞识别及信息传递,是多种生理活性物质的前体。

甘油三酯是机体能量储存的主要形式。甘油三酯水解产生甘油和脂肪酸。甘油活化、脱氢、转变为磷酸二羟丙酮后,循糖代谢途径代谢。脂肪酸则在肝脏、肌肉、心脏等组织中分解氧化、释放出大量能量,以 ATP 形式供机体利用。脂肪酸的分解需活化,进入线粒体,β-氧化(脱氢、加水、再脱氢及硫解)等步骤。脂肪酸在肝脏内 β-氧化生成酮体,但肝脏不能利用酮体,需运至肝外组织氧化。长期饥饿时脑及肌组织主要靠酮体氧化功能。

肝脏、脂肪组织及小肠是合成甘油三酯的主要场所,以肝脏合成能力最强。合成所需的甘油及脂肪酸主要由葡萄糖代谢提供。机体可利用 3-磷酸甘油与活化的脂肪酸酯化成磷脂酸,然后经脱磷酸及再酯化即可合成甘油三酯。

脂肪酸合成是在胞液中脂肪酸合成酶系的催化下,以乙酰 CoA 为原料,在 ATP、NADPH、HCO_3^-(CO_2)及 Mn^{2+} 的参与下,逐步缩合而成的。乙酰 CoA 需先羧化成丙二酰 CoA 后才参与还原性合成反应,所需之氢全部由 NADPH 提供,最终合成 16 碳软脂酸。更长链的脂肪酸则是对软脂酸的加工,使其碳链延长。碳链延长在肝细胞内质网或线粒体中进行。脂肪酸脱氢可生产不饱和脂肪酸,但亚油酸、亚麻酸、花生四烯酸等多不饱和脂肪酸人体不能合成,必须从食物摄取。花生四烯酸等是前列腺素、白三烯等生理活性物质的前体。

人体胆固醇的来源一是自身合成,二是从食物中摄取。摄入过多可抑制胆固醇的吸收及体内胆固醇的合成。胆固醇的合成以乙酰 CoA 为原料,先缩合成 HMG-CoA,然后还原脱羧形成甲羟戊酸再磷酸化,进一步缩合成鲨烯,后者环化及转化为胆固醇。合成 1 分子胆固醇需 18 分子乙酰 CoA、16 分子 NADPH 及 36 分子 ATP。胆固醇在体内可转化为胆汁酸、类固醇激素、维生素 D_3 及胆固醇酯。

血脂不溶于水,以脂蛋白形式运输。按超速离心法及电泳法可将血浆脂蛋白分为乳糜微粒(CM)、极低密度脂蛋白(VLDL)、低密度脂蛋白(LDL)及高密度脂蛋白(HDL)四类。CM 主要转运外源性甘油三酯及胆固醇,VLDL 主要转运内源性甘油三酯,LDL 主要将肝脏合成的内源性胆固醇转运至肝外组织,而 HDL 则参与胆固醇的逆转运。

血脂水平高于正常范围上限即为高脂血症,也可以认为是高脂蛋白血症。高脂血症可分为原发性和继发性两大类。继发性高脂血症是继发于其他疾病如糖尿病、肾病和甲状腺功能减退症等。原发性高脂血症是原因不明的高脂血症,已证明有些是遗传性缺陷。研究表明,血浆脂蛋白质与量的变化与动脉粥样硬化(AS)的发生发展密切相关。其中,LDL、VLDL 具有致 AS 作用,而 HDL 具有抗 AS 作用。

能力检测

能力检测答案

一、单项选择题

1. 长期饥饿时体内能量的主要来源是( )。

A. 葡萄糖　　　　B. 泛酸　　　　　　C. 磷脂　　　　　　D. 胆固醇　　　　E. 甘油三酯

2. 不属于体内甘油酯类正常生理功能的是( )。

A. 传递电子　　　　　　　　B. 参与维生素吸收　　　　　　C. 构成生物膜

D. 保持体温　　　　　　　　E. 参与信息传递

3. β-氧化的酶促反应顺序为( )。

A. 脱氢、再脱氢、加水、硫解　　　　　　　　B. 脱氢、脱水、再脱氢、硫解

C. 脱氢、加水、再脱氢、硫解　　　　　　　　D. 加水、脱氢、硫解、再脱氢

E. 脱氢、硫解、再脱氢、加水

4. 脂肪大量动员肝内生成的乙酰 CoA 主要转变为( )。

A. 葡萄糖　　　　B. 酮体　　　　C. 胆固醇　　　　D. 草酰乙酸　　　　E. 脂肪酸

5. 脂肪酸在血中与下列哪种物质结合运输?( )

A. 载脂蛋白　　　B. 清蛋白　　　C. 球蛋白　　　D. 脂蛋白　　　E. 磷脂

6. 电泳法分离血浆脂蛋白时,从正极→负极依次顺序的排列为( )。

A. CM→VLDL→LDL→HDL　　　　　　　　B. VLDL→LDL→HDL→CM

C. LDL→HDL→VLDL→CM　　　　　　　　D. HDL→VLDL→LDL→CM

E. HDL→LDL→VLDL→CM

7. 甘油三酯含量最高的脂蛋白是( )。

A. 乳糜微粒　　　　　　　B. 极低密度脂蛋白　　　　　　C. 中间密度脂蛋白

D. 低密度脂蛋白　　　　　E. 高密度脂蛋白

8. 甘油三酯合成的基本原料是( )。

A. 胆固醇酯　　B. 胆碱　　　C. 甘油　　　D. 胆固醇　　　E. 鞘氨醇

9. 胆固醇在体内不能转化生成( )。

A. 胆汁酸　　　　　　　B. 肾上腺素皮质激素　　　　　　C. 胆色素

D. 性激素　　　　　　　E. 维生素 D_3

10. 患者女性,56 岁,两个月前开始出现多食、多饮、多尿和体重减轻的症状,检查空腹

血糖达 15 mmol/L,呼气时有烂苹果味道,这是由于其血液中哪种物质含量的升高造成的?
( )

A. 尿素　　　　　B. 丙酮酸　　　　　C. 胆红素　　　　　D. 酮体　　　　　E. 脂肪

11. 各型高脂蛋白血症中不增高的脂蛋白是( )。

A. HDL　　　　　B. IDL　　　　　C. CM　　　　　D. VLDL　　　　　E. LDL

12. 饥饿时能通过分解代谢产生酮体的物质是( )。

A. 维生素　　　　　B. 氨基酸　　　　　C. 葡萄糖　　　　　D. 脂肪酸　　　　　E. 核苷酸

二、名词解释

1. 脂肪动员

2. 酮体

3. 必需脂肪酸

三、简答题

1. 酮体的生理意义。

2. 胆固醇在体内的转化与排泄。

(李春雷)

第八章

氨基酸代谢

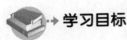→ **学习目标**

掌握:必需氨基酸、蛋白质的营养互补作用;氨基酸脱氨基方式;氨的来源、转运及去路;一碳单位的概念。

熟悉:蛋白质的生理功能;蛋白质的营养价值及腐败作用;α-酮酸的代谢;氨基酸脱羧基作用;芳香族氨基酸的代谢。

了解:含硫氨基酸代谢;糖、脂、蛋白质代谢的相互转变;物质代谢的调节。

本章 PPT

蛋白质是生命物质的基础,也是人体所必需的营养素之一,氨基酸是蛋白质的基本组成单位。作为生物体内重要的生物大分子物质,蛋白质不能被机体直接吸收进入体内,它须经过机体的消化和吸收过程,以氨基酸形式进入体内发挥作用。故蛋白质在机体内的分解代谢情况实质上是氨基酸的代谢。氨基酸在机体的物质代谢和能量代谢过程中具有重要的生理意义,与机体正常生理功能密不可分。本章将重点阐述氨基酸的分解代谢。

第一节　蛋白质的营养作用

一、蛋白质的生理功能

1. 作为组织细胞的重要组成部分　蛋白质是生命现象的基本物质之一,它是机体组织细胞的重要组成成分。确保机体摄入足够的蛋白质,对维持组织细胞的生长、更新和修复有其重要的生理意义。

2. 参与机体重要的生理活动　机体内重要的生理活动,都是由具有生物活性的蛋白质来主导或参与完成的,例如物质代谢中催化代谢反应的酶类、参与免疫防御功能的抗体、参与肌肉收缩的肌球蛋白与肌动蛋白、参与血液凝固的绝大部分凝血因子以及血液中运输氧气的血红蛋白等。由此可见,蛋白质不仅是生命活动的重要载体,更是生命活动的重要执行者。

3. 氧化供能 与糖、脂肪相同,蛋白质也可作为机体能量的一种来源。在体内 1 g 蛋白质氧化分解可以产生的能量约为 17.9 kJ(4.1 kcal)。正常情况下,成人每日约 18% 的能量是从蛋白质获得,机体处于长期饥饿时,比例会更高。但作为机体最重要的组成成分,蛋白质过度消耗分解则会威胁生命。

二、蛋白质的需要量

(一)氮平衡

为了解机体内蛋白质的代谢状况,通常采用氮平衡(nitrogen balance)实验作为参考。氮平衡是指机体每日氮的摄入量与氮的排出量之间的对比关系。氮的摄入量主要取决于食物中的蛋白质,用于机体内蛋白质的合成;氮的排出量则取决于尿液和粪便中的含氮物质(主要是蛋白质分解代谢的终产物)。因此氮的摄入量和排出量能间接反映机体内蛋白质合成与分解的状况。氮平衡包括总氮平衡、正氮平衡和负氮平衡三种类型。

1. 总氮平衡 氮摄入量=氮排出量,反映机体内蛋白质合成代谢与其分解代谢处于动态平衡。常见于健康成人。

2. 正氮平衡 氮摄入量>氮排出量,反映机体内蛋白质合成代谢大于其分解代谢。常见于儿童、孕妇和恢复期的患者等。

3. 负氮平衡 氮摄入量<氮排出量,反映机体内蛋白质合成代谢小于其分解代谢。常见于长期饥饿、营养不良、严重烧伤及各种消耗性疾病患者等。

(二)蛋白质的需要量

机体对蛋白质的需要量,与机体的年龄、性别、体重及健康状况等因素有关。正常成人在食用不含蛋白质的膳食 8～10 天后,体内氮的每日排出量趋于恒定,即每日每公斤体重排出的氮量约为 53 mg,它可代表机体在不摄入蛋白质时,体内蛋白质每日的分解量。对于体重为 60 kg 的成人,每日其体内蛋白质的最低分解量为 20 g。为维持机体的总氮平衡,每日成人蛋白质的最低需要量为 30～50 g。需要量之所以大于 20 g,是因为食物中的蛋白质不可能完全被机体利用,另外,食物蛋白质的组成与人体蛋白质存在着差异,故成人蛋白质每日的最低需要量应大于 20 g。为确保机体长期的总氮平衡,我国营养学会推荐成人每日蛋白质的需要量为 80 g。

三、蛋白质的营养价值

在人体内,合成蛋白质的氨基酸有 20 种,但有 8 种氨基酸人体不能合成,它们必须由食物提供,此 8 种氨基酸称为必需氨基酸(nutritionally essential amino acid)。这 8 种必需氨基酸是亮氨酸、异亮氨酸、缬氨酸、甲硫氨酸、苏氨酸、苯丙氨酸、色氨酸和赖氨酸。其余的 12 种氨基酸则称非必需氨基酸,它们在机体内能够合成,不一定靠食物来供给。由于人体内的酪氨酸和半胱氨酸分别是由苯丙氨酸与甲硫氨酸转变而来,故这两种氨基酸称为半必需氨基酸,但对于新生儿来讲,因体内转换酶尚未健全,它们却属于必需氨基酸。此外,精氨酸和组氨酸因为在体内的合成不能满足机体的需求,近年来有学者亦把这两种氨基酸也归属于人体必需氨基酸。

蛋白质的营养价值指的是食物中的蛋白质在机体内的利用率。一般来讲,食物中所含必需氨基酸的种类多且比例高的蛋白质,其营养价值就越高;反之则表示食物中的蛋白质营养价值低。动物蛋白质的营养价值高于植物蛋白质,就是因为动物蛋白质中的必需氨基酸种类和比例与人体蛋白质接近。

日常生活中,可同时把几种营养价值较低的蛋白质混合食用,使得蛋白质间的必需氨基酸得到了相互补充,从而提高了蛋白质的营养价值,称为食物蛋白质的互补作用。如谷类蛋白质中含色氨酸较多,赖氨酸较少;而豆类蛋白质中含赖氨酸较多,而色氨酸较少,据此将两种食物混合食用,即可提高食物蛋白质的营养价值。若将动物蛋白与植物蛋白混用,蛋白质的互补作用则更为明显,如在小米或大豆中加入10%的牛肉干,可使得蛋白质的营养价值超过单用牛奶或肉类的本身。因此,保持食物种类多样化与合理化,对于提高蛋白质的营养价值有着重要的意义。

四、蛋白质的消化、吸收与腐败

食物中的蛋白质需经各类消化酶的作用,分解成小分子的氨基酸及少量的寡肽,才能被机体吸收利用,未被消化吸收的部分,受大肠下部大肠杆菌的分解,即发生腐败作用,产物随粪便排出体外。

(一)蛋白质的消化

食物中的蛋白质在胃、小肠及肠细胞中,经一系列酶促反应分解成氨基酸及寡肽的过程,称为蛋白质的消化。

1. 蛋白质在胃中的消化 食物蛋白质的消化由胃开始,胃蛋白酶(pepsin)是胃液中重要的消化酶,由胃蛋白酶原(pepsinogen)经胃酸或胃蛋白酶自身激活而生成。胃蛋白酶水解肽键的特异性较低,主要对亮氨酸及芳香族氨基酸所形成的肽键有水解作用。在胃液的酸性条件下,食物中的蛋白质经胃蛋白酶水解作用,生成多肽、寡肽和少量的氨基酸。此外,胃蛋白酶还可促进乳液中的酪蛋白与钙离子形成乳凝块,延长了乳汁在胃停留的时间,促进了乳液蛋白质的消化,此作用称为胃蛋白酶的凝乳作用。

2. 蛋白质在小肠中的消化 在胃中,蛋白质停留的时间较短,消化很不完全,因此小肠才是蛋白质消化和吸收的重要部位。胰液中的内肽酶类与和外肽酶类以及肠黏膜细胞分泌的多种蛋白酶及肽酶,它们将未经消化的或消化不完全的蛋白质进一步水解成小分子寡肽和氨基酸。

食物中的蛋白质,在经胃液和胰液中蛋白酶消化后,其产物中 2/3 为寡肽,仅有 1/3 为氨基酸。寡肽则主要在小肠黏膜细胞内经寡肽酶水解生成氨基酸。

(二)氨基酸的吸收

蛋白质经胃、小肠消化后,其产物氨基酸与寡肽的吸收,主要在小肠中进行。小肠黏膜细胞上有转运氨基酸和小肽的载体蛋白,通过消耗能量,载体蛋白可将氨基酸和小肽以主动转运的方式吸收进入血液循环,其中小肽需在小肠黏膜细胞内进一步水解为氨基酸,再进入血液循环。此外,氨基酸还可在小肠黏膜细胞以 γ-谷氨酰基循环的方式吸收。

(三)蛋白质的腐败作用

食物中的蛋白质约 95% 可被机体消化吸收,而未被消化吸收的蛋白质、氨基酸和小肽,则在大肠的下部被大肠杆菌所分解,此分解作用称为腐败作用(putrefaction)。肠道细菌的腐败作用本质上是细菌本身的代谢过程,其作用方式以无氧分解为主。细菌腐败作用后的产物包括胺类、氨、酚类、吲哚、甲烷、硫化氢、脂肪酸和某些维生素等物质,这些产物中,除少量脂肪酸及维生素等对人体具有一定的营养作用外,大部分产物对人体是有害的。

1. 胺类的生成 肠道细菌将未被消化的蛋白质水解成氨基酸,并在氨基酸脱羧酶的进一步作用下,氨基酸脱羧基生成相应的胺类(amines)物质。如组氨酸脱羧生成组胺、赖氨酸脱羧生成尸胺、酪氨酸脱羧生成酪胺、苯丙氨酸脱羧生成苯乙胺、精氨酸和鸟氨酸脱羧生成腐胺等。大多数胺类对人体是有毒的,如组胺与尸胺有降低血压的作用,而酪胺则有升高血压的作用,这些有毒物质须经肝脏的生物转化,变为无毒形式后排出体外。若酪胺和苯乙胺未能在肝脏内转化而进入脑组织,则分别转化为 β-多巴胺和苯乙醇胺,其结构与儿茶酚胺类似,故称为假神经递质。假神经递质增多,干扰了正常神经递质儿茶酚胺的作用,阻碍神经冲动传递,致使大脑发生异常抑制,此可能是肝性脑病发生的原因之一。

2. 氨的生成 肠道细菌可将未被吸收的氨基酸脱氨基作用而生成氨,这是肠道氨的重要来源之一;机体血液中的尿素可透过肠黏膜进入肠道,在肠菌尿素酶的作用下生成氨,这是肠道氨的另一主要来源。这些氨均可被吸收入血,然后在肝脏内合成尿素。降低肠道的 pH 值,可减少氨的吸收。

3. 其他有害物质的生成 在肠道细菌腐败作用下,除产生胺类物质与氨之外,还可产生其他的有害物质,如苯酚、吲哚、甲基吲哚、硫化氢等。

正常情况下,上述大部分有害的腐败产物都随着粪便排出体外,仅少量被吸收,但经肝脏代谢后会解除其毒性,故不会发生中毒现象。

第二节 氨基酸的一般代谢

一、氨基酸代谢概况

机体内的氨基酸有三种来源:一种来源于机体对食物蛋白质的消化吸收,属于外源性氨基酸;一种来源于体内组织蛋白质的降解;另外一种来源是机体自身合成的非必需氨基酸,后两种来源的氨基酸属于内源性氨基酸。这些氨基酸共同分布于全身各组织参与代谢,构成氨基酸代谢库。在体内,氨基酸的主要功能是合成多肽或蛋白质,也可转变为其他含氮物质,随尿液排出的氨基酸极少。氨基酸在体内代谢的概况总结如下(图 8-1)。

二、氨基酸的脱氨基作用

氨基酸的分解代谢须先将其分子中的氨基脱去,即在相应酶的催化下,脱去氨基酸分

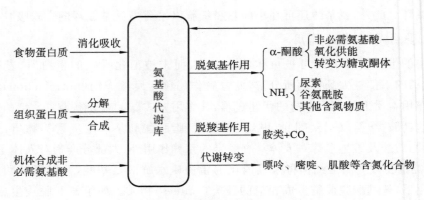

图 8-1 氨基酸代谢概况

子的氨基,生成 α-酮酸和氨,此化学反应称为氨基酸的脱氨基作用。体内的大多数组织均可进行脱氨基作用。机体脱氨基作用的方式包括氧化脱氨基、转氨基、联合脱氨基和嘌呤核苷酸循环四种。

(一)氧化脱氨基作用

氧化脱氨基作用是指氨基酸在相应酶的作用下,脱氢氧化的同时伴有脱氨基的反应过程。人体内催化氧化脱氨基作用的酶有多种,但最为重要的酶为 L-谷氨酸脱氢酶。L-谷氨酸脱氢酶属于不需氧脱氢酶,是体内唯一既能以 NAD^+ 又能以 $NADP^+$ 作为辅酶的脱氢酶。此酶广泛存在于肝脏、肾脏和脑组织中,在这些组织中,L-谷氨酸经 L-谷氨酸脱氢酶的催化作用,生成氨和 α-酮戊二酸,其反应过程如下。

$$
\underset{\text{谷氨酸}}{\overset{\displaystyle NH_2}{\underset{\displaystyle (CH_2)_2-COOH}{\overset{\displaystyle |}{\underset{\displaystyle |}{CH-COOH}}}}}
\xrightarrow[\text{L-谷氨酸脱氢酶}]{NAD^+ \qquad NADH+H^+}
\underset{\text{亚谷氨酸}}{\overset{\displaystyle NH}{\underset{\displaystyle (CH_2)_2-COOH}{\overset{\displaystyle ||}{\underset{\displaystyle |}{C-COOH}}}}}
$$

$$
\underset{-H_2O}{\overset{+H_2O}{\rightleftharpoons}}
\underset{\text{α-酮戊二酸}}{\overset{\displaystyle O}{\underset{\displaystyle (CH_2)_2-COOH}{\overset{\displaystyle ||}{\underset{\displaystyle |}{C-COOH}}}}} + NH_3
$$

(二)转氨基作用

转氨基作用是指在转氨酶(又称氨基转移酶)催化作用下,α-氨基酸上的氨基转移给 α-酮酸,使得氨基酸脱去氨基生成了相应的 α-酮酸,而得到氨基的 α-酮酸则转变成另一种氨基酸。

$$
\underset{\displaystyle COOH}{\overset{\displaystyle R_1}{\underset{\displaystyle |}{\overset{\displaystyle |}{H-C-NH_2}}}} +
\underset{\displaystyle COOH}{\overset{\displaystyle R_2}{\underset{\displaystyle |}{\overset{\displaystyle |}{C=O}}}}
\xrightarrow{\text{转氨酶}}
\underset{\displaystyle COOH}{\overset{\displaystyle R_1}{\underset{\displaystyle |}{\overset{\displaystyle |}{C=O}}}} +
\underset{\displaystyle COOH}{\overset{\displaystyle R_2}{\underset{\displaystyle |}{\overset{\displaystyle |}{H-C-NH_2}}}}
$$

由转氨酶催化的上述反应是可逆的,氨基酸上的氨基在反应前后只是发生了转移,并没有从氨基酸上真正脱掉形成 NH_3,此外得到氨基的 α-酮酸则转变成另外一种氨基酸,因此,转氨基作用既是氨基酸分解代谢的过程,也是非必需氨基酸在体内合成的重要途径。在体内,除苏氨酸、脯氨酸、赖氨酸及羟脯氨酸外,绝大多数氨基酸均可在相应的转氨酶作用下进行转氨基作用。体内转氨酶种类较多,其中以谷草转氨酶(aspartate transaminase,AST)和谷丙转氨酶(alanine transaminase,ALT)的活性最强。它们催化的反应如下。

$$\underset{\text{谷氨酸}}{\begin{array}{c}COOH \\ | \\ (CH_2)_2 \\ | \\ CH-NH_2 \\ | \\ COOH \end{array}} + \underset{\text{丙酮酸}}{\begin{array}{c}CH_3 \\ | \\ C=O \\ | \\ COOH \end{array}} \underset{}{\overset{ALT}{\rightleftharpoons}} \underset{\text{α-酮戊二酸}}{\begin{array}{c}COOH \\ | \\ (CH_2)_2 \\ | \\ C=O \\ | \\ COOH \end{array}} + \underset{\text{丙氨酸}}{\begin{array}{c}CH_3 \\ | \\ CHNH_2 \\ | \\ COOH \end{array}}$$

$$\underset{\text{谷氨酸}}{\begin{array}{c}COOH \\ | \\ (CH_2)_2 \\ | \\ CH-NH_2 \\ | \\ COOH \end{array}} + \underset{\text{草酰乙酸}}{\begin{array}{c}COOH \\ | \\ CH_2 \\ | \\ C=O \\ | \\ COOH \end{array}} \underset{}{\overset{AST}{\rightleftharpoons}} \underset{\text{α-酮戊二酸}}{\begin{array}{c}COOH \\ | \\ (CH_2)_2 \\ | \\ C=O \\ | \\ COOH \end{array}} + \underset{\text{天冬氨酸}}{\begin{array}{c}COOH \\ | \\ CH_2 \\ | \\ CHNH_2 \\ | \\ COOH \end{array}}$$

ALT、AST 等多种转氨酶主要位于细胞内,血清中转氨酶的活性很低。而对于肝脏、肾脏、心肌、骨骼肌等组织而言,ALT 与 AST 在它们中的含量分布不同。ALT 在肝组织的活性最高,而 AST 主要存在于心肌组织。当某种因素致使细胞膜的通透性升高或者细胞受损时,转氨酶可从细胞内释放入血,导致血清转氨酶活性增强。如肝炎等肝脏疾病患者血清 ALT 活性显著增强;心肌梗死、心肌炎等疾病患者血清 AST 活性明显增强。因此在临床中,血清 ALT 与 AST 活性的测定可作为疾病诊断和预后的参考指标之一。

转氨酶的辅酶为维生素 B_6 的活性形式磷酸吡哆醛或磷酸吡哆胺,它们在转氨基作用中起着传递氨基的作用,反应过程如下。

$$\underset{\text{磷酸吡哆醛}}{\begin{array}{c}CHO \\ HO- \\ H_3C--CH_2OPO_3H_2 \\ N \end{array}} \qquad \underset{\text{磷酸吡哆胺}}{\begin{array}{c}CH_2NH_2 \\ HO- \\ H_3C--CH_2OPO_3H_2 \\ N \end{array}}$$

$$\underset{\text{氨基酸}}{\begin{array}{c}R \\ | \\ H-C-NH_2 \\ | \\ COOH \end{array}} \xrightarrow{\quad\text{转氨酶}\quad} \underset{\text{α-酮酸}}{\begin{array}{c}R \\ | \\ C=O \\ | \\ COOH \end{array}}$$

（三）联合脱氨基作用

联合脱氨基作用是指将转氨基作用与氧化脱氨基作用二者偶联所进行的反应。氨基酸先在转氨酶作用下,将氨基转移给 α-酮戊二酸,生成相应的 α-酮酸和谷氨酸。谷氨酸在

生物化学 ▪ · 164 ·

L-谷氨酸脱氢酶的作用下,加 H_2O 脱氢生成氨和 α-酮戊二酸。其反应过程如下。

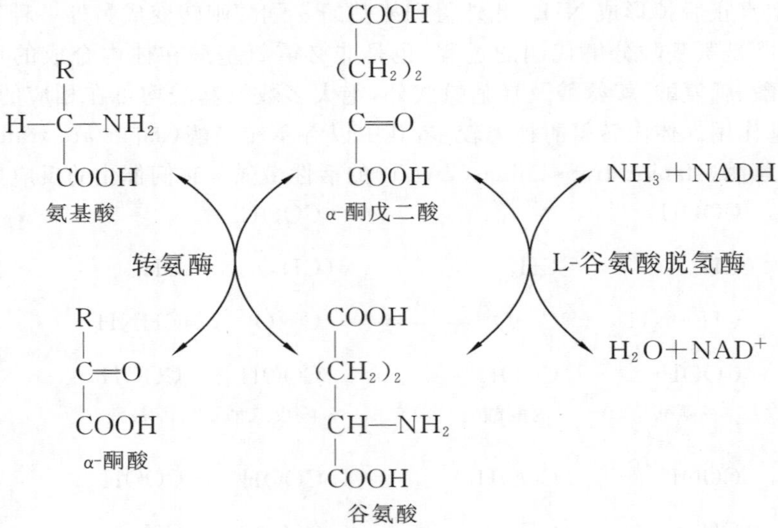

$$COOH$$
$$(CH_2)_2$$

R
|
H—C—NH$_2$
|
COOH
氨基酸

COOH
|
(CH$_2$)$_2$
|
C=O
|
COOH
α-酮戊二酸

$NH_3 + NADH + H^+$

转氨酶

L-谷氨酸脱氢酶

R
|
C=O
|
COOH
α-酮酸

COOH
|
(CH$_2$)$_2$
|
CH—NH$_2$
|
COOH
谷氨酸

$H_2O + NAD^+$

由于催化联合脱氨基作用的转氨酶与 L-谷氨酸脱氢酶在体内分布广泛,且活性较强,因此联合脱氨基作用是体内氨基酸主要的脱氨基方式。此外,联合脱氨基作用的逆过程也是机体合成非必需氨基酸的主要途径。

(四) 嘌呤核苷酸循环

L-谷氨酸脱氢酶广泛存在于肝脏、肾脏和脑组织中,但在心肌和骨骼肌中该酶的活性很弱,氨基酸很难通过联合脱氨基作用脱去氨基酸上的氨基。在心肌和骨骼肌组织中的氨基酸,则主要通过嘌呤核苷酸循环的方式脱去氨基,其反应过程见图 8-2。

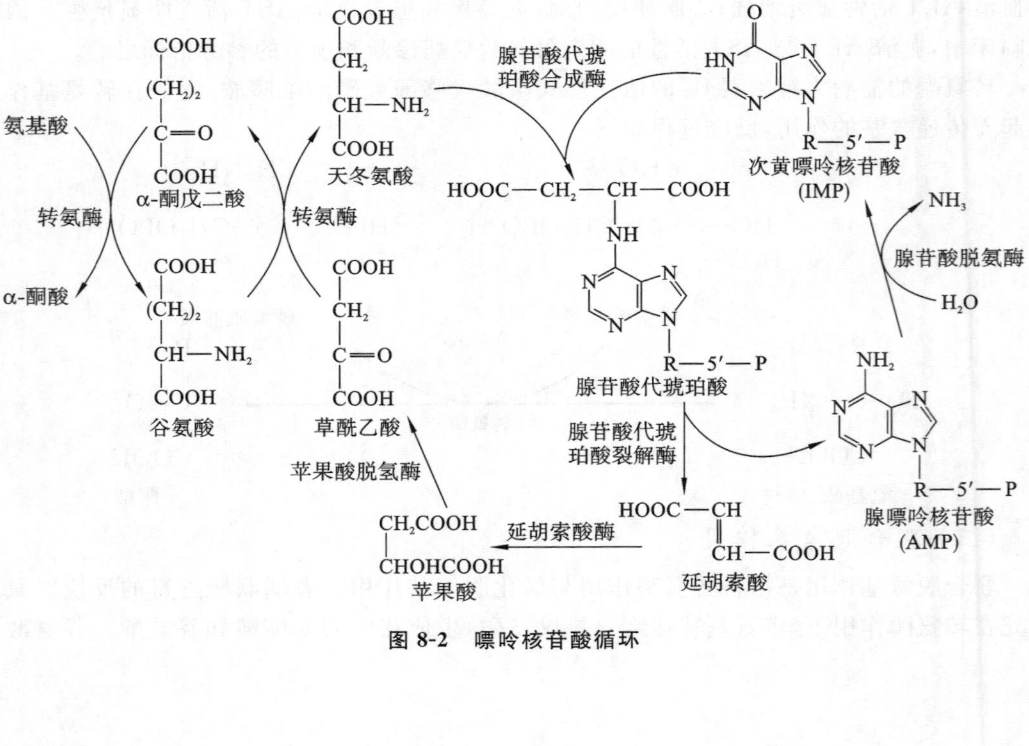

图 8-2 嘌呤核苷酸循环

三、α-酮酸的代谢

在体内,氨基酸经脱氨基作用生成的 α-酮酸可进一步代谢,其主要代谢途径有以下三条。

(一)合成营养非必需氨基酸

氨基酸脱氨基生成的 α-酮酸,可经转氨基作用或联合脱氨基作用的逆过程再次生成相应的氨基酸。来自体内糖代谢途径中的 α-酮酸,也可经上述反应生成相应的氨基酸,例如丙酮酸和草酰乙酸可分别转变成丙氨酸和天冬氨酸。

(二)转变成糖和酮体

氨基酸脱氨基生成的 α-酮酸,可经特定的代谢途径转变成糖或酮体。依据产物的不同将氨基酸分为三类。

1. 生糖氨基酸 在体内,氨基酸碳链骨架可转变成糖的氨基酸称为生糖氨基酸,包括甘氨酸、丙氨酸、天冬氨酸、天冬酰胺、谷氨酸、谷氨酰胺、丝氨酸、缬氨酸、脯氨酸、组氨酸、精氨酸、半胱氨酸和甲硫氨酸。

2. 生酮氨基酸 其碳链骨架能生成酮体的氨基酸称为生酮氨基酸,包括亮氨酸和赖氨酸。

3. 生糖兼生酮氨基酸 其碳链骨架既可转变成糖又能转变成酮体的氨基酸称为生糖兼生酮氨基酸,包括苏氨酸、色氨酸、酪氨酸、异亮氨酸和苯丙氨酸。

(三)氧化供能

氨基酸脱氨基生成的 α-酮酸,有些为柠檬酸循环的中间产物,如 α-酮戊二酸、草酰乙酸等,有些可进一步代谢转变成柠檬酸循环的中间产物,如乙酰辅酶 A、琥珀酰辅酶 A、延胡索酸等,这些产物均可由柠檬酸循环彻底氧化生成 CO_2 和 H_2O,并释放能量。由此可见,氨基酸也可作为机体的能源物质。

四、氨的代谢

在体内,氨基酸代谢产生的氨及消化道吸收的氨,进入血液形成血氨。氨能透过血脑屏障和细胞膜,是一种对机体神经系统有毒的物质。正常生理状态下,血氨浓度(47~65 μmol/L)维持相对恒定,不会引起机体中毒,这有赖于氨的来源与去路保持动态平衡。

(一)氨的来源

1. 氨基酸脱氨基作用所产生的氨 这是体内氨的主要来源。

2. 肠道吸收的氨 其主要有两条途径:一是蛋白质和氨基酸在肠道细菌腐败作用下所产生的氨;二是血液中尿素渗入肠腔后再经细菌尿素酶作用而产生的氨。两者均可被肠壁吸收。在肠道中,NH_3 比 NH_4^+ 更易于透过细胞膜而被吸收。肠道在碱性条件下,NH_4^+ 易转变为 NH_3,致使氨的吸收增强。故临床上对高血氨患者禁止使用碱性肥皂水灌肠,而采用弱酸性透析液作结肠透析。目的就是促使肠道 NH_3 与 H^+ 形成 NH_4^+,而从粪便排出,减少氨的吸收。

3. 肾小管上皮细胞分泌的氨 随血液流经肾脏的谷氨酰胺,在肾小管上皮细胞中谷氨酰胺酶催化作用下,生成谷氨酸和 NH_3,氨可被吸收入血。但在正常情况下,这部分氨主要被分泌至肾小管管腔中,与 H^+ 形成 NH_4^+ 随尿液排出,这对调节机体的酸碱平衡有重要的意义。酸性尿有利于 NH_3 与 H^+ 形成 NH_4^+ 而随尿液排出体外,而碱性尿则影响肾小管上皮细胞氨的分泌,致使氨被重吸收入血,使血氨浓度升高。故在临床上对肝硬化腹水患者不宜使用碱性利尿药,以防止血氨进一步升高。

(二) 氨的去路

1. 合成尿素 体内氨主要的代谢去路是在肝脏内生成尿素,随尿液排出体外。

2. 合成谷氨酰胺 在肌肉、脑组织中,氨与谷氨酸在谷氨酰胺合成酶催化作用下合成无毒的谷氨酰胺,此过程需消耗 ATP。

$$
\begin{array}{ccc}
\text{COOH} & & \text{CONH}_2 \\
| & & | \\
(\text{CH}_2)_2 & \xrightarrow[\text{谷氨酰胺合成酶}]{NH_3+ATP \quad ADP+Pi} & (\text{CH}_2)_2 \\
| & & | \\
\text{CH—NH}_2 & & \text{CH—NH}_2 \\
| & & | \\
\text{COOH} & & \text{COOH} \\
\text{谷氨酸} & & \text{谷氨酰胺}
\end{array}
$$

谷氨酰胺不仅参与机体蛋白质的合成,同时也是机体运氨、储氨及解除氨毒的重要形式。

(三) 氨的转运

在人体内氨是有毒物质,各组织产生的氨须以无毒的形式转运至肝脏或肾脏排出体外。丙氨酸和谷氨酰胺是血液中的氨转运至肝脏或肾脏的两种主要形式。

1. 丙氨酸-葡萄糖循环 在骨骼肌中,氨基酸的氨基经转氨基作用转移至丙酮酸生成丙氨酸,丙氨酸释放入血并随血液运输至肝脏。在肝脏中,丙氨酸经联合脱氨基作用生成丙酮酸和氨,氨用于合成尿素,丙酮酸则通过糖异生途径合成葡萄糖。葡萄糖随血液运输至肌肉,并循糖酵解途径转变成丙酮酸,丙酮酸可再接受氨基生成丙氨酸。如此构成一个丙氨酸-葡萄糖循环(图 8-3)。通过此循环,可将骨骼肌中的氨以无毒丙氨酸形式转运至肝脏,同时肝脏也为骨骼肌提供了葡萄糖。

2. 谷氨酰胺的运氨作用 在脑和骨骼肌等组织中,氨和谷氨酸经谷氨酰胺合成酶催化生成谷氨酰胺,并随血液转运至肝或肾,谷氨酰胺再经谷氨酰胺酶催化生成谷氨酸和氨,氨在肝内合成尿素,在肾内则生成铵盐随尿排出,谷氨酰胺的合成与分解是由两种酶所催化的不可逆反应。故谷氨酰胺既是氨的解毒形式,又是氨的运输与储存方式。

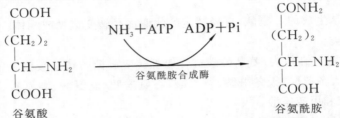

(四) 尿素的生成

在正常情况下,体内氨主要在肝脏内合成尿素后由肾排出体外,肾与脑组织合成尿素

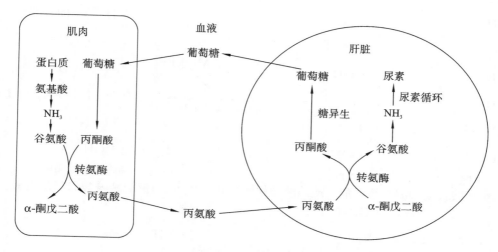

图 8-3 丙氨酸-葡萄糖循环

的量甚微,尿素占排氮总量的 $80\% \sim 90\%$。少部分氨在肾脏内以铵盐形式随尿液排出体外。鸟氨酸循环(又称尿素循环)是氨在肝脏内合成尿素的途径,它需要多种酶及 CO_2、ATP 等物质的参与,其主要的反应过程如下。

1. 氨基甲酰磷酸的合成 外周组织及肝自身代谢所产生的氨与 CO_2 在肝细胞线粒体内经氨基甲酰磷酸合成酶 I(carbamoyl phosphate synthetase I,CPS-I)催化,合成氨基甲酰磷酸。此反应不可逆,消耗了 2 分子 ATP,CPS-I 只有在别构激活剂 N-乙酰谷氨酸存在时才能被激活。

$$NH_3 + CO_2 + H_2O + 2ATP \xrightarrow[\text{N-乙酰谷氨酸,Mg}^{2+}]{\text{氨基甲酰磷酸合成酶 I}}$$

$$\underset{\text{O}}{H_2N-\overset{\|}{C}-O \sim PO_3H_2} + 2ADP + H_3PO_4$$

2. 瓜氨酸的合成 在鸟氨酸氨基甲酰转移酶催化作用下,氨基甲酰磷酸的氨基甲酰基转移至鸟氨酸上,生成瓜氨酸和磷酸。

$$\begin{matrix} NH_2 \\ | \\ (CH_2)_3 \\ | \\ CH-NH_2 \\ | \\ COOH \end{matrix} + \begin{matrix} NH_2 \\ | \\ C=O \\ | \\ O \sim PO_3H_2 \end{matrix} \xrightarrow{\text{鸟氨酸氨基甲酰转移酶}} \begin{matrix} NH_2 \\ | \\ C=O \\ | \\ NH \\ | \\ (CH_2)_3 \\ | \\ CH-NH_2 \\ | \\ COOH \end{matrix} + H_3PO_4$$

鸟氨酸 氨基甲酰磷酸 瓜氨酸

3. 精氨酸的合成 瓜氨酸在线粒体内生成后,随即转运至线粒体外,在细胞质中,瓜氨酸经精氨酸代琥珀酸合成酶催化,由 ATP 供能,与天冬氨酸作用合成精氨酸代琥珀酸,精氨酸代琥珀酸合成酶为尿素合成的关键酶。

精氨酸代琥珀酸在精氨酸代琥珀酸裂解酶催化作用下,裂解为精氨酸和延胡索酸。

4. 精氨酸的水解 在细胞质中,精氨酸在精氨酸酶催化作用下,水解生成尿素与鸟氨酸。鸟氨酸通过相应载体转运再次进入线粒体,重复上述反应,从而形成鸟氨酸循环,又称尿素循环。

综上所述,尿素合成反应是在线粒体和细胞质两个部位进行的,氨基甲酰磷酸与瓜氨酸的合成反应是在线粒体内,其余反应则均在细胞质中进行。从尿素循环的反应中可看出,尿素分子中的两个氮,一个来自氨基酸脱氨基产生的氨,另一个来自天冬氨酸上的氨基,而天冬氨酸上的氨基则来源于其他氨基酸的转氨基作用。故尿素分子中两个氮原子都是直接或间接来源于氨基酸分子上的氨基。尿素合成是一个耗能过程,每合成 1 分子尿素需消耗 3 分子 ATP,反应中实际消耗了 4 个高能磷酸键。现将尿素的合成过程总结于图 8-4。

（五）高血氨症与肝性脑病

当机体肝功能严重受损或尿素合成的相关酶类有遗传性缺陷时,均可导致尿素合成发

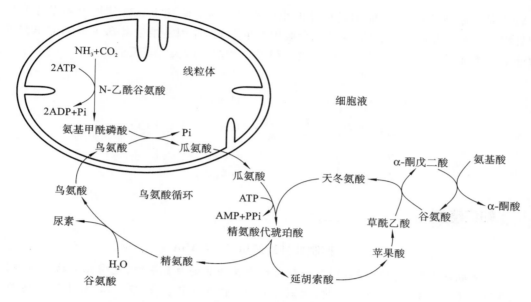

图 8-4 鸟氨酸循环

生障碍,破坏了血氨来源与去路的动态平衡,致使血氨浓度升高,引起高血氨症。氨可透过血脑屏障,血氨浓度增大会引起脑组织氨浓度的明显增大。在脑细胞内,氨与其中的 α-酮戊二酸结合,生成谷氨酸及谷氨酰胺,因脑组织氨的增大,引起这些反应显著增强,进而导致作为三羧酸循环中间产物的 α-酮戊二酸含量显著减少,三羧酸循环周转率降低,ATP 生成减少,结果导致大脑能量供应不足,出现脑功能障碍,严重时可引起昏迷,临床上称为肝性脑病或肝昏迷。

第三节 个别氨基酸的代谢

一、氨基酸的脱羧基作用

在体内,某些氨基酸在脱羧酶的催化作用下生成相应的胺和 CO_2 的过程称为氨基酸的脱羧基作用。脱羧酶的辅酶为磷酸吡哆醛(维生素 B_6 的活性形式)。

$$\begin{array}{c} R \\ | \\ H-C-NH_2 \\ | \\ COOH \end{array} \xrightarrow[\text{磷酸吡哆醛}]{\text{脱羧酶}} R-CH_2-NH_2 + CO_2$$

氨基酸   胺

胺类物质在体内虽含量不高,但具有重要的生理意义。机体内重要的氨基酸脱羧基反应如下。

1. γ-氨基丁酸 谷氨酸在谷氨酸脱羧酶催化作用下,生成 γ-氨基丁酸(γ-aminobutyric acid,GABA),谷氨酸脱羧酶在脑、肾组织中活性较高,因而 GABA 在脑中的含量较高。

GABA 是抑制性神经递质,能抑制机体的中枢神经系统。临床上通常使用 γ-氨基丁酸治疗妊娠呕吐及小儿惊厥等症状,且常配合服用维生素 B_6,原因是维生素 B_6 的活性形式磷酸吡哆醛可增强谷氨酸脱羧基反应,使体内 γ-氨基丁酸浓度增大。其反应如下。

$$
\begin{array}{c}
\text{COOH} \\
| \\
\text{(CH}_2)_2 \\
| \\
\text{CH—NH}_2 \\
| \\
\text{COOH}
\end{array}
\quad
\xrightarrow[\text{磷酸吡哆醛}]{\text{谷氨酸脱羧酶}}
\quad
\begin{array}{c}
\text{COOH} \\
| \\
\text{(CH}_2)_2 \\
| \\
\text{CH}_2\text{—NH}_2
\end{array}
\quad + CO_2
$$

谷氨酸 　　　　　　　　　　　　　　　γ-氨基丁酸

知识链接

抑制性神经递质——GABA

γ-氨基丁酸(简称 GABA)是一种天然存在的非蛋白氨基酸,是哺乳动物中枢神经系统中重要的抑制性神经递质,大约 30% 的中枢神经突触部位以 GABA 为递质。GABA 在体内参与多种代谢活动,故对机体的多种生理功能都具有调节作用。在中枢神经系统,GABA 能降低神经元活动,防止神经细胞过热,故可从根本上镇静神经,达到抗焦虑的效果。在脑部 GABA 能使脑细胞活动旺盛,促进脑组织的新陈代谢,恢复脑细胞机能。GABA 还可通过调节中枢神经系统来实现降低血压的作用。GABA 能降低血氨,改善肝功能。此外,最新研究表明,GABA 还具有防止皮肤老化,消除体臭、防止动脉硬化、高效减肥等功效。

2. 组胺 组氨酸经组氨酸脱羧酶催化生成组胺(histamine)。

$$
\begin{array}{c}
\text{NH}_2 \\
| \\
\text{——CH}_2\text{CH—COOH}
\end{array}
\xrightarrow[CO_2]{\text{组氨酸脱羧酶}}
\text{——CH}_2\text{CH}_2\text{NH}_2
$$

组氨酸 　　　　　　　　　　　　　　　　　　组胺

机体内组胺分布广泛,在乳腺、肺脏、肌肉、肝脏及胃等组织中组胺含量较多,其主要存在于肥大细胞。组胺具有强烈的血管舒张作用,能增强毛细血管的通透性,故可导致血压下降和局部水肿,严重时会引起休克。组胺可促进平滑肌收缩,能引起支气管痉挛导致哮喘。此外组胺还可促进胃酸和胃蛋白酶的分泌。

3. 5-羟色胺 色氨酸在色氨酸羟化酶催化作用下,生成 5-羟色氨酸,后者再经 5-羟色氨酸脱羧酶催化,生成 5-羟色胺(5-hydroxytryptamine,5-HT),也称血清素。

$$
\begin{array}{c}
\text{——CH}_2\text{CHCOOH} \\
| \\
\text{NH}_2
\end{array}
\xrightarrow{\text{色氨酸羟化酶}}
\begin{array}{c}
\text{HO——} \\
\\
\text{——CH}_2\text{CHCOOH} \\
| \\
\text{NH}_2
\end{array}
$$

色氨酸 　　　　　　　　　　　　　　　　5-羟色氨酸

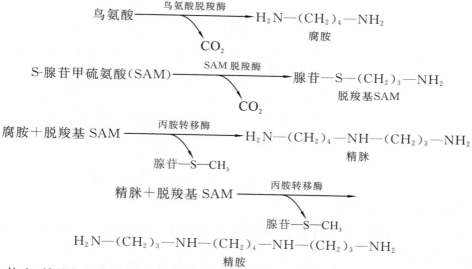

在体内,5-HT 广泛存在于各器官组织中,除神经组织外,5-HT 还存在于血小板、胃肠及乳腺细胞中。在脑组织中,5-HT 为抑制性神经递质,可影响神经传导,与睡眠、疼痛、体温调节等生理作用有关。在外周组织中,5-HT 具有强烈的血管收缩作用,可引起血压升高。

4. 牛磺酸 半胱氨酸经氧化反应生成磺基丙氨酸,后者再经脱羧基作用生成牛磺酸,牛磺酸是结合胆汁酸的组成成分。

5. 多胺类物质 多胺是指含有多个氨基(或亚氨基)的化合物。在体内,鸟氨酸经脱羧基反应生成腐胺,在 S-腺苷甲硫氨酸(SAM)参与下,腐胺经丙胺转移反应可进一步生成精脒和精胺等多胺类物质。

在体内,精脒与精胺是调节细胞生长的重要物质。在胚胎、再生肝、肿瘤等生长旺盛的组织,多胺含量均有增多,故临床上将测定血液或尿液中多胺的含量,作为肿瘤辅助诊断及监测病情变化的指标之一。

二、一碳单位的代谢

(一)一碳单位与载体

机体内某些氨基酸分解代谢过程中,可生成含有一个碳原子的有机基团,称之为一碳单位。体内一碳单位包括甲基(—CH_3)、甲烯基或亚甲基(—CH_2—)、甲炔基(—$CH =$)、甲酰基(—CHO)与亚氨甲基(—CH=NH)等。在体内,一碳单位不能游离存在,必须与四氢叶酸(FH$_4$)结合,这样才能在体内转运和参与代谢,故 FH$_4$ 为一碳单位的载体。在哺乳动物体内,FH$_4$ 由叶酸经二氢叶酸还原酶两步还原(在叶酸 5、6、7、8 位加 4 个 H)而形成,其反应过程及四氢叶酸的结构如下。

$$\text{叶酸} \xrightarrow[\text{二氢叶酸还原酶}]{} \text{二氢叶酸} \xrightarrow[\text{二氢叶酸还原酶}]{} \text{四氢叶酸}$$

$$\text{NADPH}+\text{H}^+ \quad \text{NADP}^+ \qquad \text{NADPH}+\text{H}^+ \quad \text{NADP}^+$$

5,6,7,8-四氢叶酸(FH$_4$)

四氢叶酸的 N^5、N^{10} 位是一碳单位的结合位置,FH$_4$ 携带一碳单位的结构形式如下。

N^5—CH$_3$—FH$_4$ N^5,N^{10}—CH$_2$—FH$_4$ N^5,N^{10}=CH—FH$_4$

N^{10}—CHO—FH$_4$ N^5—CH=NH—FH$_4$

(二) 一碳单位的来源

体内一碳单位主要来源于甘氨酸、丝氨酸、组氨酸及色氨酸的代谢。其中丝氨酸为一碳单位的主要来源。

1. N^5,N^{10}—CH$_2$—FH$_4$ 的生成 在羟甲基转移酶催化下,丝氨酸与 FH$_4$ 反应生成 N^5,N^{10}—CH$_2$—FH$_4$ 与甘氨酸。

丝氨酸   N^5,N^{10}-甲烯四氢叶酸   甘氨酸

在甘氨酸裂解酶催化下,甘氨酸可进一步分解为 CO$_2$ 和 NH$_3$,同时生成 N^5,N^{10}—CH$_2$—FH$_4$。

$$\underset{\underset{\text{甘氨酸}}{|}}{\overset{CH_2NH_2}{\underset{COOH}{|}}} + FH_4 \xrightarrow{\text{甘氨酸裂解酶}} N^5, N^{10}-CH_2-FH_4 + CO_2 + NH_3$$

2. $N^5-CH=NH-FH_4$ 的生成 体内组氨酸可经多步反应生成亚氨甲基谷氨酸,后者再经亚氨甲基转移酶催化,与四氢叶酸作用生成谷氨酸与 N^5-亚氨甲基四氢叶酸($N^5-CH=NH-FH_4$),后者再经脱氨反应即可生成 $N^5, N^{10}-$甲炔四氢叶酸($N^5, N^{10}=CH-FH_4$)。

N^5, N^{10}-甲炔四氢叶酸 $\qquad$ N^5-亚氨甲基四氢叶酸

3. $N^{10}-CHO-FH_4$ 的生成 色氨酸经多步反应分解生成犬尿氨酸与甲酸,甲酸与 FH_4 进一步结合生成 $N^{10}-CHO-FH_4$。

(三)一碳单位的相互转变

一碳单位 $-CH_2-$、$-CH=NH-$、$-CH-$ 和 $-CHO-$ 可由相应氨基酸代谢而产生,而 $-CH_3$ 可由一碳单位 $-CH_2-$ 转变产生。由于不同形式一碳单位的碳原子氧化状态不同,因此在适当条件下,不同一碳单位形式之间可通过氧化还原反应彼此转变。N^5-甲基四氢叶酸可与同型半胱氨酸反应生成蛋氨酸和 FH_4,使得四氢叶酸重新获得利用的机会。其反应过程见含硫氨基酸的代谢。

$$N^{10}-CHO-FH_4$$
(N^{10}-甲酰四氢叶酸)

$$N^5, N^{10}=CH-FH_4 \longleftrightarrow N^5-CH=NH-FH_4$$
(N^5, N^{10}-甲炔四氢叶酸) $\qquad$ (N^5-亚氨甲基四氢叶酸)

$$N^5,N^{10}-CH_2-FH_4$$

（N^5，N^{10}-甲烯四氢叶酸）

$$N^5-CH_3-FH_4$$

（N^5-甲基四氢叶酸）

（四）一碳单位的生理功能

1. 参与嘌呤和嘧啶的合成　在体内，一碳单位可作为嘌呤和嘧啶的合成原料，参与核酸的生物合成。例如嘌呤环的第 2、8 位碳原子分别来自 $N^{10}-CHO-FH_4$ 与 N^5，$N^{10}-CH=FH_4$；胸腺嘧啶第 5 位上的甲基则来自 N^5，$N^{10}-CH_2-FH_4$。由此可见，一碳单位与氨基酸、核酸代谢密切相关，是氨基酸代谢与核酸代谢之间的枢纽物质。故机体出现一碳单位代谢障碍或四氢叶酸不足时，可影响造血组织 DNA 的合成代谢，出现巨幼红细胞性贫血等疾病。

2. 参与 S-腺苷甲硫氨酸的合成　S-腺苷甲硫氨酸（SAM）可为体内重要的生理活性物质提供甲基，而 SAM 的重新生成则需要 $N^5-CH_3-FH_4$ 提供甲基，故 $N^5-CH_3-FH_4$ 是体内甲基的间接供体。其相关反应可参考甲硫氨酸代谢。

三、含硫氨基酸的代谢

在体内，含硫氨基酸是指甲硫氨酸、半胱氨酸与胱氨酸三种氨基酸，它们之间的代谢是相互联系的。甲硫氨酸可转变生成半胱氨酸和胱氨酸，半胱氨酸与胱氨酸也可相互转变，但半胱氨酸和胱氨酸不能转变为甲硫氨酸。故甲硫氨酸是必需氨基酸。

（一）甲硫氨酸的代谢

1. 甲硫氨酸的转甲基作用　在腺苷转移酶催化下，甲硫氨酸与 ATP 反应生成 S-腺苷甲硫氨酸（S-adenosyl methionine，SAM），SAM 所含的甲基为活性甲基，是体内重要的甲基直接供体，故 SAM 也称为活性甲硫氨酸。

甲硫氨酸　　　　　　　ATP　　　　　　　S-腺苷甲硫氨酸

甲基化反应是机体重要的代谢反应之一，具有非常重要的生理意义。转甲基反应可为机体生成多种含甲基的生理活性物质，如胆碱、肉碱、肾上腺素等。据统计，人体内 SAM 能为 50 余种物质提供甲基，生成重要的甲基化合物。

2. SAM 参与肌酸的合成 　肌酸和磷酸肌酸是人体内能量储存与利用的重要物质。肌酸主要在肝脏合成，以甘氨酸为骨架，由精氨酸提供脒基，SAM 提供甲基而合成。其反应过程如下。

$$
\begin{array}{c}
\text{NH}_2 \\
|\\
\text{C}=\text{NH} \\
|\\
\text{NH} \\
|\\
(\text{CH}_2)_3 \\
|\\
\text{CH}-\text{NH}_2 \\
|\\
\text{COOH} \\
\text{精氨酸}
\end{array}
\;+\;
\begin{array}{c}
\text{CH}_2\text{NH}_2 \\
|\\
\text{COOH} \\
\text{甘氨酸}
\end{array}
\xrightarrow{\text{脒基转移酶}}
\begin{array}{c}
\text{NH}_2 \\
|\\
(\text{CH}_2)_3 \\
|\\
\text{CH}-\text{NH}_2 \\
|\\
\text{COOH} \\
\text{鸟氨酸}
\end{array}
\;+\;
\begin{array}{c}
\text{NH}_2 \\
|\\
\text{C}=\text{NH} \\
|\\
\text{NH} \\
|\\
\text{CH}_2 \\
|\\
\text{COOH} \\
\text{胍乙酸}
\end{array}
$$

胍乙酸 $\xrightarrow[\text{S-腺苷同型半胱氨酸}]{\text{甲基转移酶}\;,\;\text{SAM}}$

$$
\begin{array}{c}
\text{NH}_2 \\
|\\
\text{C}=\text{NH} \\
|\\
\text{H}_3\text{C}-\text{N} \\
|\\
\text{CH}_2 \\
|\\
\text{COOH} \\
\text{肌酸}
\end{array}
\underset{\text{ADP} \quad\quad \text{ATP}}{\overset{\text{肌酸激酶}}{\rightleftarrows}}
\begin{array}{c}
\text{NH}\sim\text{P} \\
|\\
\text{C}=\text{NH} \\
|\\
\text{H}_3\text{C}-\text{N} \\
|\\
\text{CH}_2 \\
|\\
\text{COOH} \\
\text{磷酸肌酸}
\end{array}
$$

肌酐：
$$
\begin{array}{c}
\text{HN}=\text{C}-\text{NH} \\
|\qquad\quad| \\
\text{H}_3\text{C}-\text{N}-\text{C}=\text{O}
\end{array}
$$
（磷酸肌酸 → Pi，肌酸 → H_2O）

　　肌酸在肌酸激酶的催化下，与 ATP 反应生成磷酸肌酸，储存了 ATP 的高能磷酸键，因而磷酸肌酸是肌肉组织中的储能物质。在心肌、骨骼肌及大脑中，磷酸肌酸含量丰富。磷酸肌酸可脱去磷酸生成肌酐，肌酸也可通过脱水反应而生成肌酐，肌酐是肌酸和磷酸肌酸的代谢终产物，由肾脏排出体外。

3. 甲硫氨酸循环 　SAM 转甲基后生成 S-腺苷同型半胱氨酸，后者脱去腺苷进一步转变成同型半胱氨酸。同型半胱氨酸通过接受 $\text{N}^5—\text{CH}_3—\text{FH}_4$ 提供的甲基，重新转变为甲硫氨酸，此循环过程称为甲硫氨酸循环，见图 8-5。

　　从甲硫氨酸循环可看出，同型半胱氨酸与 $\text{N}^5—\text{CH}_3—\text{FH}_4$ 重新合成甲硫氨酸，由 $\text{N}^5—\text{CH}_3—\text{FH}_4$ 转甲基酶（又称甲硫氨酸合成酶）所催化，维生素 B_{12} 是该酶的辅酶。故当机体缺乏维生素 B_{12} 时，$\text{N}^5—\text{CH}_3—\text{FH}_4$ 不能将甲基转移至同型半胱氨酸，影响了四氢叶酸的再生，其结果如同缺乏叶酸，导致核酸合成障碍，细胞分裂受到影响，骨髓幼稚红细胞分裂为成熟红细胞受到抑制，引起巨幼红细胞性贫血。

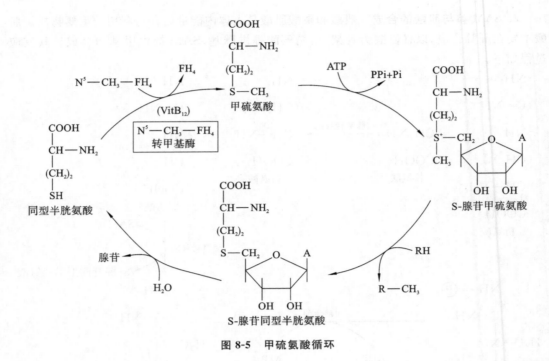

图 8-5 甲硫氨酸循环

知识链接

同型半胱氨酸（Hcy）与心血管疾病

在 1969 年，McCully 博士首次提出同型半胱氨酸尿症患者的心血管病变是由于体内高水平的同型半胱氨酸所致。近年来，科学家已将同型半胱氨酸与胆固醇一起归为导致心血管疾病的独立危险因素。目前认为同型半胱氨酸致病机制可能包括：①损伤血管内皮细胞，促进血管平滑肌细胞增殖。②促进血小板的激活，增强凝血功能。③促进 LDL 氧化。④影响体内转甲基化反应。

在人体内，Hcy 主要通过甲基化途径和转硫途径进行代谢。约 50% 的 Hcy 经甲基化途径重新合成甲硫氨酸；另外约 50% 的 Hcy 经转硫途径不可逆转变成半胱氨酸和 α-酮丁酸，此过程需维生素 B_6 依赖的胱硫醚 β 合成酶的催化。目前，科学家们正试图利用转硫途径等多种方法来降低血液中 Hcy 的浓度，以达到防治心血管疾病的目的。

（二）半胱氨酸与胱氨酸代谢

1. 半胱氨酸与胱氨酸的互变 半胱氨酸分子中含有巯基（—SH），胱氨酸分子中含有二硫键（—S—S—），两者之间可通过氧化还原反应相互转变。

$$2 \quad \begin{array}{c} SH \\ | \\ CH_2 \\ | \\ CHNH_2 \\ | \\ COOH \end{array} \quad \underset{+2H}{\overset{-2H}{\rightleftharpoons}} \quad \begin{array}{cc} S\!-\!\!\!\!-\!\!\!\!-\!S \\ | \qquad | \\ CH_2 \quad CH_2 \\ | \qquad | \\ CHNH_2 \quad CHNH_2 \\ | \qquad | \\ COOH \quad COOH \end{array}$$

半胱氨酸 　　　　胱氨酸

在体内,许多酶的活性与其活性中心内半胱氨酸的—SH 有关,这些酶也称为巯基酶,例如乳酸脱氢酶、琥珀酸脱氢酶等。如果这些酶分子中的巯基被氧化,就会导致酶的活性丧失。此外,在蛋白分子结构中,两个半胱氨酸残基所形成的二硫键(—S—S—)对维持空间构象的稳定具有重要的作用。

2. 硫酸根的代谢 体内含硫氨基酸的氧化分解都可产生硫酸根,其中半胱氨酸是硫酸根的主要来源。半胱氨酸可直接脱去氨基和巯基,生成丙酮酸、NH_3 和 H_2S。H_2S 进一步氧化生成 H_2SO_4。体内硫酸根一部分以无机盐形式随尿排出体外,另一部分由 ATP 活化转变为活性硫酸根,即 3′-磷酸腺苷-5′-磷酰硫酸(3′-phospho-adenosine-5′-phospho-sulfate,PAPS),反应过程如下。

$$ATP + SO_4^{2-} \xrightarrow{-PPi} AMP\!-\!SO_3^- \xrightarrow{+ATP} $$

腺苷-5′-磷酰硫酸 　　　　　　　　　　　PAPS

PAPS 的化学性质非常活泼,在肝脏生物转化作用中可为某些物质提供硫酸根生成相应的硫酸酯。例如,外源性酚类物质形成硫酸酯后容易排出体外,类固醇激素形成硫酸酯后可被灭活。

3. 谷胱甘肽的代谢 谷胱甘肽是由谷氨酸、半胱氨酸与甘氨酸组成的三肽。其为体内重要的含—SH 化合物。通常以 GSH 代表还原型,GSSG 代表氧化型,两者可相互转变。

$$2GSH \underset{-2H}{\overset{+2H}{\rightleftharpoons}} GSSG$$

GSH 是体内非常重要的抗氧化物质,可防止某些蛋白质的巯基被氧化,从而维持了蛋白质的生物活性。此外 GSH 对维持膜性结构的完整和正常功能有着重要的作用。

四、芳香族氨基酸的代谢

芳香族氨基酸包括苯丙氨酸、酪氨酸和色氨酸。

(一)苯丙氨酸的代谢

在正常情况下,苯丙氨酸主要的代谢途径是由苯丙氨酸羟化酶催化,生成酪氨酸。此外,少量苯丙氨酸也可经转氨基作用生成苯丙酮酸。

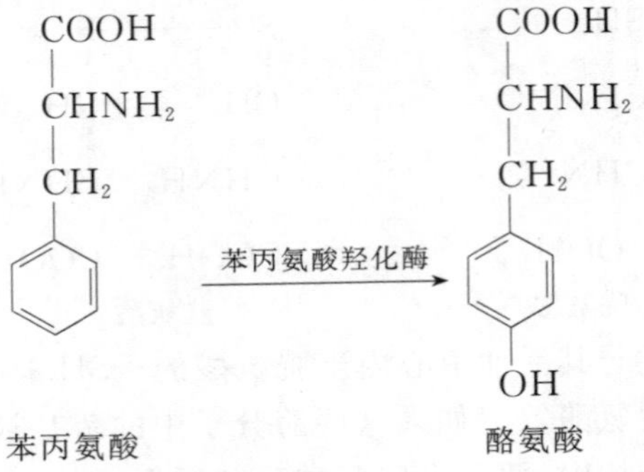

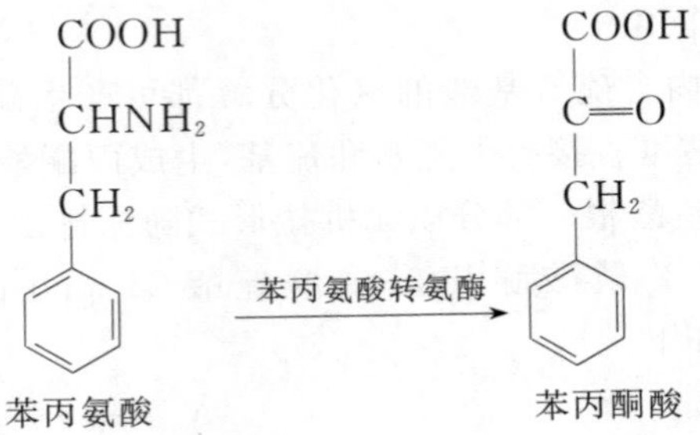

苯丙氨酸 → 酪氨酸（苯丙氨酸羟化酶）

苯丙氨酸 → 苯丙酮酸（苯丙氨酸转氨酶）

若机体苯丙氨酸羟化酶先天性缺乏,苯丙氨酸不能羟化生成酪氨酸,则会导致苯丙氨酸大量生成苯丙酮酸。大量的苯丙酮酸及其部分代谢产物(苯乙酸等)随尿液排出体外,称为苯丙酮酸尿症。苯丙酮酸在体内的大量堆积,会对中枢神经系统产生毒性作用,可致使患儿脑发育出现障碍,智力低下。苯丙酮酸尿症的治疗原则是早期发现,并适当控制苯丙氨酸的摄入。

(二) 酪氨酸的代谢

1. 生成儿茶酚胺类物质 机体内酪氨酸经羟化、脱羧等反应后,可生成多巴(DOPA)、多巴胺(dopamine,DA)、去甲肾上腺素与肾上腺素等儿茶酚胺类物质。这些物质在体内均属于神经递质或激素,具有非常重要的生理功能。

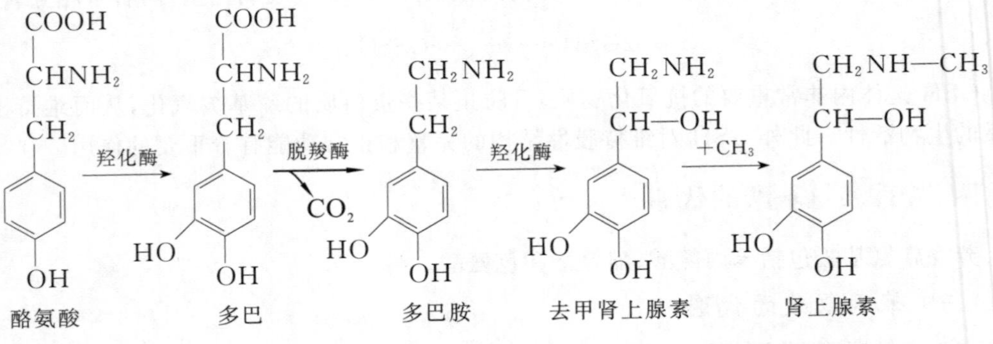

酪氨酸 →（羟化酶）多巴 →（脱羧酶，CO_2）多巴胺 →（羟化酶）去甲肾上腺素 →（$+CH_3$）肾上腺素

2. 转变为黑色素 在黑色素细胞中,酪氨酸经酪氨酸酶催化作用,羟化生成多巴,多巴再经一系列氧化、脱羧、聚合等反应转变成黑色素。如果患者先天性缺乏酪氨酸酶,则机体因不能产生黑色素,致使皮肤及毛发呈白色,称为白化病。

3. 酪氨酸的分解代谢 在酪氨酸转氨酶催化作用下,酪氨酸还可转变成对羟苯丙酮酸,后者经尿黑酸等一系列中间代谢产物生成延胡索酸和乙酰乙酸,后两者可循糖代谢和脂肪酸代谢途径进一步代谢。如果尿黑酸分解代谢的酶遗传性缺乏,就会导致尿黑酸堆积,尿黑酸从尿中排出,故称尿黑酸尿症。该病早期的临床表现并不明显,中年患者由于结缔组织堆积了大量黑色素,可导致关节炎。

（三）色氨酸的代谢

在体内,色氨酸除可生成 5-羟色胺及一碳单位外,还可转变生成极少量的烟酸,这是人体合成维生素的特例,但不能满足人体的需要。

五、支链氨基酸的代谢

支链氨基酸包括亮氨酸、异亮氨酸和缬氨酸,均属于必需氨基酸。在体内支链氨基酸可先经转氨基作用,生成相应的 α-酮酸,后进一步分解代谢。缬氨酸分解产生琥珀酰单酰辅酶 A;亮氨酸产生乙酰辅酶 A 和乙酰辅酶 A;异亮氨酸产生乙酰辅酶 A 和琥珀酰单酰辅酶 A。故这三种氨基酸分别为生糖氨基酸、生酮氨基酸及生糖兼生酮氨基酸。支链氨基酸的分解代谢过程主要在骨骼肌中进行。

第四节 物质代谢的联系与调节

一、物质代谢的联系

（一）能量代谢的相互联系及相互制约

作为人体主要的能量物质,糖、脂肪和蛋白质三大营养物质虽然在机体内氧化分解的代谢途径并不相同,但在它们代谢的过程中,都会产生共同的中间产物乙酰辅酶 A。另外,三羧酸循环和氧化磷酸化是糖、脂肪和蛋白质最后氧化分解的共同代谢途径,释放的能量都以 ATP 形式储存。

从能量供应角度看,三大营养物质代谢既可相互补充,也可相互制约。正常生理状态下,机体供能主要以糖及脂肪为主,糖类提供的能量占机体所需能量的 50%～70%;而脂肪则占 10%～40%。蛋白质是机体最重要的组成成分,且参与机体很多重要的生理活动,在体内也无多余储存,因此,机体供能时会尽量减少蛋白质的消耗。因为三大营养物质氧化供能的共同途径均为柠檬酸循环和氧化磷酸化,故任一供能物质的分解代谢占优势时,机体能通过整体的调节影响到其他能量物质的代谢情况。当机体脂肪分解增强时,糖分解代谢的关键酶(磷酸果糖激酶)活性受到抑制,进而抑制糖的分解代谢。若机体高糖饮食,葡萄糖氧化分解增强,致使增多的 ATP 激活乙酰辅酶 A 羧化酶,进而促进脂肪酸合成、抑制其分解。当机体食物供给减少而产生饥饿时,为确保血糖的恒定,机体会做出糖异生代谢增强及蛋白质分解代谢增强等相关调节。若长期饥饿(3～4 周),机体会以脂肪酸及酮体作为主要能源物质,同时减少蛋白质的分解代谢。

(二) 糖、脂类及蛋白质代谢之间的相互联系

人体内,糖、脂肪和蛋白质在分解代谢时都会产生乙酰辅酶 A,且都要经三羧酸循环和氧化磷酸化途径才能彻底分解。因此,三大营养物质代谢不是彼此孤立的,它们之间可通过共同的中间代谢产物相互联系相互转变。

1. 糖与脂类在代谢上的联系　当葡萄糖摄入超过机体自身需求时,一方面部分葡萄糖在肝脏及肌肉组织会合成糖原加以储存,另一方面因糖分解代谢增强而致使柠檬酸及 ATP 增多,可别构激活乙酰辅酶 A 羧化酶,使得糖分解生成的乙酰辅酶 A 羧化成了丙二酸单酰辅酶 A,进而合成脂肪酸和脂肪。由此过程,过量摄入的葡萄糖会转变成脂肪并储存于脂肪组织。因此,机体高糖膳食过多也会导致肥胖。但是在人体内,脂肪分解代谢产生的脂肪酸不能转变为葡萄糖。这是因为脂肪酸分解产生的乙酰辅酶 A 不可逆行反应转变为丙酮酸。虽然由脂肪分解产生的甘油可以转变成糖,但较之脂肪分解代谢生成的大量乙酰辅酶 A,其量甚微。此外,脂肪酸分解代谢状况还依赖于糖代谢的状况。当机体处于饥饿或出现糖代谢障碍时,脂肪虽可大量动员,且在肝脏内生成大量酮体,但由于糖代谢明显降低,导致草酰乙酸生成相对或绝对不足,大量酮体不能进入三羧酸循环进一步氧化分解,故会在血液中大量蓄积,引起高酮血症。

2. 糖与氨基酸在代谢上的联系　组成人体蛋白质的 20 种氨基酸,绝大多数(亮氨酸与赖氨酸除外)都可通过脱氨基作用生成相应的 α-酮酸,这些 α-酮酸(或其进一步的代谢产物)均可沿着糖异生途径转变为葡萄糖。例如丙氨酸经脱氨基生成的丙酮酸,可异生为糖;谷氨酸脱氨基生成的 α-酮戊二酸,可历经草酰乙酸、磷酸烯醇式丙酮酸后异生为葡萄糖。葡萄糖分解代谢过程中的某些中间代谢物,如丙酮酸、草酰乙酸、α-酮戊二酸等可经氨基化作用,生成相应的丙氨酸、天冬氨酸及谷氨酸等非必需氨基酸。但是,亮氨酸、异亮氨酸、缬氨酸、甲硫氨酸、苏氨酸、苯丙氨酸、色氨酸及赖氨酸等 8 种必需氨基酸不能由糖代谢中间物转变而来。总之,除亮氨酸及赖氨酸外,其余 18 种氨基酸均可转变为糖,而糖代谢的中间代谢物,只能在体内转化成 12 种非必需氨基酸。

3. 氨基酸与脂类在代谢上的联系 在体内,组成蛋白质的 20 种氨基酸均可分解生成乙酰辅酶 A,后者一方面可经还原、缩合等反应合成脂肪酸,进而合成脂肪,另一方面也可用于合成胆固醇。此外,一些氨基酸还可作为磷脂合成的原料,如丝氨酸脱羧基作用可生成胆胺,后者再经甲基化可变为胆碱。丝氨酸、胆胺和胆碱是合成各类磷脂的原料。由此可见,氨基酸在体内可转变为多种脂类物质。但脂肪酸、胆固醇等脂类物质不能转变为氨基酸,仅脂肪中的甘油可经糖代谢途径、联合脱氨基作用转变成某些非必需氨基酸,但量极少。

二、物质代谢的调节

在生物体内,物质代谢会受到精细地调节,以适应内外环境的复杂变化、实现细胞的生物学功能。代谢调节机制是生物进化过程中逐渐形成的一种适应能力,也是生命现象的基本特征。在自然界中,物种的进化程度越高,其代谢调节的机制也就越加复杂。物质代谢的调节主要有三个级别:细胞水平代谢调节、激素水平代谢调节及整体水平代谢调节。

(一)通过细胞水平的物质代谢调节

1. 细胞内酶的区隔分布 在同一时间,细胞内进行着多种物质代谢。参与同一代谢反应的相关酶类,呈区隔性分布,即各自分布于细胞特定区域或亚细胞结构中,有的酶类结合在一起形成多酶复合体。酶的区隔分布可避免不同代谢反应间的彼此干扰,还可使同一代谢中的各酶促反应更加顺利、连续及高效,同时也有利于对代谢的调控(表 8-1)。

表 8-1 主要代谢途径酶系在细胞内的分布

多酶体系	分布	多酶体系	分布
糖原合成	细胞质	胆固醇合成	内质网、细胞质
磷酸戊糖途径	细胞质	磷脂合成	内质网
糖酵解	细胞质	蛋白水解	溶酶体
三羧酸循环	线粒体	蛋白质合成	细胞质、内质网
糖异生	细胞质	尿素合成	线粒体、细胞质
脂肪酸 β-氧化	线粒体	血红素合成	线粒体、细胞质
脂肪酸合成	细胞质	氧化磷酸化	线粒体

2. 关键酶的调节 机体内每条代谢途径均由一系列酶促反应组成,整条代谢反应的速率和方向由一个或几个关键酶(又称调节酶)活性所决定。故可通过调节这些酶的活性与含量,来实现对整条代谢途径的调控。表 8-2 列出了一些重要代谢途径的关键酶。

表 8-2 重要代谢途径的关键酶

代谢途径	关键酶(调节酶)
糖酵解	己糖激酶
	磷酸果糖激酶-1
	丙酮酸激酶
柠檬酸循环	柠檬酸合酶

续表

代谢途径	关键酶（调节酶）
	异柠檬酸脱氢酶
	α-酮戊二酸脱氢酶复合体
糖异生	丙酮酸羧化酶
	磷酸烯醇丙酮酸羧激酶
	果糖二磷酸酶-1
糖原合成	糖原合酶
糖原分解	磷酸化酶
脂肪酸合成	乙酰辅酶 A 羧化酶
胆固醇合成	HMG-CoA 还原酶

（1）别构调节：又称变构调节，有些小分子化合物能与酶活性中心外的特定部位结合，导致酶蛋白分子构象发生改变，进而酶的活性也发生改变。在生物界中，别构调节普遍存在，与酶结合的小分子化合物称为别构效应剂，它可再分为别构激活剂和别构抑制剂，表8-3列举了体内一些代谢途径中的别构酶及其效应剂。

表 8-3　体内一些代谢途径中别构酶及其效应剂

代谢途径	别构酶	别构激活剂	别构抑制剂
糖原分解	磷酸化酶 b	AMP、葡萄糖-1-磷酸、Pi	ATP、葡萄糖-6-磷酸
脂肪酸合成	乙酰辅酶 A 羧化酶	柠檬酸、异柠檬酸	软脂酰 CoA
氨基酸代谢	谷氨酸脱氢酶	ADP、亮氨酸、蛋氨酸	GTP、ATP、NADH
糖酵解	己糖激酶		葡萄糖-6-磷酸
磷酸果糖激酶-1	AMP、ADP、FBP		柠檬酸
丙酮酸激酶	FBP		ATP、丙氨酸
柠檬酸循环	柠檬酸合酶	ADP	ATP、NADH
异柠檬酸脱氢酶	ADP		ATP、NADH
糖异生	丙酮酸羧化酶	ATP、乙酰辅酶 A	AMP、ADP

别构调节对物质代谢具有重要的生理意义：①代谢终产物通常对该代谢途径中的关键酶起到别构抑制作用，可使代谢终产物不致生成过多。②别构调节能使机体按需生产能量，避免产生过多而导致浪费。③别构调节还能使不同代谢途径之间相互协调，使机体成为一个有机整体。

（2）化学修饰调节：又称共价修饰调节，其机制是酶分子的某些侧链基团在其他酶的催化下与一些化学基团进行可逆地共价结合，从而改变酶自身的活性。常见的共价修饰主要包括磷酸化与脱磷酸化、甲基化与去甲基化、乙酰化与去乙酰化、腺苷化与脱腺苷化等。其中磷酸化与脱磷酸化最为多见（表8-4），常由蛋白激酶催化磷酸化，蛋白磷酸酶催化脱磷酸化。

表 8-4 磷酸化/脱磷酸化修饰对酶活性的调节

酶	化学修饰类型	酶活性改变
糖原磷酸化酶	磷酸化/脱磷酸化	激活/抑制
糖原合酶	磷酸化/脱磷酸化	抑制/激活
丙酮酸脱羧酶	磷酸化/脱磷酸化	抑制/激活
丙酮酸脱氢酶	磷酸化/脱磷酸化	抑制/激活
磷酸果糖激酶	磷酸化/脱磷酸化	抑制/激活
磷酸化酶 b 激酶	磷酸化/脱磷酸化	激活/抑制

化学修饰调节的特点和意义：①绝大多数关键酶具有无活性（或低活性）和有活性（或高活性）两种形式，其相互转变时由不同的酶催化。②磷酸化与脱磷酸化是最常见的化学修饰调节，催化关键酶 1 个亚基磷酸化常消耗 1 分子 ATP。③共价修饰调节的酶促反应，催化效率高，有级联放大效应，使得共价修饰调节效率高于别构调节。

（3）酶含量的调节：通过改变酶合成或降解的速率来影响酶的含量，也能改变酶的活性。因为合成或降解酶蛋白所需时间较长，通常需数小时甚至更长，且需消耗较多的 ATP，故酶含量调节属迟缓调节。

（二）通过激素水平的物质代谢调节

激素能特异结合靶组织或靶细胞上的受体，通过一系列复杂的细胞信号转导机制，引起代谢反应发生改变，从而发挥对物质代谢调节的作用。在高等动物中，激素调节是一种重要的调节方式，具有组织特异性和效应特异性等特点。与激素结合的受体一类位于细胞膜的表面，另一类则分布于胞质或细胞核内（详见细胞信号转导章节）。

（三）整体水平的物质代谢调节

代谢的整体水平调节是指在中枢神经系统的主导下，通过神经-体液调控机制对所有细胞水平和激素水平直接进行调控的调节方式。下面将以饥饿、应激状态为例阐述整体水平的物质代谢调节。

1. 饥饿 当机体处于昏迷、食管及幽门梗阻等病理状态或特殊情况下不能进食时，机体的物质代谢在整体调节下会发生一系列的变化。

（1）短期饥饿：通常是指 1～3 天未能进食，肝糖原几乎耗尽，血糖趋于降低，致使胰岛素分泌减少而胰高血糖素分泌增加，引起机体一系列的代谢改变。①机体由糖供能为主转变为以脂肪供能为主，除脑和红细胞仍以糖异生产生的葡萄糖作为主要能源物质外，机体大多数组织都以脂肪酸和酮体作为主要能源物质。②脂肪动员增强，酮体生成增多，脂肪动员生成的脂肪酸约 25% 在肝脏内生成酮体，心肌、骨骼肌和肾皮质以脂肪酸和酮体作为重要能源物质，此时大脑也可利用一部分酮体。③肝脏糖异生作用明显增强，糖异生的原料 60% 来自氨基酸，30% 来自乳酸，10% 来自甘油，肝糖异生在饥饿初期约占 80%，肾糖异生占小部分（约 20%）。④肌肉组织蛋白质分解加强，骨骼肌蛋白质分解的大部分氨基酸转变为丙氨酸和谷氨酰胺释放入血循环。

在饥饿初期，机体能量的主要来源是储存的脂肪和蛋白质，但以脂肪为主，占能量来源的 85% 以上。机体若在此时输入葡萄糖,不但减少了酮体生成,降低了酸中毒的发生概率,而且可防止蛋白质的过度消耗。

（2）长期饥饿:通常指饥饿持续 4～7 天后,此时机体会发生与短期饥饿不同的代谢改变。①脂肪动员加强,大量酮体生成且成为脑组织主要能源物质,肌肉以脂肪酸为主要能源物质,以确保酮体优先供应脑。②蛋白质分解减少,负氮平衡有所改善。③肝糖异生减少,乳酸和丙酮酸为糖异生主要原料,肾糖异生明显增强。

2. 应激 应激是机体在应对内外环境的特殊刺激时,所做出的一系列反应的"紧张状态"。这些特殊刺激包括感染、中毒、剧痛、发热、创伤、冻伤及剧烈情绪波动等。应激状态时,机体的交感神经兴奋,肾上腺髓质和皮质激素分泌增多,血浆的生长激素和胰高血糖素升高,胰岛素分泌减少,致使机体出现一系列代谢变化。①应激使血糖升高:应激时胰高血糖素、肾上腺素分泌增加,激活了糖原磷酸化酶,肝糖原分解加强。另外,肾上腺皮质激素及胰高血糖素可使糖异生增强,肾上腺皮质激素与生长激素又能降低外周组织对糖的利用。这些激素水平的改变都使得血糖升高,以确保大脑及红细胞的能量供应。②应激使脂肪动员增强:血浆的游离脂肪酸升高,成为肌肉及肾脏等组织的主要能量来源。③应激使蛋白质分解增强:应激状态下,骨骼肌释出的丙氨酸增多,氨基酸分解代谢加强,尿素生成及尿素氮排出增加,呈负氮平衡。

总之,糖、脂肪及蛋白质在应激状态下分解代谢均增强,同时它们的合成代谢受到抑制,血液中葡萄糖、脂肪酸、氨基酸、乳酸、甘油等分解代谢的中间产物含量明显增加。

小 结

蛋白质为三大营养物质之一。机体对蛋白质的需要量可通过氮平衡实验来计算,蛋白质的营养价值取决于所含必需氨基酸的种类、数量及是否与人体蛋白质接近。

氨基酸脱氨基方式有四种,包括氧化脱氨基作用、转氨基作用、联合脱氨基作用和嘌呤核苷酸循环。体内的氨基酸主要是以联合脱氨基作用脱去氨基,骨骼肌和心肌则是通过嘌呤核苷酸循环脱去氨基酸的氨基。氧化脱氨基作用只适用于 L-谷氨酸。脱氨基生成的氨,通过丙氨酸-葡萄糖循环及谷氨酰胺的运氨作用转运至肝脏,后通过鸟氨酸循环将氨转变成尿素经肾排出体外。

某些氨基酸可通过脱羧基作用生成具有重要生理作用的胺类物质。丝氨酸、甘氨酸、组氨酸和色氨酸在分解代谢中可产生一碳单位,四氢叶酸为其载体,一碳单位可作为核苷酸合成的原料。甲硫氨酸可转变成活化形式 SAM,后者可为其他物质甲基化提供甲基;含硫氨基酸分解代谢能产生活性硫酸根即 PAPS;半胱氨酸与谷氨酸及甘氨酸可合成体内重要还原剂谷胱甘肽（GSH）,能还原进入体内的氧化物质。芳香族氨基酸代谢可为机体生成甲状腺素、儿茶酚胺及黑色素等重要物质。

糖、脂肪及蛋白质三大营养物质在供应能量上可相互代替、相互制约,但不能完全相互转变。机体内的物质代谢受到细胞水平、激素水平及整体水平三个级别的精细调节。细胞水平调节主要是通过改变关键酶活性来实现,其方式包括变构调节和共价修饰调节。激素水平调节是指激素与受体特异性结合,开启后续一系列细胞信号转导反应,最终引起物质代谢的改变。整体水平调节是在神经系统主导下,机体通过调节激素的释放,整合不同组织细胞内的代谢途径来加以实现。

能力检测

能力检测答案

一、单项选择题

1. 下列氨基酸中不属于必需氨基酸的是(　　　)。

A. 缬氨酸　　　　B. 苏氨酸　　　　C. 赖氨酸　　　　D. 蛋氨酸　　　　E. 谷氨酸

2. 谷类和豆类食物的营养互补氨基酸是(　　　)。

A. 赖氨酸和酪氨酸　　　　B. 赖氨酸和丙氨酸　　　　C. 赖氨酸和甘氨酸

D. 赖氨酸和谷氨酸　　　　E. 赖氨酸和色氨酸

3. 磷酸吡哆醛作为辅酶参与的反应是(　　　)。

A. 磷酸化反应　B. 酰基化反应　C. 转甲基反应　D. 过氧化反应　E. 转氨基反应

4. 体内氨的主要代谢去路是(　　　)。

A. 合成必需氨基酸　　　　B. 合成尿素　　　　C. 合成尿酸

D. 合成核苷酸　　　　E. 合成谷氨酸

5. 食物蛋白质的营养互补作用是(　　　)。

A. 营养物质与非营养物质的互补

B. 必需氨基酸与非必需氨基酸互补

C. 蛋白质的营养价值与脂肪酸的作用互补

D. 必需氨基酸之间的互相补充

E. 必需氨基酸与必需微量元素的互补

6. α-酮酸可转变成的物质是(　　　)。

A. 维生素 A　　　　B. 必需脂肪酸　　　　C. 必需氨基酸

D. 维生素 E　　　　E. CO_2 和 H_2O

7. 评价蛋白质营养价值高低的主要指标是(　　　)。

A. 氨基酸模式及蛋白质的消化吸收　　　　B. 氨基酸模式及蛋白质利用

C. 蛋白质的消化吸收及利用　　　　D. 氨基酸模式和蛋白质的含量

E. 蛋白质含量、机体消化吸收及利用的程度

8. 骨骼肌与心肌细胞中的脱氨基方式为(　　　)。

A. 甲硫氨酸循环　　　　B. 嘌呤核苷酸循环　　　　C. γ-谷氨酰基循环

D. 鸟氨酸循环　　　　E. 丙氨酸-葡萄糖循环

9. 血氨升高导致脑功能障碍,其主要生化机制是(　　　)。

A. 升高脑中 pH 值　　　　B. 抑制脑中酶活性　　　　C. 升高脑的渗透压

D. 抑制呼吸链电子传递　　　　E. 大量消耗脑中 α-酮戊二酸

10. 脱羧基后成为抑制性神经递质的氨基酸是(　　　)。

A. 甘氨酸　　　　B. 脯氨酸　　　　C. 谷氨酸　　　　D. 谷氨酰胺　　　　E. 半胱氨酸

11. 下述哪种酶缺乏可致白化病? (　　　)

A. 酪氨酸转氨酶　　　　B. 苯丙氨酸转氨酶　　　　C. 苯丙酮酸羟化酶

D. 酪氨酸羟化酶　　　　E. 酪氨酸酶

12. 下述有关糖、脂肪、蛋白质互变的叙述中,哪一项是错误的?( )

A. 蛋白质可转变为糖   B. 脂肪可转变为蛋白质

C. 糖可转变为脂肪   D. 葡萄糖可转变为非必需氨基酸的碳架部分

E. 脂肪中甘油可转变为糖

二、简答题

1. 简述维生素 B_6 在氨基酸代谢中有哪些重要的作用。

2. 简述肝性脑病的发病机制。

（李俊涛）

第九章
核苷酸代谢

 **学习目标**

掌握：从头合成和补救合成的概念；嘌呤核苷酸、嘧啶核苷酸嘌呤分解代谢产物。

熟悉：嘌呤核苷酸从头合成的原料、关键酶；嘧啶核苷酸从头合成的原料、关键酶。

本章PPT

了解：核苷酸从头合成及补救合成途径；抗代谢物及其作用机制。

核苷酸是核酸的基本构成单位，可由生物体自身合成，因此核苷酸不属于营养物质。食物中的核酸多以核蛋白的形式存在，在胃中核蛋白被胃酸分解为核酸和蛋白质。核酸进入小肠后被核酸内切酶（endonuclease）水解为寡核苷酸（oligonucleotide），接着由磷酸二酯酶（phosphodiesterase）切割生成单核苷酸。单核苷酸进一步被核苷酸酶水解成相应的核苷和磷酸。核苷可继续被分解为戊糖和碱基或者被小肠吸收，戊糖可被吸收进入糖代谢过程，但是食物来源的碱基很少被人体利用，主要是通过小肠内的分解代谢排出体外。

核苷酸广泛分布在生物体内，多以 5′-核苷酸存在于细胞中。核苷酸具有多种生物学功能：①核酸的合成原料。核糖核苷酸与脱氧核糖核苷酸分别是 RNA 与 DNA 的组成元件，这是核苷酸的最重要功能。②生物体内高能化合物形式。ATP 是生物体内主要的能量形式。③参与代谢调节。cAMP 作为核苷酸的衍生物，是多种激素的第二信使，cGMP 也参与代谢调节过程。④组成辅酶。腺苷酸是多种辅酶的组成成分，如 FAD、NAD、辅酶A 等。⑤活化代谢物。核苷酸可作为活化代谢物的载体，如 UDPG 活性葡萄糖残基的供体，CDP 甘油二酯是合成磷脂的原料。ATP 可为蛋白质的磷酸化提供磷酸基团。

生物体可利用一碳单位、氨基酸和 CO_2 等物质从头合成核苷酸，也可利用核苷或碱基补救合成核苷酸。核苷酸在体内可经过一系列反应被分解为嘌呤碱基与嘧啶碱基，嘌呤碱基可被氧化为尿酸而排出体外，嘧啶碱基可被分解为 β-丙氨酸、β-氨基异丁酸、NH_3 和 CO_2。

第一节 核苷酸的合成代谢

一、嘌呤核苷酸的合成代谢

体内嘌呤核苷酸有两种合成途径：①从头合成（de novo synthesis）途径，是利用磷酸核糖、氨基酸、一碳单位和 CO_2 等简单物质合成嘌呤核苷酸；②补救合成（salvage synthesis）途径，即利用体内游离的嘌呤或嘌呤核苷，经过简单的反应过程合成嘌呤核苷酸。在肝脏中主要以从头合成途径合成核苷酸，是核酸的主要合成方式。在脑、骨髓中则以补救合成途径合成核苷酸。

（一）嘌呤核苷酸的从头合成

除某些细菌外，几乎所有生物体都能从头合成嘌呤核苷酸。科学家利用同位素示踪技术，探明了嘌呤环上各原子的来源，如图 9-1 所示。天冬氨酸为腺嘌呤环提供了第 1 位氮原子，一碳基团提供第 2 位和第 8 位碳原子。谷氨酰胺侧链的酰胺基提供第 3 位与第 9 位氮原子，甘氨酸提供第 4、5 位碳原子和第 7 位氮原子，二氧化碳提供第 6 位碳原子。

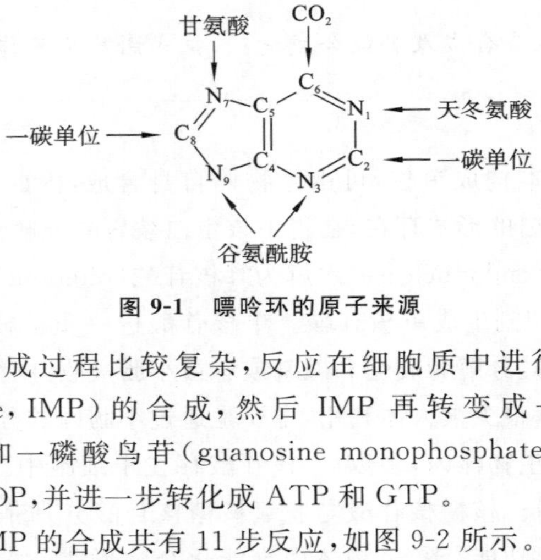

图 9-1　嘌呤环的原子来源

嘌呤核苷酸从头合成过程比较复杂，反应在细胞质中进行。首先是一磷酸肌苷（inosine monophosphate，IMP）的合成，然后 IMP 再转变成一磷酸腺苷（adenosine monophosphate，AMP）和一磷酸鸟苷（guanosine monophosphate，GMP）。最后 AMP 和 GMP 转变为 ADP 与 GDP，并进一步转化成 ATP 和 GTP。

1. IMP 的合成　IMP 的合成共有 11 步反应，如图 9-2 所示。

（1）5-磷酸核糖经磷酸核糖焦磷酸合成酶催化，将 ATP 上的焦磷酸基团转移到 5-磷酸核糖的第一位碳原子上，生成磷酸核糖焦磷酸（phosphoribosyl pyrophosphate，PRPP）。

（2）由磷酸核糖酰胺转移酶催化谷氨酰胺的酰胺基取代 PRPP 上的焦磷酸，形成 5-磷酸核糖胺（PRA）。

（3）经 ATP 供能，甘氨酸分子加合到 PRA 上，生成甘氨酰胺核苷酸（glycinamide ribonucleotide，GAR）。

（4）由 N^5,N^{10}-甲炔四氢叶酸提供甲酰基，使 GAR 上的甘氨酸残基甲酰化，生成甲酰甘氨酰胺核苷酸（formyl-GAR，FGAR）。

（5）由 ATP 供能，谷氨酰胺提供酰胺氮取代 FGAR 的氧生成甲酰甘氨脒核苷酸

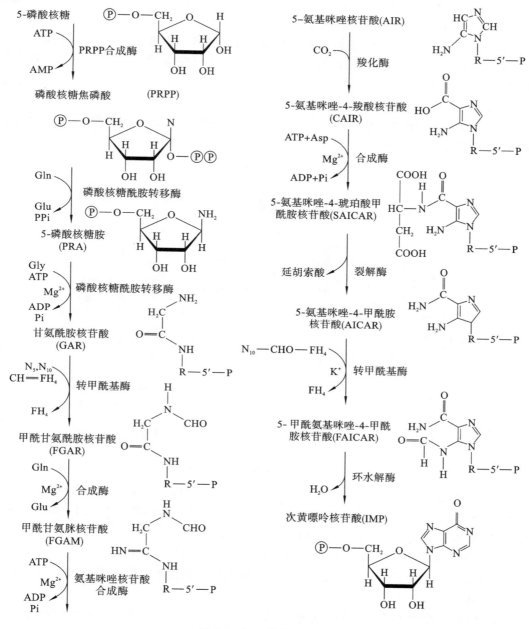

图 9-2 IMP 的从头合成

(formylglycinamidine ribotide, FGAM)。

（6）FGAM 脱水环化形成 5-氨基咪唑核苷酸（aminoimidazole ribonucleotide, AIR），该反应由氨基咪唑核苷酸合成酶催化，ATP 参与供能。至此，完成嘌呤环中咪唑环部分的合成。

（7）1 分子 CO_2 在羧化酶催化作用下连接到 AIR 的咪唑环上，生成 5-氨基咪唑-4-羧酸核苷酸（CAIR）。

（8）该步反应由 ATP 供能，天冬氨酸通过氨基与 CAIR 上的羧基缩合生成 5-氨基咪唑-4-琥珀酸甲酰胺核苷酸（SAICAR）。

（9）SAICAR 脱去 1 分子延胡索酸裂解成 5-氨基咪唑-4-甲酰胺核苷酸（AICAR）。

（10）由 N^{10}-甲酰四氢叶酸提供甲酰基，使 AICAR 甲酰化，生成 5-甲酰氨基咪唑-4-甲酰胺核苷酸（FAICAR）。

（11）FAICAR 脱水环化，生成 IMP。

2. AMP 与 GMP 的合成　　IMP 是嘌呤核苷酸合成的重要中间产物，可分别转变成 AMP 和 GMP，如图 9-3 所示。

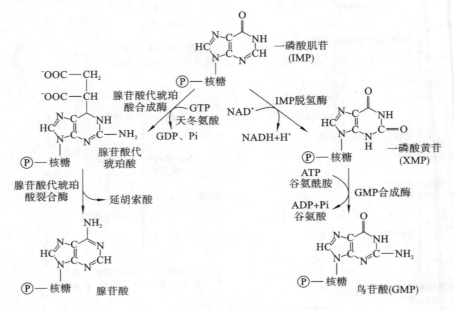

图 9-3　IMP 分支合成 AMP 与 GMP

（1）由腺苷酸带琥珀酸合成酶（adenylosuccinate synthetase）催化，GTP 供能，使天冬氨酸与 IMP 加合生成腺苷酸代琥珀酸，接着由腺苷酸带琥珀酸裂合酶（adenylosuccinate lyase）催化腺苷酸代琥珀酸裂解出延胡索酸和腺苷酸。

（2）IMP 脱氢酶催化 IMP 脱氢生成一磷酸黄苷（xanthosine monophosphate，XMP），NAD^+ 为受氢体。然后由鸟苷酸合成酶催化谷氨酰胺的酰胺基取代 XMP 中第 2 位的羰基氧生成 GMP。

3. ATP 与 GTP 的合成　　经鸟苷酸激酶催化，ATP 上的磷酸基团转移至 GMP 而生成 GDP，GDP 在核苷二磷酸激酶（nucleoside diphosphate）催化下，同时消耗 1 分子 ATP 生成 GTP。AMP 可被腺苷酸激酶催化生成 ADP，由于反应可逆，2 分子 ADP 还可反向生成 ATP。如图 9-4 所示。体内的 ADP 向 ATP 转化主要是通过氧化磷酸化过程完成的，也可通过底物水平磷酸化生成 ATP。

嘌呤核苷酸的从头合成是在磷酸核糖分子上逐步合成嘌呤环的，而不是先合成嘌呤碱再与磷酸核糖结合，这与嘧啶核苷酸的合成过程不同。

（二）嘌呤核苷酸的补救合成

嘌呤核苷酸的补救合成是指细胞可以利用现有的嘌呤碱或嘌呤核苷合成嘌呤核苷酸的过程。相对于从头合成，补救合成的过程比较简单，能量的消耗也比较少。有两种酶参与补救合成：腺嘌呤磷酸核糖转移酶（adenine phosphoribosyl transferase，APRT）和次黄嘌呤-鸟嘌呤磷酸核糖转移酶（hypoxanthine-guanine phosphoribosyl transferase，HGPRT）。由 PRPP 为补救合成提供磷酸核糖，分别在相应酶的催化下合成 AMP、IMP 和 GMP。而人体内腺嘌呤核苷可在腺苷激酶催化下生成腺嘌呤核苷酸，如图 9-5 所示。

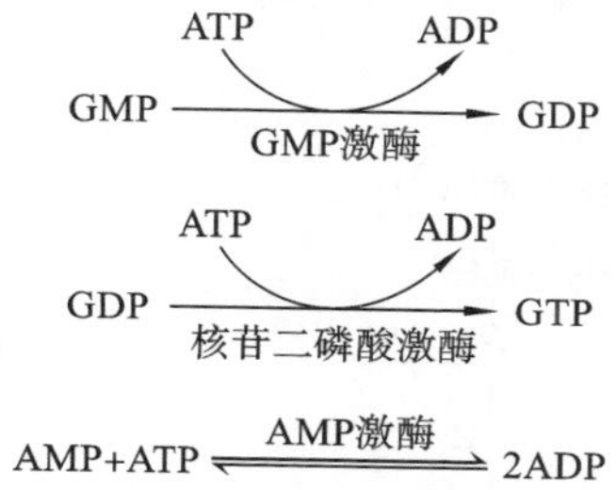

图 9-4 二磷酸鸟苷、三磷酸鸟苷与二磷酸腺苷的合成

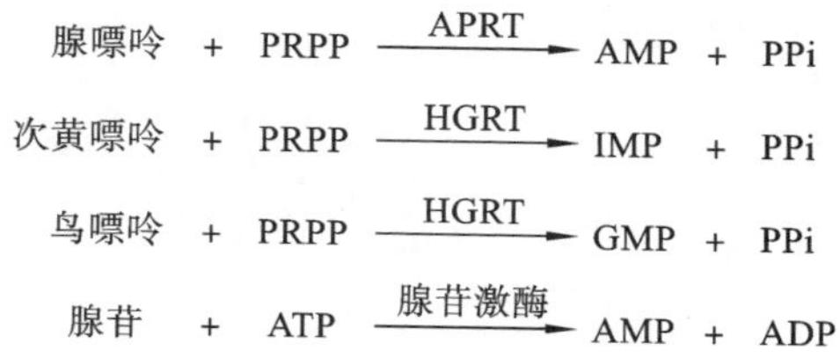

图 9-5 嘌呤核苷酸的补救合成

APRT 受到 AMP 的反馈抑制，HGPRT 受到 IMP 与 GMP 的反馈抑制。

嘌呤核苷酸补救合成的生理意义在于一方面可以节省一些氨基酸及能量的消耗；另一方面，由于体内一些组织器官缺乏嘌呤核苷酸从头合成的酶系，如脑、骨髓，它们只能通过补救合成途径合成腺嘌呤核苷酸。临床上，自毁容貌征或称 Lesch-Nyhan 综合征的发病机制是由于基因缺陷而导致的 HGPRT 完全缺失，属于一种遗传疾病。

（三）嘌呤核苷酸的互变

前面已述及体内 IMP 可转变成 XMP、AMP 及 GMP，而 AMP、GMP 也可转变成 IMP。AMP 和 GMP 之间也是可以相互转变的。

（四）嘌呤核苷酸的抗代谢物

嘌呤核苷酸的抗代谢药物以竞争性抑制的方式阻断或干扰嘌呤核苷酸的合成，进而影响核酸与蛋白质的合成。嘌呤核苷酸的抗代谢物主要有以下三类：①嘌呤类似物；②叶酸类似物；③谷氨酰胺类似物。这几类类似物分别在嘌呤核苷酸从头合成的不同部位阻断嘌呤核苷酸的合成，由此抑制核酸的合成，达到抗肿瘤的目的。

1. 嘌呤类似物 嘌呤类似物有 8-氮杂鸟嘌呤、6-巯基嘌呤、6-巯鸟嘌呤等，其中临床应用 6-巯基嘌呤较多，如图 9-6 所示。6-巯基嘌呤与次黄嘌呤结构类似，故可通过竞争性抑制的方式干扰嘌呤核苷酸的合成。6-巯基嘌呤经磷酸化后转变为 6-巯基嘌呤核苷酸，后者竞争性抑制 IMP 向 AMP 的与 GMP 的转化，或者 6-巯基嘌呤通过反馈抑制磷酸核糖酰胺转移酶的活性干扰嘌呤核苷酸的从头合成。6-巯基嘌呤也可抑制嘌呤核苷酸补救合成途径中次黄嘌呤-鸟嘌呤磷酸核糖转移酶的活性，干扰 IMP 与 GMP 的合成。

2. 叶酸类似物 临床常用的叶酸类似物有氨蝶呤（aminopterin）、氨甲蝶呤（methotrexate，MTX）和甲氧苄啶（trimethoprim），该类药物竞争性抑制二氢叶酸还原酶的

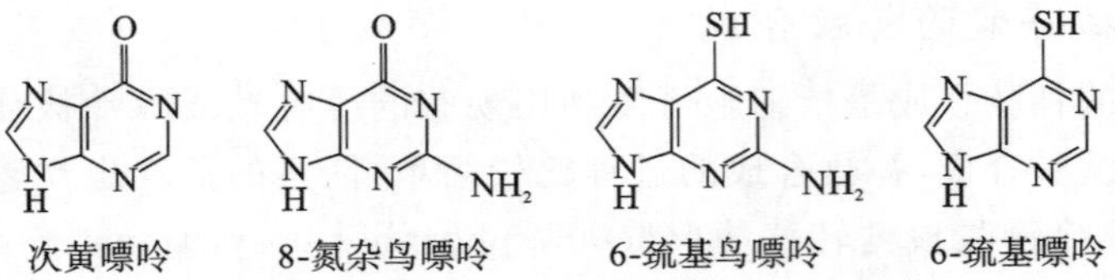
次黄嘌呤
8-氮杂鸟嘌呤
6-巯基鸟嘌呤
6-巯基嘌呤

图 9-6 嘌呤类似物

活性，阻断甲基供体四氢叶酸的合成，最终干扰嘌呤核苷酸的合成。氨蝶呤与氨甲蝶呤被临床用于肿瘤的治疗。甲氧苄啶与原核生物二氢叶酸还原酶的亲和力较高，被广泛用于抗细菌的治疗，如图 9-7 所示。

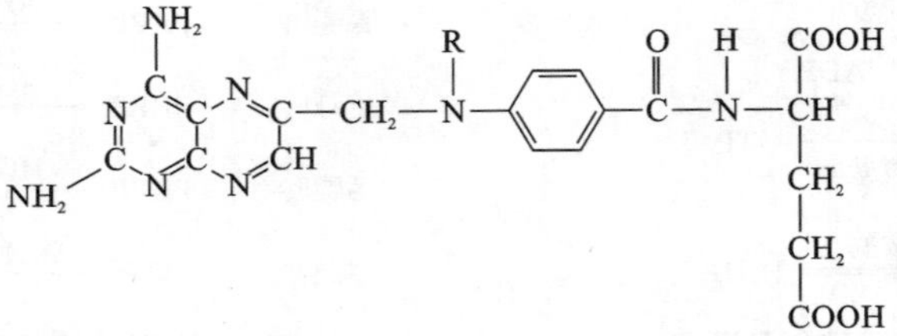

图 9-7 叶酸类似物

R＝H：氨蝶呤；R＝CH_3：氨甲蝶呤

3. 谷氨酰胺类似物 在嘌呤核苷酸从头合成过程的第 2 步和第 5 步反应中，谷氨酰胺作为氮的供体为反应提供酰胺氮。氮杂丝氨酸与 6-重氮-5-氧正亮氨酸和谷氨酰胺结构类似，二者以竞争性抑制的方式干扰嘌呤核苷酸的从头合成过程，如图 9-8 所示。

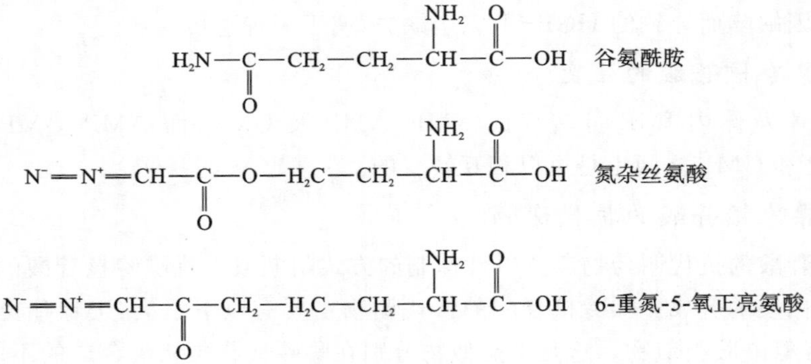
谷氨酰胺
氮杂丝氨酸
6-重氮-5-氧正亮氨酸

图 9-8 谷氨酰胺类似物

需要注意的是，上述药物对肿瘤细胞的特异性不强，所以对人体内正常增殖的细胞也有杀伤性，有较大的副作用。

二、嘧啶核苷酸的合成代谢

嘧啶核苷酸的合成也有从头合成途径和补救合成途径。

（一）嘧啶核苷酸的从头合成

嘧啶核苷酸中嘧啶碱的合成原料来自天冬氨酸、谷氨酰胺和 CO_2，后两者结合生成氨基甲酰磷酸,与天冬氨酸共同构成嘧啶环的前体,如图 9-9 所示。

与嘌呤核苷酸从头合成过程不同,嘧啶核苷酸的合成是先合成嘧啶环再与磷酸核糖连接。而且嘧啶核苷酸的合成途径不分支,经过一系列反应直接生成三磷酸尿苷和三磷酸胞苷,如图 9-10 所示。

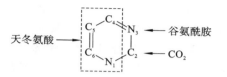

图 9-9 嘧啶环的原子来源

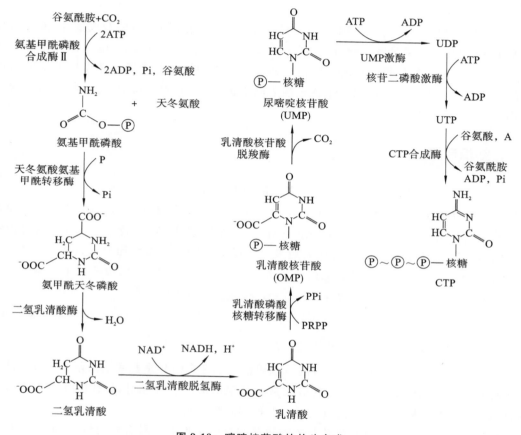

图 9-10 嘧啶核苷酸的从头合成

1. 嘧啶环的合成

（1）在细胞质内,谷氨酰胺与 CO_2 在氨基甲酰磷酸合成酶Ⅱ（carbamoyl phosphate synthetase Ⅱ,CPS Ⅱ）的催化作用下合成氨基甲酰磷酸。

（2）天冬氨酸与氨基甲酰磷酸由天冬氨酸氨基甲酰转移酶（aspartate transcarbamoylase,ATC）催化生成氨基甲酰天冬氨酸。

（3）氨基甲酰天冬氨酸在二氢乳清酸酶（dihydroorotase,DHO）催化作用下脱水环化生成二氢乳清酸（dihydroorotate）,形成了嘧啶环。

（4）二氢乳清酸进一步被二氢乳清酸脱氢酶催化生成乳清酸（orotic acid）。

2. 嘧啶核苷酸的合成 乳清酸与磷酸核糖焦磷酸在乳清酸磷酸核糖转移酶（orotate phosphoribosyl transferase）的催化作用下,以磷酸核糖焦磷酸为磷酸核糖的供体,合成出一磷酸乳清苷(orotidine monophosphate,OMP),进而在乳清酸核苷酸脱羧酶的催化作用下 OMP 脱掉羧基形成尿嘧啶核苷酸(UMP)。

3. 三磷酸尿苷(UTP)的合成 与嘌呤核苷酸的转化方式类似,UMP 向 UDP 与 UTP 的转化是在特异性尿嘧啶核苷酸激酶与非特异性核苷二磷酸激酶的催化下完成的。

4. 三磷酸胞苷(CTP)的合成 在哺乳动物中,UTP 在 CTP 合成酶的催化作用下,以谷氨酰胺为氨基供体,并且消耗一分子 ATP,合成出三磷酸胞苷(CTP)。而大肠埃希菌则以 NH_4^+ 为氨基来源。

在真核生物细胞中,合成嘧啶核苷酸的前三个酶,即氨基甲酰磷酸合成酶Ⅱ、天冬氨酸氨基甲酰转移酶、二氢乳清酸酶,位于同一条多肽链上,分子量约为 200000,因此是一个多功能酶。乳清酸磷酸核糖转移酶与乳清酸核苷酸脱羧酶也是位于同一条多肽链上的多功能酶。这种多功能酶的存在保证了各种酶之间供能的协调,使副反应减少到最小,有利于以均匀的速度合成嘧啶核苷酸。

> **知识链接** ┄┄┄┄┄┄┄┄┄┄┄┄┄┄┄┄┄┄┄┄
>
> **多功能酶的发现**
>
> 研究人员在培养哺乳动物细胞时使用了天冬氨酸氨基甲酰转移酶(ATC)的抑制剂,N-phosphonacettyl-L-aspartate,PAPA。PAPA 能与 ATC 紧密结合。在使用抑制剂后,存活的细胞能合成比正常细胞多 100 倍的 ATC,以此对抗 PAPA 的抑制作用。同时,学者发现 ATC 与二氢乳清酸的水平也同时增加了 100 倍,但是催化下游反应的酶却没有受到 PAPA 的影响,由此学者推断有多功能酶的存在。

(二)嘧啶核苷酸从头合成的调节

在细菌中,主要调节酶是天冬氨酸氨基甲酰转移酶,ATP 是此酶的激活剂,CTP 是此酶的抑制剂。在哺乳动物中,主要调节酶是氨基甲酰磷酸合成酶Ⅱ,PRPP 可提高此酶的活性,UTP 和嘌呤核苷酸可通过负反馈调节抑制此酶的活性。

磷酸核糖焦磷酸合成酶是嘌呤与嘧啶核苷酸合成过程中共同需要的酶,它可同时受到嘌呤核苷酸与嘧啶核苷酸的反馈抑制,形成协同调节。此外,多功能酶的协同表达也是调节嘧啶核苷酸从头合成的重要方式,嘧啶核苷酸的调节部位如图 9-11 所示。

(三)嘧啶核苷酸的补救合成

嘧啶核苷酸的补救合成过程与嘌呤核苷酸的补救合成类似,嘧啶磷酸核糖转移酶是嘧啶核苷酸补救合成的主要酶,反应式如下。

$$PRPP + 嘧啶 \longrightarrow 磷酸嘧啶核苷 + PPi$$

此酶能以胸腺嘧啶、尿嘧啶及乳清酸为底物分别合成出胸腺嘧啶核苷酸、尿嘧啶核苷酸和一磷酸乳清苷,但对胞嘧啶不起作用。尿苷及脱氧胸苷可分别在尿苷激酶和胸苷激酶的催化作用下,合成出尿苷酸及脱氧胸苷酸。但是胸苷激酶在肝细胞中活性很低,在再生肝细胞中活性相对增强,恶性肿瘤细胞中该酶活性明显增强,而且与恶性程度相关。脱氧

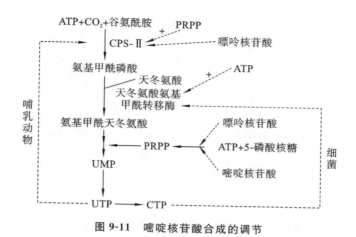

图 9-11 嘧啶核苷酸合成的调节

胞苷激酶(deoxycytidine kinase)可以催化脱氧胞苷的磷酸化反应,同时还可催化脱氧腺苷与脱氧鸟苷的磷酸化反应。

（四）嘧啶核苷酸的抗代谢物

嘧啶核苷酸的抗代谢物与嘌呤核苷酸的抗代谢物类似,是一些嘧啶、氨基酸和叶酸的类似物。其对代谢的作用机制与嘌呤核苷酸类似,目前已经成为抗肿瘤药物的研究重点之一。

1. 嘧啶类似物　嘧啶类似物主要有 5-氟尿嘧啶(5-fluorouracil,5-FU),是胸苷酸合酶的抑制剂。5-FU 作为假底物在乳清酸磷酸核糖转移酶的催化作用下,形成一磷酸氟尿嘧啶核苷,进而转变成 dUMP 类似物一磷酸脱氧核糖氟尿嘧啶核苷(FdUMP)及三磷酸氟尿嘧啶核苷(FUTP)。FdUMP 和 FUTP 结构相似,是胸苷酸合酶的抑制剂,使 dTMP 合成受阻。FUTP 还可以以 FUMP 的形式掺入到 RNA 分子,进而破坏 RNA 的结构使其功能丧失。目前,氟尿嘧啶是临床常用的抗癌药物。

2. 氨基酸与叶酸类似物　氨基酸类似物、叶酸类似物在嘌呤抗代谢物中已经介绍。氮杂丝氨酸类似于谷氨酰胺,可以抑制 CTP 的合成;氨蝶呤与氨甲蝶呤是二氢叶酸还原酶的抑制剂,干扰叶酸的代谢,使 dUMP 不能利用一碳单位而生成 dTMP,进而影响 DNA 的生物合成。

3. 核苷类似物　通过改变核糖的结构可以得到一类重要的抗癌药物——阿糖胞苷(arabinosyl cytosine),如图 9-12 所示。阿糖胞苷在细胞内相应激酶的催化作用下被磷酸化为三磷酸衍生物,这种三磷酸衍生物能选择性抑制 DNA 聚合酶的活性,从而干扰 DNA 的复制。此外,阿糖胞苷还能抑制 CDP 向 dCDP 的转化。

早期,临床上利用 3'-叠氮-2',3'-双脱氧胸苷(azidothymidine,AZT)治疗获得性免疫缺陷综合征,AZT 也是改变了核糖结构的核苷类似物,如图 9-12 所示。AZT 通过转变为 5'-三磷酸衍生物抑制病毒的逆转录酶活性。2',3'-双脱氧胸苷和 3'-双脱氧肌苷同样也是核苷类似物,它们在细胞内转变为相应的三磷酸衍生物后,加到 DNA 分子中,进而干扰病毒 DNA 的复制。

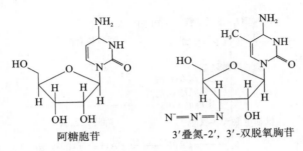

阿糖胞苷   3′叠氮-2′，3′-双脱氧胸苷

图 9-12   嘧啶核苷类似物

三、脱氧核苷酸的生成

1. 脱氧核糖核苷酸的合成   脱氧核糖核苷酸的合成是在二磷酸核苷（NDP）的水平上完成的，四种核糖核苷二磷酸（ADP，CDP，GDP，UDP）由核糖核苷酸还原酶催化，转变成相应的脱氧核糖核苷二磷酸（dADP，dCDP，dGDP，dUDP）。四种脱氧核糖核苷二磷酸在激酶的催化作用下被磷酸化，进一步合成出脱氧核糖核苷三磷酸。

2. 脱氧胸腺嘧啶核苷酸的合成   dUTP 经水解生成 dUMP，dCMP 也可经脱氨基作用生成 dUMP，然后在胸苷酸合酶（thymidylate synthase）的催化作用下 dUMP 被甲基化形成 dTMP，dTMP 进而在激酶的催化下生成 dTTP。该反应过程由 N^5，N^{10}-亚甲基四氢叶酸提供甲基。

第二节   核苷酸的分解代谢

一、嘌呤核苷酸的分解代谢

（一）嘌呤核苷酸的分解代谢过程

体内嘌呤核苷酸的分解代谢类似于食物中核苷酸的消化过程，终产物是乳酸，分 5 步完成，如图 9-13 所示。

（1）AMP、GMP、IMP 经 5′-核苷酸酶催化脱掉磷酸，分别形成腺苷、鸟苷和肌苷。

（2）腺苷可被腺苷脱氨酶催化脱氨，生成肌酐。

（3）上述分解得到的核苷经嘌呤核苷磷酸化酶（purine nucleoside phosphorylase，PNP）催化，分解成 1-磷酸核糖和碱基（腺嘌呤、次黄嘌呤、鸟嘌呤）。其中 1-磷酸核糖可由磷酸核糖变位酶催化，异构为 5-磷酸核糖，再用于合成 PRPP 重新参与到从头合成与补救合成途径。

（4）鸟嘌呤由鸟嘌呤脱氨酶（guanine deaminase）催化脱氨生成黄嘌呤（xanthine）。

（5）次黄嘌呤在黄嘌呤氧化酶（xanthin oxidase）催化作用下氧化为黄嘌呤，并进一步氧化成尿酸。

在人体内，嘌呤核苷酸的分解代谢主要在肝脏、小肠及肾脏中进行，终产物为尿酸，并随尿液排出体外。尿酸在生理条件下以尿酸盐的形式存在，而且是一类有效的抗氧化剂，

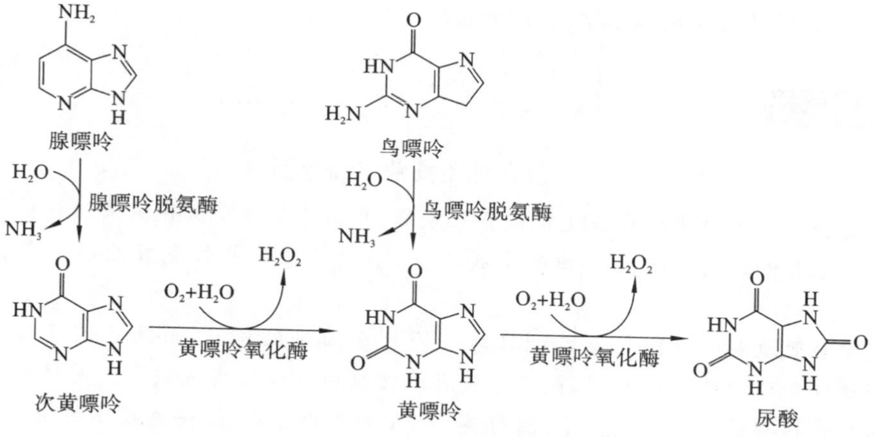

图 9-13 嘌呤核苷酸的分解代谢

具有保护细胞抗氧化的作用。人类与其他灵长类动物相比,体内嘌呤核苷酸尿酸盐水平较高,这可能对减小癌症发生率、延长人类寿命有一定的作用。如果体内尿酸水平超出正常范围将会导致疾病。

（二）嘌呤代谢障碍疾病

1. 痛风（gout） 痛风患者血中尿酸含量较高,尿酸会以结晶盐形式析出,并且沉淀于关节、软组织及肾脏等处,最终导致痛风性关节炎、肾疾病及尿路结石。痛风多见于男性,主要症状为午夜后剧烈疼痛,疼痛部位主要在脚趾、踝关节和脚背等部位。其病因尚不完全清楚,可能与嘌呤核苷酸合成过程中一些酶的缺失有关。此外,当进食高嘌呤饮食、肾疾病或体内核酸大量分解（恶性肿瘤）而尿酸排泄障碍时均可导致血中尿酸含量升高。

次黄嘌呤-鸟嘌呤磷酸核糖转移酶（HGPRT）活性降低是导致痛风的主要原因之一。HGPRT 活性降低限制了 GMP 与 IMP 的补救合成,同时 PRPP 的浓度明显升高,进而加速磷酸核糖胺的合成。最终导致嘌呤核苷酸的过度合成,故其降解生成的尿酸含量也随之增加。此外,编码磷酸核糖焦磷酸合成酶基因突变也可导致痛风。

临床上常应用别嘌呤醇（allopurinol）治疗痛风。别嘌呤醇与次黄嘌呤结构相似,只是在分子中 N_7 与 C_8 原子处互换了位置,从而抑制尿酸的生成,如图 9-14所示。黄嘌呤、次黄嘌呤的水溶性较尿酸强,因此不会形成结晶。PRPP 与别嘌呤反应生成别嘌呤核苷酸,这样既可消耗 PRPP,又因为别嘌呤核苷酸与 IMP 结构相似,能够反馈抑制嘌呤核苷酸从头合成过程中的酶。通过这两方面的作用均可使嘌呤核苷酸的合成量减少。

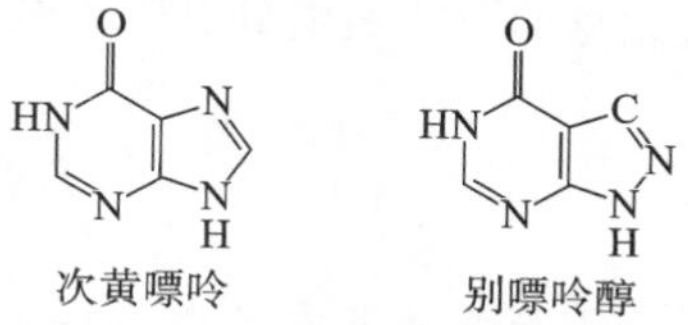

图 9-14 次黄嘌呤与别嘌呤醇的结构式

2. Lesch-Nyhan 综合征 Lesch-Nyhan 综合征是由 HGPRT 完全缺乏导致的,患者有强迫性自毁行为,对他人有攻击性,智力发育障碍,同时伴有高尿酸血症,可以引起早期肾结石,进而出现痛风症状。

HGPRT 的编码基因突变导致 HGPRT 完全缺乏,这样嘌呤核苷酸的补救合成不能进行而引起依赖大脑发育障碍。同时由于 GMP 与 IMP 合成量下降,磷酸核糖焦磷酸含量增加,使嘌呤核苷酸从头合成速率增高,尿酸过度生成。

知识链接

复合性免疫缺陷综合征

复合性免疫缺陷综合征是由腺苷脱氨酶(ADA)或嘌呤核苷酸磷酸化酶(PNP)遗传缺陷引起的。患者的淋巴细胞生成减少,不能产生特异性免疫应答而导致严重感染。

腺苷脱氨酶的缺陷会使 dATP 与 dGTP 在细胞内积累,而且 dATP 与 dGTP 是核糖核苷酸还原酶的抑制剂,最终导致脱氧核糖核苷酸的生成减少。淋巴细胞增殖所需的脱氧核苷酸的供应减少了,阻碍其 DNA 的生物合成,使得免疫细胞生成减少。

由 ADA 缺陷引起的免疫缺陷综合征,患者的 T 细胞与 B 细胞都会减少,同时伴有淋巴细胞功能异常。而由 PNP 缺陷引起的免疫缺陷综合征,患者 T 细胞生成不足,而 B 细胞功能异常。

二、嘧啶核苷酸的分解代谢

嘧啶核苷酸的分解产物为 CO_2、NH_3、β-氨基异丁酸及 β-丙氨酸,这些代谢产物主要通过尿液排出或被进一步分解。

核苷酸酶催化嘧啶核苷酸(dTMP、UMP、CMP)脱去磷酸生成嘧啶核苷。核苷磷酸化酶催化嘧啶核苷的糖苷键发生磷酸分解反应,释放出嘧啶碱基与磷酸核糖。胞嘧啶脱掉氨基形成尿嘧啶,进一步被还原成二氢尿嘧啶,水解开环后分解为 CO_2、β-丙氨酸及 NH_3。胸腺嘧啶最终被降解为 CO_2、NH_3、β-氨基异丁酸。

嘧啶核苷酸的某些代谢产物在体内还可被进一步代谢,如 β-氨基异丁酸可经转氨基作用转变为甲基丙二酸半醛,进一步形成琥珀酰 CoA;NH_3 可与谷氨酸结合生成谷氨酰胺,通过无毒的形式运输到肝脏内合成尿素。

小 结

核苷酸具有多项重要的生理功能,其中最重要的是作为合成核酸的原料,是构成核酸的基本单位。此外还参与能量代谢及一些代谢的调节。体内核苷酸主要由自身细胞合成,所以核苷酸不属于营养必需物质。体内存在从头合成与补救合成两条途径。

嘌呤核苷酸从头合成的原料有磷酸核糖、氨基酸、一碳单位及 CO_2,在 PRPP 的基础上经过一系列酶促反应合成出 IMP,再以此为分支点合成出 AMP 和 GMP。从头合成过程受到精确的反馈调节。嘌呤核苷酸的补救合成是利用现成的嘌呤或嘌呤核苷合成核苷酸的过程,虽然合成量少,但具有重要的生理意义。

嘧啶核苷酸从头合成的原料有 NH_3、CO_2、天冬氨酸。与嘌呤核苷酸从头合成过程不同,嘧啶核苷酸的从头合成是先合成嘧啶环,再与磷酸核糖结合生成核苷酸,该合成过程同样也受到反馈调节。

脱氧核糖核苷酸是在各自相应的核糖核苷二磷酸水平上经还原合成的,核糖核苷酸还原酶催化此反应过程。脱氧胸苷酸是在胸苷酸合成酶的催化作用下,由 dUMP 提供甲基合成的。

根据嘌呤核苷酸的抗代谢物有嘌呤、氨基酸或叶酸的类似物;嘧啶核苷酸的抗代谢物为嘧啶、氨基酸或叶酸类似物。这些抗代谢物以竞争性抑制的方式阻断或干扰核苷酸的合成,在肿瘤的治疗中具有重要作用。

在人体内,嘌呤核苷酸的代谢终产物是尿酸,痛风症是由嘌呤代谢异常,尿酸生成过多引起的。临床上常用别嘌呤醇治疗痛风。嘧啶核苷酸的分解代谢终产物为 CO_2、NH_3 和 β-氨基酸,可随尿排出。

能力检测

能力检测答案

一、单项选择题

1. 体内进行嘌呤核苷酸从头合成最主要的组织是(　　)。
A. 心肌　　　　　B. 骨髓　　　　　C. 肝脏　　　　　D. 脑　　　　　E. 乳腺

2. 嘌呤核苷酸从头合成时首先合成的是(　　)。
A. GMP　　　　　B. IMP　　　　　C. AMP　　　　　D. ATP　　　　　E. GTP

3. 体内直接还原生成脱氧核苷酸的物质是(　　)。
A. 核糖　　　　B. 核糖核苷　　　　C. 一磷酸核苷　　　D. 二磷酸核苷　　E. 三磷酸核苷

4. 嘧啶环中的两个氮原子分别来自(　　)。
A. 谷氨酰胺和天冬酰胺　　　　　　　　　B. 谷氨酰胺和氨
C. 谷氨酰胺和谷氨酸　　　　　　　　　　D. 谷氨酸和氨基甲酰磷酸
E. 谷氨酰胺和天冬氨酸

5. 嘌呤核苷酸的代谢终产物是(　　)。
A. 黄嘌呤　　　　B. 尿素　　　　C. 次黄嘌呤　　　D. 尿酸　　　　E. 乳清酸

6. 下列物质作为合成 IMP 和 UMP 共同的原料是(　　)。
A. 蛋氨酸　　　　B. 甘氨酸　　　　C. 磷酸核糖　　　D. 一碳单位　　　E. 天冬氨酸

7. HGPRT 参与的反应途径是(　　)。
A. 嘌呤核苷酸的从头合成　　　　　　　　B. 嘌呤核苷酸的补救合成
C. 嘌呤核苷酸的分解代谢　　　　　　　　D. 嘧啶核苷酸的从头合成
E. 嘧啶核苷酸的补救合成

8. 5-Fu 的抗肿瘤作用机制为(　　)。
A. 抑制胸腺嘧啶核苷酸合成酶的活性,从而抑制 DNA 的生物合成
B. 抑制尿嘧啶的合成,从而减少 RNA 的生物合成
C. 合成错误的 DNA,抑制癌细胞生长
D. 抑制胞嘧啶的合成,从而抑制 DNA 的生物合成
E. 抑制二氢叶酸还原酶的活性,从而抑制 TMP 的合成

9. 提供其分子中全部 C 和 N 原子合成嘌呤环的氨基酸是( )。

A.谷氨酸　　　B.天冬氨酸　　C.甘氨酸　　　　D.丝氨酸　　　　E.谷氨酰胺

二、简答题

1. 嘌呤核苷酸与嘧啶核苷酸从头合成的原料有何不同？

2. 说明嘌呤核苷酸分解代谢与痛风的关系？

（王　凡）

第十章
遗传信息传递与表达

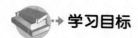

学习目标

掌握:遗传的中心法则;DNA 半保留复制、转录、逆转录、翻译的概念;参与 DNA 复制、RNA 转录及翻译的物质和作用。

熟悉:复制、转录、逆转录和翻译的过程。

了解:原核生物和真核生物的基因表达的机制。

本章 PPT

1944 年,美国科学家 Avery 等人首次通过肺炎链球菌 DNA 转化实验证明了 DNA 是细胞内遗传信息的载体和物质基础。在此研究的基础上,人们逐渐发现,自然界中大部分生物体细胞中的遗传信息就储存在双链 DNA 分子的碱基一级结构排列顺序中,而在 DNA 分子结构中的某些具有特定生物功能,并可以进一步作为模板编码生成单个生物学功能产物,包括 RNA 或蛋白质的 DNA 片段,被称为基因(gene)。

同时,人们发现,遗传信息在生物体细胞中可以在不同分子间进行传递。在细胞分裂过程中以亲代 DNA 为模板,遗传信息可以准确地传递给子代 DNA 分子,从而使得子代细胞具有与亲代细胞完全相同的遗传性状,这一过程称为复制(replication)。DNA 分子是生物体细胞中遗传信息的载体,但它并不能直接影响和改变生物体细胞的结构和生物功能,它必须经过遗传信息的传递过程,最终指导蛋白质的合成,从而通过特定的蛋白质产物来执行其不同的生物学功能。研究发现,DNA 分子不能作为蛋白质合成的直接模板,在此过程中需要先以双链 DNA 中的一条单链为模板合成与其碱基序列互补的 RNA 分子,首先将遗传信息从 DNA 传递给 RNA,此过程称为转录(transcription)。然后,再以生成的单链 mRNA 为模板,指导最终产物蛋白质的合成,此过程称为翻译(translation)。通过转录和翻译两个过程,位于 DNA 基因中的遗传信息最终指导生成具有特定生物学功能的蛋白质,从而影响和改变生物体细胞的结构和生物功能,此过程又称为基因表达(gene expression)。1958 年以后的十年里,Crick 将基因表达过程中遗传信息在细胞中的这种传递规律(DNA→RNA→蛋白质)总结为中心法则(central dogma)。1970 年,Temin 等人进一步在一种 RNA 病毒中发现了以单链 RNA 为模板生成双链 DNA 分子的遗传信息传递过程,此过程被称为逆转录(reverse transcription),这使得中心法则得到了进一步的完善和补充,见图 10-1。本章以中心法则为主线,进一步介绍 DNA 生物合成、RNA 生物合成和蛋白质生物合成的过程。

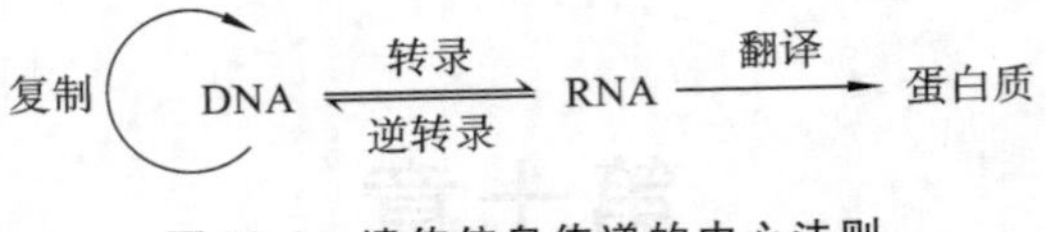

$$\text{复制} \curvearrowleft \text{DNA} \underset{\text{逆转录}}{\overset{\text{转录}}{\rightleftharpoons}} \text{RNA} \xrightarrow{\text{翻译}} \text{蛋白质}$$

图 10-1　遗传信息传递的中心法则

第一节　DNA 的生物合成

目前为止,在自然界生物细胞中发现的 DNA 合成主要有两种方式:DNA 复制、RNA 逆转录,其中 DNA 复制是绝大部分细胞 DNA 合成的主要方式。在细胞的增殖和分裂过程中,子代细胞需要继承与亲代细胞几乎完全一致的全部遗传信息,这个过程是通过 DNA 的复制过程来实现的。DNA 复制是指以双链的亲代 DNA 为模板合成两条与亲代 DNA 遗传信息完全一致的双链子代 DNA 的过程。另外人们在一些 RNA 病毒中还发现了一种以单链 RNA 为模板合成双链 DNA 的合成方式,被称为逆转录,这是一种比较特殊的 DNA 合成方式。同时由于不同细胞内外因素的影响,细胞内的 DNA 分子可能会导致不同程度的突变和损伤,在长期的生物进化过程中,生物体细胞逐渐形成了一套相对完善的 DNA 损伤修复体系,从而保持了细胞遗传过程中 DNA 分子结构和功能的稳定。

一、DNA 的复制

(一) DNA 复制的基本规律

研究发现,在原核细胞和真核细胞中,DNA 复制的基本原理和过程大体相同,细节上有所不同。由于原核细胞 DNA 结构要远比真核细胞染色体 DNA 结构简单得多,目前为止,人们对于原核细胞 DNA 的复制过程研究得要更清楚和全面,真核细胞 DNA 复制过程中的一些具体机制和细节目前尚未完全阐述清楚。但无论是原核细胞还是真核细胞内的 DNA 复制过程,都具有一些共同的基本规律需要遵循。

1. 半保留复制　半保留复制(semiconservative replication)是细胞 DNA 复制过程中最重要的一个特征。在研究 DNA 复制方式的早期,人们对于细胞内 DNA 复制的方式主要有三种假设,分别是全保留复制、半保留复制和混合型复制。直到 1958 年,Messelson 和 Stahl 通过一个经典的实验最终证实了细胞中的 DNA 复制都是以半保留复制的形式来进行的。半保留复制是指在 DNA 复制过程中,亲代双链 DNA 分子首先解螺旋,形成两条单链的亲代 DNA 模板,再进一步以每条单链 DNA 为模板合成一条新的与亲代模板 DNA 完全碱基互补(A=T,G≡C)的子代 DNA 的过程,最终一条双链亲代 DNA 分子可以生成两条与其遗传信息完全一致的子代双链 DNA 分子,而每条子代 DNA 分子中的一条链都是直接从其亲代 DNA 分子中保留而来,另一条链是新合成的。这种半保留复制的遗传方式使得亲代的 DNA 遗传信息以高度的准确性遗传给子代 DNA 分子,从而保证了 DNA 生物遗传过程的相对保守性。

2. 双向复制 研究发现,无论是原核细胞还是真核细胞的 DNA 复制的起始过程,都是在 DNA 分子上的一些特定富含 AT 序列位点上开始的,这些位点被称为复制起始点(replication origin)。不同在于,在原核细胞的 DNA 复制过程中通常整条 DNA 分子中只有一个单一的复制起始点,而真核细胞的 DNA 复制过程中,整条 DNA 分子中会同时存在着多个独立的复制起始点。DNA 复制的起始过程中,首先在复制起始点区域的模板双链DNA 被打开,然后向两个方向同时逐步地将下游双链模板 DNA 解开,复制将会沿着两个方向同时进行,且两个方向的复制速度几乎相等,这种特性被称为双向复制(bidirectional replication)。解开的两条模板单链 DNA 和下游未被解开的模板 DNA 双链在结构上形成Y 字形叉状结构,称为复制叉(replication fork)。

3. 半不连续性复制 在 DNA 复制过程中,两条新合成的子链 DNA 分子的合成方式完全不同,人们发现,在某一个局部区域内,一条子链 DNA 分子可以连续性合成,称为前导链(leading strand),而另一条子链则是不连续分段合成的,称为随后链(lagging strand),这种 DNA 复制特性被称为半不连续性复制(discontinous replication)。在随后链的合成过程中会产生很多较短的片段,被称为冈崎片段(Okazaki fragment),在复制过程的后期,每段冈崎片段会被连接酶重新连接在一起,形成一条完整的子代 DNA 分子。

(二) 参与 DNA 复制的物质

DNA 复制是细胞内一种非常复杂的生物学反应,需要多种物质共同参与,主要需要模板、底物、引物和多种酶和蛋白质因子的共同参与。

1. DNA 复制的模板与底物 DNA 复制的模板是亲代的双链 DNA,复制过程中双链DNA 分子需要解螺旋打开,每一条单链都是一个独立的模板,在 DNA 聚合酶的催化下指导 4 种三磷酸脱氧核糖核苷酸(dNTP),即 dATP、dGTP、dCTP、dTTP 按照碱基互补配对的原则,底物间通过 $3'$,$5'$磷酸二酯键的形成使得子链 DNA 沿着 $5'{\rightarrow}3'$的方向进行延长。

2. 引物 研究发现,催化子链 DNA 合成的 DNA 聚合酶并不具有直接将两个游离的底物 dNTP 聚合在一起的能力,所以在 DNA 复制的起始阶段,往往在子链 DNA 合成之前,在复制起始点处在引物酶的催化下首先会合成出一小段 RNA 引物(primer)分子,引物的作用主要是提供 $3'$—OH 末端,作为子链 DNA 合成时底物 dNTP 的连接靶点,RNA 引物只是在 DNA 复制的起始阶段短暂出现,当子链 DNA 分子被合成足够的长度后,该引物会被特异的水解,并不会保留在最后的子链 DNA 分子中。

3. DNA 聚合酶 催化 4 种底物 dNTP 聚合成新的子链 DNA 的酶,称为 DNA 聚合酶(DNA polymerase,DNA-pol)。1958 年,Kornberg 在大肠杆菌细胞中首次发现该酶。到目前为止,在原核细胞中发现了三种主要类型的 DNA 聚合酶,根据发现的先后顺序,分别命名为 DNA-pol Ⅰ、DNA-pol Ⅱ 和 DNA-pol Ⅲ。

三种 DNA 聚合酶除了具有 $5'{\rightarrow}3'$延长底物脱氧核糖核苷酸链的聚合活性,同时还都具有 $3'{\rightarrow}5'$核酸外切酶活性(图 10-2),这种 DNA 聚合酶所具有的核酸外切酶活性主要是在子链 DNA 复制过程中所发生的损伤和碱基错配现象时发挥其校对及修复的功能,正是由于 DNA 聚合酶同时具有这两种酶的活性,因此保证了子链 DNA 复制过程中的高度准确性和保守性。

研究发现在三种原核细胞 DNA 聚合酶中,DNA-pol Ⅲ 的催化聚合反应活性要明显高

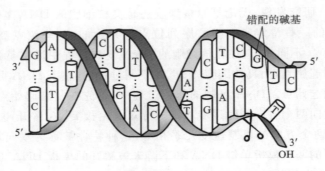

图 10-2　DNA 聚合酶的 3′→5′核酸外切酶活性

于 DNA-pol Ⅰ 和 DNA-pol Ⅱ，所以目前认为 DNA-pol Ⅲ 是大部分原核细胞子链 DNA 复制延长过程中真正起催化作用的酶。而 DNA-pol Ⅰ 除了具有 3′→5′核酸外切酶活性外还同时具有 5′→3′核酸外切酶活性，故 DNA-pol Ⅰ 的作用主要是对于子链 DNA 复制过程中所发生的损伤和碱基错配现象发挥其校对及修复的功能，同时 DNA-pol Ⅰ 在子链 DNA 分子引物的切除及填补同样有非常重要的作用。DNA-pol Ⅱ 同样是在 DNA 的损伤修复过程中发挥作用，但由于其自身的聚合活性及外切酶活性都比较低，在 DNA-pol Ⅱ 的损伤修复过程中，往往会导致部分突变和损伤现象的保留，所以 DNA-pol Ⅱ 对与 DNA 的损伤修复机制通常只发生在 DNA 损伤的应急修复过程中。

真核细胞 DNA 聚合酶主要有五种，分别是 DNA 聚合酶 α、β、γ、δ、ε。DNA 聚合酶 δ 的作用类似于原核细胞 DNA-pol Ⅲ，是真核细胞子链 DNA 延长的主要催化酶。DNA 聚合酶 α 主要的作用是催化引物的合成，是一种引物酶。DNA 聚合酶 β、ε 主要负责子链 DNA 复制碱基错配现象的校对及修复，但 DNA 聚合酶 β 的校对活性较弱，损伤修复的保真性不高。DNA 聚合酶 γ 主要是催化真核细胞线粒体 DNA 的复制过程。

4. 其他酶和蛋白质因子

（1）引物酶：在 DNA 复制的起始阶段，往往在子链 DNA 合成之前，在复制起始点处首先会合成出一小段 RNA 引物分子，引物的作用主要是提供 3′-OH 末端，作为子链 DNA 合成底物 dNTP 的连接靶点，催化 RNA 引物合成的酶被称为引物酶（primase）。

（2）DNA 解螺旋酶：在 DNA 复制的起始阶段，在复制起始点处的模板双链 DNA 首先需要被 DNA 解螺旋酶（helicase）催化水解双链碱基间的氢键，从而使得双链 DNA 分子解螺旋，形成两条局部的单链 DNA 结构，每条单链就可以作为独立的模板引导子链 DNA 新链的合成。同时 DNA 解螺旋酶可继续沿着模板 DNA 向下游移动，使得模板双链 DNA 逐渐被打开。

（3）DNA 拓扑异构酶：DNA 复制，随着 DNA 解螺旋酶沿着模板 DNA 移动，逐渐打开双链 DNA 分子的过程中，必然会导致下游的模板双链 DNA 分子形成局部的超螺旋结构，这种超螺旋结构对与解螺旋酶的移动和子链 DNA 的合成都会有一定的限制作用，不利于复制的过程。在原核和真核细胞中发现了两种不同的 DNA 拓扑异构酶（DNA topoisomerase）Ⅰ、Ⅱ，它们的主要作用就是在 DNA 复制过程中消除下游模板双链 DNA 分子形成的局部超螺旋结构，理顺双链 DNA 从而更有利于 DNA 的复制过程。DNA 拓扑异构酶 Ⅰ、Ⅱ 同时具有内切酶和连接酶的两种活性，拓扑异构酶 Ⅰ 在不需要 ATP 能量的条件下就可以切断模板双链 DNA 的一条链,使 DNA 链末端延特定的方向旋转,从而消除超螺旋结构,最后还会将切开的断口重新连接。拓扑异构酶Ⅱ的作用需要消耗 ATP 能量,同时断开模板双链 DNA 的两条链,消除超螺旋结构,最后再将断口重新连接。近几年,在一些真核细胞中还发现了 DNA 拓扑异构酶Ⅲ。

（4）DNA 连接酶:在 DNA 复制过程中,两条子链 DNA 的合成方式需要按照半不连续性规律进行,在随后链的合成过程中会产生很多条小分子单链冈崎片段,在复制的最后阶段分段合成的冈崎片段需要在 DNA 连接酶(DNA ligase)的催化下重新连接在一起,形成完整的子链 DNA。

（5）单链 DNA 结合蛋白:在复制的起始点,模板双链 DNA 被解螺旋酶打开后,两条模板单链由于碱基互补原因,总有重新恢复形成双螺旋结构的倾向。在原核和真核细胞中存在着一类单链 DNA 结合蛋白(single strand DNA binding protein,SSB),它们可以与被解开的两条单链模板 DNA 结合,稳定单链 DNA 结构,从而避免两条单链 DNA 重新恢复形成双螺旋结构。

（三）DNA 的复制过程

DNA 的复制大致可以分为复制的起始、延伸、终止三个阶段。

1. 复制的起始 DNA 复制的起始先须在复制起点处解开 DNA 双螺旋,依靠解链酶和拓扑异构酶Ⅱ使 DNA 先解开一段双链,形成复制起始点,每个复制起始点的形状像一个叉子,故称为复制叉。同时单链结合蛋白与解开的模板链结合,引物酶以解开的单链 DNA 的一段为模板,以脱氧核糖核苷三磷酸为底物,以 $5'→3'$ 方向按照碱基配对原则合成一段 RNA 引物,完成起始过程。此引物的 $3'$-OH 末端就是合成新的 DNA 子链的起始靶点。

2. 复制的延伸 RNA 引物形成后,DNA 聚合酶Ⅲ分别以亲代 DNA 的两条链为模板,按照碱基配对原则,催化四种脱氧核糖核苷三磷酸依次聚合到 RNA 引物的 $3'$-OH 末端或延伸到子链的 $3'$-OH 末端,DNA 子链不断延伸。由于 DNA 分子的两条链是反向平行的,而子链的合成方向都是依 $5'→3'$ 方向进行的。因此,新合成的子链中有一条链合成方向与复制叉前进方向是一致的,可以连续性合成,此链称为前导链;而另一条链合成方向与复制叉前进方向相反,是一段不连续合成的子链,称为后随链。其中不连续合成的片段称为冈崎片段,冈崎片段的起始也需合成一小段 RNA 作为引物,见图 10-3。

3. 复制的终止 由于复制的半不连续性,随后链是通过冈崎片段来延伸的,当冈崎片段延伸至一定长度,直到前一个 RNA 引物的 $5'$ 端为止,在 DNA 聚合酶Ⅰ的作用下,冈崎片段的引物被切除,留下的缺口由 DNA 聚合酶Ⅰ填补。此时第一个片段的 $3'$-OH 和第二个片段的 $5'$-磷酸基团仍然是游离的,最后 DNA 连接酶把两个片段之间所剩的小缺口通过磷酸二酯键结合起来,成为真正连续的子链。前导链同样也有引物被水解而遗留空隙,也需要 DNA 聚合酶Ⅰ填补空缺和连接酶将缺口连接。

DNA 复制严格按照碱基配对规律,反映了遗传的保守性,此外,DNA 聚合酶具有 $3'→5'$ 核酸外切酶的活性,能及时切除错配的碱基,使 DNA 复制具有高度的正确性,保证了遗传信息传递的正确性。但是这种保守性不是绝对的,有资料估计,DNA 的自发突变率约为 10^{-10},即每复制 10^{10} 个核苷酸会有一个碱基发生与模板不配对的错误,这种低频率的自发突变会产生变异现象。可见,遗传和变异的保守性是对立而又统一的自然规律。

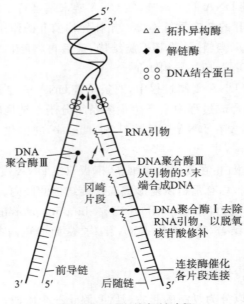

图 10-3　DNA 的复制过程

二、DNA 的损伤与修复

DNA 突变是指个别碱基以及片段 DNA 在构成、复制或表型功能的异常变化,也称 DNA 损伤(DNA damage)。突变对生物可能产生四种结果:①导致个体细胞死亡;②丧失某些功能,引起相关疾病;③改变个体的基因型,但不改变表现型;④产生有利于适应环境和物种生存的性状,使生物进化。

(一) DNA 损伤

1. 引起 DNA 损伤的因素　DNA 可以发生自身突变,引起物种的变异,但发生频率为 10^{-10} 左右。此外,环境因素也能引起突变,包括物理、化学和生物因素。紫外线、电离辐射、化学诱变等因素使 DNA 在复制过程中发生改变,这一过程导致 DNA 损伤,其实质就是 DNA 分子上碱基的改变,造成 DNA 结构和功能的破坏,导致基因突变,引起 DNA 损伤的主要因素有以下几点。

(1) 物理因素:常见的物理因素有紫外线和电离辐射。紫外线照射引起 DNA 分子中相邻的嘧啶碱基之间形成二聚体,最常见的是 TT 嘧啶二聚体,它能使 DNA 的复制和转录受到抑制。

(2) 化学因素:化学因素是指一些化学诱变剂。它们种类繁多,大多是致癌物质,已发现的有 6 万多种,而且每年以上千个新品种的速度增加。化学诱变剂包括碱基和核苷酸类似物,抗生素及其类似物;此外,还有烷化剂、亚硝酸盐、黄曲霉毒素、化工产品、工业及机动车排放的废气、废水、农药残留食品、添加剂,甚至药品。

(3) 生物因素:如逆转录病毒。

2. DNA 突变的类型

(1) 错配:错配又称点突变,是指 DNA 上单个碱基的变异。由一种嘧啶变成另一种嘧啶或由一种嘌呤变成另一种嘌呤,称为转换;由嘧啶变成嘌呤或由嘌呤变成嘧啶,称为颠换。并不是所有的点突变都会影响细胞的功能,只有当点突变发生在基因编码区时则可能导致氨基酸的改变,影响蛋白质的结构和功能。

知识链接

分 子 病

DNA 分子上碱基的变化(基因突变)能引起 mRNA 和蛋白质结构变异(表现型的改变),导致体内某些结构和功能的异常,由此造成的疾病称为分子病。例如,镰刀状红细胞贫血的患者血红蛋白 β 链的 N 端第 6 位氨基酸残基由亲水的 Glu 变成疏水的 Val,这是由于结构基因发生单一碱基变异,在转录时使 mRNA 相应的密码子单个碱基发生改变,以致在翻译时在血红蛋白 β 链第 6 位 Glu 被 Val 取代。患者的血红蛋白 HbS 容易析出、沉淀,从而使红细胞变成镰刀形并易破裂。

(2)缺失、插入和框移:缺失、插入和框移是指 DNA 分子中丢失或插入一个或多个碱基。缺失或插入所引起的遗传密码读码框的位移,称为框移突变(frame shift mutation),进而使蛋白质的结构和功能改变,但插入或缺失 3 或 $3n$ 个核苷酸不一定会引起框移突变。

(3)重排:DNA 分子内较大片段的交换,称为重组或重排。移位 DNA 可在新位点上颠倒方向反置(倒位),也可在染色体之间发生交换重组。

(二)DNA 损伤的修复

生物体在长期进化中,为了保证遗传信息的稳定性,建立了 DNA 损伤修复机制。细胞内具有一系列起修复作用的酶系统,可以除去 DNA 分子上的损伤,恢复 DNA 的正常双螺旋结构。

1. 光修复 几乎在所有的细胞中都能发现光复活酶。在可见光的作用下激活光复活酶,可以催化胸腺嘧啶二聚体重新分解为单体。

2. 切除修复 这是细胞内最重要和有效的修复机制,在原核细胞中需要特异的核酸内切酶,DNA 聚合酶 I 和 DNA 连接酶的共同参与,核酸内切水解核酸链内损伤部位 5′端的磷酸二酯键,在链内造成一个缺口,该缺口由 DNA 聚合酶 I 催化,以对应的 DNA 单链为模板链,按 5′→3′方向填补空隙,最后由 DNA 连接酶把 3′-OH 和 5′-磷酸基团连接起来,完成切除修复,见图 10-4。

3. 重组修复 在 DNA 损伤范围较大、来不及修复完毕就进行复制时,损伤部位不能作为模板指导子链的合成,造成子链上的缺口。这时可以通过重组作用,用另一股正常的亲代链中相应的片段来填补该缺口。因而,正常亲代链上出现了缺口,但由于有子链作为模板,可在 DNA 聚合酶 I 和连接酶的作用下,使正常链完全复原。虽然损伤链的损伤不能去除,但在不断复制的过程中,损伤链的比例越来越少,见图 10-5。

4. SOS 修复 SOS 是国际海难的紧急呼救信号,在此意为"紧急修复",是指当 DNA 受到广泛而严重的损伤,难以继续复制时,细胞内应激产生的一系列修复反应,包括切除、重组修复系统。在原核细胞中主要是 DNA 聚合酶 II 来催化这种修复机制,但由于 DNA

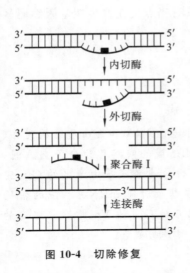

图 10-4　切除修复

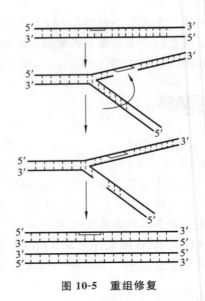

图 10-5　重组修复

聚合酶Ⅱ本身的聚合和校对活性都较弱,故这种修复过程往往会保留较多的错误,但通过SOS修复,如果复制能继续,细胞将可存活。然而,若DNA保留了较多的错误,会引起细胞内较广泛、长期的突变。

　　DNA损伤的修复是生物体的一项重要功能。DNA修复能力的异常可能与衰老和某些疾病如肿瘤的发生有关。有一种着色性干皮病的遗传性疾病,患者缺乏特异性切除修复相关酶类,对紫外线照射引起的皮肤细胞的损伤不能修复,患者对日光和紫外线特别敏感,易发生皮肤癌。目前,DNA损伤与修复正成为研究癌变机制的重要课题。

三、逆转录

　　逆转录(reverse transcription)是以单链RNA为模板合成双链DNA的过程。逆转录的发现是对中心法则的扩充。逆转录酶是一种依赖RNA的DNA聚合酶,不仅存在于致癌RNA病毒中,也存在于其他RNA病毒以及人的正常细胞和胚胎细胞中。该酶有三种活性:依赖RNA的DNA聚合酶活性、RNA水解酶活性和依赖DNA的DNA聚合酶活性。

　　RNA病毒的遗传信息储存在单链RNA上,当RNA病毒进入细胞后,在胞质中脱去外壳,接着逆转录酶以病毒RNA为模板催化DNA链的合成,合成的DNA链称为互补DNA(complementary DNA,cDNA)。cDNA的碱基与RNA模板链的碱基之间以氢键相连,形成RNA-DNA杂交分子,随后,在逆转录酶的作用下,杂交分子中的RNA被水解后,再以cDNA为模板指导合成另一与其互补的DNA链,形成双链cDNA分子,即前病毒,见图10-6。前病毒保留了RNA病毒的全部遗传信息,可在细胞内独立繁殖。在某些情况下,前病毒可整合到宿主细胞染色体的DNA中去,并随宿主细胞一起复制与表达。

　　逆转录酶没有$3'\to5'$外切酶活性,因此它没有校正功能,逆转录作用的错误率相对较高,这可能是致病毒株较快地出现新毒株的一个原因。逆转录酶和逆转录现象是分子生物学研究中的重大发现,是对中心法则的完善和补充。逆转录酶也是分子生物学研究中常用的工具酶之一,在基因工程中可利用mRNA经逆转录合成目的基因cDNA。

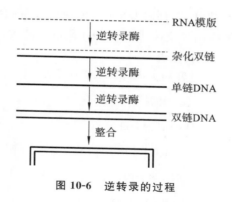

图 10-6 逆转录的过程

第二节 RNA 的生物合成

在自然界中,RNA 的生物合成有两种方式。绝大多数以 DNA 为模板通过转录合成 RNA;少数生物以 RNA 为模板指导 RNA 的合成,也叫 RNA 的复制,由依赖 RNA 的 RNA 聚合酶催化,常见于病毒。转录是 RNA 生物合成的主要方式,是基因表达的第一步,也是最关键的一步。

一、不对称转录

(一)转录的概念

转录是在 DNA 指导的 RNA 聚合酶催化下进行的,以单链 DNA 为模板,四种三磷酸核糖核苷酸 NTP 为原料,遵循碱基配对原则,合成一条与 DNA 链互补的 RNA 链,此过程即为转录(transcription)。通过转录,生物体的遗传信息由 DNA 传递给 RNA。

在细胞周期的某个阶段,并不是细胞内的整条 DNA 均可转录,只有少部分的基因能发生转录。能转录出 RNA 的 DNA 区段称为结构基因(structural gene),转录产物可以是 mRNA、也可以是 tRNA 或 rRNA。其余不能转录的 DNA,或作为基因的调节成分,或功能不清。因 RNA 是一条多核苷酸链,故转录是以 DNA 的一条链为模板,而各个基因的模板链不都在同一条亲代 DNA 单链上,这种现象称为不对称转录。在转录中起模板作用的链,称为模板链(template strand),与其互补的相应链称为编码链(coding strand)。编码链的序列与转录出的 mRNA 序列基本相同,只是编码链上的 T 对应 mRNA 上的 U。可见,不对称转录现象有两方面的含义:①由双链 DNA 分子上一股链可转录,另一股链不被转录;②在同一条 DNA 的不同结构基因区域中,模板链并非永远在同一股 DNA 单链上。

编码链　5′...ATG GCA CAT AGC GTC...3′　　DNA
模板链　3′...TAC CGT GTA TCG CAG...5′

↓转录

5′...ATG GCA CAT AGC GTC...3′　mRNA

↓翻译

N...甲硫-丙-组-丝-缬...C　　　　蛋白质

转录和复制有许多相似之处：①都以 DNA 作模板；②新链合成方向都是 5′→3′；③都需依赖 DNA 的聚合酶催化核苷酸，连接形成 3′→5′磷酸二酯键；④都遵从碱基互补配对规律。但转录和复制又有很大区别，见表 10-1。

表 10-1　复制与转录的区别

区别点	复制	转录
模板	DNA 的两条链	DNA 的模板链
原料	dNTP	NTP
聚合酶	DNA 聚合酶	RNA 聚合酶
引物	需要(RNA 引物)	不需要
产物	子代双链 DNA	mRNA、tRNA、rRNA 等
碱基配对	A-T、G-C	A-U、T-A、G-C
方式	半保留复制、半不连续复制	不对称转录

(二) 参与转录的物质

1. 模板　DNA 双链中的模板链。

2. 原料　4 种核糖核苷酸 NTP，即 ATP、GTP、CTP、UTP。

3. RNA 聚合酶　RNA 聚合酶又称 DNA 依赖的 RNA 聚合酶(DNA dependent RNA polymerase，DDRP)，该酶以 DNA 为模板，以 NTP 为底物，遵从碱基互补配对原则并按 5′→3′方向，催化 RNA 链的合成。原核细胞只有一种 RNA 聚合酶，由 5 个亚基($\alpha_2\beta\beta'\sigma$)共同组成全酶。$\sigma$ 亚基的功能是辨认起始点，在转录的起始过程发挥作用，脱离了 σ 亚基的 $\alpha_2\beta\beta'$，是真正在子链 RNA 延长中挥发催化作用的酶，称为核心酶，各亚基的功能，见表 10-2。原核细胞的 RNA 聚合酶有一种天然的抗生素抑制剂-利福霉素，它可以特异地与 RNA 聚合酶 β 亚基非共价结合，从而使其失活。临床上常用利福霉素治疗结核杆菌引起的肺结核等细菌感染性疾病。

表 10-2　大肠杆菌 RNA 聚合酶组分及功能

亚基	数目	功能
α	2	决定哪些基因被转录
β	1	催化子链 RNA 的聚合反应
β'	1	催化打开亲代 DNA 的双螺旋结构
σ	1	识别并结合转录起始点

真核细胞 RNA 聚合酶有三种，分别称为 RNA 聚合酶Ⅰ、Ⅱ、Ⅲ，它们存在于细胞的不同部位，可专一地转录由不同的基因产生不同的产物。三种酶对鹅膏蕈碱的敏感性不同，是区分三种酶的方法之一，见表 10-3。

表 10-3　真核生物的 RNA 聚合酶

种类	细胞内定位	转录产物	对鹅膏蕈碱的敏感性
Ⅰ	核仁	45SrRNA	不敏感
Ⅱ	核质	hnRNA	极度敏感
Ⅲ	核质	5SrRNA、tRNA、snRNA	中度敏感

二、转录过程

RNA 的转录同样可分为起始、延长、终止三个阶段。这里以原核生物为例介绍转录的基本过程。

(一)起始阶段

转录起始就是 RNA 聚合酶结合到 DNA 模板上，DNA 双链局部解开的过程。转录是在 DNA 模板的特殊部位开始的，此部位称为启动子(promoter)，通常位于转录起始点的上游，本身并不被转录。转录起始点是 DNA 分子上开始进行转录作用的起始位点，常以＋1 表示。转录是从起始点开始向模板的 5′末端方向进行，在 DNA 模板上，从起始点开始顺转录方向的区域称为下游，从起始点逆转录方向的区域称为上游。起始点上游的碱基编号用负值表示，起始点下游的碱基编号用正值表示。转录起始时，RNA 聚合酶依靠 σ 亚基的作用，与模板 DNA 分子上的启动子结构相互识别并结合。当 RNA 聚合酶滑动到起始点后，RNA 聚合酶与模板之间形成疏松复合物，根据模板链上(3′→5′)核苷酸序列，催化一小段子链 RNA 的合成，在此过程中，子链 RNA 的合成并不需要引物的靶点作用，两个游离的 NTP 底物在 RNA 聚合酶的催化下直接开启子链 RNA 的合成起始过程。通常 RNA 链的 5′末端总是三磷酸嘌呤核苷 GTP 或 ATP，以 GTP 更为常见。

可见，转录的起始就是形成一个转录起始复合物的过程。转录起始复合物由 RNA 聚合酶全酶、DNA 模板和刚生成的 RNA 二核苷酸组成。

(二)延长阶段

当一小段子链 RNA 合成之后，σ 亚基脱离转录起始复合物，核心酶继续沿 DNA 模板链的 3′→5′方向移动、进入延长阶段。σ 亚基又可与另一核心酶结合，反复使用。

随着 σ 亚基的脱落，核心酶的构象发生改变，与模板 DNA 的结合变得疏松、有利于核心酶迅速向前移动。核心酶不断地使 DNA 双螺旋解旋，以暴露出模板链，其长度大约为 20 bp，按碱基配对原则合成 RNA 链。RNA 链的延长是按 5′→3′方向进行的，在延长新生 RNA 链时，由新生 RNA 链与模板链之间形成长约 12 bp 的 RNA-DNA 杂交链，随着向前转录的进行。RNA 链的 5′端不断脱离模板链，使模板链与编码链之间又重新形成双螺旋结构。这种由核心酶、DNA 模板和转录产物形成的复合物、被形象地称为转录泡，见图 10-7。

(三)终止阶段

当核心酶在 DNA 模板上滑行到转录终止区域时，便停顿下来不再前进，转录产物 RNA 链从转录复合物上脱落下来，转录即终止。根据是否需要蛋白质因子的参与，原核生

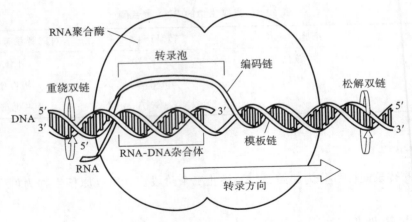

图 10-7　RNA 转录的延长过程

物转录终止分为不依赖 ρ 因子的终止和依赖 ρ 因子的终止两大类。

ρ(Rho)因子是由 6 个相同亚基构成的六聚体蛋白质,能控制转录的终止,具有 ATP 酶活性和解螺旋酶活性。ρ 因子与新生的 RNA 转录产物 3′尾端结合,ρ 因子和 RNA 聚合酶都发生构象变化,从而使 RNA 聚合酶停顿,ρ 因子的解旋酶活性利用 ATP 水解的能量,使 DNA-RNA 杂化双链分离,转录产物 RNA 链从转录复合物中释放,核心酶也从 DNA 模板上脱落下来,核心酶与 σ 亚基结合,重新形成全酶,催化新 RNA 链。在原核生物中还存在另一种不依赖 ρ 因子的终止,即在子链 RNA3′尾端产生特殊的碱基序列,由富含 GC 的反向重复序列及 3′末端的寡聚 U 序列构成。可使新合成的 RNA 链 3′尾端自身环化形成发夹样结构,阻止 RNA 聚合酶的向前移动,RNA 链的延伸便终止。

三、真核生物转录后的加工与修饰

RNA 转录之后,需要继续加工才能形成有功能的活性 RNA。原核细胞没有细胞核,其结构基因是连续的核苷酸序列,转录后产生的 RNA 很少经过加工处理(tRNA 例外)就转运到核糖体上参与蛋白质的合成。真核细胞则不同,它有细胞核,基因断裂现象普遍,由编码与非编码的核苷酸序列间隔镶嵌组成,所以转录后生成的各种 RNA 都是其前体,必须经过加工处理,才能成为有活性的 mRNA、tRNA 与 rRNA。这种从新生的、无活性的 RNA 转变成有活性的 RNA 的过程,称为 RNA 的成熟(转录后的加工过程),成熟过程包括链的断裂、拼接和化学修饰。

(一) mRNA 转录后的加工

真核生物 mRNA 的前体是核内不均一 RNA(hnRNA),hnRNA 由 RNA 聚合酶Ⅱ催化生成,转录后加工包括对 5′末端和 3′端的首尾修饰以及对 hnRNA 的剪接等。

1. 5′末端加帽　真核生物 mRNA 的 5′端有帽子结构,即 7-甲基鸟嘌呤三磷酸核苷(m^7GpppN)结构。这个加帽过程是在核内进行的,由加帽酶和鸟苷酸转移酶共同催化完成。先由加帽酶水解 RNA5′末端的 γ-磷酸,然后与 GTP 反应形成 5′-5′三磷酸结构,再由甲基转移酶进行甲基化修饰,形成了 $5′-m^7GpppN$ 的帽子结构。

2. 3′端加尾　真核生物 mRNA3′端的多聚腺苷酸 polyA 也是转录后加上去的,先由特异的核酸外切酶切去 hnRNA3′端一些核苷酸,然后在核内多聚腺苷酸聚合酶催化下,在 3′端加上一段多聚腺苷酸尾巴,长度一般为 80～250 个核苷酸。

3. hnRNA 的剪接 原核生物与真核生物的结构基因有明显的区别,原核生物的结构基因是连续的,而真核生物的结构基因是不连续的。由若干个编码区与非编码区相互间隔而又连续镶嵌而成的部分,称为断裂基因。真核生物细胞核内的 hnRNA 分子中的核苷酸序列有一部分不出现在胞质成熟的 mRNA 中,称为内含子(intron)。此部分序列无表达活性,不编码氨基酸,在转录后的加工中被切除;有表达活性的、能编码氨基酸的序列称为外显子(extron),在转录加工中由相关的外显子拼接起来,成为具有翻译功能的模板。最初生成的 hnRNA 在酶的作用下切除内含子,拼接外显子的过程称为 hnRNA 的剪接,见图 10-8。

图 10-8 卵清蛋白基因的内含子、外显子结构

剪接过程中,hnRNA 的分子中的内含子先弯成套索状,称为套索 RNA,外显子相互连接,接着由特异的 RNA 酶切断编码区和非编码区之间的磷酸二酯键,再使外显子相互连接,生成成熟的 mRNA。

(二) tRNA 转录后的加工

真核生物的 tRNA 由 RNA 聚合酶Ⅲ催化生成初级转录产物,然后加工成熟。其加工过程主要有以下步骤。

1. 剪切 分别在 5′和 3′端切去一定的核苷酸序列以及 tRNA 反密码子环的插入序列,见图 10-9。

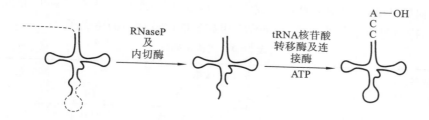

图 10-9 tRNA 的剪接过程

2. 甲基化反应 在 tRNA 甲基转移酶的催化下,某些嘌呤生成甲基嘌呤,A→mA。

3. 还原反应 尿嘧啶(U)还原为二氢尿嘧啶(DHU)。

4. 脱氨基反应 某些腺嘌呤(A)成为次黄嘌呤(I),次黄嘌呤(I)是常见于 tRNA 的稀有碱基之一。

5. 碱基转位反应 U→Ψ。

6. 3′端修饰 tRNA3′端切去多余碱基后,加上 CCA-OH3′端结构,这个结构是蛋白质合成过程中底物氨基酸的结合位点。

（三）rRNA 的转录加工

真核细胞的 rRNA 的基因称为 rDNA，每个 rDNA 单位经 RNA 聚合酶 I 转录出 45 S rRNA 初级转录产物，45 S rRNA 经加工后生成 28 S、18 S 与 5.8 S rRNA。另外，由 RNA 聚合酶Ⅲ催化合成的 5 S rRNA 经过修饰与 28 S rRNA、5.8 S rRNA 及相关核糖体蛋白质一起装配成核糖体的大亚基；而 18 S rRNA 与相关核糖体蛋白质一起，装配成核糖体的小亚基。然后，通过核孔转移到细胞质中，作为蛋白质生物合成的场所，参与蛋白质的合成。

第三节　蛋白质的生物合成

在体内合成蛋白质的过程被称为蛋白质的生物合成。遗传信息储存于 DNA 分子中，通过转录生成 mRNA，由 mRNA 传递的遗传信息被翻译成蛋白质的氨基酸排列顺序，因此，蛋白质的生物合成过程，也称为翻译（translation）过程。

一、参与蛋白质生物合成的物质

蛋白质的生物合成是以氨基酸为原料，以 mRNA 为模板，以 tRNA 为转运氨基酸的工具，以核糖体为场所，并需要酶类和其他蛋白质因子参与共同协调完成。

（一）三类 RNA 在翻译中所起的作用

1. mRNA 的作用　mRNA 是蛋白质合成的模板，指导蛋白质的合成，其碱基顺序决定了蛋白质分子中的氨基酸排列。mRNA 将 DNA 分子的遗传信息传递给蛋白质，起遗传信使的作用。mRNA 分子按 $5'\rightarrow 3'$ 方向，以起始密码子 AUG 开始，每三个核苷酸为一组形成三联体，代表某种氨基酸或其他信息，称为遗传密码（genetic coden）。A、G、C、U 四种核苷酸共有 $64(4^3)$ 种不同的排列组合，即共有 64 个密码子，见表 10-4。UAA、UAG 和 UGA 不代表任何氨基酸，它们只是肽链合成的终止信号，称为终止密码子。AUG 是肽链合成的起始信号，称为起始密码子，同时又是代表甲硫氨酸（蛋氨酸）的密码子。

表 10-4　遗传密码表

第一个碱基 (5'端)	第二个碱基				第三个碱基 (3'端)
	U	C	A	G	
U	UUU 苯丙	UCU 丝	UAU 酪	UGU 半胱	U
	UUC 苯丙	UCC 丝	UAC 酪	UGC 半胱	C
	UUA 亮	UCA 丝	UAA 终止	UGA 终止	A
	UUG 亮	UCG 丝	UAG 终止	UGG 色	G
C	CUU 亮	CCU 脯	CAU 组	CGU 精	U
	CUC 亮	CCC 脯	CAC 组	CGC 精	C
	CUA 亮	CCA 脯	CAA 谷胺	CGA 精	A
	CUG 亮	CCG 脯	CAG 谷胺	CGG 精	G

续表

第一个碱基 （5′端）	第二个碱基				第三个碱基 （3′端）
	U	C	A	G	
A	AUU 异亮	ACU 苏	AAU 天胺	AGU 丝	U
	AUC 异亮	ACC 苏	AAC 天胺	AGC 丝	C
	AUA 异亮	ACA 苏	AAA 赖	AGA 精	A
	AUG 甲硫	ACG 苏	AAG 赖	AGG 精	G
G	GUU 缬	GCU 丙	GAU 天	GGU 甘	U
	GUC 缬	GCC 丙	GAC 天	GGC 甘	C
	GUA 缬	GCA 丙	GAA 谷	GGA 甘	A
	GUG 缬	GCG 丙	GAG 谷	GGG 甘	G

遗传密码具有以下特点。

（1）方向性：密码子及组成密码子的各碱基在 mRNA 中的排列具有方向性，翻译时的阅读模板方向只能是 5′→3′方向，即 5′端是一个起始密码，阅读方向为从 5′端起点开始，连续不断地向 3′端阅读，直至终止密码出现。

（2）连续性：mRNA 分子中起始密码子与终止密码子之间的序列是编码序列，称为开放阅读框（open reading frame，ORF）。阅读框上的密码子及密码子的各碱基的排列是连续的，密码子及密码子的各碱基之间没有间隔，即具有无标点性。基于密码子的连续性，mRNA 链上插入一个碱基或删去一个碱基，就会导致读码错误，造成下游翻译产物氨基酸序到的改变，这种错误叫作移码突变。

（3）简并性：除蛋氨酸和色氨酸外，其余 18 种氨基酸的密码子均有两种或两种以上，最多可达 6 种。一个氨基酸具有两种或两种以上密码子的现象，称为密码的简并性。编码同一氨基酸的几个密码子，称为同义密码子。这种简并性有一定的规律，其密码的专一性主要由头两个碱基决定，而第三个碱基呈摆动现象，密码的简并性就在于密码子组最后一个碱基的不同。遗传密码的广泛简并性，其生物学意义是减少突变的有害效应。

（4）摆动性：翻译过程中，氨基酸的正确加入，需靠 mRNA 上的密码子与 tRNA 上的反密码子相互辨认，密码子与反密码子配对时，有时不完全遵守碱基配对规律，尤其是密码子 5′端的第三位碱基对反密码子 5′端的第一位碱基配对时，更常出现这种摆动现象，即碱基不严格互补也能相互辨认。tRNA 分子组成的特点是含有许多稀有碱基，其中次黄嘌呤（I）常出现在反密码子 5′端的第一位，是最常见的摆动现象，见图 10-10。

（5）通用性：目前这套遗传密码适用于生物界的所有物种，即遗传密码具有通用性，这也表明各种生物是由同一祖先进化而来，但是近年的研究表明，在线粒体和叶绿体中的密码与"通用密码"有一些差别。

2. tRNA 的作用　tRNA 是转运底物氨基酸的工具，tRNA 分子的反密码子环上的反密码子与 mRNA 的密码子配对，tRNA 的 3′端 CCA-OH 是氨基酸的结合位点，1 种氨基酸可以和 2～6 种 tRNA 结合，所以 tRNA 可以通过反密码子，准确地按照 mRNA 上密码的顺序，使所携带的氨基酸准确地转运到指定的位置，合成子肽链。因此，tRNA 是 mRNA

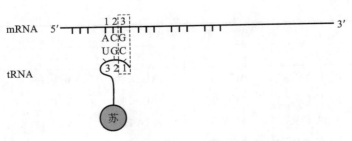

图 10-10　密码子与反密码子的摆动现象

密码子与氨基酸之间的结合器。

3. rRNA 的作用　rRNA 分子与多种蛋白质共同构成核糖体,见图 10-11。核糖体是蛋白质合成的场所,核糖体都由大、小两个亚基组成,每个亚基又含有多种蛋白质和 rRNA,有些蛋白质就是参与翻译的酶和蛋白因子。

小亚基上有容纳 mRNA 的通道,可以结合模板 mRNA,小亚基结合起始 tRNA 并结合和水解 ATP 供蛋白质合成需要。大亚基上有三个不同的 tRNA 结合位点,第一个是结合氨基酰-tRNA 进入核糖体的氨基酰位(aminoacyl site),即 A 位;第二个结合肽酰-tRNA 的肽酰位(peptidyl site),即 P 位;第三个是排出卸载 tRNA 的排出位(exit site),即 E 位。核糖体的这些功能使其在蛋白质合成过程中起"装配机"的作用。

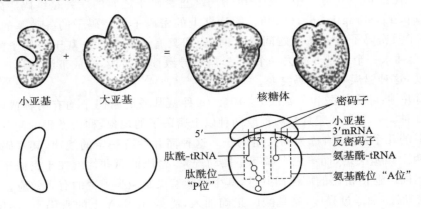

图 10-11　核糖体的构成

(二) 参与蛋白质合成的酶类及蛋白质因子

在蛋白质生物合成过程中起主要作用的酶有下列几种。

1. 氨基酰-tRNA 合成酶　它又称氨基酸活化酶,此酶在 ATP 的存在下,催化氨基酸的活化过程,与 tRNA 结合形成氨基酰-tRNA。

$$氨基酸 + tRNA + ATP \xrightarrow[\text{Mg}^{2+}]{\text{氨基酰-tRNA 合成酶}} 氨基酰-tRNA + AMP + PPi$$

反应过程中,ATP 分解为 AMP 及焦磷酸,故每分子氨基酸的活化实际消耗 2 个高能磷酸键,此反应分两个步骤完成:

$$氨基酸 + ATP-酶 \longrightarrow 氨基酰-AMP-酶 + PPi$$

$$氨基酰-AMP-酶 + tRNA \longrightarrow 氨基酰-tRNA + AMP + 酶$$

氨基酰-tRNA 合成酶的特异性很高，每一种酶只能催化一种特定的氨基酸与其相应的 tRNA 载体结合，胞质中存在大约 50 种的氨基酰-tRNA 合成酶。各种氨基酸和对应的 tRNA 结合后形成的氨基酰-tRNA 可以表示为氨基酸的三字母缩写，如：Met-tRNA^{Met}。真核生物起始氨基酰-tRNA 是甲硫氨酰-tRNA，通常写成 Met-tRNA$_i^{Met}$ 以区别参与肽链延长甲硫氨酰-tRNA；原核生物起始氨基酰-tRNA 是甲酰甲硫氨酰-tRNA，通常写 fMet-tRNA$_i^{fMet}$。

2. 转肽酶 此酶存在于核糖体大亚基上，是组成核糖体的蛋白质成分之一，作用是使 P 位上肽酰-tRNA 的肽酰基转移至 A 位上氨基酰-tRNA 的氨基上，使酰基与氨基结合形成肽键。

3. 蛋白质因子 蛋白质生物合成需要多种蛋白质因子的参与，包括起始因子 (initiation factor, IF)，延长因子(elongation factor, EF)，释放因子(release factor, RF)。IF 是一些与多肽链合成起始有关的蛋白因子。原核生物中存在 3 种起始因子，分别称为 IF-1、IF-2、IF-3。在真核生物中存在 9 种起始因子(eIF)，其作用是促进小亚基与起始 tRNA 及模板 mRNA 结合。

延长阶段需要 EF 参与，原核生物存在 3 种延长因子(EF-Tu、EF-Ts、EFG)，真核生物存在两种延长因子(eEF-1、eEF-2)，其作用主要是促进氨基酰 tRNA 进入核糖体的 A 位，并促进转位过程。

RF 的功能是识别 mRNA 上的终止密码，协助多肽链的释放。在原核生物有 RF-1、RF-2、RF-3 等三种，在真核生物中只有一种 eRF。

4. 供能物质及无机离子 如 Mg^{2+}，K^+ 等无机离子，ATP，GTP 等供能物质。

二、蛋白质生物合成的过程

蛋白质的生物合成在细胞代谢中具有重要地位，需要 mRNA 作模板，tRNA 作载体转运氨基酸，核糖体是蛋白质生物合成的场所，并需要多种酶和蛋白质因子的参与，合成的多肽链还需要经过加工后，才能成为有生物活性的蛋白质。

(一)氨基酸的活化与转运

在蛋白质分子中，氨基酸通过氨基与羧基相互连接，形成肽键，但氨基与羧基的反应性不强，必须经过活化才能彼此相连。

tRNA 的 3′端 CCA-OH 是氨基酸的结合位点。氨基酸与 tRNA3′端游离的—OH 以酯键相结合形成的氨基酰-tRNA 即为活化型的氨基酸。

(二)翻译过程

在核糖体上合成多肽链的过程就是翻译过程，是从 mRNA 上的起始密码子(AUG)开始，按 5′→3′方向翻译阅读框架，直到终止密码子，肽链合成的方向是 N 端→C 端。一条多肽链在核糖体上的酶促合成是一个连续的过程，为了便于叙述方便，通常分为起始、延长、终止三个阶段讨论，以下是原核生物的翻译过程。

1. 翻译的起始 原核生物翻译的起始阶段，首先形成由核糖体的大/小亚基、mRNA 与甲酰甲硫氨酰-tRNA 共同构成的 70S 起始复合物，形成过程需起始因子(IF-1，IF-2，IF-3)以及 GTP 与 Mg^{2+} 的参与，见图 10-12。

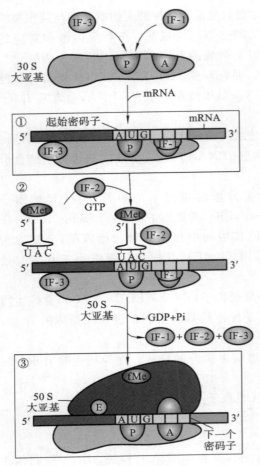

图 10-12 原核生物翻译的起始过程

(1) 完整核糖体的大/小亚基解离：在起始因子 IF-3 和 IF-1 的参与下，核糖体大/小亚基分离。

(2) mRNA 在小亚基的定位结合：原核生物 mRNA 起始密码子 AUG 上游有核糖体结合位点，称为 SD 序列（Shine-Dalgarno sequence）。该序列富含嘌呤碱基，以 "AGGA" 为核心，可与小亚基中 16SrRNA3′末端的 "UCCU" 配对结合。SD 序列与起始密码子 AUG 之间的一小段核苷酸，又可与小亚基蛋白质辨认结合，这样使 mRNA 也能与小亚基结合，使 mRNA 起始密码子 AUG 准确定位在小亚基的 P 位点。

(3) 起始氨基酰-tRNA 的结合：翻译起始时核糖体小亚基的 A 位被 IF-1 占据，不能与任何氨基酰 tRNA 结合。起始的 fMet-tRNA$_i^{fMet}$ 与结合了 GTP 的 IF-2 一起，识别并结合对应于小亚基 P 位的 mRNA 序列上的起始密码子 AUG，这也促进 mRNA 的准确就位。

(4) 核糖体大/小亚基结合：结合在 IF-2 上的 GTP 被水解，释放的能量促使三种 IF 从小亚基上释放出来，从而使得核糖体大/小亚基重新结合，形成由完整的核糖体大/小亚基、

mRNA、fMet-tRNA$_i^{fMet}$ 组成的翻译起始复合物。此时，结合起始密码子 AUG 的 fMet-tRNA$_i^{fMet}$ 占据 P 位，A 位留空，且对应于紧接在 AUG 后的第二个密码子，为延长阶段的进位做好了准备。

2. 肽链的延长 起始复合物形成后，随即对 mRNA 链上的遗传信息进行连续的翻译，使肽链逐渐延长，这一阶段是在核糖体上连续循环进行的，所以又称为核糖体循环。每个循环分为三个阶段，即进位、成肽、转位。这一阶段需要肽链延长因子 EF、GTP、Mg^{2+} 和 K$^+$ 共同参与。

(1) 进位：进位（entrance）又称注册（registration），是指一个氨基酰-tRNA 按照 mRNA 模板的指令进入并结合到核糖体 A 位的过程。在起始复合物中，A 位是留空的，依据 A 位处相应的 mRNA 的第二个密码子，相应的氨基酰-tRNA 的反密码子与此密码子结合，进入 A 位，而后的每次肽链延长循环后，肽酰-tRNA 结合在核糖体的 P 位，而 A 位空着。这一过程需要 EFT 参与和 GTP 供能，见图 10-13。

(2) 成肽：成肽（peptide bond formation）是在核糖体大亚基蛋白（肽酰转移酶）的催化下，P 位上的 fMet-tRNA$_i^{fMet}$ 中的甲酰甲硫氨酰基（或肽酰基）转移到 A 位，与 A 位上新进

入的氨基酸-tRNA 中氨基酰的氨基结合，形成肽键。这样在核糖体 A 位形成一个二肽酰-tRNA，P 位的 tRNA 成为空载 tRNA，该反应需要 Mg^{2+} 和 K^+ 参与，见图 10-14。

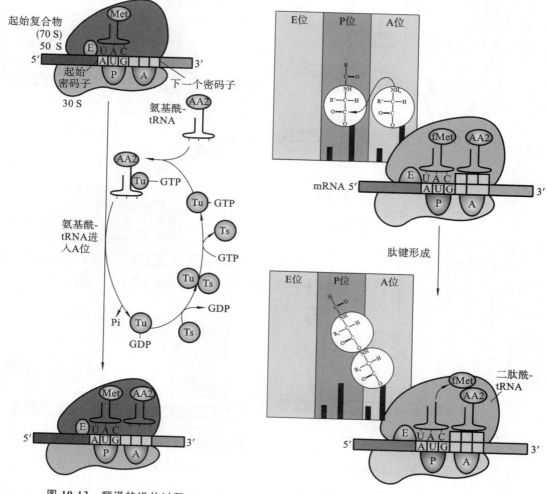

图 10-13 翻译的进位过程

图 10-14 翻译的成肽过程

（3）转位：在延长因子 EF-G 的催化下，水解 1 分子 GTP，核糖体向 mRNA 的 3′侧移动 1 个密码子的距离，使起始二肽酰-tRNA 相对位移进 P 位，而空载的 tRNA 则移入 E 位。A 位空留并对应下一组三联体密码，准备下一个氨基酰-tRNA 进位，开始下一个核糖体循环。当下一个氨基酰-tRNA 进入 A 位时，E 位上的空载 tRNA 从核糖体复合体上脱落，见图 10-15。

3. 翻译的终止　肽链合成的终止是指多肽链合成停止，从核糖体上水解释放，mRNA、tRNA 以及核糖体的大/小亚基分离的过程，见图 10-16。

在子肽链的延长过程中，当核糖体的 A 位点移动到模板 mRNA 的终止信号时，终止密码子不能被任何氨基酰-tRNA 识别进位。只有释放因子 RF-1 和 RF-2 识别并结合终止密码子，RF-3 可结合核糖体其他部位。RF-1 和 RF-2 的结合可诱导核糖体构象发生改变，

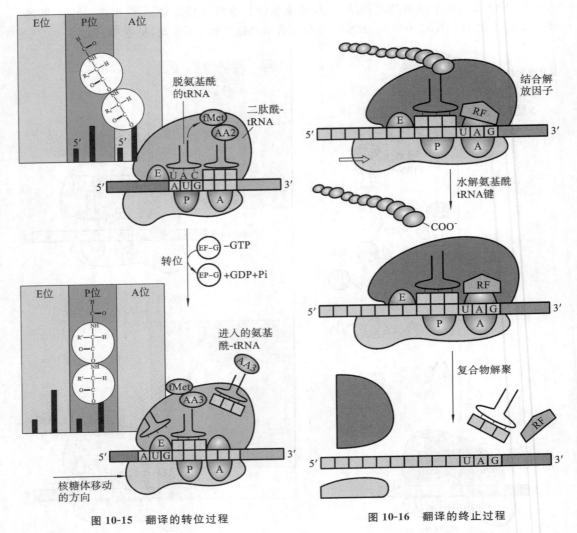

图 10-15　翻译的转位过程　　　　　　　图 10-16　翻译的终止过程

将转肽酶活性转变为酯解酶活性,使新生肽链与结合在 P 位的 tRNA 间酯键水解,将合成的肽链释放,再促使 mRNA、卸载 tRNA 及 RF 与核糖体分离。mRNA 模板、各种蛋白因子及其他组分都可被重新利用。

事实上,细胞内蛋白质生物合成时,一条 mRNA 上并不只有单个核糖体,而是相隔一定距离的多个核糖体结合在同一条 mRNA 模板上,各自进行翻译,合成相同的多肽链,这称为多聚核糖体(polyribosome)。通过多个核糖体在一条 mRNA 上同时进行翻译,使蛋白质合成得以高速度、高效率地进行。

三、蛋白质生物合成后的加工与修饰

大多数新合成的多肽链需要经过一定的加工和修饰才能具有生物活性,这种合成后的肽链加工过程,也称为翻译后的加工。

（一）新生肽链的折叠

新生的多肽链必须折叠形成正确的天然构象才具有生理功能。而新生肽链折叠为有功能的天然构象的蛋白质，除与氨基酸排列顺序有关外，还需要其他蛋白质和酶的帮助。如蛋白二硫键异构酶，可促进多肽链半胱氨酸残基间形成正确配对的二硫键，使蛋白质形成热力学最稳定的构象。此外，肽酰-脯氨酰顺反异构酶以及分子伴侣也参与促进新生肽链的折叠。

（二）一级结构的修饰

1. 肽链 N 端甲酰甲硫氨酸或甲硫氨酸的切除 翻译过程中，新生肽链的第一个氨基酸总是 N-甲酰甲硫氨酸（原核生物），但多数成熟的蛋白质不是以 N-甲酰甲硫氨酸作为第一个氨基酸，参与切除的酶是氨基肽酶。

2. 部分肽段的水解切除 如酶原的激活，就是在专一的蛋白酶作用下，分子内肽链的某一处或多处被切除部分肽段后，使分子结构发生改变，从而形成酶的活性中心，使酶具有催化活性。

3. 氨基酸残基的修饰 如丝氨酸、苏氨酸羟基的磷酸化，脯氨酸、赖氨酸的羟基化，组氨酸的甲基化等。

4. 二硫键的形成 在空间位置相近的两个半胱氨酸残基之间形成二硫键，维持蛋白质的空间结构。

除了一级结构的修饰，还有空间结构的修饰（如亚基聚合、辅基连接等）和靶向运输等加工方式。

四、蛋白质生物合成与医学的关系

蛋白质生物合成与遗传、分化、免疫、肿瘤的发生以及药物发生作用均有密切关系，它是医学上的重大问题，现举例做简要讨论。

（一）干扰素抗病毒感染

干扰素（interferon）是一组小分子糖蛋白，宿主细胞受病毒感染后，病毒在细胞繁殖过程中复制产生的双链 RNA（dsRNA）能诱导宿主细胞生成干扰素，产生的干扰素能作用于其他邻近细胞，使这些细胞具有抗病毒能力，从而抑制病毒的繁殖。干扰素的作用机制主要有以下两条：①干扰素和 dsRNA 能激活蛋白激酶，促进 eIF-2 磷酸化而失活，从而抑制病毒蛋白质的合成；②干扰素和 dsRNA 诱导细胞中 $2',5'$-寡聚腺苷酸合成酶的合成，催化 ATP 转化为 $2',5'$-寡聚腺苷酸，$2',5'$-寡聚腺苷酸是通过 $2',5'$-磷酸二酯键相连的寡聚腺苷酸，简称 $2',5'$-PolyA。$2',5'$-PolyA 能使无活性的核酸内切酶激活，从而促进 mRNA 降解，抑制病毒蛋白质的合成。

干扰素除了抗病毒之外，还有调节细胞生长分化、激活免疫系统等作用，具有十分广泛的临床应用。现在我国已能用基因工程技术生产人类干扰素，该产品是继基因工程生产的胰岛素之后，较早就获准在临床上应用的基因工程药物。

（二）抗生素对蛋白质合成的影响

多种抗生素可用于复制、转录、翻译的各个环节，通过抑制细菌或肿瘤细胞蛋白质的合

生物化学 •••••••••••••• ■ ·222·

成,起到抑菌或抗癌作用。

抑制 DNA 模板功能的抗生素有博来霉素、放线菌素、丝裂霉素等,如丝裂霉素能选择性地与模板 DNA 上的鸟嘌呤的 6 位氧原子结合,妨碍 DNA 双链断开,从而抑制 DNA 复制,临床用以治疗白血病、肉瘤等恶性肿瘤。

抑制 RNA 合成的抗生素有利福霉素,其作用机制是利福霉素与原核细胞 RNA 聚合酶的 β-亚基结合,从而抑制转录,利福霉素对真核细胞大的 RNA 聚合酶无明显作用,临床用以抗结核治疗。

抑制蛋白质翻译过程的抗生素有链霉素和卡那霉素,它们能与 30S 小亚基结合,使氨基酰-tRNA 上的反密码子与 mRNA 的密码子结合松弛,还能引起密码误读,导致合成异常蛋白质。四环素与小亚基结合能阻止氨基酰-tRNA 进位过程,另外氯霉素与原核细胞大亚基结合抑制转肽酶的活性,阻止肽键形成。

小 结

生物体内的遗传信息储存在双链 DNA 分子中,其在生物体细胞中可以在不同分子间进行传递。遗传信息以亲代双链 DNA 为模板,准确的传递给子代双链 DNA 分子,这一过程称为复制;遗传信息以亲代 DNA 中的一条单链为模板合成与其碱基序列互补的 RNA 分子,此过程称为转录;遗传信息以单链 mRNA 为模板,指导最终产物蛋白质的合成,此过程称为翻译。通过转录和翻译两个过程,位于 DNA 基因中的遗传信息最终指导生成具有特定生物学功能的蛋白质,从而影响和改变生物体细胞的结构和生物功能,此过程又称为基因表达。

DNA 复制是 DNA 基因组的扩增过程,过程中需要多种酶和蛋白质因子的辅助作用,催化子链 DNA 聚合反应的酶被称为 DNA 聚合酶。同时,DNA 复制还具有半保留性、半不连续性及双向性等特征。原核生物和真核生物的 DNA 复制过程大体相同,都可以被分为复制起始、延长、终止三个阶段。

DNA 损伤是指各种体内外因素导致的 DNA 组成与结构上的变化,主要的 DNA 损伤类型包括错配、框移突变、重排突变等。同时,在生物细胞内大部分的 DNA 损伤都可以被细胞内存在的多种损伤修复机制来纠正,主要包括光修复、切除修复、重组修复、SOS 修复等。在一些病毒细胞中,还存在着以单链 RNA 为模板逆转录生成双链 DNA 的遗传信息传递方式。

转录的过程主要由 RNA 聚合酶所催化,原核生物 RNA 聚合酶由 5 个亚基 $(\alpha_2\beta\beta'\sigma)$ 共同组成全酶,每个亚基都具有不同的催化活性;真核生物有三种不同的 RNA 聚合酶 Ⅰ、Ⅱ、Ⅲ,分别催化 45SrRNA、hnRNA、5SrRNA 和 tRNA 的生成。真核生物 RNA 的转录过程后,大部分前体都需要进一步的修饰、加工过程才能形成成熟的 RNA 分子。比如,hnRNA 合成后需要经过 5′端加 m^7G 帽、3′端加 PolyA 尾巴和外显子的剪接修饰后才能形成成熟的 mRNA 产物。

翻译是由 tRNA 携带和转运特定的氨基酸,在核糖体上按照 mRNA 所提供的密码子信息合成具有特定序列多肽链的过程。在模板 mRNA 分子中,每 3 个相邻的核苷酸构成 1 个密码子,在生物细胞中共有 64 种不同的密码子序列,同时密码子的阅读具有通用、连续、方向、简并和摆动等 5 个特点。肽链合成的起始是在各种翻译起始因子的协助下,核糖体、起始 tRNA 和 mRNA 在起始密码子处装配成翻译起始复合物。肽链依靠重复进行的进位、成肽和转位三步反应的核糖体循环而逐渐延长。直到核糖体的 A 位对应到了 mRNA 的终止密码子上,释放因子 RF 进入 A 位,合成终止。

能力检测

能力检测答案

一、单项选择题

1. DNA 复制的主要方式是( )。

A. 半保留复制 B. 全保留复制 C. 弥散式复制 D. 不均一复制 E. 以上均不是

2. 在 DNA 复制中,RNA 引物( )。

A. 使 DNA 聚合酶Ⅲ活化

B. 使 DNA 双链解开

C. 提供 3′-OH 末端作为合成 DNA 链起点

D. 提供 3′-OH 末端作为合成 RNA 链起点

E. 提供 5′-P 末端作为合成新 DNA 链起点

3. 真核生物的 DNA 聚合酶(DNA pol)( )。

A. 有 DNA-pol α、β、γ 三种

B. 由同一种 DNA-pol 催化领头链和随从链生成

C. DNA-pol α 是校读、修复的酶

D. DNA-pol 是端粒复制的酶

E. DNA-pol γ 是线粒体复制的酶

4. 能指引转录生成 RNA 的一股单链,称为( )。

A. 模板链   B. 编码链   C. 反义链   D. Crick 链   E. 冈崎片段

5. RNA 聚合酶全酶中负责识别并结合起始点的亚基是( )。

A. α   B. β   C. β′   D. α₂   E. σ

6. 能特异性抑制原核生物 RNA 聚合酶的是( )。

A. 假尿嘧啶   B. 利福霉素   C. 亚硝酸盐   D. 氯霉素   E. 鹅膏蕈碱

7. 作为 RNA 生物合成的原料是( )。

A. NMP   B. NDP   C. NTP   D. dNDP   E. dNMP

8. 可代表氨基酸的密码子是( )。

A. UGA   B. UAG   C. UAA   D. UGG   E. UGA 和 UAG

9. 氨基酸结合在 tRNA 的( )位置。

A. 3′-CGA-OH   B. 5′-CCA-OH   C. 3′-CCA-OH

D. DHU 环   E. TψC 环

10. 在原核生物 mRNA 起始 AUG 上有 8~13 核苷酸部位,存在一段由 4~9 个核苷酸组成的一致序列,富含嘌呤碱基,称为( )。

A. rpS-1 识别序列   B. SD 序列   C. 共有序列

D. 调节序列   E. 操纵序列

二、简答题

1. 简述原核细胞 DNA 聚合酶的种类,及它们同时都具有哪两种酶的催化活性,从而保证子链 DNA 合成的保真性。

2. 简述原核细胞蛋白质合成的基本过程,及在此过程中不同的蛋白因子所发挥的作用。

(冯德日)

第十一章
基因表达调控与基因工程

 **学习目标**

　　熟悉：基因表达的概念及方式；基因表达调控的意义；原核生物基因调控的基本原理及乳糖操纵子的原理；基因工程的基本概念及简要过程。

　　了解：基因表达调控的要素；真核生物基因表达调控的基本原理；癌基因与抑癌基因的特点。

本章PPT

第一节　基因表达调控与癌基因

一、基因表达调控概述

（一）基本概念

　　1. 基因表达　　基因表达（gene expression）是指细胞将储存在DNA中的遗传信息经转录或转录-翻译过程转变为具有生物活性的分子或蛋白质的过程。除某些RNA病毒外，生物体内决定细胞特性的全部遗传信息都来自DNA，DNA的某一区段可转录出mRNA，进而指导蛋白质的合成，是中心法则的核心。1961年法国科学家通过对噬菌体和细菌的研究提出了关于基因表达调控的操纵子学说，从此开创了基因表达调控的研究领域。

　　2. 基因表达调控　　基因表达调控（regulation of gene expression）是指在基因表达的不同阶段控制基因表达速率和产量的过程。基因表达调控一般可在五个层次进行：转录前、转录、转录后、翻译、翻译后。转录前调控可通过基因拷贝数变化影响基因表达的产物水平；转录水平调控可通过控制mRNA的拷贝数调节基因表达的产物水平；转录出的RNA的修饰或运输过程属于转录后水平的调控；翻译水平的调控是通过调节核糖体与mRNA的结合效率实现的；蛋白质的加工修饰是翻译后水平调控的重要方式。基因上的启动子、增强子可直接影响基因表达的开启或关闭，使基因表达呈现出时间性、组织特异性或环境适应性等，这些特性保证了生物体内基因表达的有序进行。

（二）基因表达的特异性和方式

生物体内 DNA 上的信息并不是同时表达出来的，而是根据生物体的需要有顺序、在特定部位的表达释放。人类基因组约有 4 万个基因，但在一个细胞中只有一部分基因处于表达状态，即便是功能活跃的肝细胞也只有不到 20％的基因处于表达状态。

1. 基因表达的特异性

（1）时间特异性：基因表达的时间特异性（temporal specificity）是指生物体内某一特定基因的表达严格按照特定的时间顺序进行。哺乳动物从受精卵发育成为成熟个体需要经历不同的发育阶段，在每个阶段中都有一些基因的开启或关闭，表现出与生物体发育和分化相一致的时间特异性，进而逐步形成不同的组织、器官。人的肝细胞在胚胎时期表达甲胎蛋白（alpha-fetoprotein，AFP），但是成年后表达量很少或不表达，如果发现成人体内甲胎蛋白表达水平上升，可能预示着此人肝细胞出现问题。因此，哺乳动物基因表达的时间特异性又称为阶段特异性。

（2）空间特异性：基因表达的空间特异性（spatial specificity）是指特定基因按组织要求进行表达的特性，又被称作组织特异性（tissue specificity）、细胞特异性（cellular specificity）。这种特异性可以保证组织器官在发育、分化、成熟过程中能够适应其特殊的功能需要。红细胞高水平表达血红蛋白是因为其需要以此运输氧气和二氧化碳；肝细胞中谷丙转氨酶的表达水平较高，而在其他组织相对较低，这种表达方式保证了肝脏功能的正常运转。

2. 基因表达的基本方式

（1）组成性表达：基因的组成性表达（constitutive expression）是指生物体内一些不受环境影响的基因表达。以这种方式表达的基因被称为管家基因（housekeeping gene）。管家基因以相对恒定的速率表达，是细胞或生物体在整个生命过程中必不可少的，因此也成为检测基因表达水平的参照标准。β-Actin 是细胞的一种重要骨架蛋白，在不同物种之间高度保守，其表达水平比较恒定，在分子生物学实验中常作为内参基因。

（2）适应性表达：适应性表达（adaptive expression）是指生物体内一些受环境影响的基因表达。如果环境因素能抑制基因的表达，称为阻遏性表达（repressible expression）；如果环境因素能上调基因的表达，称为诱导性表达（inducible expression）。在 DNA 损伤时，相关的 DNA 修复酶基因表达水平上调，同时阻断 DNA 聚合酶编码基因的表达，从而达到修复 DNA 的目的。人在应激状态下，会短时间内合成大量细胞因子或激素。

（三）基因表达的特点和意义

1. 基因表达的特点

（1）转录起始的调控特点：在转录起始的过程中，需要 RNA 聚合酶与 DNA 序列相互结合。原核生物的 RNA 聚合酶可以与 DNA 序列直接结合，真核生物的 RNA 聚合酶需有蛋白质复合物的帮助才能识别 DNA 序列，由此可见，RNA 聚合酶与 DNA 序列之间的亲和力是转录起始调控的关键环节。不同基因所结合的 RNA 聚合酶活性相似，所以 DNA 序列的差异和真核生物 RNA 聚合酶的辅助蛋白质就成为转录起始调控的重要靶点。

（2）翻译起始的调控特点：翻译起始是 mRNA 与核糖体相互作用的结果。原核生物核糖体上的小亚基能直接识别 mRNA 上的核糖体结合位点，而真核生物的核糖体需要有蛋白质复合物的帮助才能识别 mRNA 上的核糖体结合位点。所以，mRNA 序列与核糖体之间的亲和力是翻译起始调控的关键环节。由于在翻译时不同 mRNA 所结合的核糖体是相似的，所以 mRNA 的局部结构和 mRNA 上的核糖体结合位点就成为翻译起始调控的靶点。

（3）对转录或翻译产物的调控：由于原核生物没有细胞核，故其转录和翻译都在同一细胞空间中进行，而且 mRNA 的半寿期短，因此 mRNA 的降解快慢就成为一种调节方式。在真核生物细胞中，转录和翻译过程分别在细胞核与细胞质中进行，mRNA 在细胞核中加工成熟后需要运输到细胞质中与核糖体结合，所以，mRNA 的加工修饰与运输成为调控真核生物基因表达的一种方式。此外，蛋白质的加工、折叠、修饰及运输也是一种调控基因表达的重要方式。

2. 基因表达调控的意义

（1）适应环境的变化：生物体的生长发育处在不断变化的内、外环境中，为了适应各种环境变化，生物体必须通过调整自身状态以应对环境的变化并做出适当的反应，这种适应性是通过生物体内的基因表达速率与产量实现的。

（2）维持生物体生长、发育及细胞分化：多细胞生物在不同的生长、发育阶段所需的蛋白质种类、含量有所不同，为了适应这种需求，生物体就必须对不同基因的表达及表达水平做出调整，该过程也是通过基因表达调控实现的。

二、原核生物基因表达调控

原核生物的基因转录调控主要在转录水平、翻译水平上进行，涉及启动子、σ 因子、阻遏蛋白、正调控蛋白、衰减子等。在转录水平上，基因表达调控主要是通过控制 RNA 聚合酶结合启动子的能力及开放起始复合物的形成实现的。在原核生物中，大多数基因成簇的集中在一起，组成独立的转录单元，即操纵子。一个操纵子一般含 2～6 个结构基因，一个启动子，在同一启动子控制下可转录产生几个结构基因的串联转录产物，这种由几个结构基因串联在一起的转录产物被称为多顺反子 RNA（polycistronic RNA）。原核生物在翻译水平的基因表达调控主要涉及 mRNA 的稳定性、SD 序列以及翻译产物的调控作用。

（一）转录水平的调控

基因表达的基本内容是转录翻译与加工，这些反应是通过蛋白质与核酸的相互作用而精确进行的，如 RNA 聚合酶和转录因子、延长因子与 DNA 的相互作用。主要调控机制是蛋白质与蛋白质之间、蛋白质与核酸之间的相互作用。因此，了解与调控相关的核酸和蛋白质的结构特点及相互作用的特点有助于了解基因表达调控的基本机制。

DNA 链中与 RNA 链的第一个核苷酸对应的碱基标记为 +1（图 11-1）。由此碱基向上游（5′端）数的碱基顺序数为负（-1，-2，……），向下游（3′端）数的碱基顺序数为正（+2，+3，……），如图 11-1 所示。

1. 转录起始调控的结构基础 在基因内外有一些特定的 DNA 序列，与结构基因表达调控相关，能够被基因调控蛋白特异性识别和结合，这些特定的 DNA 序列称为顺式作用元

图 11-1　启动子位置

件(cis-acting elements),亦称顺式调控元件。原核生物中主要有启动子、增强子、阻遏蛋白结合位点、正调控蛋白结合位点等。大肠杆菌的启动子区长 40~60 bp,包括至少 3 个功能区,如图 11-2 所示。①起始部位(initiation site),即+1 区。②结合部位(binding site),位于-10 bp 区,是 RNA 聚合酶与启动子结合的位点。③识别部位(recognition site),位于-35 bp 区。操纵元件(operator)亦称为操纵基因,是阻遏蛋白识别、结合的一小段 DNA 序列,严格来说并不是一个完整的基因。操纵元件位于启动子下游,常与启动子有部分重叠。正调控蛋白结合位点是正调控蛋白识别和结合的 DNA 序列,如大肠杆菌的分解代谢物基因活化蛋白(catabolite gene activator protein,CAP)结合位点。增强子的作用是激活下游基因的转录,主要通过特定的蛋白质与之结合完成激活过程。

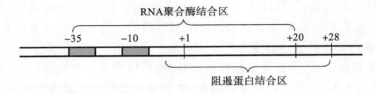

图 11-2　大肠杆菌的启动子区

2. 调控蛋白的结构　　在原核生物和真核生物细胞中,都有一些能够与顺式作用元件特异性结合、对基因表达的转录起始过程有调控作用的蛋白质,称为基因特异性转录因子(gene specific transcription factors),在原核生物中,对基因表达有激活作用的蛋白质称为激活蛋白或正调控蛋白,对基因表达有抑制作用的蛋白质称为阻遏蛋白。

现已鉴定出多种结合特异 DNA 序列的蛋白质结构元件,其中最常见的有广泛存在于原核、真核调节蛋白中的锌指结构(zinc finger)和螺旋-转角-螺旋(helix-tum-helix,HTH),这些结构通常是与 DNA 大沟接触,是蛋白质与 DNA 序列特异结合的结构模体。在 lac 阻遏蛋白、trp 阻遏蛋白、λ 阻遏蛋白等基因转录调控蛋白中,都有一个类似的结构模体,即 HTH 结构。不同蛋白质因子的 HTH 结构与各自的靶位点的结合都如同锁与钥匙一样地匹配而结合在一起,但结构并不完全一样。

3. σ 因子　　启动子具有方向性,位于转录起始点上游,是 RNA 聚合酶特异性识别和结合的部位,其自身并不被转录。每个基因和操纵子都具有启动子,并且具有较高的同源性,但不一定完全一样。基因转录时,σ 因子识别并结合-35 区和-10 区,全酶结合的覆盖区域是 DNA 的-40~+20。开始合成 RNA 后,RNA 聚合酶从模板链的 3' 向 5' 方向移动。因此,启动子决定着转录的方向。转录过程中 σ 因子与 RNA 聚合酶紧密结合,在合成 8~10 个核苷酸后,σ 因子随即解离,核心酶进入 RNA 延伸阶段。不同的 σ 因子可以竞争结合 RNA 聚合酶。环境变化可诱导产生特定的 σ 因子,从而使特定的基因表达。如 σ^{32} 因子就是一个较典型的例子。

（二）操纵子

1. 阻遏蛋白　阻遏蛋白是一类在转录水平对基因表达产生负调控作用的蛋白质。阻遏蛋白主要通过抑制开放启动子复合物的形成而抑制基因的转录。阻遏蛋白与 DNA 结合后，RNA 聚合酶仍有可能与启动子结合，但不能形成开放起始复合物，不能启动转录；这种作用称为阻遏（repression），特定的信号分子与阻遏蛋白结合，使阻遏蛋白失活，进而从 DNA 上脱落下来，该过程称为去阻遏，或脱阻遏（derepression）。

阻遏蛋白都可以与信号分子结合而发生变构，在不同构象时，阻遏蛋白或者与 DNA 结合，或者与 DNA 解离。在可诱导型操纵子中，信号分子使阻遏物从 DNA 释放下来，解除对转录的抑制作用；在可阻遏型操纵子中，信号分子使阻遏物结合 DNA，抑制转录。在两种情况下，阻遏蛋白结合于 DNA 后都是抑制转录，这种类型的基因表达调控称为负调控。

2. 操纵子的转录调控

（1）操纵子的基本结构：原核生物基因表达调控的基本单位是操纵子，不同操纵子的工作原理各不相同，本小节以乳糖操纵子为例进行介绍。乳糖操纵子（Lac operon）是由 3 个结构基因串联在一起受一个调控区调控的 DNA 序列，如图 11-3 所示。3 个结构基因包括 Z、Y、A，分别编码 β-半乳糖苷酶（Lac Z）、半乳糖苷透酶（Lac Y）和乙酰基转移酶（Lac A），加上调控元件 P（启动子）和 O（操纵元件）构成乳糖操纵子。操纵元件位于启动子下游，但有部分序列重叠。操纵子中的 I 基因编码产生阻遏蛋白。阻遏蛋白为四聚体，每个亚基相同。在没有乳糖的条件下，阻遏蛋白能与操纵元件结合。严格地说，I 基因不属于乳糖操纵子的成员，其转录与否不受乳糖操纵子的调控，而受自身调控序列的调节，是一种低效且持续转录的基因。

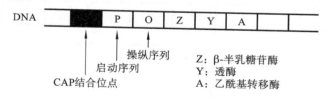

图 11-3　乳糖操纵子的结构

（2）操纵子的转录调控：乳糖操纵子受阻遏蛋白（负调控）和 CAP（正调控）的协调调节。在大肠杆菌的许多操纵子中，基因的转录不是由单一因子调控的，而是通过负调控因子和正调控因子进行复合调控的。

① CAP 的正调控：在乳糖操纵子 P 的上游存在 CAP 结合位点，是 cAMP-CAP 复合物促进 RNA 聚合酶转录活性的作用靶点。cAMP-CAP 复合物的产生与环境中葡萄糖含量有关。细菌通常优先以葡萄糖作为能源，当培养环境中有葡萄糖时，即使加入乳糖等其他糖，细菌也不利用这些糖，不产生代谢这些糖的酶，直到葡萄糖消耗完毕，代谢其他糖的酶才会根据相应的糖是否存在而被诱导产生。这种现象称为"葡萄糖效应"。这是由于葡萄糖代谢产物能抑制细胞腺苷酸环化酶和激活磷酸二酯酶的活性，结果使细胞内 cAMP 水平降低，不能通过结合 CAP 结合位点促进 RNA 聚合酶的转录活性。当葡萄糖耗尽时，细胞内 cAMP 水平升高，cAMP 与 CAP 结合形成 cAMP-CAP 复合物并结合到乳糖操纵子的 CAP 结合位点，促进 RNA 聚合酶的转录活性。可见葡萄糖的浓度与 cAMP 的浓度成反

比,如图 11-4 所示。

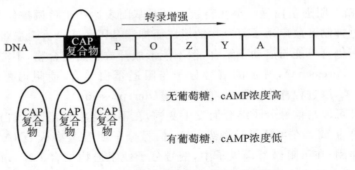

图 11-4　CAP 对乳糖操纵子的正性调节

② 阻遏蛋白的负调控:O 在 P 下游,是阻遏蛋白四聚体的结合位点,只要阻遏蛋白结合在 O 上就能阻碍 RNA 聚合酶与 P 开关的结合,抑制结构基因的转录,因为 O 和 P 的序列有重叠部分。这种以阻遏蛋白为主导的负调控系统主要涉及阻遏蛋白、O 和别乳糖(allolactose)。但是阻遏蛋白的抑制作用并不是绝对的,偶有阻遏蛋白与操纵元件解聚,因此每个细胞中都会有少量的半乳糖苷酶、半乳糖苷酶透酶存在。当有乳糖存在时,少量乳糖经透酶作用进入细胞,β-半乳糖苷酶催化,转变成别乳糖,别乳糖作为诱导剂与阻遏蛋白结合,使阻遏蛋白的构象发生改变,导致阻遏蛋白与操纵元件解聚,引起下游结构基因的转录,如图 11-5 所示。异丙基硫代半乳糖苷(IPTG)是别乳糖的类似物,是一种作用极强的诱导剂,不能被细菌代谢,因此被实验室广泛应用。

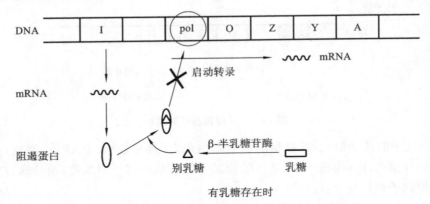

图 11-5　阻遏蛋白对乳糖操纵子的负性调节

③ 正负调控系统的协同调节:乳糖操纵子的转录起始是由 CAP 和阻遏蛋白两种调控因子来控制的,如图 11-6 所示。CAP 和阻遏蛋白这两种因素,可因葡萄糖和乳糖的存在与否而有 4 种不同的组合。a. 葡萄糖存在、乳糖不存在:此时无诱导剂存在,阻遏蛋白与 DNA 结合。而且由于葡萄糖的存在,CAP 也不能发挥正调控作用,基因处于关闭状态。b. 葡萄糖和乳糖都不存在:在没有葡萄糖存在的情况下,CAP 可以发挥正调控作用。但由于没有诱导剂,阻遏蛋白的负调控作用使基因仍然处于关闭状态。c. 葡萄糖和乳糖都存在:乳糖的存在对基因的转录产生诱导作用。但由于葡萄糖的存在使细胞内 cAMP 水平降

低,cAMP-CAP 复合物不能形成,CAP 不能结合到 CAP 结合位点上,转录仍不能启动,基因处于关闭状态。d. 葡萄糖不存在、乳糖存在:此时 CAP 可以发挥正调控作用,由于诱导剂的存在而使阻遏蛋白失去负调控作用,基因被打开,启动转录。

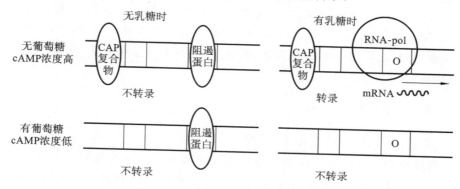

图 11-6 阻遏蛋白与 CAP 的双重调节

(三)翻译水平的调控

翻译水平的调控是原核生物基因表达调控的另一个重要层次,调节蛋白与 mRNA 靶位点结合,从而阻止核糖体识别翻译起始位点,是一种阻断翻译的机制,RNA 分子也可作为阻遏物参与翻译水平的调控。此外,原核生物 mRNA 上的特殊序列如 SD 序列对翻译有直接影响。

1. SD 序列对翻译起始的影响 在多顺反子 mRNA 中,每一个开放阅读框都有一个起始密码子 AUG,在 AUG 上游都有一个 SD 序列(SD sequence)。核糖体可以直接结合到 mRNA 上的任何一个 SD 序列,并从其后的 AUG 开始翻译。在翻译的起始阶段,fMet-tRNA^{fMet}-IF-2-GTP 三元复合物、核糖体 30S 小亚基和 mRNA 结合形成起始复合物,在此复合物中,mRNA 的起始密码子和 fMet-tRNA^{fMet} 必须准确地定位于 30S 亚基上的正确部位,在 IF-1 和 IF-2 这两种起始因子的协助下,不同的 mRNA 与 30S 亚基都能结合并起始翻译,但 SD 序列与核糖体结合的效率有很大的影响,SD 序列与 AUG 之间的距离对复合物形成的速率也可产生很大的影响。不同的 SD 序列有一定的差异,其核心序列是AGGAGG。SD 序列与核糖体小亚基中 16S rRNA 3′端的序列互补,当 mRNA 与小亚基结合时,SD 序列与 16S rRNA 3′端的互补序列配对结合,使起始密码子定位于翻译起始部位。由于不同 mRNA 开放阅读框上游的 SD 序列是不同的,因此,不同 SD 序列与 16S rRNA 结合的效率也是不同的。SD 序列与 16S rRNA 之间配对的碱基数目越多,亲和力越高,核糖体与 mRNA 结合的效率就越高。

2. 反义 RNA 参与调节蛋白质合成 反义 RNA(antisense RNA)是一类能与特定 mRNA 互补结合的小 RNA 分子,能通过位阻效应阻断 mRNA 的翻译过程。反义 RNA 的调控可通过与特定 mRNA 翻译起始部位的互补序列结合,阻断核糖体小亚基对起始密码子的识别或与 SD 序列的结合,从而抑制翻译的起始。

大肠杆菌渗透压调节基因 OmpR 的产物 OmpR 蛋白,在不同的渗透压时具有不同的构象,分别结合渗透压蛋白 OmpF 和 OmpC 基因的调控区。在低渗环境下,OmpR 蛋白对 OmpF 基因的表达起正调控作用,对 OmpC 基因无调控作用;在高渗条件下,OmpR 蛋白发生构象改变,对 OmpC 基因的表达起正调控作用,对 OmpF 基因无调控作用。

当环境渗透压由低渗转为高渗时,不仅 OmpF 基因的转录停止,已经转录出来的 mRNA 的翻译也被抑制。此抑制物是一种小分子 RNA(约 170 bp),它的碱基顺序恰好与 OmpF-mRNA 的 5′末端附近的顺序互补,故称为 mRNA 干扰性互补 RNA(mRNA interfering complementary RNA,micRNA)。由于 micRNA 能与 OmpF-mRNA 特异结合,阻碍其翻译,从而抑制 OmpF 基因的表达。micRNA 的基因也受 OmpR 蛋白调控,与 OmpC 基因同时被激活转录。

三、真核生物基因表达调控

(一) 真核基因表达的转录前调控

1. 染色质变构 真核细胞间期核中的染色质按其基因是否有转录活性有常染色质 (euchromatin)与异染色质(heterochromatin)之分。位于常染色质区的基因有转录活性,而位于异染色质区内的基因没有转录活性。这些具有转录活性的常染色质又被称为活性染色质(active chromatin)。染色质活化时,基因组 DNA 和组蛋白的结合变得松散,有利于转录因子靠近,也利于双链 DNA 的解链,从而促进基因的转录;反之,则会抑制基因的转录。

2. 基因重排和基因扩增 基因重排(gene rearrangement)是指在基因转录前 DNA 序列被重新排列的一种调控方式,是哺乳动物 B 淋巴细胞表达免疫球蛋白时所采用的一种调控机制。基因扩增(gene amplification)是通过增加基因在基因组上的数目达到增加基因表达量的一种调控方式,具体机制尚不清楚。

3. 组蛋白的化学修饰 在真核细胞中,核小体是染色质的结构单位,它是由 DNA 双螺旋链缠绕由 4 种组蛋白(H2A、H2B、H3 和 H4)组成的八聚体复合物,即核心颗粒(core particle);每个核小体之间连接的 DNA 再结合一个组蛋白 H1,形成串珠样结构。组蛋白 H1 的 N-端富含疏水性氨基酸,C-端富含碱性氨基酸;相反,4 种核心组蛋白的 N-端富含碱性氨基酸,C-端富含疏水性氨基酸。组蛋白 H2A,H2B,H3 和 H4 的 C-端结构域与组蛋白分子之间的相互作用、组蛋白-DNA 相互作用有关;而 N-端结构域,尤其是富含碱性氨基酸的 N-端尾部的 15~38 个氨基酸残基是翻译后修饰的主要位点,与染色质的活化密切相关。组蛋白 H1 的特异化学修饰也参与染色质的活化,最常见的组蛋白修饰是甲基化修饰和乙酰化修饰。

4. DNA 的甲基修饰 真核 DNA 分子中的胞嘧啶碱基约有 5% 被甲基化修饰为 5-甲基胞嘧啶(5-methylcyosine)。胞嘧啶碱基的甲基化修饰常发生在基因上游调控序列的 CpG 岛。通常,调控区 CpG 岛甲基化修饰的范围、程度与基因的表达水平呈反比关系。处于活性染色质区,呈现转录活性状态的基因的 CpG 序列一般总是低甲基化的;而不表达或处于低表达水平的基因的 CpG 序列则总是高甲基化的。如果甲基化修饰发生在启动子序列中,转录因子或 RNA 聚合酶与启动子的亲和性就会受到影响,基因转录就会受到抑制,这是一些基因在不同发育阶段被关闭的机制之一。

基因组印迹(genomic imprinting)是 DNA 甲基化修饰调控基因表达的一个典型例证。基因组印迹是指源于父母双方的同一等位基因选择性差异表达的现象。来自父系和母系的等位基因在通过精子和卵子传递给子代时,原有的源于亲代的甲基化印迹被全部消除,在配子形成过程中产生新的甲基化修饰方式,使得等位基因具有不同的表达特性。

(二) 真核基因表达的转录调控

真核细胞 RNA 聚合酶Ⅱ没有直接识别、结合 DNA 的能力,或能力很弱,不能独自启动编码蛋白质基因的转录。RNA 聚合酶Ⅱ启动基因转录需要一整套转录因子,在转录开始前先在启动子(图 11-7)部位按顺序组装,再与 RNA 聚合酶Ⅱ形成复合物。组装的每个步骤都有可能受到内、外环境信号的调节,使不同基因转录的启动快慢有别。许多转录调节蛋白主要是在这一环节发挥作用。

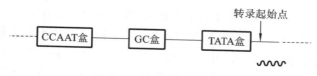

图 11-7 真核生物启动子

在真核细胞编码蛋白质基因的转录起始中,首先识别、结合启动子 TATA 盒或起始子(lnr)序列的是基本转录因子 TFⅡD 的核心成分,即 TATA 盒结合蛋白(TATA box binding protein,TBP),同时还有 TBP 相关因子(TBP associated factor,TAF)的参与,形成 TFⅡD-启动子复合物。继而,在其他基本转录因子 TFⅡA、TFⅡB、TFⅡF 和 TFⅡH 等因子的依次帮助下,最终围绕着 RNA 聚合酶Ⅱ形成前起始复合物(preinitiation complex,PIC)。在几种基本转录因子中,TFⅡD 是唯一具有位点特异性 DNA 结合能力的因子,在转录前起始复合物的组装中发挥指导作用。TAF 是有细胞特异性的,与转录激活蛋白一起决定着基因的组织特异性转录。此外,TFⅡH 刺激 PolⅡ羧基末端结构域(carboxylterminal domain,CTD)磷酸化也是调节前起始复合物形成的重要环节。

然而,转录前起始复合物不稳定,也不能有效启动基因的转录。在折叠的 DNA 构象中,结合了增强子的基因活化蛋白通过中介子的作用,与前起始复合物结合在一起,最终形成稳定的转录起始复合物,如图 11-8 所示。此时,RNA 聚合酶Ⅱ才能够真正启动基因的转录。

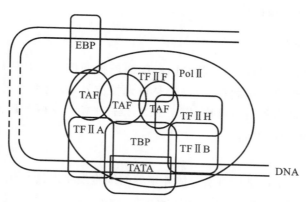

图 11-8 转录起始复合物的形成

（三）真核基因表达的转录后调控

1. mRNA 5′端加帽和 3′端加尾　除组蛋白外，其他真核 mRNA 转录后都要在 5′端加帽、3′端加多聚腺苷酸尾的修饰。

2. 可变性剪接　尽管多数真核 mRNA 的初始转录本仅形成一种成熟的 mRNA 分子，但许多真核 mRNA 初始转录本可以通过一种以上的可变性剪接（alternative RNA splicing）方式，去除不同的内含子而被加工形成不同的成熟 mRNAs 分子。

（四）真核基因表达的翻译和翻译后调控

1. 翻译起始的调控

（1）5′端或 3′端非翻译区对翻译起始的影响：真核细胞对 mRNA 分子上 AUG 密码子作为翻译起始点的选择主要取决于 AUG 与 5′端帽结构之间的距离。核糖体小亚基首先结合在 mRNA 5′端帽结构的下游，开始扫描起始密码子 AUG。与原核细胞一样，真核细胞也存在翻译抑制蛋白质。有些翻译抑制蛋白结合 mRNA 的 5′端，抑制翻译的起始，而另一些则识别 mRNA 的 3′-UTR 的特异位点，干扰 3′端 Poly(A)尾与 5′端帽结构之间的联系，抑制翻译起始。

（2）mRNA 不同翻译起始点的调控：近 90% 的真核 mRNA 是从 5′端帽结构下游第一个 AUG 密码子开始翻译的，因为该密码子被核糖体小亚基首先扫描到；但第一个 AUG 前后的邻近序列对翻译起始效率也会有一定影响。当有不利于起始密码子被扫描的情况出现时，核糖体小亚基可能无视第一个 AUG 而滑向第二个，甚至第三个 AUG，这种现象被称为遗漏扫描（leaky scanning）。由于遗漏扫描现象的发生，一条 mRNA 分子模板有时可以产生两个以上的相关的蛋白质。在某些情况下，细胞会通过遗漏扫描机制调节相关蛋白质翻译的相对丰度。

2. 翻译后水平的调控　翻译后水平的调控主要是蛋白质本身的各种加工修饰及折叠等过程。蛋白质的合成是核糖体沿着 mRNA 模板的密码子信息将一个个氨基酸连接起来形成的多肽链，虽然有的多肽链本身具有生物活性，但大多数多肽链需要加工处理后才具有生物活性。信号肽对于蛋白质的定位非常重要，可以将蛋白质带到特定位置，然后被切割掉，从而释放有活性的蛋白质。

四、癌基因与抑癌基因

在正常细胞中，细胞增殖由两大类基因的编码产物调控。一类是正调控信号，促进细胞增殖，阻碍细胞分化，维持细胞存活；一类是负调控信号，抑制增殖、促进分化、引导程序性死亡。正常细胞受两大类信号调控，相互制约，维持平衡。这两类调控信号一旦失衡，将可能导致细胞恶变而形成肿瘤。

（一）癌基因

癌基因（oncogene，onc）是指可引起体外培养的细胞发生恶性转化，在敏感宿主体内诱发肿瘤的一类基因，因此又称为转化基因（transforming gene）。与病毒感染有关的肿瘤约占 15%。DNA 肿瘤病毒和 RNA 肿瘤病毒基因组中都存在癌基因，即病毒癌基因（viral oncogene，V-onc），现已发现 40 余种 V-onc。

在正常细胞的基因组中普遍存在与病毒癌基因高度同源的序列,称为细胞癌基因(cellular oncogene,C-onc)或原癌基因(proto-oncogene,pro-onc)。原癌基因在进化上高度保守,对促进细胞的生长、增殖、分化和发育等有重要作用。原癌基因一般处于相对静止或低水平稳定表达状态。当受到某些理化因素刺激后,原癌基因被激活,其表达产物的数量、结构或功能异常改变,并导致肿瘤。

常见细胞癌基因的分类如表 11-1。

表 11-1 人体内细胞癌基因的分类及功能

类别	癌基因名称	作用
生长因子类	SIS	PDGF-2
	INT-2	FGF 同类物,促进细胞增殖
蛋白酪氨酸激酶类 生长因子受体	EGFR	EGF 受体,促进细胞增殖
	HER-2	EGF 受体类似物,促进细胞增殖
	FMS、KIT	M-CSF 受体、SCF 受体,促进细胞增殖
膜结合的蛋白酪氨酸激酶	SRC、ABL	与受体结合转导信号
细胞内蛋白酪氨酸激酶	TRK	细胞内转导信号
细胞内蛋白丝/苏氨酸激酶	RAF	MAPK 通路中的重要分子
与膜结合的 GTP 结合蛋白	RAS	MAPK 通路中的重要分子
核内转录因子	MYC	促进增殖相关基因表达
	FOS、JUN	促进增殖相关基因表达

PDGF:血小板源生长因子;EGF:表皮生长因子;FGF:成纤维细胞生长因子;M-CSF:巨噬细胞集落刺激因子;SCF:干细胞生长因子;MAPK:丝裂原激活的蛋白激酶

(二)抑癌基因

抑癌基因(tumor suppressor genes,TSGs),又称肿瘤抑制基因,是一类能抑制细胞过度生长和增殖、诱导细胞凋亡、负调控细胞周期,并抑制肿瘤发生的基因,其编码产物属于负调控信号。当抑制癌基因发生缺失或突变时,失去功能,使细胞增殖失控,并导致肿瘤的发生。目前抑癌基因公认的有 10 余种,其编码产物及功能多种多样,如表 11-2。

表 11-2 常见抑癌基因及功能

名称	染色体定位	相关肿瘤	编码产物及功能
TP53	17p13.1	多种肿瘤	转录因子 p53,细胞周期负调节、DNA 损伤后凋亡
RB	13q14.2	RB、骨肉瘤	转录因子 p105Rb
PTEN	10q23.3	胶质瘤、乳腺癌、胰腺癌、子宫内膜癌	磷脂类信使的去磷酸化,抑制 PI-3K-Akt 通路
P16	9p21	肺癌、乳腺癌、胰腺癌、食道癌、黑素瘤	P16 蛋白,细胞周期检查点负调控

续表

名称	染色体定位	相关肿瘤	编码产物及功能
P21	6p21	前列腺癌	抑制 Cdk1、2、4 和 6
APC	5q22.2	结肠癌、胃癌	G 蛋白细胞黏附与信号转导
DCC	18q21	结肠癌	表面糖蛋白
NF1	7q12.2	神经纤维瘤	GTP 酶激活剂
NF2	22q12.2	神经鞘膜瘤、脑膜瘤	连接膜与细胞骨架的蛋白
VHL	3q25.3	小细胞肺癌、宫颈癌、肾癌	转录调节蛋白
WT1	11p13	肾母细胞瘤	转录因子

知识链接

让朱莉花容失色的 BRCA 抑癌基因

美国著名影星安吉丽娜·朱莉分别在 2013 年和 2015 年先后作了预防性乳房、卵巢和输卵管切除手术。安吉丽娜·朱莉介绍，由于妈妈给她遗传了突变的 BRCA1 基因，因此患乳腺癌和卵巢癌的概率比较高，分别是 87% 和 50%。为了不让自己的孩子们因可能失去妈妈而感到恐惧，她决定主动用专业的医学治疗降低患病风险。

BRCA1（Breast Cancer Susceptibility Gene 1）即乳腺癌易感基因 1，与之相关的还有 BRCA2。这两个基因都是抑癌基因，编码产生抑制肿瘤细胞的蛋白。正常人体每天都有大量的细胞更新，这个过程中会产生少量的癌细胞，但这些癌细胞很快就会被抑癌基因抑制或被免疫系统识别而杀死，不会形成肿瘤。BRCA1/2 蛋白就是属于这个防线的一部分，如果它们发生基因突变导致抑癌功能的丢失，乳腺癌、卵巢癌或一些其他肿瘤发病率就会明显升高。

第二节　基因工程与常用分子生物学技术

一、基因工程

(一)基因工程的概念

基因工程也称为重组 DNA 技术、分子克隆或 DNA 克隆，指在体外将两个或两个以上 DNA 分子重新组合并在适当的细胞中增殖形成新 DNA 分子的过程。重组 DNA 技术可组合不同来源的 DNA 序列信息，为在分子水平上研究生命的奥秘提供可操作的活体模型。

(二)重组 DNA 技术常用的载体

载体为携带目的外源 DNA 片段进入宿主细胞进行扩增和表达的运载工具。载体按功能分为克隆载体和表达载体两类。克隆载体用于外源 DNA 片段的克隆和在受体细胞中的扩增;表达载体则用于外源基因的表达。有的载体兼具克隆和表达两种功能。

1. 克隆载体 克隆载体应具备的基本特点有:①至少有一个复制起点使载体在宿主细胞中具有自主复制能力或具有能整合到宿主染色体上与基因组一同复制的能力;②有适宜的限制性酶的单一酶切位点,供外源 DNA 片段插入;③具有合适的筛选标记,以便区分阳性重组体和阴性重组体,常用的筛选标记有抗药性、酶基因、营养缺陷型或形成噬菌斑的能力等。常用的克隆载体有质粒、噬菌体 DNA 等。

2. 表达载体 依据宿主细胞的不同分为原核表达载体和真核表达载体。原核表达载体用于在原核细胞中表达外源基因,目前应用最广泛的是大肠杆菌表达载体。真核表达载体用于在真核细胞中表达外源基因,主要分为酵母表达载体、昆虫表达载体和哺乳细胞表达载体等。

(三) 重组 DNA 技术常用的工具酶

重组 DNA 技术中需要一些工具酶进行操作。对目的基因进行处理时需利用序列特异的限制性核酸内切酶(restriction endonuclease,RE)在准确的位置切割 DNA;在构建重组 DNA 分子时,需在 DNA 连接酶催化下方能使 DNA 片段与载体共价连接。还有一些工具酶也是重组 DNA 技术必不可少的,概括如表 11-3。

表 11-3 重组 DNA 技术中常用的工具酶

工具酶	功 能
RE	识别特异序列,切割 DNA
DNA 连接酶	催化磷酸二酯键的生成,使 DNA 切口封合或两个 DNA 片段连接
DNA 聚合酶 I	合成双链 cDNA 或片段连接;缺口平移法制作高比活性探针;DNA 序列分析;填补 3'-末端
Klenow 片段	常用于 cDNA 第二链合成,双链 DNA3'-末端标记
逆转录酶	合成 cDNA;替代 DNA 聚合酶 I 进行填补,标记或 DNA 序列分析
多聚核苷酸激酶	催化多聚核苷酸 5'-羟基末端磷酸化,或标记探针
末端转移酶	在 3'-羟基末端进行同质多聚物加尾
碱性磷酸酶	切除末端磷酸基

(四) 重组 DNA 技术的原理和过程

一个完整的重组 DNA 过程包括五大步骤:目的基因的获取(分)、载体的选择与构建(选)、将目的基因与载体连接(接)、重组 DNA 转入受体细胞(转)、重组体的筛选与鉴定(筛)。

1. 目的基因的获取(分) 分离获取目的 DNA 的主要方法:①化学合成法,可直接合成目的 DNA,通常用于小分子肽类基因的合成;②从 cDNA 文库和基因组 DNA 文库中获得;③PCR(polymerase chain reaction,PCR)法,可扩增已知两段序列的目的基因或 DNA 片段;④其他方法,如酵母杂交系统等。

2. 载体的选择与构建(选) 针对不同的目的,选择不同的载体,如主要获得目的

DNA 片段,通常选用克隆载体,想要获取目的 DNA 编码的蛋白质,需选用表达载体。同时还要考虑目的 DNA 大小、受体细胞种类和来源等因素。

3. 将目的基因与载体连接(接) 依据目的基因和载体末端的特点,可采用不同的连接方式:①粘端连接,依靠酶切后的粘末端进行连接,具有效率高、方向性好和准确性强的优点;②平端连接,连接效率较低,同时存在载体自身环化、目的 DNA 双向插入和多拷贝现象等缺点;③粘-平端连接,是目的 DNA 和载体之间通过一端为粘端、另一端为平端的连接方式,目的 DNA 可被定向插入载体。

4. 重组 DNA 转入受体细胞(转) 将重组 DNA 转入宿主细胞的常用方法有:①转化,指将质粒 DNA 或以它为载体构建的重组子直接导入细菌细胞的过程;②转染,将外源基因导入哺乳动物细胞的一系列技术;③感染,是指以病毒为载体,将外源基因导入宿主细胞的过程。

5. 重组体的筛选与鉴定(筛) 目的基因导入受体细胞后,是否可以稳定维持和表达其遗传特性,只有通过筛选与鉴定才能知道。方法有遗传标志筛选、序列特异筛选、亲和筛选等。

6. 克隆基因的表达 以上步骤完成后,便达到了目的 DNA 克隆的目的。此外,重组 DNA 技术还可进行目的基因的表达,实现生命科学研究、医药或商业目的,这是基因工程的最终目标。基因工程中的表达系统有原核和真核表达系统。大肠杆菌是当前采用最多的原核表达体系,优点是培养方法简单、迅速、经济而又适合大规模生产工艺,不足之处在于缺乏转录后、翻译后加工修饰,表达蛋白常形成不溶性包涵体,需要经过复性处理后才具有活性。真核表达系统包括酵母、昆虫及哺乳细胞等表达体系,是较理想的蛋白质表达体系,缺点是操作困难、费时、费钱。

(五)基因工程的应用

重组 DNA 技术已广泛应用于生命科学和医学研究、疾病的诊断与防治、法医学鉴定、物种的修饰与改造等诸多领域。

利用重组 DNA 技术生产有应用价值的药物是当今医药发展的一个重要方向。一方面可利用重组 DNA 技术改造传统的制药工业,如改造或创造制药所需的工程菌种,从而提高抗生素、维生素、氨基酸等药物的产量;另一方面可利用重组 DNA 技术生产蛋白质或肽类药物与疫苗等产品。目前上市的基因工程药物已逾百种,部分产品与功能见表 11-4。

表 11-4 部分基因工程药物与疫苗

产品名称	主要功能
组织纤溶酶原激活剂	抗凝血、溶解血栓
凝血因子Ⅷ、Ⅸ	促进凝血、治疗血友病
粒细胞-巨噬细胞集落刺激因子	刺激白细胞生成
促红细胞生成素	促进红细胞生成,治疗贫血
多种生长因子	刺激细胞生长与分化
生长因子	治疗侏儒症
胰岛素	治疗糖尿病

续表

产 品 名 称	主 要 功 能
多种干扰素	抗病毒、抗肿瘤、免疫调节
多种白细胞介素	免疫调节、调节造血
肿瘤坏死因子	杀伤肿瘤细胞、调节免疫、参与炎症治疗
骨形态形成蛋白	修复骨缺损、促进骨折愈合
超氧化物歧化酶	清除自由基、抗组织损伤
单克隆抗体	诊断、肿瘤靶向治疗
乙肝疫苗	预防乙肝
重组 HPV 衣壳蛋白(L_1)	预防 HPV 感染
口服重组 B 亚单位霍乱疫苗	预防霍乱

二、常用分子生物学技术及应用

1. 核酸分子杂交 核酸分子杂交(molecular hybridization)是分子生物学的重要技术之一,互补的核苷酸序列通过 Walson-Crick 碱基配对可以形成稳定的杂合双链 DNA 或 RNA 分子,常用的方法有 DNA 杂交印迹技术、RNA 杂交印迹技术、斑点杂交印迹技术以及原位杂交等。

2. 聚合酶链式反应 聚合酶链式反应(polymerase chain reaction,PCR)是一种用于放大扩增特定的 DNA 片段的分子生物学技术,它可看作是生物体外的特殊 DNA 复制。PCR 是在试管中进行 DNA 复制反应,基本原理与体内相似,不同之处是耐热的 Taq 酶取代了 DNA 聚合酶,合成的 DNA 引物替代 RNA 引物,用变性、退火、延伸等改变温度的方法使 DNA 得以复制,反复进行变性、退火、延伸循环,就可以使 DNA 无限扩增,如图 11-9 所示。

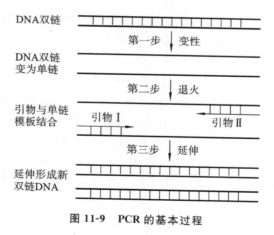

图 11-9 PCR 的基本过程

3. DNA 序列分析 DNA 序列分析,即测定 DNA 序列的技术。在分子生物学研究中,DNA 的序列分析是进一步研究和改造目的基因的基础。目前用于测序的技术主要有 Sanger 等发明的双脱氧链末端终止法和 Maxam 和 Gilbert 发明的化学降解法。这两种方法在原理上差异很大,但都是根据核苷酸在某一固定的点开始,随机在某一个特定的碱基处终止,产生 A、T、C、G 四组不同长度的一系列核苷酸,然后在尿素变性的 PAGE 胶上电泳进行检测,从而获得 DNA 序列。目前 Sanger 测序法得到了广泛的应用。

4. 转基因动物 将外源重组基因转染并整合到动物受体细胞基因组中,从而形成在体内表达外源基因的动物,称为转基因动物(transgenic animal)。在转基因动物中,外源基因已与动物本身的基因组整合并随细胞分裂而增殖,在体内得到表达,传至下一代。也有研究人员将外源基因导入精子或卵细胞,再让导入外源基因的精子或卵细胞受精,培育转基因动物。

5. 基因敲除技术 基因敲除(gene knockout)是 80 年代末以来发展起来的一种新型分子生物学技术,是通过一定的途径使机体特定的基因失活或缺失的技术。通常意义上的基因敲除主要是应用 DNA 同源重组原理,用设计的同源片段替代靶基因片段,从而达到基因敲除的目的。随着基因敲除技术的发展,除了同源重组外,新的原理和技术也逐渐被应用,如基因的插入突变。

6. 生物芯片技术 生物芯片技术是通过缩微技术,根据分子间特异性地相互作用的原理,将生命科学领域中不连续的分析过程集成于硅芯片或玻璃芯片表面的微型生物化学分析系统,以实现对细胞、蛋白质、基因及其他生物组分的准确、快速、大信息量的检测。按照芯片上固化的生物材料的不同,可以将生物芯片划分为基因芯片、蛋白质芯片、多糖芯片和神经元芯片。

小 结

基因表达是基因经过一系列步骤表现出其生物功能的整个过程,是受严密、精确调控的。基因表达调控可以在复制、扩增、基因激活、转录、转录后、翻译和翻译后等多级水平上进行,但 mRNA 转录起始是基因表达调控的基本控制点。多数原核生物的基因按功能相关性串联排列共同组成一个转录调控单位操纵元。第一个阐明的操纵元是 lac 操纵元。操纵元最基本的组成元件有:受调控的结构基因群、启动子、操纵子、调控基因和终止子。有的操纵元还含有衰减子。在同一启动子控制下,从结构基因群转录合成多顺反子 mRNA,实现协调表达。

真核基因组比原核大得多,结构更复杂,含有许多重复序列,基因组的大部分序列不是为蛋白质编码的,而为蛋白质编码的基因绝大多数是不连续的。真核生物基本上是采取逐个基因调控表达的形式。真核基因表达调控的环节更多,转录前可以有基因的扩增或重排,并涉及染色质结构的改变、基因激活过程。转录后调控的方式也很多,但仍以转录起始调控为主。正调控是真核基因调控的主导方面,RNA 聚合酶的转录活性依赖于基本转录因子,在转录前先形成转录复合体,其转录效率受许多蛋白因子的影响,协调表达更为复杂。

基因工程也称为重组 DNA 技术、分子克隆或 DNA 克隆,指在体外将两个或两个以上 DNA 分子重新组合并在适当的细胞中增殖形成新 DNA 分子的过程。常用的分子生物学技术有核酸分子杂交、PCR 技术、DNA 序列分析、转基因技术、生物芯片技术等,这些技术为科学研究、临床治疗都带来了极大便利。

能力检测

能力检测答案

一、单项选择题

1. 一个操纵子通常含有（   ）。

A. 一个启动序列和一个编码基因   B. 一个启动序列和数个编码基因

C. 数个启动序列和一个编码基因   D. 数个启动序列和数个编码基因

E. 两个启动序列和数个编码基因

2. 有关操纵子学说的论述，正确的是（   ）。

A. 操纵子调控系统是真核生物基因调控的主要方式

B. 操纵子调控系统是原核生物基因调控的主要方式

C. 操纵子调控系统由调节基因、操纵基因、启动子组成

D. 诱导物与阻遏蛋白结合阻止转录

E. 诱导物与启动子结合而启动转录

3. 转录因子是（   ）。

A. 调节 DNA 结合活性的小分子代谢效应物   B. 调节转录延伸速度的蛋白质

C. 调节转录起始速度的蛋白质   D. 调节转录产物分解速度的蛋白质

E. 促进转录产物加工的蛋白质

4. 关于病毒癌基因的叙述，正确的是（   ）。

A. 主要存在于 DNA 病毒基因组中   B. 最初在劳氏（Rous）肉瘤病毒中发现

C. 不能使培养细胞癌变   D. 又称原癌基因

E. 由病毒自身基因突变而来

5. 阻遏蛋白结合乳糖操纵子中的（   ）。

A. O 序列   B. P 序列   C. I 基因   D. Y 基因   E. Z 基因

6. 关于抑癌基因的叙述，下列哪项正确？（   ）

A. 发出抗细胞增生信号   B. 与癌基因表达无关

C. 缺失对细胞的增生、分化无影响   D. 不存在于人类正常细胞

E. 肿瘤细胞出现时才进行表达

二、简答题

试述乳糖操纵子的结构。

（王 凡）

第十二章
细胞信号转导

 学习目标

掌握:第二信使的种类;cAMP-PKA 信号途径;Ca^{2+} 信号途径。

熟悉:信号分子与受体结合的特点;G 蛋白及其信号转导机制;cGMP-PKG 信号途径;酪氨酸蛋白激酶途径。

了解:细胞信号转导的概念;信号分子和受体的概念及种类;细胞内受体介导的信号转导途径。

本章 PPT

多细胞生物需要通过复杂的信息传递系统对内、外环境刺激做出适当的反应,以协调机体各组织、器官和系统的功能和代谢,保证生命活动的正常进行。细胞信号转导(cellular signal transduction)是指特定的化学信息在靶细胞内传递的过程,一般包括三个阶段:①靶细胞通过受体识别并接受信号分子;②靶细胞内信号的转换、放大与传递;③靶细胞内发生蛋白质构象、酶活性、膜通透性或基因表达等改变,产生特定的生物学效应。

第一节　信　号　分　子

神经递质、激素、生长因子、光、味、机械刺激等内外因素的作用,可导致细胞内数千种信号分子的浓度或活性发生改变,继而引起物质代谢、基因表达、膜通透性及其他方面的生物学变化。这些存在于生物体内外,具有传递信息作用的化学物质称为信号分子(signaling molecule)。信号分子携带生物信息,通过细胞信号转导调节细胞的生长、发育、分化、代谢及学习记忆等生命活动。

按作用部位不同,生物体内的信号分子可分为细胞间信号分子和细胞内信号分子。

一、细胞间信号分子

细胞间信号分子是指那些由特定细胞分泌的,能够作用于靶细胞并调节靶细胞生命活动的信息物质,也称第一信使(first messenger)。按作用方式不同,细胞间信号分子可以分为三类:激素、神经递质和局部化学物质。

(一) 激素

激素(hormone)是指由内分泌腺或内分泌细胞合成并分泌的信号分子,通常借助血液循环转运,以内分泌的方式作用于远隔的靶器官或组织,调节这些细胞的代谢和生理功能。激素的种类繁多,功能各异。按照化学本质的不同,可以将激素分为四类:①多肽与蛋白质类,如胰岛素、胰高血糖素、下丘脑的激素、垂体的激素等;②氨基酸衍生物类,如甲状腺素,儿茶酚胺类激素;③类固醇衍生物类,如肾上腺皮质激素、性激素等;④脂肪酸衍生物类,如前列腺素。按照溶解性不同,又可将激素分为两类:①水溶性激素,多为蛋白质、肽、氨基酸及其衍生物;②脂溶性激素,包括类固醇激素和脂肪酸衍生物。

(二) 神经递质

神经递质(neurotransmitter)是神经元突触所释放的化学信号分子,以旁分泌的方式作用于下一级神经元或其他靶细胞发挥调节作用。按化学本质的不同,神经递质可以分为三类:①有机胺类神经递质,如乙酰胆碱、多巴胺、5-羟色胺等;②氨基酸类神经递质,如 γ-氨基丁酸、谷氨酸等;③肽类神经递质,如脑啡肽、内啡肽、强啡肽等。

(三) 局部化学物质

局部化学物质又称旁分泌信号分子,多由普通细胞分泌,经细胞间液扩散,以旁分泌或自分泌方式作用于邻近细胞或细胞自身。根据化学性质,可以将局部化学介质分为两类:①多肽或蛋白质类信号分子,包括细胞因子(cytokine)和生长因子(growth factor)。细胞因子与机体的防御机制有关,主要介导和调节免疫功能,并刺激造血,常见的细胞因子包括白介素(IL)、干扰素(IFN)、淋巴毒素(LT)、集落刺激因子(CSF)、肿瘤坏死因子(TNF)、转化生长因子(TGF)和趋化因子等。生长因子主要调节靶细胞的增殖与分化,如表皮生长因子(EGF)、成纤维细胞生长因子(FGF)和血小板衍生的生长因子(PDGF)等。②气体信号分子,如 CO、NO 等,二者对心血管系统生理功能的调节具有重要作用。

二、细胞内信号分子

细胞内信号分子是细胞受到第一信使刺激后产生或活化的,在细胞内传递信息的化学分子,又称第二信使(second messenger)。传统意义的第二信使主要指五种小分子化合物,包括 cAMP、cGMP、IP_3、DAG 和 Ca^{2+}。近年来,也有人将细胞内的一些蛋白质信号分子,如 Ras、Raf、Jak 等称为第二信使。细胞内信号分子具有一定的通用性,即多种多样的细胞外信号分子通过为数不多的第二信使传递信息,使得不同信号途径之间存在交叉和重叠,也正是这种交叉和重叠构成了复杂的信号转导网络。

第二节　受　　体

受体(receptor)是指存在于靶细胞膜上或细胞内,能够特异识别、结合信号分子并引起相应生物学效应的蛋白质。相应的,能够与受体结合的信号分子也被称为配体。

一、受体与信号分子结合的特点

无论何种受体,只有在识别特异的信号分子并与之结合之后才能被激活,引起相应的生物学效应。受体与信号分子的结合具有如下特点。

1. 高度的特异性 高度的特异性是指受体只能选择性地与特定的信号分子(配体)结合。由于受体是蛋白质,具有特定的空间结构,其特定的配体结合结构域只能选择性地与具有特定分子结构的配体相结合。这一性质使靶细胞只能对周围环境中特定的信号分子发生反应,保证了信息传递的准确性。

2. 高度的亲和力 大多数生物体内,发挥作用的信号分子的有效浓度都非常低($\leqslant 10^{-8}$ mol/L),受体与信号分子的结合反应在极低的浓度下即可发生,表明二者之间存在高度的亲和力。

3. 结合的可逆性 受体与信号分子通过非共价键结合,键能较低,当环境中配体的浓度降低时,受体-配体复合物也容易解离,从而导致信息传递的结束。这种可逆的结合,保证了高浓度的信号分子可以和受体结合引发生物学效应,而在完成信息传递之后,二者解离,受体恢复原有状态,准备接受新的信号分子。

4. 可饱和性 受体与信号分子结合后产生生物学效应的强弱与二者结合的数量成正比。随着配体浓度的升高,与配体结合的受体数目也会增多。但是,一定条件下靶细胞上受体的数目是一定的,当全部受体被配体结合后,生物学效应达到最大,此时再增加配体浓度也不会有生物学效应的增加,即呈现可饱和性。

5. 可调节性 受体的数目以及受体对配体的亲和力都是可以调节的。如果某种因素引起靶细胞受体数目增加或亲和力增大,称为上调(up regulation);反之,称为下调(down regulation)。上调可以增强靶细胞对信号分子的敏感性(超敏),而下调则可以降低靶细胞对信号分子的敏感性(脱敏)。一般说来,基因表达增强可以使靶细胞受体的数目增加,而与配体结合的膜受体则往往因内化而被溶酶体降解,导致受体数目减少,这两条途径可以改变受体的数目。受体还可受到化学修饰调节或变构调节,改变其与配体的亲和力。

二、受体的结构与功能

按照存在的部位不同,可以将受体分为细胞膜受体和细胞内受体两大类。

(一)细胞膜受体的结构与功能

细胞膜受体的配体通常为亲水性信号分子,不能直接进入细胞内,只能与靶细胞膜上的受体结合,触发细胞内的一系列信号变化,产生特异的生理效应。细胞膜受体又可根据分子结构与功能的差别,分为跨膜离子通道型受体、G蛋白偶联受体和酶偶联受体三类。

1. 跨膜离子通道型受体 此类受体是位于细胞膜上的配体门控的离子通道,一般由多个亚基围成跨膜的离子通道,又称环状受体。受体通过配体的结合控制通道的开关,选择性地允许离子出入细胞,引起细胞内离子浓度的变化,从而触发生理效应。如N型乙酰胆碱受体由五个亚基(α_2、β、γ、δ)构成跨膜的Na^+通道,结合乙酰胆碱后通道开放。

离子通道型受体主要存在于神经、肌肉等可兴奋细胞中,其配体主要是神经递质、神经肽等。按通透的离子种类,离子通道型受体又分为阳离子通道受体(配体是乙酰胆碱、谷氨酸和 5-羟色胺等)和阴离子通道受体(配体是甘氨酸、γ-氨基丁酸等)。

2. G 蛋白偶联受体 此类受体通常为单体或相同亚基构成的寡聚体。多肽链的 N-端位于细胞外,C-端位于细胞内,中间部分以 7 段跨膜 α-螺旋往返细胞内外形成跨膜区,故这类受体又称七跨膜 α-螺旋受体或蛇形受体。不同 G 蛋白偶联受体跨膜区的氨基酸序列具有高度保守性,而受体的 N-端、C-端以及第三内环区的氨基酸序列差别较大,第三内环区和 C-端序列也是与 G 蛋白相互作用的结构域,通过 G 蛋白将信号向细胞内传递(图 12-1)。G 蛋白偶联受体是最常见的激素受体。

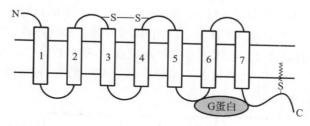

图 12-1 G 蛋白偶联受体的结构

3. 酶偶联受体 此类受体可以是单体也可以是寡聚体,每条多肽链都以单一的 α-螺旋跨膜,故又称单跨膜 α-螺旋受体(图 12-2)。受体的胞外区较大,为配体结合区;胞内区则具有酶的催化活性或与非受体型酶偶联,因此这类受体也被称为催化型受体。受体与配体结合后,发生构象改变,酶被激活,催化底物蛋白的磷酸化或脱磷酸等修饰,触发细胞内信号转导的过程。已知的酶偶联受体有六大类:①酪氨酸蛋白激酶受体;②酪氨酸激酶连接型受体;③鸟苷酸环化酶受体;④丝/苏氨酸蛋白激酶受体;⑤酪氨酸磷脂酶受体;⑥组氨酸激酶连接型受体。其中,前三种酶偶联受体是最常见的催化型受体。

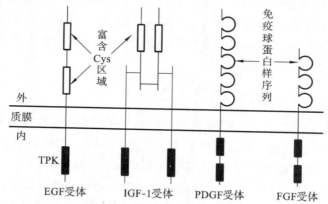

EGF:表皮生长因子;IGF-1:胰岛素样生长因子;
PDGF:血小板衍生的生长因子;FGF:成纤维细胞生长因子

图 12-2 酶偶联受体的分子结构

（二）细胞内受体的结构与功能

细胞内受体位于胞浆或胞核内,与疏水性信号分子和小分子亲水性信号分子结合传递信号。疏水性信号分子由载体蛋白转运至靶细胞,通过扩散作用穿过质膜进入细胞,与细胞内受体结合而使之活化,活化的受体在细胞核内与 DNA 结合,调控相关基因的转录。因此,细胞内受体又被称为转录因子型受体或核受体。类固醇激素、甲状腺素、1,25-$(OH)_2D_3$ 及视黄酸等通过此类受体传递信号。

细胞内受体一般由 400～1000 个氨基酸残基构成,包括四个区域(图 12-3)。

(1) 高度可变区位于 N 端,含 25～603 个氨基酸残基,一级结构变化较大,有转录激活作用,与调控特异基因表达有关。

(2) DNA 结合区与高度可变区相邻,不同受体的一级结构具有一定的同源性,富含半胱氨酸残基及锌指结构,可与特异的 DNA 序列结合。在 DNA 分子中,能与激素-受体结合的特定序列被称为激素反应元件(hormone response element,HRE)。

(3) 激素结合区位于 C 端,由 220～250 个氨基酸残基构成,可与配体(如激素)结合,使受体二聚化,从而激活转录。该区还具有核定位信号,这种核定位具有激素依赖性。

(4) 铰链区是位于 DNA 结合区和激素结合区之间的结构,可能与转录因子的相互作用及受体向核内转移有关。

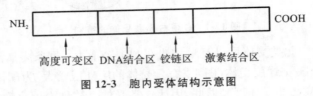

NH_2 COOH

高度可变区   DNA结合区   铰链区   激素结合区

图 12-3 胞内受体结构示意图

第三节 主要的信号转导途径

生物体内存在着数量众多的信号转导途径,信息传递的过程错综复杂,不同信号转导途径相互交叉,相互影响,形成信号网络,共同调节细胞功能,保证生命活动的正常进行。根据信号分子作用的受体不同可以将这些途径分为两类:细胞膜受体介导的信号转导途径和细胞内受体介导的信号转导途径。

一、细胞膜受体介导的信号转导途径

这类受体传递信息的共同规律是:亲水性信号分子与膜受体结合→受体变构,活性增加→通过第二信使或直接激活效应蛋白→产生生物学效应。其中,膜受体多为 G 蛋白偶联受体和酶偶联受体,第二信使主要有 cAMP、cGMP、IP_3、DAG 和 Ca^{2+},效应蛋白多为蛋白激酶(protein kinase,PK),所产生的生物学效应多与底物蛋白的磷酸化有关。常见的蛋白激酶有蛋白激酶 A(protein kinase A,PKA)、蛋白激酶 G(protein kinase G,PKG)、蛋白激酶 C(protein kinase C,PKC)及酪氨酸蛋白激酶(tyrosine protein kinase,TPK)等。这些激酶一方面可以催化底物蛋白发生磷酸化修饰而改变活性,另一方面通过逐级磷酸化还可以起到信号放大的作用。

下面介绍几条主要的膜受体介导的信号转导途径。

(一) cAMP-PKA 信号途径

这是一条经典的信号转导途径,信号分子通常与 G 蛋白偶联受体结合激活此通路。

cAMP-PKA 信号途径传递信息的一般过程为：信号分子＋膜受体→G 蛋白→腺苷酸环化酶（AC）→cAMP→PKA→底物蛋白（酶）→生物学效应（图 12-4）。

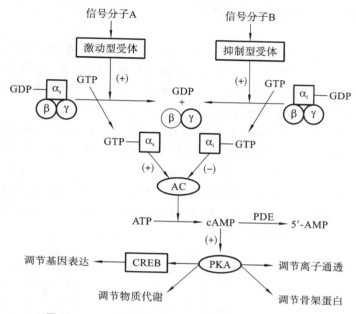

图 12-4 cAMP-依赖性蛋白激酶 A 途径的级联反应

1. G 蛋白及其信号转导机制 G 蛋白，又称鸟苷酸结合蛋白，是一类存在于靶细胞质膜内侧面或胞浆中的特殊信号转导蛋白，其分子中结合有 1 分子鸟苷酸（GDP 或 GTP）。G 蛋白通过结合不同的鸟苷酸实现激活与失活状态的转换，完成信号的传递。按照分子结构的不同，可以将 G 蛋白分为两类：一类是由 α、β 和 γ 三种亚基各一分子构成的异三聚体 G 蛋白；另一类则为单体 G 蛋白。单体 G 蛋白与异三聚体 G 蛋白的 α 亚基高度同源，通常也被称为小分子 G 蛋白，其超家族成员至少有 50 种，包括 Ras、Rap、Rac、Rho 等。

cAMP-PKA 途径涉及的 G 蛋白为异三聚体 G 蛋白（图 12-5）。GDP 与 α 亚基结合时，β 和 γ 亚基也同时与 α 亚基结合形成 GDP-αβγ，这种三聚体形式为非活性型 G 蛋白。当信号分子作用于 G 蛋白偶联受体后，受体的构象发生改变，使 G 蛋白活化，α 亚基与 GDP 的亲和力下降，结合的 GDP 为 GTP 取代，同时与 β、γ 亚基解离，成为活性型 G 蛋白 GTP-α，并继续活化下游的信号分子。G 蛋白的 α 亚基具有 GTP 酶（GTPase）活性，可以将该亚基上结合的 GTP 水解重新变成 GDP，α 亚基失活并再与 β、γ 亚基结合成为异三聚体，从而完成一次信号转导。

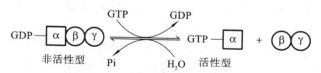

图 12-5 G 蛋白活性型与非活性型的互变

在哺乳动物中，目前已经克隆的异三聚体 G 蛋白的 α 亚基有 21 种。G 蛋白按其功能的差别可分为四类:G_s、G_i、G_q 和 G_t。不同 G 蛋白作用于不同的效应分子,产生不同的生物学效应。如 G_s 和 G_i 都作用于腺苷酸环化酶(adenylate cyclase,AC),前者使 AC 激活,后者则抑制 AC;G_q 可以激活磷脂酰肌醇磷脂酶 C(PI-PLC);G_t 则能激活 cGMP 磷酸二酯酶活性。

不同的 G 蛋白偶联受体所能激活的 G 蛋白也不尽相同。例如,β-肾上腺素能受体、垂体加压素受体、胰高血糖素受体、促肾上腺皮质激素受体等能够通过激活 G_s,进而激活 AC 来传递兴奋性信号,属于激动型受体;而 α-肾上腺素能受体、阿片肽受体、生长抑素受体等则能激活 G_i,降低 AC 的活性来传递抑制性信号,属于抑制型受体。

2. AC 与 cAMP 的生成 腺苷酸环化酶(AC)存在于除成熟红细胞以外的几乎所有组织细胞中。AC 的主要作用是催化胞浆中的 ATP 转变成 cAMP,使胞浆中第二信使 cAMP 的浓度升高,从而将信息传递到细胞内。正常细胞内 cAMP 平均浓度为 10^{-6} mol/L,在激素作用下可升高 100 倍以上。胞浆中 cAMP 的浓度受 AC 活性和磷酸二酯酶(phosphodiesterase,PDEs)活性的双重调节。PDE 可将 cAMP 水解为 5′-AMP,使胞浆中 cAMP 的浓度降低,从而终止信号的转导。

ATP

cAMP

3. 蛋白激酶 A 及其生理作用 胞浆中 cAMP 的浓度升高,可与依赖 cAMP 的酶或蛋白质结合而激活之,使信号进一步在细胞内传递。cAMP 的生物学效应主要是通过激活胞浆中蛋白激酶 A(PKA)实现的。

PKA 是一种变构酶,其分子结构是由两个催化亚基(C)和两个调节亚基(R)构成的四聚体(C_2R_2),每个调节亚基上都有两个 cAMP 的结合位点。当 PKA 分子中的两个调节亚基与 4 分子 cAMP 结合后,调节亚基发生变构并与催化亚基解离,使调节亚基对催化亚基的抑制作用消除;游离的催化亚基二聚体(C_2)具有 Ser/Thr 蛋白激酶活性,可催化特异的底物蛋白/酶的磷酸化修饰并导致其生理功能或活性的改变,产生特定的生物学效应(图 12-6)。

PKA 的底物蛋白/酶多达数十种,其生理作用非常广泛,主要包括:①对物质代谢的调节。PKA 通过对代谢途径中各种关键酶的磷酸化修饰,使酶活性增高或降低,从而调节物质代谢的速度和方向以及能量的生成。如 PKA 可以使糖原合成酶 I(活性型)磷酸化,转变成糖原合成酶 D(无活性),抑制糖原合成;它还可以磷酸化糖原磷酸化酶 b 激酶,使其活性增加,进而激活磷酸化酶,促进糖原分解,如图 12-7 所示。②对基因表达的调节。PKA

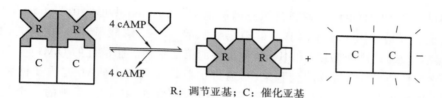

R：调节亚基；C：催化亚基

图 12-6　蛋白激酶 A 的激活

激活后,可进入细胞核,磷酸化一些转录因子,改变其活性,调节基因的表达。细胞核内受 cAMP、PKA 调节的基因转录调控区称为 cAMP 反应元件(cAMP response element, CRE)。能与 CRE 结合的蛋白质称为 CRE 结合蛋白(CRE binding protein,CREB)。PKA 可使 CREB 的 133 位 Ser 残基磷酸化而活性增强,与 CRE 结合促进基因表达。③对离子通透性的调节。PKA 可催化 Ca^{2+} 通道蛋白的磷酸化修饰,从而增强 Ca^{2+} 的通透性,使 Ca^{2+} 内流增加,细胞内 Ca^{2+} 浓度增加。④对细胞骨架蛋白功能的调节。PKA 能催化微管蛋白、微丝蛋白等细胞骨架蛋白的磷酸化修饰,引发细胞收缩反应。

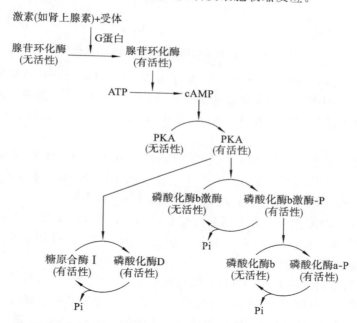

图 12-7　肾上腺素通过 cAMP-PKA 途径调节糖原的合成和分解

（二）Ca^{2+} 信号途径

Ca^{2+} 是体内的一个重要的第二信使,参与许多生命活动如收缩、运动、细胞分泌、细胞分裂等。正常情况下,细胞内质网/肌浆网是细胞内 Ca^{2+} 的储存库,其中的[Ca^{2+}]可达 2×10^{-5} mol/L。胞浆[Ca^{2+}]为 $10^{-8} \sim 10^{-7}$ mol/L,而细胞外液[Ca^{2+}]为 $10^{-4} \sim 10^{-2}$ mol/L,二者相差近 10000 倍。胞浆内游离 Ca^{2+} 浓度的变化是调节细胞生理活动的关键环节。当胞浆 Ca^{2+} 浓度高于 10^{-6} mol/L 时,就可以通过效应蛋白引发特定的生物学效应。

依赖 Ca^{2+} 的信息传递途径有两条:DAG-Ca^{2+}-PKC 途径和 IP$_3$-Ca^{2+}-CaM 依赖性蛋白激酶途径。

1. DAG 和 IP₃ 的生成　磷脂酰肌醇磷脂酶 C(phosphatidylinositol phospholipase C，PI-PLC)能特异地作用于质膜内侧面的磷脂酰肌醇-4,5-二磷酸(PIP₂)，使其甘油骨架 C₃ 位的磷酸酯键水解，产生 DAG 和 IP₃ 两种重要的第二信使。脂溶性的 DAG 仍然留在质膜当中；而水溶性的 IP₃ 则被释放到胞浆中，通过扩散作用到达内质网，与内质网膜上的 IP₃ 受体结合，调控胞浆 Ca^{2+} 浓度。所以 PLC 是双信使(DAG 和 IP₃)系统的一个关键酶(图 12-8)。

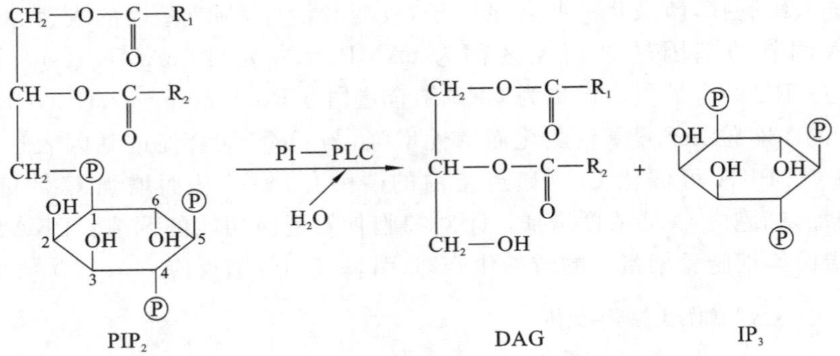

图 12-8　磷脂酰肌醇磷脂酶 C(PI-PLC)的作用

PI-PLC 在哺乳动物细胞中分布广泛，并存在多种同工酶，目前比较确定的有 β、γ 和 δ 三种亚型。不同亚型 PI-PLC 的激活机制不同，PI-PLC β 通过 G_q 蛋白激活，PI-PLC γ 由受体型或非受体型酪氨酸蛋白激酶激活，而 PI-PLC δ 对 Ca^{2+} 敏感，由 Ca^{2+} 浓度来调节其活性。

许多信号分子如乙酰胆碱(M)、肾上腺素(α1)、组胺和 5-羟色胺等，能够通过作用于靶细胞膜上的 G 蛋白偶联受体激活 PI-PLC β，该途径与 cAMP-PKA 信号途径相似，只是 G 蛋白为 G_q，效应酶为 PI-PLC β，产生的第二信使为 DAG 和 IP₃。

2. DAG-Ca^{2+}-PKC 途径　该信号转导途径以第二信使 DAG 和 Ca^{2+} 的参与为主要特征，其信号转导的级联反应包括：信号分子＋膜受体→G_q 蛋白→PLC→PIP₂→DAG(IP₃)→PKC→底物蛋白(酶)→生物学效应。

DAG 通过与蛋白激酶 C(PKC)调节结构域中富含 Cys 的模体 2 结合，使 PKC 的构象发生改变而被激活。DAG 激活 PKC 的过程还需要 Ca^{2+} 及磷脂酰丝氨酸(PS)的参与。PS 在质膜内侧，有富集 Ca^{2+} 和结合 PKC 的功能。佛波酯(phorbol ester)是一种促癌剂，可激活 PKC 并使之从胞浆转位至胞膜。

PKC 是分子量为 77~87 kD 的单体酶，属于 Ser/Thr 蛋白激酶，广泛分布于哺乳动物细胞的胞浆中，受到刺激时才可逆地发生膜转位并被激活。迄今已发现的 PKC 有 12 种，按其分子结构和激活剂的不同可以分为三组亚型：第一组为常规型 PKC(conventional PKC，cPKC)，激活时需 DAG 和 Ca^{2+}；第二组为新型 PKC(novel PKC，nPKC)，仅需 DAG 就可激活；第三组为非典型 PKC(atypical PKC，aPKC)，激活时需要 IP₃。此外，所有 PKC 的激活都需要磷脂酰丝氨酸(PS)的参与。

PKC 能够催化几十种特异的底物蛋白/酶的磷酸化修饰，按部位和功能可分为四类：①信号转导受体或酶，如 EGF 受体、胰岛素受体等；②膜蛋白和核蛋白，如组蛋白、Na^+、

K^+-ATP 酶、钙泵等；③细胞收缩或骨架蛋白，如肌球蛋白轻链、肌钙蛋白、微管蛋白等；④代谢酶或其他蛋白，如糖原合酶、糖原磷酸化酶、起始因子等。由于 PKC 可以作用于多条信号途径中的受体或酶，使 Ca^{2+} 信号途径与其他信号途径之间产生广泛的信号交流，因此 PKC 除了可以通过磷酸化底物蛋白/酶产生短暂的早期效应外，还可以通过信号途径之间的相互交流，产生基因表达、细胞增殖和分化等晚期效应。

3. IP_3-Ca^{2+}-CaM 依赖性 蛋白激酶途径细胞内许多生物大分子包括酶、蛋白质因子和结构蛋白等对 Ca^{2+} 都有依赖性，胞浆 Ca^{2+} 浓度的变化可能引发细胞一系列生理功能的改变。IP_3-Ca^{2+}-CaM 依赖性蛋白激酶途径以胞浆 Ca^{2+} 浓度的升高为特征，其级联反应包括：信号分子＋膜受体→G_q 蛋白→PLC→PIP_2→IP_3（DAG）→IP_3R→胞浆$[Ca^{2+}]$升高→CaM→CaM-PK→底物蛋白/酶→生物学效应（图 12-9）。

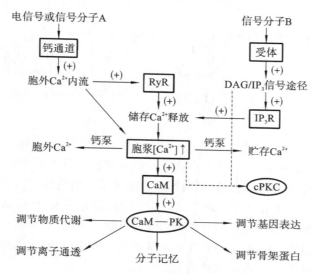

图 12-9 Ca^{2+} 信号转导途径的级联反应

IP_3 与内质网或肌浆网膜表面的 IP_3 受体（IP_3R）结合，使内质网中储存的 Ca^{2+} 释放至胞浆，胞浆 Ca^{2+} 浓度迅速升高。Ca^{2+} 与钙调蛋白（calmodulin，CaM）结合形成 Ca^{2+}-CaM 复合物，后者可激活钙调蛋白依赖性蛋白激酶（CaM dependent protein kinase，CaM-PK），继而使一些酶及蛋白质发生磷酸化，如色氨酸羟化酶和酪氨酸羟化酶磷酸化后活性增强，促进 5-羟色胺和儿茶酚胺等神经递质的合成。另外 CaM-PK 还可使平滑肌的肌球蛋白轻链磷酸化，引起平滑肌收缩或张力增加。细胞微管蛋白、微丝蛋白磷酸化可以调节细胞的形态和运动。尽管胞内 Ca^{2+} 浓度的改变是短暂的，但 CaM-PK 的活性可维持较长时间。

CaM 是一种钙结合蛋白，广泛分布于真核细胞，是由 148 个氨基酸残基组成的单链多肽。CaM 分子中有 4 个 Ca^{2+} 结合位点，当 CaM 与 Ca^{2+} 结合形成 $4Ca^{2+}$-CaM 后，其分子构象发生改变，疏水区暴露，易于与靶酶——钙调蛋白依赖性蛋白激酶（CaM-PK）结合而使其激活。CaM-PK 是一种 Ser 蛋白激酶，它的靶蛋白谱非常广泛，如糖原合成酶、磷酸化酶激酶、腺苷酸环化酶、Mg^{2+}-ATP 酶、丙酮酸羧化酶、磷脂酶 A_2、丙酮酸脱氢酶、3-磷酸甘油醛脱氢酶及 α-酮戊二酸脱氢酶等。另外，CaM 还与学习、记忆等高级神经活动有关。

（三）cGMP-PKG 信号途径

该信号转导途径以鸟苷酸环化酶（guanylate cyclase，GC）催化 GTP 生成第二信使 cGMP 为特征，通过胞浆 cGMP 浓度的改变来完成信号转导。其信号转导的级联反应过程可概括为：信号分子＋膜受体/GC→cGMP→PKG→底物蛋白（酶）→生物学效应。

1. GC 与 cGMP 的生成 鸟苷酸环化酶（GC）催化 GTP 生成 cGMP 和 PPi。如同 cAMP 一样，cGMP 可经磷酸二酯酶（PDE）水解生成 5′-GMP 而失活。

GC 广泛存在于动物细胞中，按其存在的亚细胞部位及分子结构的不同可以分为两类。一类为具有受体功能的跨膜蛋白质，其胞外区为配体结合结构域，与特异的信号分子结合，胞内区为 GC 结构域，催化 GTP 转变为 cGMP，因而也被称为膜结合型 GC。心钠素（ANP）等信号分子能特异地与膜结合型 GC 结合而激活之，导致胞浆 cGMP 浓度升高。另一类为胞浆内的可溶性 GC，由 α 和 β 两个亚基组成二聚体，可以被气体信号分子一氧化氮（NO）特异性激活，使胞浆 cGMP 浓度升高。

两类 GC 的组织细胞分布有所不同，膜结合型 GC 主要分布于心血管组织、小肠黏膜、精子和视网膜杆状细胞中，而可溶性 GC 则主要分布于脑、肝脏、肾脏、肺等组织中，这种分布特征决定了不同组织细胞对同一信号分子可能产生不同的反应。

2. 蛋白激酶 G 及其生理作用 cGMP 的生理效应几乎都是通过激活蛋白激酶 G（protein kinase G，PKG）来实现的。PKG 也是一种 Ser/Thr 蛋白激酶，可催化特异的底物蛋白或酶发生磷酸化修饰而改变其活性。PKG 在细胞中的活性较低，仅占细胞总蛋白激酶活性的 2%。已知 PKG 有两种同工酶，Ⅰ型为均一的二聚体，Ⅱ型为单体。每个亚基或单体都有 2 个 cGMP 的结合位点。当 cGMP 与 PKG 的 cGMP 结合位点结合后，PKG 才有活性。PKG 的靶蛋白有许多种。在平滑肌细胞内，PKG 可以磷酸化内质网上的 IP_3 受体，抑制 Ca^{2+} 从内质网释放，使胞浆 Ca^{2+} 浓度下降而致平滑肌舒张。心钠素、NO 及硝基扩血管药物正是通过 cGMP 信号转导途径激活 PKG 而致血管平滑肌舒张。

值得注意的是，cGMP 引起的生物学效应在很多方面都与 cAMP 相反，如 cGMP 降低细胞内 Ca^{2+} 浓度，降低心肌收缩力，而 cAMP 则使细胞内 Ca^{2+} 浓度升高而使心肌收缩加强。

一氧化氮(NO)的信息传递途径

NO-cGMP 系统在人和动物细胞中广泛存在,是细胞间和细胞内信息传递及功能调节的重要信号转导机制之一,也是多种疾病发生的关键环节和药物作用的重要靶点。1998 年诺贝尔奖授予了在此领域做出杰出贡献的三位美国科学家 Robert F. Furchgott、Louis J. Ignarro 和 Ferid Murad。

乙酰胆碱、缓激肽及 ATP 等物质可引起细胞内 Ca^{2+} 浓度增加,继而激活细胞内的一氧化氮合酶(nitric oxide synthase,NOS)。NOS 催化 L-Arg 生成瓜氨酸和第二信使 NO。后者通过自分泌或旁分泌方式激活细胞内可溶性鸟氨酸环化酶,使细胞内 cGMP 浓度升高。NO 的寿命很短,几秒钟内即可被代谢掉。

NO 不仅可以自身合成,也可以由药物生成。如舌下含服硝酸甘油可以产生 NO,通过激活鸟苷酸环化酶,使细胞内 cGMP 浓度增高,进一步激活蛋白激酶 G,最终使血管平滑肌舒张,血管基本张力降低,局部组织血流增加,局部缺血症状得到缓解。

(四)酪氨酸蛋白激酶途径

生长因子、细胞因子及癌基因产物的受体都具有酪氨酸蛋白激酶(tyrosine protein kinase,TPK)活性或与 TPK 偶联。这些因子既有影响细胞生长、分化和增殖的生长因子,如表皮生长因子(EGF)、血小板衍生的生长因子(PDGF)、胰岛素样生长因子(IGF)等;也有造血细胞因子,如促红细胞生成素(EPO)和免疫相关因子如干扰素、淋巴因子、单核因子;还有与神经系统有关的神经营养因子(NGF、FGF)等。

TPK 信号转导途径的特征是通过信号分子激活受体型或非受体型 TPK,以 TPK 作为第二信使,催化受体自身及效应蛋白的 Tyr 磷酸化,从而触发一系列级联反应,包括有丝分裂原激活的蛋白激酶(mitogen-activated protein kinase,MAPK)途径、JAK-STAT 途径等。

1. MAPK 途径 该途径由具有 TPK 活性的受体介导,该受体兼具配体结合活性和 TPK 活性。整个级联反应至少涉及三种蛋白激酶,分别是 MAPKK 激酶(MAPKKK)、MAPK 激酶(MAPKK)和 MAPK。

在哺乳动物中,表皮生长因子(EGF)等信号分子激活的 MAPK 途径又被称为细胞外信号调节的蛋白激酶(extracellular signal-regulated kinase,ERK)途径。该途径的级联反应过程如下:EGF+受体型 TPK→Grb2→SOS→Ras→Raf→MEK→ERK→底物蛋白(酶)→生物学效应。

信号分子与受体结合后,受体二聚化并激活 TPK 活性,引发受体自身 Tyr 磷酸化。磷酸化的受体通过特异的衔接蛋白 Grb2(growth factor receptor bound protein2,生长因子受体结合蛋白 2)募集鸟苷酸交换因子 SOS(son of sevenless),促进 Ras 释放 GDP、结合 GTP 转变为 GTP-Ras。Ras 为小分子 G 蛋白超家族成员,与 G 蛋白的 α 亚基高度同源。活化的 Ras 进一步激活 Raf。Raf 属于 MAPKKK,是一种 Ser/Thr 蛋白激酶,作为级联反应的第一级分子,Raf 使 MEK 磷酸化而被激活。MEK 属于 MAPKK,是一种双功能酶,可以顺序催化底物 ERK 中 Thr 和 Tyr 残基的磷酸化并使之激活。ERK 属于 MAPK,是 Ser/Thr 蛋白激酶。ERK 被活化后可转位到核内,催化多种转录因子(如 c-Jun、c-Fos 等)以及与转录相关的酶(如 RNA 聚合酶Ⅱ)的磷酸化,调控基因表达。

2. JAK-STAT 途径　一部分生长因子、大部分细胞因子和激素如生长激素、干扰素(IFN)、红细胞生成素(EPO)、粒细胞集落刺激因子(G-CSF)及一些白介素(IL)等的受体缺乏 TPK 活性,但该类受体与配体结合后会发生二聚化,并激活细胞内特定的非受体型 TPK 如 JAKs(just another kinase 或 janus kinase)使信号继续传递,这类受体因此又被称为酪氨酸蛋白激酶连接型受体。活化的 JAKs 通过催化其底物 STAT(signal transductors and activator of transcription,信号转导子和转录激动子)的酪氨酸磷酸化而使之激活,活化的 STAT 形成二聚体进入细胞核,参与某些基因的转录调节,故将此途径称为 JAK-STAT 途径。

二、细胞内受体介导的信号转导途径

按照信号分子的种类和信号转导途径的差别可以将细胞内受体介导的信号转导途径分为三类:类固醇激素受体介导的信号转导途径、非类固醇激素受体介导的信号转导途径和孤儿受体介导的信号转导途径。

1. 类固醇激素受体介导的信号转导途径　该途径的信号分子包括糖皮质激素、盐皮质激素和性激素(雄激素、雌激素和孕激素)等。这类受体位于胞浆或胞核内,非活化状态的受体与热休克蛋白(heat shock protein,HSP)结合,阻止其核转位及与 DNA 的结合。当激素与受体结合后,受体发生构象变化,HSP-受体复合物解离,暴露出受体的核转位及 DNA 结合结构域。活化的受体二聚化,以二聚体的形式入核,与 DNA 上的激素反应元件(HRE)或与其他转录因子结合,通过稳定或干扰转录因子的相互作用,促进或抑制特异基因的转录,产生相应的生物学效应(图 12-10)。在发挥作用之后,激素-受体复合物解离而使其转录活性终止,伴侣蛋白 HSP90 等参与了转录复合物的解聚,从而终止胞内受体介导的基因表达的调控。

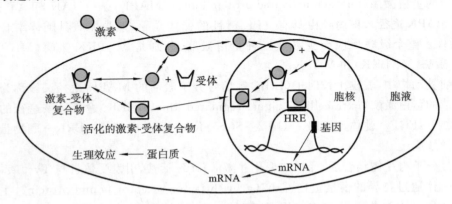

图 12-10　胞内受体介导的信号转导途径

2. 非类固醇激素受体介导的信号转导途径　该途径包括甲状腺素(T_3、T_4)、1,25-$(OH)_2D_3$ 以及视黄酸等。这类信号分子的受体也位于胞浆或胞核内,但不与 HSP 结合,多以同源或异源二聚体的形式与 DNA 或其他蛋白质相互作用，调控基因转录。

3. 孤儿受体(orphan receptor)介导的信号转导途径　因其具有受体的结构特征，却没有或未发现相应的配体而得名。孤儿受体是核受体家族的重要成员，可能作为组成性转录因子参与激素的生物学作用。

第四节　信号转导异常与疾病

　　细胞信号转导是靶细胞对特异信号分子做出相应反应的复杂的生理生化过程，涉及多个环节的大量信号分子，任何环节信号分子的结构或数量的异常均可导致信号转导的紊乱。信号转导异常与多种疾病的发生有关，包括肿瘤、内分泌代谢性疾病、心血管疾病、神经精神疾病以及感染性疾病等。发现并纠正信号转导的异常，恢复正常的信号传递也是当前或未来这些疾病的重要治疗策略。

一、细胞信号转导与疾病

（一）细胞信号转导与受体病

　　由于基因突变，使靶细胞激素受体缺失、减少或结构异常所引起的内分泌代谢性疾病称为受体病，常导致靶细胞对相应的激素产生抵抗。迄今已有胰岛素、雄激素、糖皮质激素、盐皮质激素、$1,25-(OH)_2D_3$ 及甲状腺素等抵抗症的报道。这类疾病存在明显的家族史，其特征为血液激素水平正常或升高，但临床上却表现出相应激素缺乏的症状和体征，用相应激素治疗效果不佳。

知识链接

胰岛素依赖型与非依赖型糖尿病

　　糖尿病分胰岛素依赖型（Ⅰ型）和非依赖型（Ⅱ型）两类。前者在幼年发病，对胰岛素治疗敏感；后者多在壮年后发病，在患病前及初期体型肥胖，症状较轻，多数可不用胰岛素治疗，且对胰岛素不敏感。

　　胰岛素依赖型糖尿病的病因和遗传因素有密切关系。大多数（≥80%）患者属于自身免疫性疾病，在血清中发现有胰岛素抗体，使胰岛素不能正常发挥其生物活性。自身免疫还使胰岛素分泌功能逐渐减退，最终完全丧失分泌功能，故检查胰岛素分泌功能对诊断有重要意义。

　　胰岛素非依赖型糖尿病的病因多与靶细胞受体数目减少有关。患者早期肥胖，靶细胞（脂肪细胞）的受体数目减少，血中胰岛素升高，口服葡萄糖后血胰岛素增高的程度显著高于正常人，说明并非胰岛素分泌功能低下，而是靶细胞对胰岛素的敏感性降低。血中胰岛素升高，即可引起受体的减数调节，进一步降低靶细胞的敏感性，以致病情逐渐加重。显然这种患者不适于胰岛素治疗，往往在限制热量摄取、降低体重后病情即可减轻。

（二）细胞信号转导与肿瘤

已经证实,多数肿瘤的发生与肿瘤细胞过度表达生长因子样物质或生长因子样受体及相关的信号转导分子有关,从而导致了细胞生长失控、分化异常。这些信号转导分子包括生长因子(如 c-sis)、生长因子受体(如 EGFR)、胞内信号转导蛋白(如 Src、Ras、c-Fos、c-Jun)等,它们结构和功能的改变常与肿瘤的发生密切相关。

（三）细胞信号转导与感染性疾病

感染性疾病的病理生理机制也可能涉及信号转导异常。如霍乱所致的水、电解质紊乱,是由于霍乱弧菌分泌的霍乱毒素使小肠黏膜细胞 G_s 蛋白的 α 亚基发生了 ADP 核糖基化修饰,丧失了 GTPase 活性,不能水解 GTP,使 G_s 蛋白处于持续活化状态并使 AC 持续激活,导致小肠黏膜细胞内 cAMP 浓度持续升高,通过下游信号传递最终将 Cl^-、HCO_3^- 和水不断分泌入肠腔,造成严重脱水和电解质紊乱。破伤风毒素和百日咳毒素也是通过作用于 G 蛋白而导致受累细胞功能异常的。

（四）细胞信号转导与神经精神疾病

某些神经精神疾病的发生可能与脑中某种信号分子的浓度改变有关,如狂-郁症的发生可能与脑中儿茶酚胺及 5-羟色胺的异常有关。吗啡成瘾时,不但涉及受体活性的改变,还与 G_s 活性降低有关。也有证据表明,阿尔茨海默病患者脑海马中 AC 活性和 cAMP 水平都是降低的。

二、细胞信号转导与药物治疗

随着对受体、信号转导途径与疾病关系的研究不断深入,人们逐渐认识到对受体水平和受体后信号转导的异常环节进行疾病治疗的重要性及可行性,即通过一些药物对信号途径中异常环节的干预来阻断不正常的信息传递,达到治疗疾病的目的。例如,许多药物可以通过阻断受体的作用来治疗疾病,包括乙酰胆碱、肾上腺素、组胺 H_2 受体的阻断药等。而有些药物则是通过影响细胞内第二信使的浓度来治疗疾病,如氨茶碱、咖啡因等能抑制cAMP-磷酸二酯酶的活性,增加 cAMP 含量,引起平滑肌松弛来发挥平喘作用。另外,由于信号转导通路异常与肿瘤的紧密相关性,靶向肿瘤相关信号分子的抗扰信号转导治疗有望成为肿瘤治疗的有效手段。

小 结

细胞信号转导是多细胞生物对信号分子应答引起相应生物学效应的重要生理生化过程。细胞间的信号分子有激素、神经递质、局部化学物质等,细胞内的信号分子有G 蛋白、第二信使(cAMP、cGMP、IP3、DAG、Ca^{2+})以及一些蛋白质信号分子(如蛋白激酶)等。受体在信息传递过程中起识别并结合配体的作用。受体可分为细胞膜受体和细胞内受体。与细胞膜受体结合的信号分子是水溶性的,而与细胞内受体结合的信号分子是脂溶性的。信号转导的基本途径为:信号分子+特异的靶细胞受体→信号转换并激活细胞内信使系统→靶细胞产生相应的生物学效应。

细胞膜受体介导的信号转导途径主要有:①cAMP-PKA 信号途径:该途径以

cAMP 为第二信使,经 PKA 使靶蛋白(酶)Ser/Thr 残基磷酸化,产生相应的生物学效应。②Ca²⁺ 信号途径:该途径包括 DAG-Ca²⁺-PKC 途径和 IP₃-Ca²⁺-CaM 依赖性蛋白激酶途径。前者以 DAG 为第二信使,在 Ca²⁺ 和磷脂酰丝氨酸存在的情况下促进 PKC 活化,使靶蛋白(酶)磷酸化,发挥调节作用。后者以 IP₃ 和 Ca²⁺ 为第二信使,通过 CaM 激活 CaM 依赖性蛋白激酶,参与代谢调节。③cGMP-PKG 信号途径:该途径以 cGMP 为第二信使,活化 PKG 使靶蛋白(酶)磷酸化,引起相应的生物学效应。心钠素、NO 是该途径的主要信号分子。④酪氨酸蛋白激酶途径:包括受体型酪氨酸蛋白激酶和非受体型酪氨酸蛋白激酶,以 TPK 作为胞内信号转导的第二信使,受体活化后可使靶蛋白(酶)的 Tyr 磷酸化,参与细胞的增殖、分化及炎症反应等过程。细胞内受体包括胞浆受体和胞核受体,经细胞内受体介导的信号分子包括类固醇激素、甲状腺素、1,25-(OH)₂D₃ 以及视黄酸等。它们与受体结合形成激素-受体复合物,通过与特定基因的激素反应元件(HRE)结合来调节基因表达,引起生物学效应。

正常的信号转导是机体正常代谢与功能的基础,转导途径的任何环节出现异常都可导致疾病的发生。

能力检测

能力检测答案

一、单项选择题

1. G 蛋白是指(　　)。

A. 蛋白激酶 A　　　　　　　　　B. 鸟苷酸环化酶　　　　　　　　　C. 蛋白激酶 G

D. 鸟苷酸结合蛋白　　　　　　　E. 蛋白激酶 C

2. 下列物质不属于第二信使的是(　　)。

A. Ca²⁺　　　　B. cAMP　　　　C. cGMP　　　　D. IP₃　　　　E. AMP

3. 蛋白激酶的作用是使底物(　　)。

A. 脱磷酸　　　B. 磷酸化　　　C. 水解　　　　D. 裂解　　　　E. 激活

4. 能被 cAMP 激活的是(　　)。

A. 蛋白激酶 A　　　　　　　　　B. 磷脂酶 C　　　　　　　　　　　C. 蛋白激酶 C

D. 蛋白激酶 G　　　　　　　　　E. 酪氨酸蛋白激酶

5. 下列可以使细胞膜 Ca²⁺ 通道活性发生改变的因素有(　　)。

A. PKA　　　　B. IP₃　　　　　C. PKC　　　　D. PKG　　　　E. DAG

6. IP₃ 与相应受体结合后,可使胞浆内哪种离子浓度升高?(　　)

A. HCO₃⁻　　　B. K⁺　　　　　C. Ca²⁺　　　　D. Na⁺　　　　E. Mg²⁺

7. 能被 cGMP 激活的酶是(　　)。

A. 磷脂酶 C　　　　　　　　　　B. 蛋白激酶 A　　　　　　　　　　C. 酪氨酸蛋白激酶

D. 蛋白激酶 C　　　　　　　　　E. 蛋白激酶 G

8. 受体型酪氨酸蛋白激酶(TPK)具有多种特点,除(　　)外。

A. 具有酪氨酸激酶活性　　　　　　　B. 具有配体结合活性

C. 需要激活 G 蛋白传递信号　　　　　D. 激活时会形成二聚体

E. 胞内区具有特定的酪氨酸磷酸化位点

9. 通过膜受体起调节作用的激素是(　　)。

A. 肾上腺素 　　　　　　　B. 活性维生素 D_3 　　　　　　C. 甲状腺素

D. 糖皮质激素 　　　　　　E. 性激素

10. 以下信号分子都能与胞内受体结合调控相关基因的表达,除了(　　)。

A. 甲状腺激素 　　　　　　B. 1,25-$(OH)_2$-D_3 　　　　　　C. 视黄酸

D. 胰岛素 　　　　　　　　E. 类固醇激素

二、名词解释

1. G 蛋白

2. 第二信使

三、简答题

1. 简述信号分子与受体结合的特点。

2. 简述 G 蛋白的作用原理。

3. 细胞膜受体介导的主要信号转导途径有哪几条? 分别涉及哪些第二信使?

4. 简述 cAMP-PKA 信号途径级联反应的过程。

(王宏娟)

第十三章
肝脏的生物化学

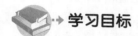**学习目标**

掌握：生物转化的概念、主要类型及生理意义；胆汁酸肠肝循环及生理意义；结合胆红素和未结合胆红素的区别。胆红素在肝脏、肠道中的转变和胆红素的肠肝循环。

熟悉：肝脏在物质代谢中的作用；胆红素的来源、生成、在血中的运输和排泄；血清胆红素和黄疸的关系。

了解：参与生物转化的酶类；影响生物转化作用的因素；胆汁的主要成分及胆汁酸的种类。

本章PPT

　　肝脏是人体内最大的腺体，也是最大的实质性脏器。肝脏独特的组织结构和化学组成特点赋予其复杂多样的生物化学功能。

　　肝脏的血液供应非常丰富，具有肝动脉和门静脉的双重血液供应，使得肝细胞既可从肝动脉中获得由肺及其他组织运来的充足的氧及代谢物，又能从门静脉中获得大量由肠道吸收的各种营养物质，这些都为肝脏进行各种物质代谢奠定了物质基础。其次，肝脏存在肝静脉和胆道系统双重输出通道。肝静脉与体循环相连，可将肝内的代谢中间物或代谢产物运输到其他组织利用或排出体外；胆道系统与肠道相通，将肝脏分泌的胆汁排入肠道，并同时排出一些代谢废物。再次，肝脏具有丰富的肝血窦。肝血窦的通透性较大，肝细胞与血液接触面积大且此处血流缓慢，有利于肝细胞与血流之间进行充分的物质交换。

　　肝细胞的形态结构和化学组成有许多特点。肝细胞不仅含有丰富的细胞器如内质网、线粒体、溶酶体、过氧化物酶体等，还具有丰富的酶体系。基于上述特点，肝脏在全身的物质代谢、生物转化、分泌排泄、造血功能、激素的灭活和肝脏再生等方面有着独特而非常重要的作用。所以肝脏被称为"物质代谢中枢"，体内最大的"化工厂"。

第一节 肝脏在物质代谢中的作用

一、肝脏在糖代谢中的作用

肝脏主要是通过肝糖原的合成、分解和糖异生作用来维持血糖浓度的相对恒定,确保全身各组织,特别是大脑和红细胞的能量来源。

肝脏有较强的糖原合成与分解能力,饱食时血糖浓度升高,葡萄糖经门静脉进入肝脏,肝细胞迅速摄取葡萄糖合成糖原储存于肝脏内,降低血糖浓度。空腹时血糖浓度下降,在肝葡萄糖-6-磷酸酶催化下,肝糖原被迅速分解成葡萄糖释放入血,补充血糖,以供肝外组织利用。但肝糖原的储存量有限,占肝重的 5%～6%,约 100 g,因病禁食或反复呕吐、节食等情况,糖的来源减少,饥饿超过十几小时后,储存的肝糖原绝大部分被消耗掉,此时,肝脏可将甘油、丙氨酸和乳酸等转化为糖原或葡萄糖,补充血糖。在这种情况下,为了减少组织蛋白质的消耗和分解过多的脂肪而引起酮症酸中毒等的代谢紊乱,对患者静脉点滴葡萄糖是非常必要的。

肝脏通过器官水平来调节血糖浓度的相对恒定,故当肝脏严重损伤时,肝糖原的合成、分解及糖异生作用减弱,维持血糖稳定的能力下降,则易出现餐后高血糖,空腹低血糖等现象。

二、肝脏在脂类代谢中的作用

肝脏在脂类的消化、吸收、分解、合成及运输等过程中均具有重要作用。

(一)肝脏与脂类的消化吸收

肝脏所分泌的胆汁中含有胆汁酸盐,是一种表面活性物质,可乳化脂类,促进脂类的消化吸收。当肝胆疾病造成胆汁酸分泌减少或胆道阻塞导致胆汁排除障碍时,均可引起脂类消化吸收障碍出现厌油腻、脂肪泻等临床症状。

(二)肝脏是脂肪酸合成、分解改造和酮体生成的主要场所

肝细胞富含脂肪酸分解酶系(脂肪酸 β-氧化酶系)和合成脂肪酸的酶,故肝脏中脂肪酸的代谢十分活跃。饥饿时,脂肪动员增强,释放的脂肪酸是体内多数组织的能量来源。肝细胞含有活性较强的合成酮体的酶,是体内合成酮体的唯一器官(肾脏合成酮体量极微)。肝脏能利用脂肪酸分解产生的乙酰 CoA 合成酮体,通过血液运输到肝外组织氧化供能。酮体比脂肪酸更易氧化供能,在血糖浓度过低的应激状态下,心、脑、肾和骨骼肌能直接利用酮体氧化分解供能维持生命活动。当肝脏内酮体生成量超过肝外组织氧化利用量,可出现酮血症和酮尿症,引起酮症酸中毒。另外,从食物中吸收而来的大部分脂肪酸进行饱和度和碳链长短的改造,也是在肝脏中进行的。

(三)肝脏是合成磷脂和脂蛋白的主要场所

肝脏合成磷脂非常活跃,特别是卵磷脂。肝脏利用三酰甘油、磷脂、胆固醇及载脂蛋白

合成极低密度脂蛋白(VLDL)和初生态高密度脂蛋白(HDL),并分泌入血,它们是血浆三酰甘油和胆固醇等的重要运输形式,在血液中 VLDL 可转变为 LDL,所以肝脏是合成脂蛋白的主要场所。肝脏合成三酰甘油的量超过其合成与分泌 VLDL 的能力时,三酰甘油在肝内堆积,出现脂肪肝。当肝功能受损,或合成卵磷脂的原料缺乏时,脂蛋白合成减少,引起肝脏内脂肪转运障碍,造成脂肪堆积,可导致脂肪肝。

（四）肝脏是胆固醇代谢的主要器官

肝脏是人体合成胆固醇的重要器官,肝脏合成的胆固醇占全身合成胆固醇总量的80%以上,是血浆胆固醇的主要来源。胆固醇是合成肾上腺皮质激素、性激素及维生素 D 等生理活性物质的原料,也是构成细胞膜的成分之一。血浆胆固醇酯的生成也需要肝脏合成的卵磷脂-胆固醇酯酰基转移酶(LCAT)催化。故当肝功能严重受损时,胆固醇、胆固醇酯和游离胆固醇的比值降低。同时,肝脏具有很强的处理胆固醇的能力,体内胆固醇约有一半在肝脏转变为胆汁酸盐,后者通过肠肝循环可反复利用。高胆固醇血症患者服用"消胆胺"可减少胆汁酸盐的肠肝循环,使胆汁酸盐排出体外增加,从而降低患者血胆固醇水平。

三、肝脏在蛋白质代谢中的作用

肝脏的蛋白质代谢极为活跃,在人体蛋白质合成与分解、氨基酸代谢和尿素合成中发挥重要作用。

（一）肝脏是合成蛋白质的重要器官

肝脏的蛋白质代谢十分活跃,其更新速度远远大于肌肉等组织。肝脏除合成其自身的结构蛋白质外,还合成多种蛋白质分泌入血。在血浆中,除了 γ-球蛋白主要在单核-吞噬细胞系统合成外,其他各种蛋白质大都在肝脏中合成,如血浆中的全部清(白)蛋白、凝血酶原、纤维蛋白原、血浆脂蛋白所含的多种载脂蛋白(apoA、apoB、apoC、apoE)和部分球蛋白(α_1-、α_2-、β-球蛋白)。故肝脏在维持血浆蛋白与全身组织蛋白质之间的动态平衡中发挥重要作用。

肝细胞合成清蛋白的能力很强且极迅速,从合成到分泌的全过程仅需 20～30 min。正常成人肝脏每天大约合成白蛋白 12 g,约占全身白蛋白总量的 1/20。清蛋白是维持血浆胶体渗透压的主要因素,正常人血浆清蛋白(A)与球蛋白(G)的比值为 1.5～2.5。故当肝功能严重受损时,由于清蛋白的合成减少,γ-球蛋白含量相对增加,使得 A/G 值下降,甚至出现倒置。慢性肝病(如慢性肝炎或肝硬化)、肝功能异常或营养不良时,血浆清蛋白浓度下降,血浆胶体渗透压可因此降低,患者出现水肿或腹水。

肝脏也可合成血浆蛋白质中的多种凝血因子(如纤维蛋白原,凝血酶原,凝血因子Ⅷ、Ⅸ、Ⅹ等),因此肝功能损伤常导致血液凝固功能障碍。

胎儿的肝脏可合成一种与血浆清蛋白分子量相似的甲胎蛋白(α-fetoprotein),胎儿出生后其合成受到抑制,正常人血浆中其含量极低。肝癌时,癌细胞中的甲胎蛋白基因失去阻遏,血浆中可再次检出此种蛋白质,这是诊断原发性肝癌的重要诊断指标。

（二）肝脏在氨基酸分解代谢及其代谢产物处理中的作用

因为肝脏含有丰富的氨基酸代谢酶类,所以肝脏内氨基酸分解十分活跃。蛋白质消化吸收和组织蛋白质水解产生的氨基酸,很大部分极迅速地被肝细胞摄取,除支链氨基酸(异亮氨酸、亮氨酸、缬氨酸)以外的所有氨基酸经过脱氨基、转甲基、脱硫及脱羧基等作用转变为酮酸或其他化合物,进一步经糖异生作用转变为糖,或氧化分解生成 CO_2 和 H_2O。故当肝脏受损时,肝细胞膜的通透性增强,大量细胞内的氨基酸代谢酶类逸出,使血中某些酶活性测定值升高,如丙氨酸氨基转移酶(ALT)可随着肝细胞受损而在血清中升高,它是临床诊断肝脏疾病的重要指标之一。

氨基酸分解和肠道腐败作用产生的氨是一种有毒物质,肝脏可通过鸟氨酸循环将氨合成无毒的尿素,随尿排出体外而解氨毒,这是体内处理氨的主要方式。体内鸟氨酸循环有关的酶主要存在于肝细胞内,而且活性极强。所以当肝细胞受损时,血中与鸟氨酸循环有关的酶,如鸟氨酸氨基甲酰转移酶和精氨酸代琥珀酸裂解酶的活性都会明显增强,测定这些酶在血清中的活性也有助于诊断肝脏疾病。当肝功能严重损害时,由于合成尿素的能力降低,可使血氨浓度升高,引起神经系统症状,导致肝性脑病。

肝脏也是芳香族氨基酸和芳香胺类的重要清除器官。胺类物质主要来源于肠道细菌对氨基酸(特别是芳香族氨基酸)的分解作用,其中有些属于"假神经递质",它们的结构类似儿茶酚胺类神经递质,能抑制后者的合成,并取代或干扰这些脑神经递质的正常作用。所以,当肝功能严重受损或有门腔静脉分流时,这些芳香胺类不能及时处理,它们与正常神经递质竞争与神经突触结合,干扰了神经传导,引起神经活动的紊乱,导致肝性脑病。此外,肝功能障碍引起血中芳香族氨基酸堆积,它们通过血脑屏障的量异常增加,导致脑内各种神经递质代谢失衡,这也与肝性脑病的发生有一定关系。

四、肝脏在维生素代谢中的作用

肝脏在维生素的吸收、储存、运输和代谢等方面都具有重要作用。

肝脏分泌的胆汁酸盐可促进脂溶性维生素的吸收。故胆道阻塞时容易引起脂溶性维生素吸收障碍,例如维生素 K 吸收障碍所致凝血时间延长就是比较常见的一种临床表现。

肝脏是许多维生素(维生素 A、维生素 E、维生素 K 及维生素 B_{12} 等)的储存场所。肝脏储存的维生素 A 约为体内总量的 95%。

此外,肝脏还直接参与多种维生素的代谢过程。如胡萝卜素(维生素 A 原)转变为维生素 A、维生素 PP(烟酰胺)转变为 NAD^+ 或 $NADP^+$、泛酸转变为辅酶 A 以及 B 族维生素转化为硫胺素焦磷酸的过程等都是在肝脏中进行的。某些维生素还可参与体内其他重要物质的合成,如维生素 K 参与体内某些凝血因子的合成。因此人体患严重肝病时,与维生素相关的代谢受到影响而出现相应的体征,可出现夜盲症、凝血机制障碍、佝偻病或软骨病。

五、肝脏在激素代谢中的作用

肝脏和许多激素的灭活与排泄密切相关。

许多激素在发挥调节作用之后,主要在肝脏内被分解转化而降低或失去活性,此过程称为激素灭活。激素灭活过程是体内调节激素作用时间长短及强度的重要方式之一。激素经灭活后变成易于排泄的代谢终产物,随尿及胆汁排出体外。肝功能严重损害时,体内多种激素因灭活作用减弱而堆积,会不同程度地引起激素调节紊乱。如雌激素水平升高,可刺激某些局部小动脉扩张,出现男性乳房女性化、"蜘蛛痣"或"肝掌";醛固酮和抗利尿激素在体内堆积。

知识链接 ┄┄┄┄┄┄┄┄┄┄┄┄┄┄┄┄┄┄┄┄●

肝 性 脑 病

肝性脑病(HE)又称肝性昏迷,是指由严重肝病引起的、以代谢紊乱为基础的中枢神经系统功能失调的综合征,其主要临床表现是意识障碍、行为失常和昏迷。有急性脑病与慢性脑病之分。

引起肝性脑病的肝疾病有急慢性重型病毒性肝炎、肝硬化、中毒性肝病(毒物、药物和乙醇等)、原发性肝癌、门体静脉分流术后、妊娠急性脂肪肝以及其他弥漫性肝病的终末期等疾病,而以肝硬化患者发生肝性脑病最多见,约占70%。

肝性脑病的发病机理迄今未完全明了。一般认为产生肝性脑病的病理生理基础是肝功能衰竭和门腔静脉之间有手术造成的或自然形成的侧枝分流。来自肠道的许多毒性代谢产物,未被肝脏解毒和清除,经侧枝进入体循环,透过血脑屏障而至脑部,引起大脑功能紊乱。有关肝性脑病发病机理有许多假说,其中以氨中毒理论的研究最确实有据。

●┄┄┄┄┄┄┄┄┄┄┄┄┄┄┄┄┄┄┄┄┄┄┄┄┄┄

第二节 肝脏的生物转化作用

一、生物转化的概念与意义

(一)生物转化作用的概念

机体将非营养性物质进行各种代谢转变,增强其水溶性(极性),使其易于随胆汁或尿液排出体外,这一过程称为生物转化(biotransformation)。

体内需进行生物转化的非营养性物质按来源可分为内源性和外源性两大类。内源性非营养物质是指体内代谢产生的各种生物活性物质,如激素、神经递质、氨、胆红素及胺类等。外源性非营养物质,又称异源物,是指由外界进入体内的各种异物,如食品添加剂、色素、药物、误食的毒物以及从肠道吸收进来的腐败产物及其他化学物质。这些非营养物质既不能作为构成组织细胞的原料,也不能供给机体能量,对机体有害无益,通常需经过代谢转变及时排出体外,以保证生命活动的正常进行。

(二)生物转化作用的部位

肝脏是进行生物转化的主要器官,其他组织如肾脏、胃肠道、脾、皮肤及胎盘等也有一定的生物转化功能。

(三)生物转化作用的特点

生物转化反应具有反应的连续性、多样性和解毒与致毒双重性。

1. 反应的连续性 一种物质生物转化的反应过程非常复杂,常常需要同时或先后发生多种反应,产生多种产物。大多数物质经过氧化、还原或水解反应后,极性仍不大,还需要进行结合反应,使其水溶性增加后才能排出体外。

2. 生物转化反应类型的多样性 同一种或同一类物质在体内可进行多种不同的生物转化反应,产生多种产物。如水杨酸既可进行羟化反应,也可与甘氨酸结合,还可以与葡糖醛酸结合,所以在尿液中出现的生物转化产物可有多种形式。

3. 解毒与致毒的双重性 一种物质经过一定的转化后,其毒性可能减弱或消失(解毒作用)。但也有少数本来无活性的物质经过生物转化后反而表现出毒性或毒性增强(致毒作用)。如香烟中所含的 3,4-苯并芘并无直接致癌作用,但进入人体后,经肝脏微粒体中的加单氧酶作用后,成为有很强致癌作用的苯并芘二醇环氧化物;黄曲霉毒素 B 在体外并无致癌作用,进入人体内经过肝脏的生物转化,可生成具有强致癌活性的环氧化物。很多药物如环磷酰胺、水合氯醛、阿司匹林和大黄需经过生物转化后才能成为有活性的药物。所以不能将肝脏的生物转化作用单纯地看作是"解毒作用"或"灭活作用"。

(四)生物转化作用的意义

生物转化的生理意义在于它对体内非营养性物质的改造,使其生物活性降低或丧失,或使有毒物质降低甚至失去其毒性。更重要的是生物转化可使物质的溶解度增加,促使它们从胆汁或尿液中排出体外。应该指出的是,有些物质经肝生物转化后,反而毒性增加或溶解度降低,不易排出体外。有些药物如环磷酰胺、磺胺类、水合氯醛、硫唑嘌呤和大黄等需经生物转化才能成为有活性的药物。因此,异源物的生物转化知识对于理解药物治疗学、药理学、毒理学、肿瘤研究以及药物辅料非常重要。

二、生物转化的类型

生物转化的反应类型可归纳为两相反应。第一相反应包括氧化、还原及水解反应。通过第一相反应,被转化物质水溶性增加,易于排出体外。但有些物质还需进一步与葡糖醛酸、硫酸等极性更强的物质结合,以增加其溶解度,这些结合反应就属于第二相反应。实际上,许多物质的生物转化反应非常复杂,往往需要经历不同的转化反应。非营养性物质经历两相反应的目的是增加水溶性(极性),以促进从体内排泄。

肝脏内催化生物转化的酶类概括于表 13-1 中。

表 13-1 参与肝脏生物转化的酶类

酶类	细胞定位	反应底物或辅酶	结合基团的供体
第一相反应			
氧化酶类			
加单氧酶	微粒体	RH、$NADPH$、O_2、FAD	
单胺氧化酶	线粒体	胺类、O_2、H_2O	
脱氢酶	胞液或线粒体	醇或酮、NAD^+	
还原酶类	微粒体	硝基苯、$NAPDH$ 或 $NADH$	

续表

酶类	细胞定位	反应底物或辅酶	结合基团的供体
水解酶类	胞液或微粒体	酯类、酰胺类或糖苷类化合物	
第二相反应			
葡糖醛酸基转移酶	微粒体	含羟基、疏基、氨基、羧基的化合物	鸟苷二磷酸葡糖醛酸(UDPGA)
硫酸转移酶	胞液	苯酚、醇、芳香胺类	3′-磷酸腺苷 5′-磷酸硫酸(PAPS)
乙酰基转移酶	胞液	芳香胺、胺、氨基酸	乙酰 CoA
谷胱甘肽转移酶	胞液或线粒体	环氧化合物、卤化物、胰岛素等	谷胱甘肽(GSH)
酰基转移酶	线粒体	酰基 CoA	甘氨酸
甲基转移酶	胞液或微粒体	含羟基、氨基、疏基化合物	S-腺苷蛋氨酸(SAM)

(一)第一相反应

1. 氧化反应 氧化反应是最常见的生物转化反应。肝细胞的微粒体、线粒体和胞液中含有参与生物转化的不同氧化酶系。

(1)加单氧酶系:微粒体的加单氧酶系,又称为羟化酶或混合功能氧化酶,是肝脏内重要的代谢药物及毒物的酶系。

加单氧酶系由细胞色素 P450(Cyt-P450)、NADPH-细胞色素 P450 还原酶(以 FAD 为辅基的黄酶)和细胞色素 b5 还原酶组成。此酶特异性低,可催化烷烃、芳香烃和 N-烷基等多种物质进行不同类型的氧化反应,最常见的是羟化反应。底物通过羟化后,极性增加,溶解度增加而易于随尿排出。

加单氧酶系催化多种脂溶性物质接受氧分子中的一个氧原子,生成羟基化合物、环氧化合物以及其他含氧的化合物,而另一个氧原子被 NADPH 还原为水。许多这样的产物很不稳定,可进一步经过分子重排、断链或其他反应而形成多种产物。其催化的反应通式如下。

$$\underset{底物}{RH}+O_2+NADPH+H^+ \xrightarrow{加单氧酶} \underset{氧化产物}{ROH}+NADP^++H_2O$$

单加氧酶系重要的生理意义在于参与药物及毒物的转化。其羟化作用不仅增强底物的水溶性,有利于排泄,而且参与体内许多代谢过程,如维生素 D_3 的活化(羟化)、胆汁酸及类固醇激素合成过程中所需的羟化等。单加氧酶系的特点是此酶可诱导生成,如长期服用巴比妥类催眠药的患者,会产生耐药性。又如口服避孕药的妇女,如果同时服用利福平,由于利福平是细胞色素 P450 的诱导剂,可使其氧化作用增强,加速避孕药的排出,降低避孕药的效果。

知识链接

细胞色素 P450

细胞色素 P450（cytochrome P450 或 CY P450，简称 CY P450）是一类亚铁血红素。亚铁血红素是硫醇盐蛋白的超家族，它参与内源性物质和包括药物、环境化合物在内的外源性物质的代谢。细胞中，细胞色素 P450 主要分布在内质网和线粒体内膜上，作为一种末端加氧酶，参与了生物体内的甾醇类激素合成等过程。近年来，对细胞色素 P450 的结构、功能特别是对其在药物代谢中的作用的研究有了较大的进展。最新研究表明细胞色素 P450 还是药物代谢过程中的关键酶，而且对细胞因子和体温调节都有重要影响。

（2）单胺氧化酶系：线粒体的单胺氧化酶（monoamine oxidase，MAO）是另一类重要的生物转化氧化酶。从肠道吸收的腐败产物（如组胺、酪胺、尸胺和腐胺等）和体内许多活性物质（如 5-羟色胺、儿茶酚胺等）在单胺氧化酶的催化下氧化生成相应的醛类，后者可进一步受细胞质中的醛脱氢酶催化脱氢而氧化成酸。

$$\underset{\text{胺}}{RCH_2NH_2}+O_2+H_2O_2 \xrightarrow{\text{单胺氧化酶}} \underset{\text{醛}}{RCHO}+NH_3+H_2O$$

（3）脱氢酶系：胞质和微粒体中含有以 NAD^+ 为辅酶的醇脱氧酶（alcohol dehydrogenase，ADH）和醛脱氢酶（aldehyde dehydrogenase，ALDH），使醇或醛氧化生成相应的醛或酸类。

$$\underset{\text{醇}}{RCH_2OH}+NAD^+ \xrightarrow{\text{醇脱氢酶}} \underset{\text{醛}}{RCHO}+NADH+H^+$$

$$\underset{\text{醛}}{RCHO}+NAD^++H_2O \xrightarrow{\text{醛脱氢酶}} \underset{\text{酸}}{RCOOH}+NADH+H^+$$

2. 还原反应 肝细胞微粒体中存在由 NADPH 供氢的还原酶类，主要是硝基还原酶和偶氮还原酶两类，它们催化硝基化合物和偶氮化合物从 NADPH 接受氢还原成胺类物质。

3. 水解反应 肝细胞微粒体及胞质中含有许多水解酶类，如酯酶、酰胺酶、糖苷酶等，可催化脂类、酰胺类及糖苷类化合物发生水解反应。许多物质经水解后即减弱或丧失其生物活性。这些水解产物通常还需进一步经第二相反应才能排出体外。例如，进入人体的阿司匹林,首先经水解反应转化为水杨酸,然后进一步通过多种不同途径处理。

体内的活性物质及外源性的药物、毒物一般经过上述的氧化、还原或水解这些第一相反应后,有的极性增强能从尿液、胆汁中排出。但大多数还需要在酶的催化下与体内的一些化合物或基团结合,使其生物活性、溶解度发生变化,才能完成生物转化作用。

（二）结合反应

结合反应是体内最重要的生物转化方式。含有羟基、巯基、羧基或氨基等功能基团的药物、毒物或激素可在肝细胞内与极性很强的小分子结合基团结合,增强溶解度,使其易于排出体外。参加结合反应的物质有葡糖醛酸、硫酸、谷胱甘肽、甘氨酸、乙酰辅酶 A 及甲硫氨酸等。其中,以葡糖醛酸、硫酸和酰基的结合反应最为普遍,尤其以葡糖醛酸的结合反应最为重要。

1. 葡糖醛酸结合反应 这是第二相反应中最为普遍和重要的结合方式。肝细胞微粒体中含有活泼的葡糖醛酸基转移酶,它能以尿苷二磷酸葡糖醛酸（UDPGA）为供体,将葡糖醛酸基转移到多种含羟基、羧基、巯基的某些毒物及药物分子上,形成葡糖醛酸苷。如苯酚、胆红素、吗啡、苯巴比妥等药物均可与 UDPGA 结合。

2. 硫酸结合反应 这也是一种常见的结合方式。肝细胞胞液中含有活泼的硫酸转移酶,它催化 $3'$-磷酸腺苷 $5'$-磷酸硫酸（PAPS）将硫酸基转移到多种醇类、酚类的羟基上或芳香胺类化合物的氨基上,形成硫酸酯类化合物,如雌酮的灭活。

雌酮   雌酮硫酸酯

3. 乙酰基结合反应 在肝细胞乙酰转移酶的催化下,乙酰 CoA 的乙酰基转移到各种芳香胺、胺或氨基酸的氨基上,生成相应的乙酰基化衍生物。例如,抗结核病药物异烟肼和大部分磺胺类药物通过这种形式灭活。磺胺类药物经乙酰基化后,其溶解度反而减小,在酸性尿液中易于析出,故在服用磺胺类药物时应服用适量的小苏打碱化尿液,以增加其溶解度,利于随尿排出。

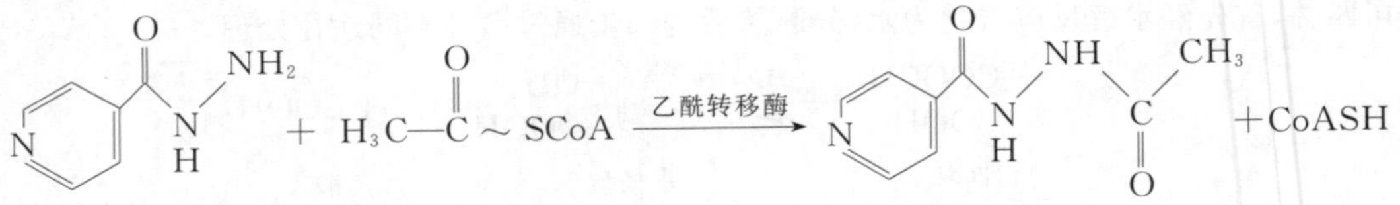

异烟肼　　　　乙酰CoA　　　　　　　乙酰异烟肼

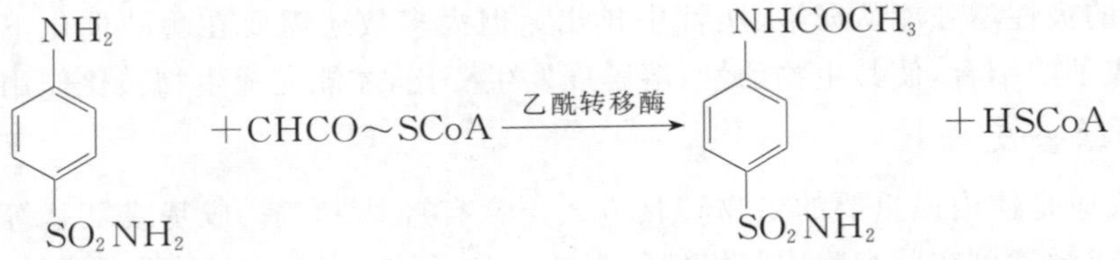

对氨基苯磺胺　　　　　　　　　　对乙酰氨基苯磺胺

4. 谷胱甘肽结合反应　在肝细胞胞液中谷胱甘肽转移酶催化下,谷胱甘肽(GSH)可与有毒的卤代化合物或环氧化合物结合,生成含谷胱甘肽的结合产物,消除毒性,起到保护肝脏的作用。

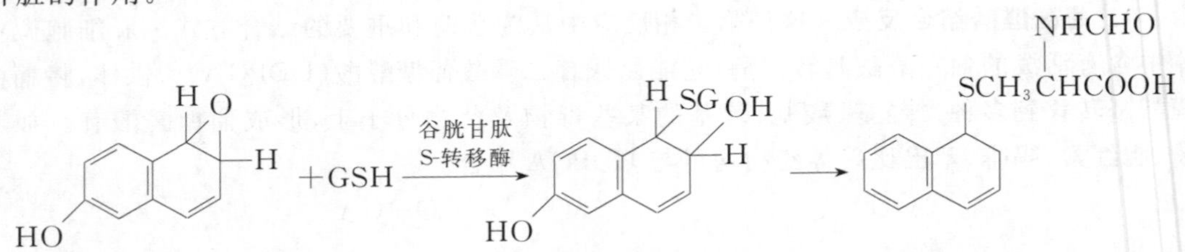

环氧萘　　　　　　　　二氢萘醇谷胱甘肽　　　　　S-萘硫醚氨酸

5. 甲基结合反应　在肝细胞胞液和微粒体的甲基转移酶催化下,由 S-腺苷甲硫氨酸(SAM)提供甲基,对体内一些胺类生物活性物质或含有巯基等的化合物及药物进行甲基化反应,生成相应的甲基衍生物。例如,烟酰胺可甲基化生成 N-甲基烟酰胺。大量服用烟酰胺时,由于消耗甲基,引起胆碱和磷脂酰胆碱合成障碍,而成为致脂肪肝因素。

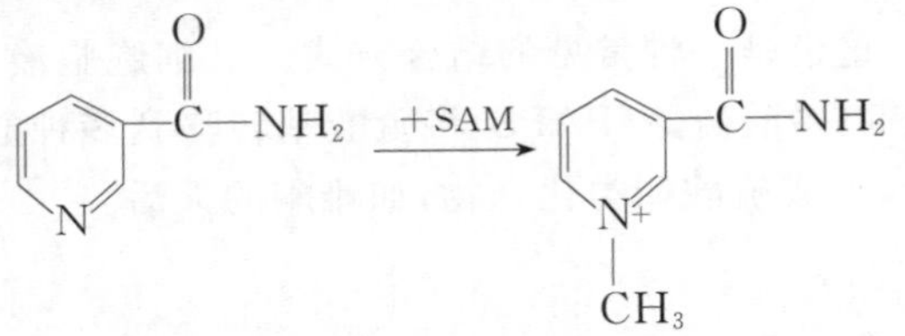

烟酰胺　　　　　　　　N-甲基烟酰胺

6. 甘氨酸结合反应　有些药物、毒物等的羧基与 CoA 结合生成酰基 CoA 后,可与甘氨酸结合,在肝细胞线粒体酰基转移酶的催化下,生成相应的结合产物。例如游离型胆汁酸向结合型胆汁酸的转变即属于此类反应。

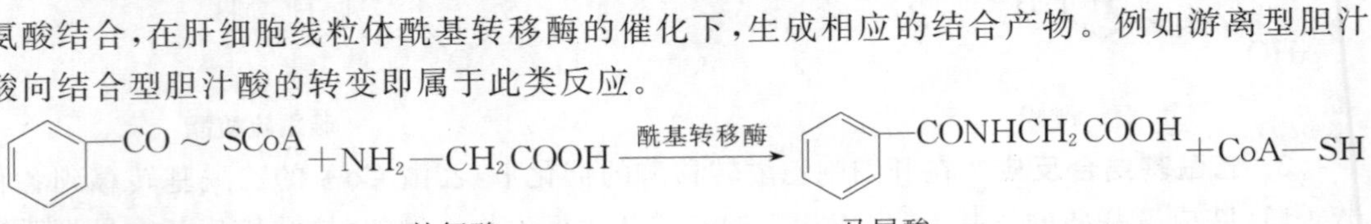

苯甲酰CoA　　　　　甘氨酸　　　　　　　马尿酸

三、影响生物转化的因素

肝脏的生物转化作用受到体内外多种因素的影响,如年龄、性别、营养、疾病及遗传等。

（一）年龄与性别

新生儿肝微粒体发育不完善,肝中与生物转化有关的酶活性不高,对药物和毒物的耐受性较弱,易产生中毒现象。如葡糖醛酸基转移酶在出生后才逐渐增加,8周才达到成人水平,而90％氯霉素是与葡糖醛酸结合后解毒的,故新生儿使用氯霉素易发生中毒所致的"灰婴综合征"。老年人由于脏器功能退化,生物转化能力下降,肝代谢药物的酶不易被诱导,导致对许多药物的耐受性降低,服药后使药物在血中的浓度相对较高,易出现中毒现象。如老年人对氨基比林、保泰松等药物的转化能力较弱,用药时间长可导致药物蓄积,从而使药效过强及副作用增强。故在临床用药上,对婴幼儿及老年人的剂量须加以严格控制。

（二）病理因素

患有肝脏疾病(如肝炎、肝硬化、肝癌)时,肝生物转化能力下降,药物或毒物在体内的灭活能力减弱,速度下降,药物的治疗剂量与毒性剂量之间的差距缩小。因此,对肝病患者临床用药应当慎重。

（三）药物或毒物对生物转化的诱导或抑制作用

某些药物或毒物可诱导合成一些生物转化酶类,在加速其自身代谢转化的同时,亦可影响对其他化合物的生物转化作用。如苯巴比妥能诱导加单氧酶系的合成,故长期服用苯巴比妥的患者,对氨基比林等药物的转化能力也增强,容易产生耐药性。

由于多种物质在体内转化常由同一酶系催化,因此同时服用几种药物使药物间对酶产生竞争性抑制作用而影响它们的生物转化作用,导致某些药物药理作用强度的改变。如同时服用保泰松和双香豆素时,保泰松可抑制双香豆素的生物转化,使双香豆素的抗凝血作用增强而引起出血。所以临床用药时应考虑用药配伍对药物生物转化的影响。

第三节 胆汁酸代谢

胆汁(bile)是肝细胞分泌的液体,储存于胆囊,经胆总管流入十二指肠。正常人每天分泌量为300～700 mL。从肝分泌的胆汁称为肝胆汁(hepatic bile),呈橘黄色或金黄色,清澈透明,有黏性和苦味,相对密度约为1.010。肝胆汁进入胆囊后,因水分和其他一些成分被胆囊壁吸收而逐渐浓缩,同时胆囊壁又分泌出许多黏蛋白掺入胆汁,使其颜色转变为暗褐色或棕绿色,相对密度增大至1.040,称为胆囊胆汁(gallbladder bile)。肝胆汁与胆囊胆汁组成成分的比较见表13-2。

胆囊胆汁中主要的有机成分是胆汁酸盐、胆色素、磷脂、脂肪、黏蛋白、胆固醇及多种酶类(包括脂肪酶、磷脂酶、淀粉酶及磷酸酶等)。其中,胆汁酸占固体物质总量的50％～70％,胆汁酸在胆汁中以钠盐或钾盐形式存在,称为胆汁酸盐。从外界进入机体的某些物质(如药物、毒物、染料及重金属盐等),也可随胆汁进入肠腔,再排出体外。肝细胞分泌的胆汁可作为消化液促进脂类的消化吸收,又可作为排泄液将体内的某些代谢产物及生物转化产物输送到肠腔,随粪便排出。

表 13-2　肝胆汁与胆囊胆汁组成成分的比较

比较	肝胆汁	胆囊胆汁
颜色	金黄色,清澈透明	暗褐色,黏稠不透明
比重	1.014	1.040
pH 值	7.1~8.5	5.5~7.7
水(%)	96~97	80~82
胆汁酸(%)	0.2~2	0.5~10
胆色素(%)	0.05~0.17	0.2~1.5
胆固醇(%)	0.05~0.17	0.2~0.9
磷脂(%)	0.05~0.08	0.2~0.5
无机盐(%)	0.2~0.9	0.5~1.1
蛋白质(%)	0.1~0.9	1~4

一、胆汁酸的分类

胆汁酸(bile acid)是体内一大类胆烷酸的总称,是由胆固醇在肝脏中转变而成的。

正常人胆汁酸按结构分为游离型胆汁酸(free bile acid)和结合型胆汁酸(conjugated bile acid)。胆酸、鹅脱氧胆酸、脱氧胆酸和石胆酸称为游离型胆汁酸。游离型胆汁酸分别与甘氨酸或牛磺酸结合的产物,称为结合型胆汁酸,主要包括甘氨胆酸、牛磺胆酸、甘氨鹅脱氧胆酸及牛磺鹅脱氧胆酸。在结合型胆汁酸中,与甘氨酸结合者,同与牛磺酸结合者含量之比大约为 3:1。而且游离型和结合型胆汁酸均以钠盐或钾盐的形式存在,即胆汁酸盐,也称胆盐。

胆汁酸从来源可分为初级胆汁酸(primary bile acid)和次级胆汁酸(secondary bile acid)。初级胆汁酸进入肠道后,结合型初级胆汁酸被水解脱去甘氨酸或牛磺酸,在肠道细菌作用下,使 7 位脱羟基,转变为游离型次级胆汁酸,即脱氧胆酸和石胆酸称为次级胆汁酸(图 13-1)。

总之,胆汁酸可分为初级胆汁酸和次级胆汁酸,初级胆汁酸和次级胆汁酸都有游离型和结合型两种形式(表 13-3)。

表 13-3　胆汁酸的分类

按来源分类	按结构分类	
	游离型胆汁酸	结合型胆汁酸
初级胆汁酸	胆酸	甘氨胆酸、牛磺胆酸
	鹅脱氧胆酸	甘氨鹅脱氧胆酸、牛磺鹅脱氧胆酸
次级胆汁酸	脱氧胆酸	甘氨脱氧胆酸、牛磺脱氧胆酸
	石胆酸	甘氨石胆酸、牛磺石胆酸

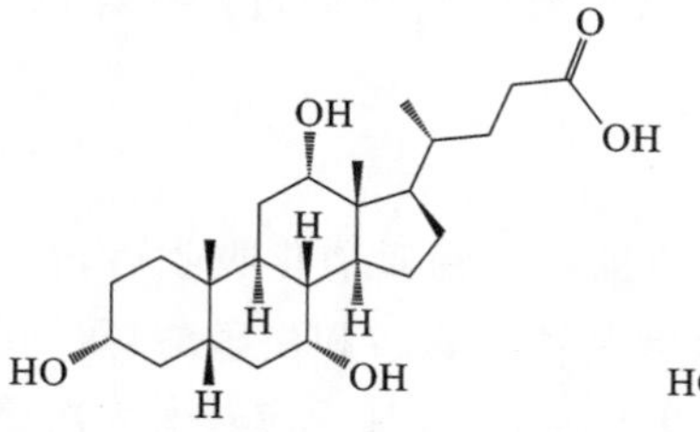

胆酸

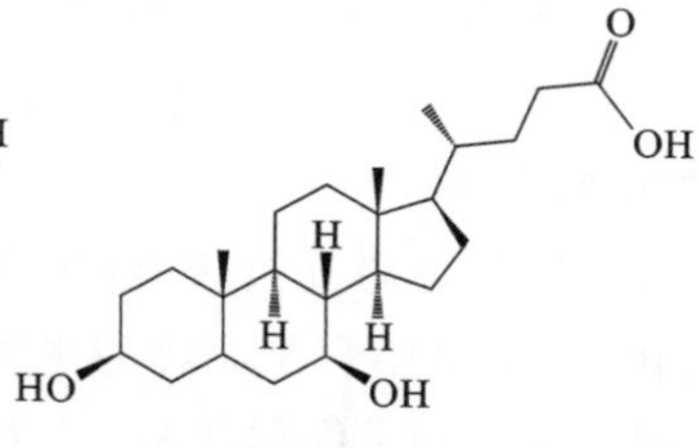

鹅脱氧胆酸

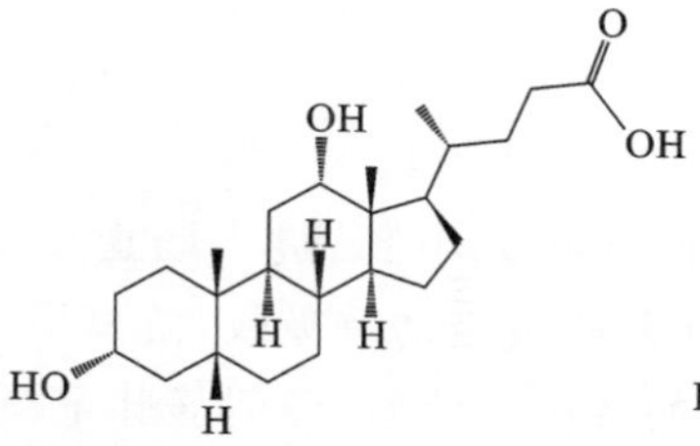

脱氧胆酸

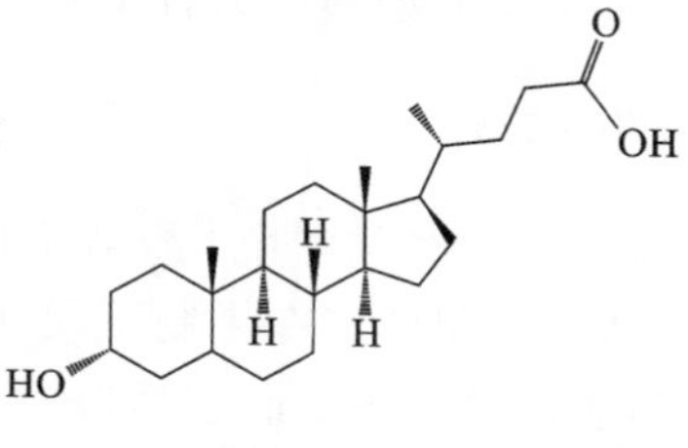

石胆酸

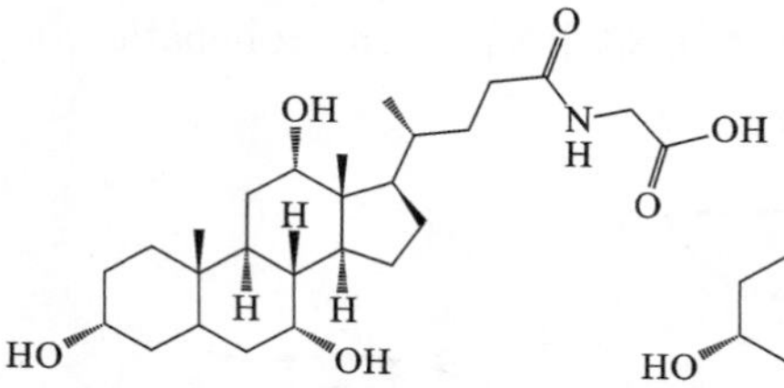

甘氨胆酸

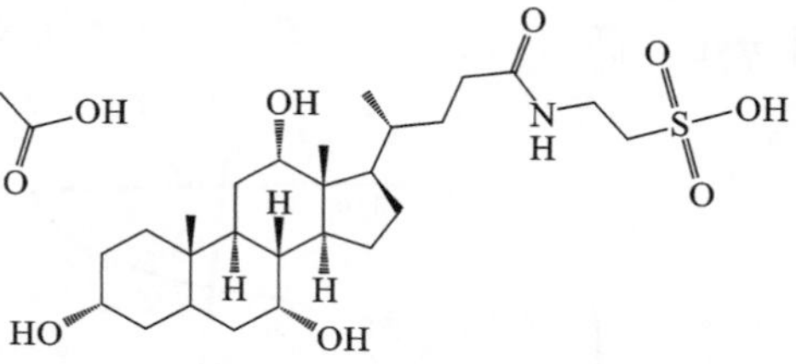

牛磺胆酸

图 13-1　几种胆汁酸的结构

二、胆汁酸的生成

（一）初级胆汁酸的生成

1. 初级游离型胆汁酸的生成　肝细胞以胆固醇为原料合成初级胆汁酸，这是肝清除胆固醇的主要方式，正常人每日有 0.4～0.6 g 胆固醇在肝中转化为胆汁酸，约占人体每日合成胆固醇的 2/5。在肝细胞内由胆固醇转变为初级胆汁酸的过程很复杂，催化该反应的酶类主要分布于微粒体及胞质中。胆固醇在 7α-羟化酶催化下生成 7α-羟胆固醇，再在多种酶的作用下，经羟化、加氢、侧链氧化断裂和修饰等一系列酶促反应后，生成初级游离胆汁酸。

2. 初级结合型胆汁酸的生成　胆酸和鹅脱氧胆酸分别与甘氨酸或牛磺酸结合，形成初级结合胆汁酸，以胆汁酸钠盐或钾盐的形式随胆汁排出。

胆固醇 7α-羟化酶是胆汁酸生成的调节酶，它受产物胆汁酸的反馈抑制，因此，减少胆汁酸的肠道吸收，则可促进肝内胆汁酸的生成，从而降低血清胆固醇。同时，胆固醇 7α-羟化酶也是一种加单氧酶，维生素 C、皮质激素、生长激素可促进其羟化反应。另外，甲状腺素能通过激活侧链氧化的酶系，促进肝细胞合成胆汁酸。所以，甲状腺功能亢进的患者，血清胆固醇浓度偏低；而甲状腺功能低下的患者，血清胆固醇含量偏高。胆汁酸对胆固醇合成的限速酶 HMG-CoA 还原酶也具有抑制作用,故胆汁酸的代谢过程对体内胆固醇的代谢具有重要的调控作用。

(二) 次级胆汁酸的生成

初级结合型胆汁酸随胆汁分泌进入肠道,在协助脂类物质消化吸收后,在小肠下段和大肠上段受肠道细菌作用,初级结合型胆汁酸水解脱去甘氨酸和牛磺酸,重新生成游离型胆汁酸。游离型初级胆汁酸在肠道细菌作用下,发生脱 7α-羟基反应转变为次级胆汁酸,即胆酸转变为脱氧胆酸、鹅脱氧胆酸转变为石胆酸。

三、胆汁酸的肠肝循环

在进食脂类物质后,胆囊收缩,胆汁酸盐随胆汁排入小肠,进入肠道中的胆汁酸的95%被重吸收入血。结合型胆汁酸在小肠下段即回肠被主动重吸收,游离型胆汁酸则主要在小肠,其次在大肠通过被动重吸收。重吸收的各种胆汁酸,经门静脉重新回到肝,肝细胞将游离型胆汁酸再合成为结合型胆汁酸,并将重吸收的及新合成的结合型胆汁酸一起再随胆汁分泌入肠道,这一过程称为胆汁酸的肠肝循环(enterohepatic circulation)(图13-2)。

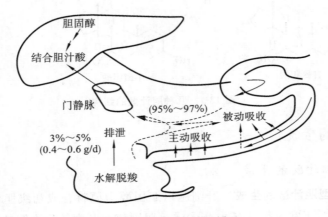

图 13-2　胆汁酸的肠肝循环

胆汁酸的肠肝循环具有重要生理意义。肝脏每天合成的胆汁酸仅为 0.4～0.6 g,肝和胆囊的胆汁酸池含胆汁酸 3～5 g,而正常人每天需 16～32 g 胆汁酸用于乳化脂肪。人体正是通过每次饭后 2～4 次肠肝循环,补充肝合成胆汁酸能力的不足,使有限的胆汁酸最大限度地发挥对脂类物质的乳化作用,以保证脂类的消化吸收。

四、胆汁酸的生理功能

(一) 促进脂类的消化及吸收

胆汁酸分子内既含亲水的羟基、羧基和磺酸基等,又含有疏水的甲基和烃核。在立体构型上,两类基团位于环戊烷多氢菲的两侧,构成亲水和疏水两个侧面,能降低油/水两相之间的表面张力,使疏水的脂类物质在水溶液中乳化成细小的微团,扩大脂类和脂肪酶的接触面,促进脂类消化。胆汁酸还能与脂类的消化产物形成微团,使其易于透过肠黏膜表面的水层,有利于脂类的吸收。

(二) 抑制胆汁中胆固醇的析出

人体中约有99%的胆固醇随胆汁经肠道排出体外,其中,33%以胆汁酸的形式排出,另外66%则直接排出,由于胆固醇难溶于水,在胆汁酸盐和磷脂酰胆碱的协同作用下分散形成可溶性微团而不易结晶析出。当胆囊中胆固醇含量过高(如高胆固醇血症)或肝合成胆汁酸能力下降、消化道丢失胆汁酸过多或排入胆汁中胆固醇过多,均可使胆汁酸或卵磷脂与胆固醇的比值降低(小于 10∶1),这可使胆汁中的胆固醇因过饱和而析出,形成胆结石。

第四节　血红素代谢

成熟红细胞中血红蛋白(Hb)占红细胞内蛋白质总量的95%,由珠蛋白和血红素缔合而成。血红蛋白是血液运输 O_2 和 CO_2 的重要物质,以维持血液的酸碱平衡。血红素是含铁的卟啉类化合物,不仅是血红蛋白的辅基,也是肌红蛋白、细胞色素、过氧化物酶等的辅基。

胆色素(bile pigment)是铁卟啉化合物在体内分解代谢产生的各种物质的总称,包括胆红素(bilirubin)、胆绿素(biliverdin)、胆素原(bilinogen)和胆素(bilin)。除胆素原族化合物无色外,其余均有一定颜色,故称"胆色素",正常时主要随胆汁及粪便排出。胆红素是胆色素的主要成分,呈橙黄色,是胆汁中的主要色素。胆色素代谢异常时可导致高胆红素血症,引起黄疸。

一、血红素的合成代谢

血红素可在体内多种细胞合成,且合成通路相同,参与血红蛋白组成的血红素主要在骨髓的幼红细胞和网织红细胞中合成。成熟红细胞不再有血红素的合成。

(一) 血红素的合成过程

1. 合成原料　合成血红素的基本原料是甘氨酸、琥珀酰 CoA 和 Fe^{2+}。

2. 合成部位　血红素合成的起始阶段和终止阶段均在线粒体内进行,中间阶段在胞浆内进行。

3. 合成过程　血红素的合成过程分为四个阶段。

(1) δ-氨基-γ-酮戊酸(ALA)的生成:在线粒体内,琥珀酰 CoA 和甘氨酸在 ALA 合酶的催化下脱羧生成 ALA。ALA 合酶是血红素生物合成的限速酶,辅酶是磷酸吡哆醛,受血红素反馈抑制。

$$琥珀酰 CoA \quad + \quad 甘氨酸 \xrightarrow[\text{（磷酸吡哆醛）}]{\text{ALA 合酶}} \quad δ\text{-氨基-}γ\text{-酮戊酸（ALA）}$$

（2）胆色素原的合成：ALA 生成后由线粒体进入人体胞浆中，在 ALA 脱水酶的作用下，2 分子 ALA 脱水缩合生成 1 分子胆色素原（PBG）。ALA 脱水酶含有巯基，对铅等重金属的抑制作用十分敏感。

$$ALA \xrightarrow[2H_2O]{\text{ALA 脱水酶}} 胆色素原（PBG）$$

（3）尿卟啉原与粪卟啉原的生成：在胞浆中尿卟啉原 I 同合酶（胆色素原脱氨酶）的催化下，4 分子胆色素原生成线状四吡咯；后者在尿卟啉原 III 同合酶的催化下生成尿卟啉原 III（UPG III），尿卟啉 III 经尿卟啉原 III 脱羧酶催化生成粪卟啉原 III（CPG III）。

$$4×胆色素原 \xrightarrow{\text{尿卟啉原 I 同合酶}} 线状四吡咯$$

$$\downarrow \text{尿卟啉原 III 同合酶}$$

$$粪卟啉原 III \xleftarrow{\text{尿卟啉原 III 脱羧酶}} 尿卟啉原 III$$

（4）血红素的生成：粪卟啉原 III 从胞浆进入线粒体中，在粪卟啉原 III 氧化脱羧酶作用下，生成原卟啉原 IX；再经原卟啉原 IX 氧化酶催化脱氢，将连接 4 个吡咯环的甲烯基氧化成甲炔基而生成原卟啉 IX；最后由亚铁螯合酶（又称血红素合成酶）催化，与 Fe^{2+} 结合生成血红素。

$$粪卟啉原 III \xrightarrow{\text{粪卟啉原 III 氧化脱羧酶}} 原卟啉原 IX$$

$$\downarrow \text{原卟啉原 IX 氧化酶}$$

$$血红素 \xleftarrow{\text{亚铁螯合酶}} 原卟啉 IX$$

血红素生成后从线粒体转运到胞浆，在骨髓的有核红细胞及网织红细胞中，与珠蛋白结合成为血红蛋白。

（二）血红素合成的调节

多种因素可调节血红素的合成，但对 ALA 生成的调节是最主要的环节。

1. ALA 合酶 该酶是血红素合成的限速酶，受血红素的别构抑制调节。血红素还可以阻抑 ALA 合酶的合成。如果血红素生成过多，氧化成高铁血红素，即可阻遏限速酶的合成，又可抑制其活性，故可减少血红素的合成。此外，磷酸吡哆醛是该酶的辅基，维生素的缺少将减少血红素的合成。

2. 促红细胞生成素（EPO） 一种由肾脏产生的糖蛋白，也是红细胞生成的主要调节剂，主要作用是促进红细胞发育和血红蛋白合成，并能促使成熟的红细胞释放入血。当机体缺氧时，促红细胞生成素分泌增多，促进血红蛋白的合成和红细胞的发育，以适应机体运氧的需要。严重肾脏疾病会伴有贫血现象，这与红细胞生成素合成量减少有关，目前临床上已用 EPO 治疗部分贫血患者。

3. 类固醇激素 雄激素及雌二醇等都是血红素合成的促进剂。如睾酮在肝内可还原为 5β 二氢睾酮，后者可诱导 ALA 合成酶的生成，从而促进血红素和血红蛋白的合成。因此临床上用丙酸睾酮及其衍生物治疗再生障碍性贫血。

4. 其他因素的影响 磷酸吡哆醛是 ALA 合成酶的辅酶，维生素 B_6 缺乏，将减少血红素的合成；原料铁的来源不足，也可影响血红素的合成。此外 ALA 脱水酶与亚铁螯合酶可被重金属等抑制，导致血红素生成的抑制。

二、血红素的分解及胆色素代谢

血红素分解为胆红素，胆红素是胆汁中的主要色素，胆色素代谢以胆红素代谢为中心。胆红素的毒性作用可引起大脑不可逆的损伤，肝脏在胆色素代谢中起重要作用，胆红素的生成、运输、转化及排泄异常与临床诸多疾病的生理过程有关。掌握胆红素的代谢途径对于临床上伴有黄疸的疾病诊断和鉴别诊断具有重要意义。

（一）胆红素的来源

体内含铁卟啉的化合物有血红蛋白、肌红蛋白、细胞色素、过氧化氢酶及过氧化物酶等。正常成人每天产生 $250\sim350$ mg 胆红素，其中 $70\%\sim80\%$ 来自衰老红细胞中血红蛋白的分解，其他部分来自造血过程中某些红细胞的过早破坏（无效造血）及铁卟啉酶类的分解。肌红蛋白由于更新率低，产生的胆红素很少。

（二）胆红素的生成过程

人体内红细胞不断地进行新陈代谢。正常红细胞寿命平均为 120 天，衰老的红细胞被肝、脾、骨髓的单核-吞噬细胞识别并吞噬，释放出血红蛋白。血红蛋白分解为珠蛋白和血红素。珠蛋白被分解为氨基酸，可被机体再利用。血红素则在单核-吞噬细胞微粒体中血红素加氧酶（heme oxygenase）的催化下，消耗氧和 NAPDH，释放出 CO、Fe^{3+} 后转变为胆绿素。释放出的 Fe^{3+} 可与运铁蛋白结合，然后被机体再利用或以铁蛋白形式储存。CO 可经呼吸道排出。胆绿素在胞质胆绿素还原酶（biliverdin reductase）的催化下，由 NAPDH 提供氢，还原生成胆红素。体内含有大量的胆绿素还原酶，可迅速将生成的胆绿素还原成胆红素，因此，体内一般没有胆绿素的积累，胆绿素是胆红素生成过程中的一个中间产物。

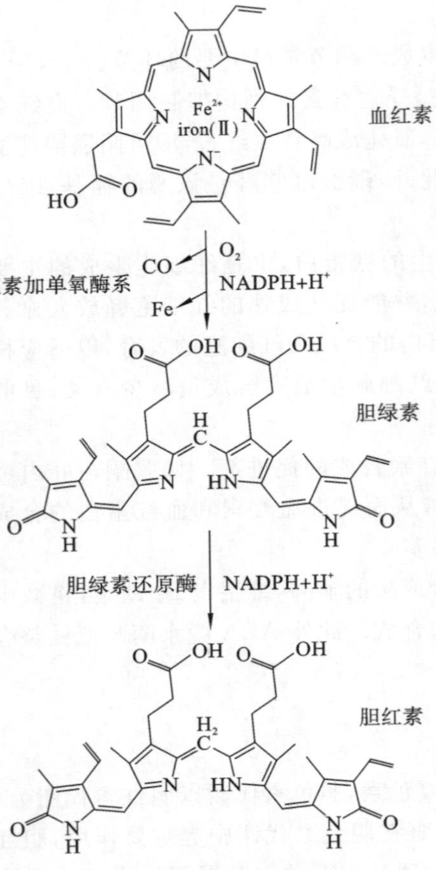

生物化学 ························· ■ ·276·

血红素是一种毒性物质,可造成神经系统不可逆损害。但近年来的研究发现,胆红素具有很强的抗氧化功能,其作用甚至大于超氧化物歧化酶(SOD)和维生素 E。血红素加氧酶是血红素氧化及胆红素形成的调节酶,也是一种应激蛋白。最近的研究发现其在应激状态下被诱导后,可加速胆红素的生成,抵抗外来氧化因素对机体的损伤。胆红素生成过程如图13-3所示。

（三）胆红素在血中的转运

胆红素分子内含有 2 个羟基或酮基、4 个亚氨基和 2 个丙酸基,均为亲水基团,理应溶于水。但实际上在生理 pH 值条件下,胆红素分子的亲水基团在分子内而疏水基团暴露于分子表面,呈亲脂疏水的性质。所以在单核-吞噬细胞生成的胆红素能自由通过细胞膜进入血液。胆红素虽不溶于水,但对血浆清蛋白有极高的亲和力,在血液中主要与清蛋白结合而运输。胆红素-清蛋白复合物的生成增加了其在血浆中的溶解度,有利于运输。同时这种结合又限制了胆红素自由透过各种生物膜,避免对组织细胞产生毒性作用。

正常人血浆中胆红素的浓度为 3.42～

图 13-3　胆红素的生成

17.1 $\mu mol/L(0.2～1 mg/dL)$。而每 100 mL 血浆中的清蛋白能结合 20～25 mg 游离胆红素,完全可以满足结合全部胆红素的需要。清蛋白含量下降或胆红素与清蛋白结合部位的亲和力下降等因素,可促使游离胆红素从血浆中向组织转移,对组织细胞产生毒性作用。若过多的胆红素穿透血脑屏障与神经核团结合,干扰脑的正常功能,引起胆红素脑病(又称核黄疸)。新生儿由于血脑屏障发育不全,游离胆红素更易进入脑组织。为防止此病的发生,临床上给高胆红素血症患儿静脉点滴富含清蛋白的血浆。某些有机阴离子(如磺胺药、利尿剂等)可竞争性与清蛋白结合,所以对新生儿要慎用此类药物。同时,酸中毒也可促使胆红素进入细胞,故高胆红素血症患儿要防止酸中毒。

（四）血红素在肝细胞内的代谢

1. 肝细胞对胆红素的摄取　胆红素代谢主要在肝脏内进行。胆红素-清蛋白复合物随血液运输到肝脏,并不直接进入肝细胞,而是在肝血窦中先将胆红素与清蛋白分离,然后胆红素被肝细胞膜表面的特异受体识别,摄取入肝脏。胆红素进入肝细胞后,与肝细胞质中的两种载体蛋白Y与Z蛋白结合形成复合物,到达滑面内质网进行转化。Y蛋白比Z蛋白对胆红素的亲和力强,胆红素优先与Y蛋白结合,只有在与Y蛋白结合达饱和时,Z蛋白的结合量才增多。许多有机阴离子如固醇类物质、四溴酚酞磺酸钠(BSP)和甲状腺素等均可竞争性地与 Y 蛋白结合，影响胆红素的代谢。婴儿出生 7 周后，Y 蛋白才达到成人水平，这是生理性的新生儿非溶血性黄疸的主要原因。许多药物能诱导 Y 蛋白的生成，加强胆红素的转运。如临床上常用苯巴比妥诱导 Y 蛋白生成，以消除生理性新生儿黄疸或治疗新生儿高胆红素血症。

2. 肝细胞对胆红素的转化与排泄作用　胆红素-Y 蛋白复合物被运送至滑面内质网，大部分胆红素在葡糖醛酸基转移酶的催化下与 Y 蛋白脱离，以酯键与葡糖醛酸结合，生成葡糖醛酸胆红素。胆红素分子侧链上有两个自由羧基，均可与葡糖醛酸结合，生成双葡糖醛酸胆红素和单葡糖醛酸胆红素，双葡糖醛酸胆红素占 70%～80%（图 13-4）。还有小部分胆红素可与 PAPS、甲基、乙酰基等进行结合反应。胆红素经上述转变后称为结合胆红素（conjugated bilirubin）或直接胆红素（direct reacting bilirubin）。结合胆红素的水溶性增强，有利于随胆汁排入小肠，也可通过肾随尿排出，但不易透过细胞膜和血脑屏障，因此毒性也随之降低，不易造成组织中毒，是胆红素解毒的重要方式。相应的未与葡糖醛酸结合的胆红素则称为间接胆红素（indirect reacting bilirubin）或游离胆红素。上述胆红素的摄取、转化与排泄过程，使血浆中的胆红素不断经肝细胞的作用而被清除。

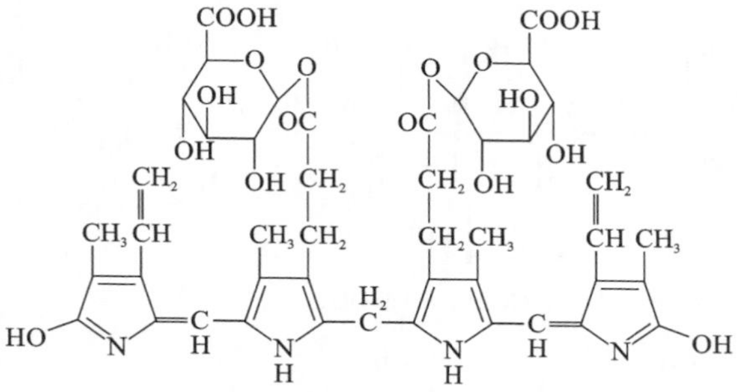

图 13-4　胆红素葡糖醛酸的生成及其结构

　　胆红素在内质网经结合转化后，在细胞质内经过高尔基复合体、溶酶体等作用，运输并排入毛细胆管随胆汁排出。毛细胆管内结合胆红素的浓度远高于细胞内浓度，故胆红素由肝内排出是一个逆浓度梯度的耗能过程，也是肝脏处理胆红素的一个薄弱环节，容易受损。排泄过程如发生障碍，则结合胆红素可反流入血，使血中结合胆红素水平升高。

　　糖皮质激素不仅能诱导 UDP-葡糖醛酸基转移酶的生成，还促进胆红素与葡糖醛酸结合，而且对结合胆红素的排出也有促进作用。因此，可用此类激素治疗高胆红素血症。导 UDP-葡糖醛酸基转移酶可被许多药物如苯巴比妥等诱导，从而加强胆红素的代谢。因此，临床上可应用苯巴比妥消除新生儿生理性黄疸。

$$胆红素 + UDP-葡糖醛酸 \xrightarrow{\text{UDP-葡糖醛酸基转移酶}} 胆红素葡糖醛酸一酯 + UDP$$

$$胆红素葡糖醛酸一酯 + UDP-葡糖醛酸 \xrightarrow{\text{UDP-葡糖醛酸基转移酶}}$$
$$胆红素葡糖醛酸二酯 + UDP$$

（五）胆红素在肠中的转变

　　直接胆红素随胆汁排出，进入十二指肠，自回肠末段起，在肠道细菌的作用下，脱去葡糖醛酸基，再逐步被还原成中胆红素原、粪胆素原及尿胆素原，三者统称为胆素原。在肠道下段,无色的胆素原接触空气后分别被氧化成 L-尿胆素、粪胆素和 D-尿胆素,三者统称胆素。胆素呈黄褐色,是粪便颜色的主要来源(图 13-5)。当胆道完全梗阻时,直接胆红素入肠受阻而不能形成胆素原和胆素,粪便呈灰白色;新生儿由于肠道细菌不健全,胆红素未被肠道细菌作用而直接出现在粪便中,使粪便呈现橘黄色。

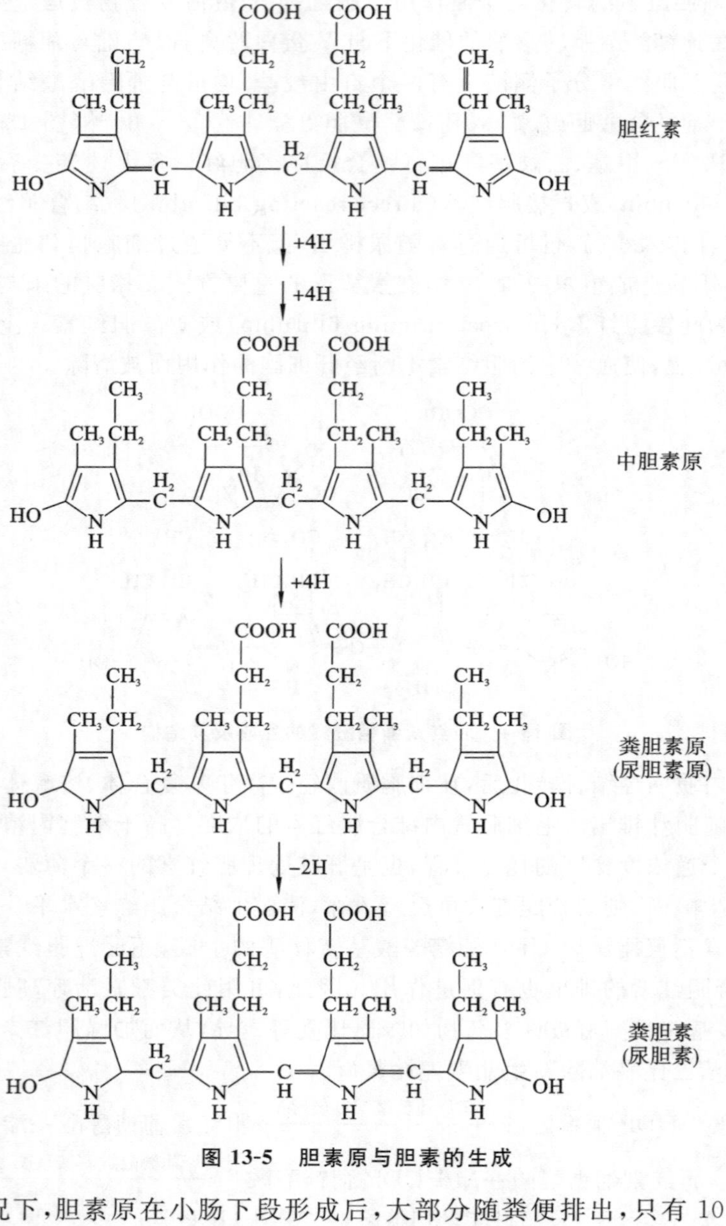

图 13-5　胆素原与胆素的生成

在生理情况下,胆素原在小肠下段形成后,大部分随粪便排出,只有 10%～20%可被肠黏膜细胞重吸收,再经门静脉回到肝脏,其中大部分被肝脏摄取后不经任何转变地从胆汁中排入肠道,形成胆素原的肠肝循环(bilinogen enterohepatic circulation);还有小部分胆素原进入人体循环,通过肾小球滤出,由尿排出,即为尿胆素原。正常成人每日从尿中排出的尿胆素原有 0.5～4.0 mg。尿胆素原与空气接触后被氧化成尿胆素,成为尿液的主要色素。尿胆素原、尿胆素、尿胆红素在临床上称"尿三胆"。但正常人尿液中不出现胆红素,如出现则是黄疸。当各种原因引起的胆红素来源增加时,在肠道形成的胆素原增加,肠肝循环进入体循环随尿排出的尿胆素原也增加,反之亦然;当肝功能严重受损时,从肠道重吸收的胆素原不能随胆汁排入肠道,大部分进入体循环,使血和尿中胆素原增加;当胆道完全阻塞时,结合胆红素不能排入肠道,也就不能形成胆素原的肠肝循环,故尿中无尿胆素原。

胆红素的生成及代谢和肠肝循环可总结为图 13-6。

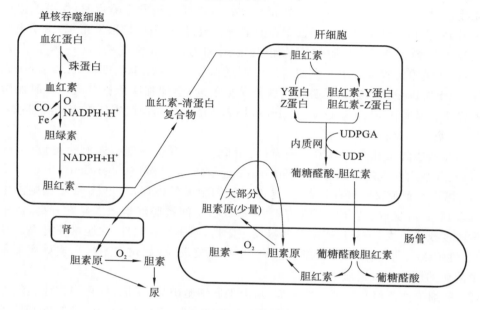

图 13-6 胆红素的代谢过程

(六)血清胆红素与黄疸

从胆红素的代谢过程可见,正常人体中胆红素以两种形式存在:一种是在单核-吞噬细胞系统中由红细胞破坏生成的胆红素,通过与清蛋白结合而被运输。其未经肝细胞转化,未与葡糖醛酸结合,称为未结合胆红素或游离胆红素;另一种是经过肝细胞的转化作用,与葡糖醛酸或其他物质结合的胆红素,称为结合胆红素。两种胆红素因结构不同,与重氮试剂反应性不同,游离胆红素与重氮试剂反应(血清凡登白试验)缓慢,必须在加入乙醇后才产生明显的紫红色,所以游离胆红素又称为间接胆红素。而结合胆红素却可与重氮试剂直接、迅速地反应生成紫红色偶氮化合物,故结合胆红素又称为直接胆红素。两者的区别见表 13-4。

表 13-4 直接胆红素与间接胆红素的区别

性质	直接胆红素(结合胆红素)	间接胆红素(游离胆红素)
与葡糖醛酸结合	结合	未结合
与重氮试剂反应	迅速,直接反应	慢或间接反应
水中溶解度	大	小

续表

性质	直接胆红素（结合胆红素）	间接胆红素（游离胆红素）
经肾随尿排出	能	不能
通透细胞膜对脑的毒性作用	无	大

正常人血胆红素浓度为 $3.4\sim17.1\ \mu mol/L(0.2\sim1\ mg/dL)$，其中未结合型约占 $4/5$，其余为结合胆红素。在正常情况下，胆红素的来源与去路保持动态平衡，当某些因素引起胆红素生成过多，或使肝细胞对胆红素摄取、结合、排泄过程发生障碍时，均可使血中胆红素浓度升高，称高胆红素血症。胆红素在血清中含量过高，则可扩散入组织，由于巩膜或皮肤含有较多的弹性蛋白，与胆红素有较强的亲和力，故易被黄染，这一体征称为黄疸（jaundice）。黄疸的程度取决于血清中胆红素的浓度，当胆红素浓度在 $34.2\ \mu mol/L(2.0\ mg/dL)$ 以上时肉眼能观察到巩膜或皮肤被黄染的现象，即临床所称黄疸。有时血清胆红素虽然高于正常范围，但未超过 $34.2\ \mu mol/L(2.0\ mg/dL)$，肉眼不能观察到巩膜或皮肤黄染，则称为隐性或亚临床性黄疸。

根据血清胆红素升高的原因不同，可将黄疸分为三类，分别是溶血性黄疸（hemolytic jaundice）、肝细胞性黄疸（hepatocellular jaundice）和阻塞性黄疸（obstructive jaundice）。

（1）溶血性黄疸又称肝前性黄疸，是由于红细胞大量破坏，在单核-吞噬细胞内生成胆红素过多，超过肝摄取、结合与排泄的能力，造成血清间接胆红素浓度异常升高，血中直接胆红素浓度改变不大，重氮反应实验间接反应阳性，尿胆红素阴性，尿胆素原升高。某些疾病（如恶性疟疾）、药物、镰刀型红细胞贫血、自身免疫反应（如输血不当）、蚕豆病等各种引起大量溶血的原因都可造成溶血性黄疸。

（2）肝细胞性黄疸又称肝源性黄疸，是由于肝细胞破坏，摄取、处理和排泄胆红素的能力降低。一方面肝不能将间接胆红素全部转变为直接胆红素，使血中间接胆红素堆积。另一方面也可能因肝细胞肿胀，使毛细胆管堵塞或毛细胆管与肝血窦直接相通，直接胆红素反流入血，造成血中直接胆红素浓度增加。此时重氮反应实验呈双相反应阳性，但通常以直接胆红素浓度升高为主，尿胆红素阳性，尿胆素原升高或正常，粪胆素原正常或减少，血清转氨酶升高。肝细胞性黄疸常见于肝实质性疾病，如肝炎、肝硬化、肝肿瘤等。

（3）阻塞性黄疸又称肝后性黄疸，是由于胆汁排泄通道受阻，使小胆管或毛细胆管内压力增大而破裂，导致胆汁中的直接胆红素逆流入血，引起血清胆红素升高，由此引起黄疸。此时血中间接胆红素变化不大，直接胆红素浓度增大，重氮反应试验呈阳性。由于直接胆红素易溶于水，故可从肾排出，出现尿胆红素阳性，尿胆素原降低，有陶土色粪便，还可有脂肪泻与出血倾向。阻塞性黄疸常见于胆管结石、胆管炎症、肿瘤或先天性胆道闭锁等疾病。

三种黄疸的血、尿、便临床检验特征归纳于表 13-5。

表 13-5　三种黄疸的血、尿、便的改变情况表

指标	正常	溶血性黄疸	肝细胞性黄疸	阻塞性黄疸
血胆红素				
总量	$<1\ mg/dL$	$>1\ mg/dL$	$>1\ mg/dL$	$>1\ mg/dL$
结合胆红素	$0\sim0.2\ mg/dL$	—	↑	↑↑

续表

指标	正常	溶血性黄疸	肝细胞性黄疸	阻塞性黄疸
游离胆红素	<1 mg/dL	↑↑	↑	—
尿三胆				
尿胆红素	—	—	++	++
尿胆素原	少量	↑	不一定	↓
尿胆素	少量	↑	不一定	↓
粪便颜色	黄褐色	加深	变浅或正常	变浅或陶土色

知识链接

新生儿黄疸

新生儿黄疸（neonatal jaundice）是指新生儿时期（出生 28 天内），由于胆红素代谢异常，引起血中胆红素水平升高，而出现以皮肤、黏膜及巩膜黄染为特征的病症，是新生儿中最常见的临床问题。新生儿黄疸可分为生理性和病理性。

生理性黄疸的病因包括：胆红素生成相对较多；肝细胞对胆红素的摄取能力不足；血浆白蛋白结合胆红素的能力差；胆红素排泄能力缺陷；肠肝循环增加。

病理性黄疸的病因包括：①胆红素生成过多：因过多的红细胞的破坏及肠肝循环增加，使血清游离胆红素升高。②肝脏胆红素代谢障碍：肝细胞摄取和结合胆红素的功能低下，使血清游离胆红素升高。③胆汁排泄障碍：肝细胞排泄结合胆红素障碍或胆管受阻，可导致高结合胆红素血症。

小 结

肝脏是人体中最大的实质性器官，在糖、脂类、蛋白质、维生素和激素等物质代谢过程中起着重要的作用，有人称之为"人体的化工厂"。如通过肝糖原的合成、分解和糖异生作用来维持血糖浓度恒定，确保全身各组织，特别是大脑和红细胞的能量来源；肝脏所分泌的胆汁酸盐，可乳化脂类，促进脂类的消化吸收；肝脏合成的 VLDL 和 HDL 是血浆三酰甘油和胆固醇等的重要运输形式；肝脏是体内合成酮体的唯一器官，也是胆固醇和磷脂代谢的主要器官；肝脏的蛋白质代谢极为活跃，在人体蛋白质合成与分解、氨基酸代谢和尿素合成中发挥重要作用；肝脏在维生素的吸收、储存、运输和代谢等方面都具有重要作用；肝脏还与许多激素的灭活与排泄密切相关。

肝脏的生物转化功能亦非常重要，一些非营养性物质进行化学转变，增强其极性和水溶性，易于随胆汁或尿液排出。生物转化的反应类型可归纳为两相反应。第一相反应包括氧化、还原及水解反应。第二相反应为结合反应。生物转化反应具有反应的连续性、多样性和解毒与致毒双重性的特点。在生物转化过程中最重要的酶是单加氧酶系,它是可诱导的。参加结合反应的重要活性物质有葡糖醛酸(UDPGA)、硫酸(PAPS)、乙酰辅酶 A、甲基(SAM)、甘氨酸和谷胱甘肽等。

肝脏还有排泄功能,胆汁酸盐是胆汁中的重要成分,它能乳化脂类,促进脂类的消化吸收。胆汁酸在肝细胞中由胆固醇转变而来,7α-羟化酶是胆汁酸合成的调节酶。肝细胞合成的胆汁酸有胆酸、鹅脱氧胆酸,称为初级胆汁酸。胆酸与鹅脱氧胆酸在肠道细菌作用下,7 位脱去羟基转变为相应的脱氧胆酸与石胆酸,称为次级胆汁酸。脱氧胆酸与石胆酸可通过肠肝循环,再进入胆汁。初级胆汁酸与次级胆汁酸均可与甘氨酸或牛磺酸结合,分别形成结合型初级胆汁酸和结合型次级胆汁酸。

胆红素是胆汁中的另一个重要成分。胆红素是血红素的分解代谢产物。红细胞在单核-吞噬细胞内分解释放出血红蛋白,血红蛋白是产生血红素的主要蛋白质。血红素经微粒体血红素加氧酶系催化成胆绿素,进而还原成胆红素。胆红素是亲脂疏水性的,故在血液中与清蛋白结合运输,称间接胆红素或游离胆红素。间接胆红素进入肝细胞并与葡糖醛酸结合成水溶性强的葡糖醛酸胆红素,称直接胆红素或结合胆红素。直接胆红素经胆道排入肠腔,在肠道细菌作用下,脱去葡糖醛酸,胆红素被还原成胆素原,其中大部分随粪便排出体外,称为粪胆素原;小部分可被肠道吸收入肝,再随胆汁排出,称胆素原的肠肝循环。胆汁中的胆素原有小部分进入体循环自尿中排出,称尿胆素原。粪胆素原与尿胆素原可被氧化生成粪胆素与尿胆素。尿胆红素、尿胆素原与尿胆素在临床上称"尿三胆"。胆色素代谢障碍可产生黄疸,黄疸有三种类型,即溶血性黄疸、肝细胞性黄疸和阻塞性黄疸,这三种类型黄疸在临床上可通过病史和血、尿、粪便检查鉴别。

能力检测

能力检测答案

一、单项选择题

1. 结合胆红素是( )。
A.胆红素-清蛋白　　　　B.胆红素-Y 蛋白　　　　C.胆红素-Z 蛋白
D.葡糖醛酸胆红素　　　　E.间接胆红素

2. 肝脏不是下列哪种维生素的储存场所?( )
A.维生素 A　　B.维生素 D　　C.维生素 E　　D.维生素 K　　E.维生素 B$_{12}$

3. 肝脏是合成下列哪种物质的特异性器官?( )
A.胆固醇　　　B.尿素　　　C.酮体　　　D.糖原　　　E.脂肪

4. 肝中进行生物转化时,较常见的结合物是( )。
A.乙酰 CoA　　B.葡糖醛酸　　C.谷胱甘肽　　D.SAM　　E.PAPS

5. 生物转化最重要的生理意义是( )。
A.使毒物的毒性降低　　　　B.使药效失活
C.使生物活性物质失活　　　　D.使非营养物质极性增加,利于排泄
E.使激素灭活

6. 属于次级胆汁酸的是( )。
A.鹅脱氧胆酸　B.石胆酸　　C.胆酸　　D.甘氨胆酸　　E.牛磺胆酸

7. 体内血红素代谢的终产物是（　　　）。

A. CO_2 和 H_2O　　B. 胆红素　　　　C. 胆汁酸　　　　D. 乙酰 CoA　　　E. 酮体

8. 下列关于结合胆红素的叙述,错误的是（　　　）。

A. 主要为胆红素葡糖醛酸二酯　　　　　　　　B. 水溶性大

C. 不易透过生物膜　　　　　　　　　　　　　D. 不能通过肾脏随尿排出

E. 与重氮试剂起反应的速度快,呈直接反应

9. 胆汁酸合成的限速酶是（　　　）。

A. HMG CoA 还原酶　　　　　　B. HMG CoA 裂解酶　　　　　　C. 胆固醇 7α-脱氢酶

D. 胆固醇 7α-羟化酶　　　　　　E. ALA 合酶

10. 属于血红蛋白直接分解产物的物质是（　　　）。

A. 血栓素　　　B. 细胞色素 C　　C. 胆红素　　　D. 血红素　　　E. 胆素原

11. 正常情况下适度升高血胆汁酸浓度的结果是（　　　）。

A. 脂酸生成酮体加快　　　　　　　　　　　　B. 红细胞生成胆红素减少

C. 胆固醇 7α-羟化酶合成抑制　　　　　　　　D. 血中磷脂含量增加

E. 甘油三酯合成增加

12. 有关肝细胞性黄疸患者血尿中化学物质变化的描述,错误的是（　　　）。

A. 血清间接胆红素含量增加　　　　　　　　　B. 血清总胆红素含量增加

C. 血清直接胆红素含量增加　　　　　　　　　D. 血清直接胆红素/总胆红素＞0.5

E. 尿胆红素阴性

13. 有关生物转化作用的描述,错误的是（　　　）。

A. 作用的实质是裂解生物活性物质　　　　　　B. 使疏水性物质水溶性增加

C. 使非极性物质的极性增加　　　　　　　　　D. 有些物质经过生物转化毒性增强

E. 肝是进行生物转化最重要的器官

二、简答题

1. 什么是生物转化? 试述其反应类型及影响因素。

2. 比较说明三种黄疸产生的原因及生化改变特点。

（嫣　雯）

第十四章
酸 碱 平 衡

学习目标

掌握：酸碱平衡、挥发性酸、固定酸的概念；血液缓冲体系、肺及肾脏在酸碱平衡调节中的作用。

熟悉：体内酸性、碱性物质的来源，酸碱平衡失常的基本类型。

了解：酸碱平衡紊乱常用的生化指标及临床价值。

本章 PPT

人体内的各种物质代谢是在适宜的 pH 值条件下进行的。尽管体内不断生成和从外界摄取酸性或碱性物质，但体液 pH 值并不发生显著变化。这是由于机体存在一系列的调节机制，使体液的 pH 值维持在相对恒定的范围内，这种调节过程称为酸碱平衡。人体体液各部分的 pH 值并不完全相同。正常人血浆的 pH 值维持在 7.35～7.45 之间，细胞内液、细胞间液的 pH 值低于血浆。由于血液在细胞内、外液物质交换中起重要作用，所以血浆 pH 值可反映体内酸碱平衡的情况。血浆 pH 值过高或过低，都能反映体内酸碱平衡失常的情况，应及时纠正，否则影响机体正常功能。

第一节　体内酸性物质、碱性物质的来源

一、酸性物质的来源

体内酸性物质主要来源于糖、脂及蛋白质的分解代谢，少量来自某些食物和药物。根据其性质可分为挥发性酸和非挥发性酸两大类。

1. 挥发性酸　挥发性酸即碳酸。正常人每天由糖、脂和蛋白质分解代谢产生约 350 L（15 mol）的 CO_2，在红细胞内碳酸酐酶（carbonic anhydrase，CA）的催化下与水结合生成碳酸。碳酸随血液循环运至肺部后重新分解成 CO_2 并呼出体外，故称为挥发酸，是体内酸的主要来源。习惯上把以糖、脂肪、蛋白质为主要成分的食物称为呈酸性食物。

$$CO_2 + H_2O \rightleftharpoons H_2CO_3 \rightleftharpoons H^+ + HCO_3^-$$

2. 非挥发性酸 非挥发性酸又称为固定酸。体内的糖、脂、蛋白质及核酸在分解代谢过程中还产生一些有机酸或无机酸。例如，核酸、磷脂和磷蛋白分解产生的磷酸；糖分解产生的丙酮酸和乳酸；脂肪酸在肝内氧化产生的酮体；含硫氨基酸氧化产生的硫酸等。这些酸性物质不能由肺呼出，必须经肾随尿排出体外，所以称为非挥发性酸或固定酸。正常人每天产生的固定酸仅为 $50 \sim 100$ mmol，与每天产生的挥发性酸相比要少得多，只有在心功能不全、严重糖尿病等病理情况下，有机酸在体内堆积，才会引起酸中毒。正常情况下，固定酸中的一些物质可被继续氧化，如乳酸、丙酮酸和酮体等。

固定酸还可来自某些食物，如醋酸、柠檬酸等。此外，某些药物，如阿司匹林、水杨酸、维生素 C 等也呈酸性。

二、碱性物质的来源

1. 碱性物质的摄入 碱性物质主要来自食物和某些药物。如蔬菜、瓜果中含有大量的有机酸钾盐、钠盐，如柠檬酸盐、苹果酸盐等。这些有机酸在体内氧化生成 CO_2 和 H_2O 并进一步生成 HCO_3^-，Na^+、K^+ 与 HCO_3^- 结合生成碳酸氢钠和碳酸氢钾，使体液中的 $NaHCO_3$ 和 $KHCO_3$ 增多。所以，蔬菜与瓜果为呈碱性食物。

2. 体内代谢产生 在正常情况下，体内产生的碱性物质较少，主要有氨和有机胺等。

在一定范围内，这些酸性和碱性物质进入体液后不会引起 pH 值的显著变化，这是由于通过了一系列的调节作用，从而维持了体液 pH 值的稳定。由于产生的酸性物质比碱性物质多，因此，机体对酸碱平衡的调节主要是对酸的调节。

第二节　酸碱平衡的调节

体内酸碱平衡的调节主要通过血液的缓冲作用、肺的调节和肾脏的调节三个方面来实现，这三个方面的调节是密切相关、互相协调的。

一、血液的缓冲作用

体液的缓冲作用，以血液缓冲体系的调节最重要，组织间液及细胞内液的缓冲体系与血浆相似，但其缓冲作用较小。

1. 血液缓冲体系 血液缓冲体系由弱酸（缓冲酸）及其相对应的缓冲碱组成，分布于血浆和红细胞中。血浆的缓冲体系有三对：碳酸氢盐缓冲体系、磷酸氢盐缓冲体系和血浆蛋白缓冲体系：

$$\frac{NaHCO_3}{H_2CO_3}, \quad \frac{Na_2HPO_4}{NaH_2PO_4}, \quad \frac{Na\text{-}Pr}{H\text{-}Pr} \quad (Pr:血浆蛋白)$$

红细胞的缓冲体系有碳酸氢盐缓冲体系、磷酸氢盐缓冲体系、血红蛋白和氧化血红蛋白缓冲体系：

$$\frac{KHCO_3}{H_2CO_3}, \quad \frac{K_2HPO_4}{KH_2PO_4}, \quad \frac{K\text{-}Hb}{H\text{-}Hb}, \frac{K\text{-}HbO_2}{H\text{-}HbO_2} \quad \begin{array}{l}(Hb:血红蛋白\\ HbO_2:氧化血红蛋白)\end{array}$$

血浆中以碳酸氢盐缓冲体系（$NaHCO_3/H_2CO_3$）为主，红细胞中以血红蛋白缓冲体系

（K-Hb/H-Hb 及 K-HbO₂/H-HbO₂）为主。

血浆中 $NaHCO_3/H_2CO_3$ 缓冲体系之所以重要，不仅因为碳酸氢盐缓冲体系含量多，缓冲能力最强，更因为该缓冲体系容易调节。H_2CO_3 浓度可通过体液溶解的 CO_2 取得平衡，受肺的呼吸调节；HCO_3^- 通过肾进行调节。血液中各缓冲体系的缓冲能力如表 14-1。

表 14-1　全血中各种缓冲体系的含量和分布

缓冲体系	占全血中缓冲体系总浓度的百分数/(%)
HbO₂ 和 Hb	35
有机磷酸盐	3
无机磷酸盐	2
血浆蛋白	7
血浆碳酸氢盐	35
红细胞碳酸氢盐	18

血浆的 pH 值主要取决于 $[NaHCO_3]/[H_2CO_3]$ 的比值。正常人血浆 $NaHCO_3$ 的浓度为 24 mmol/L；H_2CO_3 的浓度约为 1.2 mmol/L，两者的比值为 24/1.2＝20/1。血浆 pH 值可根据亨德森-哈塞尔巴尔赫方程式计算：

$$pH = pK_a + \lg \frac{[NaHCO_3]}{[H_2CO_3]}$$

式中 H_2CO_3 的浓度实际上绝大部分是物理溶解的 CO_2 浓度。pK_a 是碳酸解离常数的负对数，在 37 ℃时为 6.1，代入上式即得：

$$pH = 6.1 + \lg 20/1 = 6.1 + 1.3 = 7.4$$

从上式可见，只要 $NaHCO_3$ 与 H_2CO_3 浓度之比为 20/1，血浆中的 pH 值即可维持在 7.4。如果任何一方的浓度发生改变，同时另一方作相应的等比变化，维持 20/1 的值，则血浆 pH 值仍为 7.4。当此值发生改变时，血浆 pH 值亦随之改变。一般来说，$NaHCO_3$ 的浓度可以反映体内代谢情况，故又称为代谢因素；H_2CO_3 的浓度可以反映肺的通气情况，故又称为呼吸因素。

2. 血液缓冲体系的缓冲作用　进入血液的固定酸或固定碱，主要被碳酸氢盐缓冲体系所缓冲；挥发性酸主要由血红蛋白缓冲体系进行缓冲。

（1）对固定酸的缓冲作用：代谢过程中产生的磷酸、硫酸、乳酸、酮体等固定酸（HA）进入血浆时，主要由 $NaHCO_3$ 中和，使酸性较强的固定酸转变为酸性较弱的 H_2CO_3。H_2CO_3 则进一步分解为 H_2O 和 CO_2，CO_2 可经肺呼出体外从而不致使血浆 pH 值有较大的变动。

$$\underset{\text{固定酸}}{HA} + \underset{\text{固定酸钠}}{NaHCO_3} \longrightarrow NaA + H_2CO_3 \quad \underset{}{\llcorner\!\!\longrightarrow CO_2 + H_2O}$$

由于血浆中的 $NaHCO_3$ 主要用来缓冲固定酸，在一定程度上可以代表血浆对固定酸的缓冲能力，故习惯上把血浆中的 $NaHCO_3$ 称为碱储。碱储的多少，可以用血浆二氧化碳结合力（carbon dioxide combining power，CO_2-CP）的大小来表示。

此外，血浆蛋白和 Na_2HPO_4 也能缓冲一部分固定酸，但其含量少，作用较弱。

$$HA + NaPr \longrightarrow NaA + HPr$$

$$HA + Na_2HPO_4 \longrightarrow NaA + NaH_2PO_4$$

（2）对碱性物质的缓冲作用：碱性物质进入血液后，可被血浆中的 H_2CO_3、NaH_2PO_4 及 H-Pr 所缓冲，使强碱变弱碱。

$$OH^- + H_2CO_3 \longrightarrow HCO_3^- + H_2O$$

$$OH^- + HPr \longrightarrow Pr^- + H_2O$$

$$OH^- + H_2PO_4^- \longrightarrow HPO_4^{2-} + H_2O$$

碳酸氢盐缓冲体系中 H_2CO_3 的相对含量虽不多，但 CO_2 可由体内物质代谢不断产生，所以也是对碱起缓冲作用的主要成分。其他的缓冲体系对碱也有一定的缓冲作用。生成的过量 HCO_3^- 和 HPO_4^{2-}，最后可由肾排出。

（3）对挥发性酸的缓冲作用：机体各组织细胞在代谢过程中不断产生的 CO_2，约有 92％是直接或间接地由血红蛋白携带或参与缓冲，血红蛋白对挥发性酸的缓冲起着重要的作用。

当动脉血流经组织时，由于组织细胞与血液之间存在 CO_2 分压差，组织中的 CO_2 可经毛细血管壁迅速扩散入血浆，其中大部分 CO_2 继续扩散进入红细胞，在碳酸酐酶的作用下生成 H_2CO_3，H_2CO_3 解离成 HCO_3^- 和 H^+。H^+ 与 HbO_2^- 释放 O_2 后转变而成的 Hb^- 结合生成 HHb 而被缓冲，红细胞内的 HCO_3^- 则因浓度增高而向血浆扩散。由于红细胞内阳离子（主要是 K^+）较难通过红细胞膜，不能随 HCO_3^- 逸出，因此血浆中等量的 Cl^- 进入红细胞以维持电荷的平衡，这种通过红细胞膜进行的 HCO_3^- 与 Cl^- 交换过程称为氯离子转移（图 14-1）。

当血液流经肺部时，由于肺泡中氧分压高、二氧化碳分压低，O_2 与 HHb 结合为 $HHbO_2$，后者解离生成 H^+ 和 HbO_2^-，其中 H^+ 与红细胞内的 HCO_3^- 结合生成 H_2CO_3，并在碳酸酐酶催化下生成 CO_2 和 H_2O，CO_2 从红细胞扩散经血浆进入肺泡而呼出体外。此时，红细胞中的 HCO_3^- 很快减少，继而血浆中的 HCO_3^- 进入红细胞，与红细胞内的 Cl^- 进行等量转移。HbO_2^- 随血液运到组织释放 O_2 后再缓冲 H_2CO_3（图 14-1）。

二、肺对酸碱平衡的调节作用

肺主要通过控制排出 CO_2 的量，来调节血浆中 H_2CO_3 的浓度，以参与维持体内酸碱平衡。肺排出 CO_2 的作用受呼吸中枢的调节，而呼吸中枢的兴奋性又受动脉血二氧化碳分压、pH 值及氧分压的影响。

当体内产酸增多时，血浆中 $NaHCO_3$ 减少而 H_2CO_3 增多，使血浆中 $[NaHCO_3]/[H_2CO_3]$ 的值变小。血中的 H_2CO_3 经碳酸酐酶的催化分解为 CO_2 和 H_2O，使血浆 P_{CO_2} 增高，刺激延髓呼吸中枢，呼吸加深加快，呼出更多的 CO_2，从而降低血中的 H_2CO_3 浓度，使 $[NaHCO_3]/[H_2CO_3]$ 的值及 pH 值恢复正常。

延髓呼吸中枢对动脉血 P_{CO_2} 的变化极为敏感，P_{CO_2} 有少量的变化，即可影响肺的通气深度和速率。正常动脉血 P_{CO_2} 为 5.33 kPa，当血液 pH 值降低或 P_{CO_2} 增高时，呼吸中枢兴奋，呼吸加深加快，CO_2 排出增多；反之，当动脉血 P_{CO_2} 减小或 pH 值升高时，则呼吸中枢抑制，呼吸变浅变慢，CO_2 排出减少。肺通过 CO_2 排出的多少来调节血中 H_2CO_3 的浓度，以

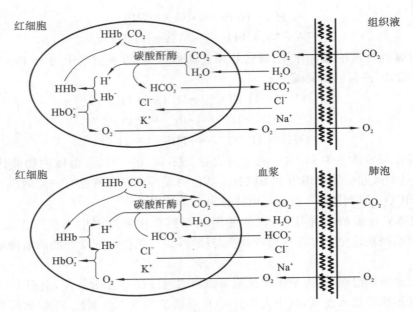

图 14-1　血红蛋白对挥发酸的缓冲作用

维持[$NaHCO_3$]/[H_2CO_3]的值正常。所以,在临床上密切观察患者的呼吸频率和呼吸深度具有重要意义。

三、肾对酸碱平衡的调节作用

肾对酸碱平衡的调节作用,主要是通过排出机体在代谢过程中产生的过多的酸或碱,调节血中的 $NaHCO_3$ 的浓度,维持[$NaHCO_3$]/[H_2CO_3]的值正常,从而维持血液 pH 值的恒定。当血浆中 $NaHCO_3$ 浓度升高时,肾则减少对 $NaHCO_3$ 的重吸收并排出多余的碱性物质,使血浆中的 $NaHCO_3$ 浓度仍维持在正常范围;当血浆中 $NaHCO_3$ 浓度降低时,肾则加强对 $NaHCO_3$ 的重吸收和排酸作用,以恢复血浆 $NaHCO_3$ 的正常浓度。肾对酸碱平衡的调节实质上就是调节 $NaHCO_3$ 的浓度,肾的这种调节作用主要是通过肾小管细胞的泌氢、泌氨及泌钾作用实现排酸保碱。

1. $NaHCO_3$ 的重吸收　肾小管细胞泌 H^+ 及重吸收 Na^+ 是同时进行的。每天通过肾小球滤过的 HCO_3^- 约有 4.5 mol,几乎全部从近曲小管吸收。在肾小管上皮细胞内含有碳酸酐酶,催化 CO_2 与 H_2O 化合生成 H_2CO_3,H_2CO_3 解离为 H^+ 和 HCO_3^-。解离出的 H^+ 被肾小管细胞主动分泌入管腔液中,HCO_3^- 仍留在细胞内。H^+ 分泌入管腔,和小管液中的 Na^+ 进行交换,Na^+ 进入肾小管细胞内与 HCO_3^- 结合生成 $NaHCO_3$ 而入血,补充血液在缓冲酸时消耗的 $NaHCO_3$。$NaHCO_3$ 中的 Na^+ 是通过钠泵的作用向血液主动转运,HCO_3^- 则是被动吸收。分泌到管腔液中的 H^+ 与 HCO_3^- 结合为 H_2CO_3,后者分解为 CO_2 与 H_2O。CO_2 很快扩散进入细胞内,H_2O 则随尿排出(图 14-2)。

血液中 $NaHCO_3$ 的正常值为 $22 \sim 28$ mmol/L。当血浆中 $NaHCO_3$ 浓度低于 28 mmol/L 时,原尿中的 $NaHCO_3$ 可完全被肾小管细胞重吸收。但仅靠这一点仍不能恢复体内 $NaHCO_3$ 水平,因为代谢过程中产生的酸性物质不断地进入血液被 $NaHCO_3$ 缓冲,这部

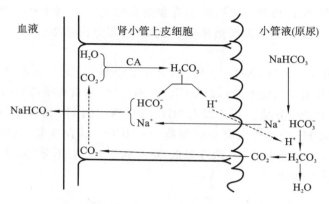

图 14-2 H^+-Na^+ 交换与 $NaHCO_3$ 重吸收

分消耗的 $NaHCO_3$ 必须通过 $NaHCO_3$ 的再生作用补充。当血浆中 $NaHCO_3$ 浓度超过此值时,则不完全吸收,多余的部分随尿排出体外。

2. 尿液的酸化 正常人血液 pH 值为 7.4,血浆中 $[Na_2HPO_4]$/$[NaH_2PO_4]$ 值为 4/1。在肾近曲小管管腔液中,磷酸氢盐缓冲体系两组分的比值与血浆相同。但变成终尿时该比值变小,尿液的 pH 值降低,这一过程称尿液的酸化。

当原尿流经肾远曲小管时,由于肾小管细胞分泌 H^+ 增多,一部分 H^+ 与 Na_2HPO_4 的 Na^+ 进行交换,Na_2HPO_4 转变为 NaH_2PO_4 随尿排出。被重吸收的 Na^+ 则与肾小管细胞中的 HCO_3^- 结合再生成 $NaHCO_3$。此时,由于管腔液中 Na_2HPO_4 转变为 NaH_2PO_4,尿液的 pH 值下降。正常人在一般膳食条件下,总是以排酸为主,所以排出的尿液 pH 值为 $5.0\sim6.0$。若尿液的 pH 值降至 4.8 时,则 $[Na_2HPO_4]$/$[NaH_2PO_4]$ 值为 1/99,说明原尿经过肾远曲小管时,Na_2HPO_4 几乎全部转变成 NaH_2PO_4(图 14-3)。

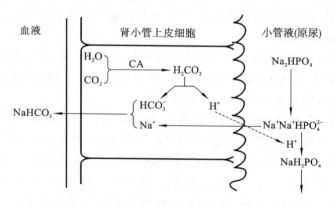

图 14-3 H^+-Na^+ 交换与尿液的酸化

此外,体内代谢产生的固定酸经缓冲作用后生成的固定酸盐,如乙酰乙酸钠、β-羟丁酸钠、乳酸钠等也可以相同方式进行 H^+-Na^+ 交换,Na^+ 进入肾小管细胞与 HCO_3^- 结合再形成 $NaHCO_3$ 进入血液,肾小管分泌 H^+ 与有机酸根负离子结合,以游离的有机酸根的形式随尿液排出。通过尿液的酸化过程,管腔液的 pH 值降低以维持血液的 pH 值在正常范围内。

3. 肾小管的泌 NH_3 作用 肾远曲小管和集合管的上皮细胞能不断地分泌 NH_3。肾小管细胞的 NH_3 主要来自血液转运来的谷氨酰胺,部分由肾小管细胞内氨基酸的氧化脱氨基作用生成。

生成的氨被分泌入管腔,NH_3 与 H^+ 结合生成 NH_4^+,NH_4^+ 属水溶性,不能透过细胞膜,只能停留在管腔液中与强酸盐(如 $NaCl$、Na_2SO_4 等)的负离子(Cl^-、SO_4^{2-} 等)结合生成酸性的铵盐,随尿排出。正常人每天以泌 NH_3 方式排出的 H^+ 为 $30\sim50$ mmol,强酸盐解离生成的 Na^+ 也同 H^+ 交换进入肾小管细胞,与 HCO_3^- 结合生成 $NaHCO_3$ 转运到血液。随着 NH_3 的分泌,小管液中的 H^+ 浓度降低,更有利于 H^+ 的再分泌;肾小管泌 H^+ 作用增强,又促进 NH_3 的扩散(图 14-4)。

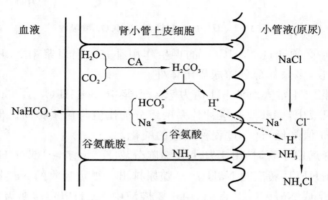

图 14-4 H^+-Na^+ 交换与铵盐的排泄

NH_3 的分泌量随尿液的 pH 值变化而变化,尿液酸性越强,NH_3 的分泌越多;尿液呈碱性,NH_3 的分泌减少甚至停止,此时肾小管细胞内生成的 NH_3 向小管液扩散减少,向血液扩散增多,成为体内 NH_3 的重要来源,所以肝功能低下的患者,不宜使用碱性利尿剂,以防止血氨升高导致氨中毒。

应该指出,肾小管对 $NaHCO_3$ 的重吸收和再生是随着机体对 $NaHCO_3$ 的需求而变动的,当血浆 $NaHCO_3$ 浓度升高时(碱中毒),肾小管对 $NaHCO_3$ 的重吸收和再生减少,$NaHCO_3$ 随尿排出,使血浆 $NaHCO_3$ 含量降至正常。

综上所述,机体在调节酸碱平衡的过程中,血液的缓冲作用是第一道防线,其调节迅速有效,但缓冲能力有限,结果势必引起 $NaHCO_3$ 与 H_2CO_3 含量及比值的改变;肺及时地通过呼吸运动调节 CO_2 的排出量,在 pH 值改变 $10\sim15$ min 发挥作用,但只局限于对呼吸性成分的调节;肾脏通过 H^+-Na^+ 交换及泌 NH_3 作用以排酸保碱,来调节血浆 $NaHCO_3$ 含量,虽然发挥作用迟缓,但效率高,作用持久,能彻底排出过多的酸或碱,故是体内最根本、最主要的调节机制。上述三种调节前呼后应,相互协同,共同维持体液 pH 值的稳定。

第三节 酸碱平衡失调

体内酸性或碱性物质过多或不足,超过机体的调节能力,或肺、肾的疾病使其调节酸碱平衡功能发生障碍,以及电解质代谢紊乱,如高钾血症或低钾血症,都可导致酸碱平衡紊乱。

酸碱平衡过程主要反映在血浆缓冲体系 $NaHCO_3$ 和 H_2CO_3 的含量或比值变化上。当其含量发生改变,由于人体代偿能力的发挥,$[NaHCO_3]/[H_2CO_3]$ 的值仍维持在 20/1 左右,此时血液 pH 值保持不变,这种情况称为代偿性酸/碱中毒。如果经肺、肾的调节仍不能使两者比值恢复到 20/1,血 pH 值也相应地发生改变,血液 pH 值高于 7.45 称为失代偿性碱中毒,血液 pH 值降至 7.35 以下则称为失代偿性酸中毒。

酸碱平衡紊乱可分为呼吸性和代谢性两大类。呼吸性酸碱平衡紊乱时,碳酸氢盐缓冲对中首先发生改变的是 H_2CO_3;代谢性酸碱平衡紊乱时,首先发生改变的是 $NaHCO_3$。

一、酸碱平衡失调的基本类型

(一)代谢性酸中毒

代谢性酸中毒是临床上最常见的酸碱平衡紊乱。

1. 发病原因 各种原因导致血浆中 $NaHCO_3$ 浓度原发性减少。可见于:①固定酸产生过多:如糖尿病、缺氧、休克等情况下,酸性产物(乙酰乙酸、β-羟丁酸、乳酸等)堆积,消耗大量的 $NaHCO_3$;②肾脏排酸障碍,如肾功能不全,泌 H^+、泌 NH_3 及回收 Na^+ 减少,使过多的酸性物质不能及时排出而潴留体内;③酸性药物(如氯化铵、阿司匹林等)摄入过多;④碱性物质丢失过多:肠液、胰液、胆汁中 $NaHCO_3$ 的浓度高于血浆,若腹泻、肠瘘、肠道引流等使碱性消化液丢失或大面积烧伤血浆渗出等。

2. 代偿机制 当体内固定酸过多时,首先血液缓冲系统迅即发挥作用,结果使 $NaHCO_3$ 减少,H_2CO_3 增多,此状态靠肺和肾脏的协同调节。一方面可刺激延髓的呼吸中枢,使呼吸加深加快,CO_2 排出增多,血中 H_2CO_3 含量下降;另一方面可使肾小管上皮细胞中的碳酸酐酶、谷氨酰胺酶活性增强,泌 H^+、泌 NH_3 增加,有助于固定酸的排出及 $NaHCO_3$ 的重吸收和再生,使血浆 $NaHCO_3$ 含量逐步回升。经过上述代偿过程,虽然 $NaHCO_3$ 和 H_2CO_3 的实际含量都有所减少,但两者的比值接近 20/1,pH 值仍在正常范围内,称为代偿性代谢性酸中毒。如果超过了机体的代偿能力时,$[NaHCO_3]/[H_2CO_3]$ 的值小于 20/1,pH 值随之降至 7.35 以下,称为失代偿性代谢性酸中毒。

3. 代谢性酸中毒的特点 血浆 $NaHCO_3$ 含量降低(原发性),H_2CO_3 浓度稍有降低(继发性)。

(二)代谢性碱中毒

1. 发病原因 各种原因,如摄入过多碱性物质,剧烈呕吐、胃引流使胃液大量丢失,低血钾等导致血浆中 $NaHCO_3$ 浓度原发性增加。

2. 代偿机制 由于血浆 $NaHCO_3$ 浓度增加,pH 值升高,抑制呼吸中枢,使呼吸运动变浅变慢,CO_2 排出减少,尽可能保留 H_2CO_3;与此同时,肾小管细胞泌 H^+、泌 NH_3 作用减弱,回收 Na^+ 减少而排 Na^+ 增加,尿液呈碱性。通过代偿调节,$[NaHCO_3]$ 和 $[H_2CO_3]$ 的比值趋于 20/1,pH 值在正常范围之内,称为代偿性代谢性碱中毒。若 $[NaHCO_3]$ 和 $[H_2CO_3]$ 的比值大于 20/1,pH 值高于 7.45,称为失代偿性代谢性碱中毒。

3. 代谢性碱中毒的特点 血浆 $NaHCO_3$ 浓度升高,H_2CO_3 含量也相应增加。

（三）呼吸性酸中毒

1. 发病原因　呼吸性酸中毒是由于各种原因，如呼吸中枢抑制、呼吸肌麻痹、呼吸道阻塞、肺部疾病、胸部病变等导致肺泡通气不畅，CO_2 排除障碍，使血浆 H_2CO_3 浓度出现原发性增加。

2. 代偿机制　当体内 H_2CO_3 含量增多时，血液中血红蛋白缓冲系统首先发挥作用，可中和一部分 H_2CO_3。但由于呼吸障碍大量的 CO_2 堆积，此时肺已基本丧失代偿能力，主要通过肾小管细胞泌 H^+、泌 NH_3 增多，$NaHCO_3$ 重吸收和再生增强，以增加 $NaHCO_3$ 含量，使[$NaHCO_3$]和[H_2CO_3]的比值接近 20/1，pH 值在 7.35～7.45 之间，称为代偿性呼吸性酸中毒。若 H_2CO_3 浓度显著增加，超出了机体的代偿能力，[$NaHCO_3$]和[H_2CO_3]的比值小于 20/1，则血液 pH 值小于 7.35，称为失代偿性呼吸性酸中毒。

3. 呼吸性酸中毒的特点　血浆 P_{CO_2} 和 H_2CO_3 浓度升高，血浆 $NaHCO_3$ 含量代偿性增加。

（四）呼吸性碱中毒

1. 发病原因　呼吸性碱中毒临床上较少见，是由各种原因，如癔症、高热、甲亢及某些中枢神经系统疾病等引起肺换气过度，CO_2 呼出过多，使血浆 H_2CO_3 含量出现原发性的减少。

2. 代偿机制　因 CO_2 排出过多，血浆 P_{CO_2}、H_2CO_3 浓度减少时，肾小管细胞泌 H^+、泌 NH_3 减少，Na^+ 重吸收和再生减弱，结果 $NaHCO_3$ 含量继发性降低，以恢复[$NaHCO_3$]和[H_2CO_3]的比值接近 20/1，pH 值仍保持在正常范围内，称为代偿性呼吸性碱中毒。如果通过肾脏的代偿作用后，[$NaHCO_3$]和[H_2CO_3]的比值增大，pH 值大于 7.45，称其为失代偿性呼吸性碱中毒。

3. 呼吸性碱中毒的特点　血浆 P_{CO_2} 和 H_2CO_3 浓度降低，血浆 $NaHCO_3$ 含量代偿性减小。

二、酸碱平衡的主要生化诊断指标

临床上为了全面、准确地了解体内酸碱平衡状况，以协助诊断、评估疗效或指导治疗，常需测定血液 pH 值及反映呼吸性因素（H_2CO_3）和代谢性因素（$NaHCO_3$）等三方面的指标。

1. 血液 pH 值　正常人动脉血液的 pH 值为 7.35～7.45，平均为 7.4。若血液 pH 值低于 7.35，表示有失代偿性酸中毒，若 pH 值大于 7.45，表示有失代偿性碱中毒。即使 pH 值在正常范围内，也并非说明体内就没有发生酸碱平衡紊乱，因为代偿期 pH 值是正常的。所以，测定血液 pH 值只能判断有无失代偿性酸中毒或碱中毒的发生，而不能区分酸碱平衡紊乱是属于呼吸性还是代谢性。

2. 动脉血二氧化碳分压（$PaCO_2$）　血浆 $PaCO_2$ 是指物理溶解于血浆中的 CO_2 所产生的张力。正常人动脉血中的 $PaCO_2$ 为 4.5～6.0 kPa（35～45 mmHg），平均 5.3 kPa（40 mmHg），由于 CO_2 对肺泡有很大的弥散力，所以动脉血中 $PaCO_2$ 基本上反映肺泡气的 $PaCO_2$ 及肺泡的通气水平，即 $PaCO_2$ 与肺泡通气量成反比。

$PaCO_2$ 的高低反映血浆 H_2CO_3 含量的多少，可作为呼吸性酸碱平衡失常的诊断指标。

当动脉血 $PaCO_2$ 大于 6.0 kPa 时,提示肺通气不足,CO_2 潴留,血中 H_2CO_3 含量增加,为呼吸性酸中毒;当 $PaCO_2$ 小于 4.5 kPa 时,提示肺换气过度,CO_2 排出过多,血中 H_2CO_3 含量减少,为呼吸性碱中毒。代谢性酸(碱)中毒时,由于机体的代偿作用,动脉血 $PaCO_2$ 稍有降低(或升高),但一般不明显。

3. 二氧化碳结合力(CO_2-CP) CO_2-CP 是指在 $PaCO_2$ 为 5.3 kPa 时,每升血浆中以 $NaHCO_3$ 形式存在的 CO_2 的物质的量 mmol/L。正常值为 $23\sim31$ mmol/L,平均 27 mmol/L。

CO_2-CP 反映血浆 HCO_3^- 的含量,即代表碱储备,主要作为代谢性酸碱平衡失常的诊断指标。CO_2-CP 降低,表示有代谢性酸中毒;CO_2-CP 升高,表示有代谢性碱中毒。在呼吸性酸碱平衡紊乱时,由于肾脏的代偿作用,血浆 $NaHCO_3$ 含量继发性改变,其结果与代谢性酸、碱中毒相反,即呼吸性酸中毒时,CO_2-CP 升高;呼吸性碱中毒时,CO_2-CP 降低。

4. 实际碳酸氢盐(AB)和标准碳酸氢盐(SB) SB 是指全血在标准状况下(即温度 37 ℃,$PaCO_2$ 5.3 kPa,血氧饱和度 100%)测得血浆中 HCO_3^- 的含量。SB 不受呼吸因素的影响,是反映代谢性成分的主要指标。AB 是指在隔绝空气条件下取血分离血浆,测得血浆中 HCO_3^- 的真实含量。AB 虽可反映血液中代谢性成分的多少,但受呼吸因素的影响。

SB 的正常范围是 $22\sim27$ mmol/L(平均 24 mmol/L),正常人 AB=SB。若 AB=SB,两者均降低,表示存在代谢性酸中毒;反之,AB=SB 但两者均升高,则表示存在代谢性碱中毒。

AB 与 SB 数值之差反映呼吸性因素对酸碱平衡的影响程度。若 AB>SB,则表示体内 CO_2 潴留,肾脏代偿使 AB 增多,提示有呼吸性酸中毒;若 AB<SB,表明 CO_2 呼出过多,肾脏代偿作用使 AB 减少,提示有呼吸性碱中毒。

5. 碱过剩(BE)或碱欠缺(BD) BE 或 BD 是指在标准条件下(即温度 37 ℃,$PaCO_2$ 5.3 kPa,血氧饱和度 100%)滴定全血至 pH 值为 7.4 时所消耗酸或碱的量(mmol/L)。滴定消耗酸的量为碱剩余(BE),用正值"+"表示;消耗碱的量即为碱缺失(BD),用负值"-"示之。正常人血液的 pH 值就在 7.4 附近,无需用酸或碱作更多的滴定。所以,BE 或 BD 的正常参考范围是 $-3\sim+3$ mmol/L。

BE 或 BD 不受呼吸的影响,比较真实地反映缓冲碱的过剩或不足,是判断代谢性酸碱平衡紊乱的重要指标。BE(即正值)增高,为碱过多,即为代谢性碱中毒;BD(即负值)增高,提示碱不足,为代谢性酸中毒。

6. 阴离子间隙(AG) 血浆中的阳离子和阴离子的摩尔电荷浓度相等,呈电中性。血浆中主要的阳离子是 Na^+ 和 K^+,称可测定阳离子,其余为未测定阳离子,包括 Ca^{2+}、Mg^{2+} 等。主要的阴离子是 Cl^- 和 HCO_3^-,称可测定阴离子,其余为未测定阴离子,包括蛋白质、硫酸、磷酸和有机酸等阴离子。阴离子间隙(anion gap,AG)是指未测定阴离子与未测定阳离子的差值。临床上常用可测定阳离子与可测定阴离子的差值表示:AG = ($[Na^+]$ + $[K^+]$) - ($[Cl^-]$ + $[HCO_3^-]$)。正常参考值为 $8\sim16$ mmol/L,平均为 12 mmol/L。AG 值增高多见于乳酸、酮体等生成增多或肾功能衰竭所致酸中毒。AG 测定对诊断代谢性酸中毒和某些混合性酸碱平衡紊乱有重要意义。AG 值降低见于低蛋白血症等。将酸碱平衡紊乱的类型及主要生化指标的改变总结如表 14-2。

表 14-2 酸碱平衡紊乱的类型及主要生化指标的改变

指标	酸中毒				碱中毒			
	呼吸性		代谢性		呼吸性		代谢性	
	代偿	失代偿	代偿	失代偿	代偿	失代偿	代偿	失代偿
原发性改变	[H₂CO₃]	↑	[NaHCO₃]	↓	[H₂CO₃]	↓	[NaHCO₃]	↑
pH 值	正常	↓	正常	↓	正常	↑	正常	↑
PaCO₂	↑↑		↓↓		↓		↓	
CO₂-CP	↑↑		↓↓		↓		↓	↑
SB 与 AB	SB<AB		SB=AB,均↓		SB>AB		SB=AB,均↑	
BE 与 BD	—		BD(负值)↑		—		BE(正值)↑	

注：↑表示增大；↓表示减小；↑↑表示明显增大；↓↓表示明显减小。

小 结

　　人体的体液酸碱度在恒定的情况下才能维持正常的代谢和生理功能，人体通过外源性摄入和体内代谢产生各种酸性和碱性物质，机体可通过各种调节机制将体液酸碱度维持在一定范围内，称为酸碱平衡。

　　机体对体液酸碱度的调节主要通过血液的缓冲作用、肺的呼吸、肾脏的重吸收和排泄等三方面的作用来实现。血液中最重要的是碳酸盐缓冲系统，主要缓冲固定酸，血浆 pH 值主要取决于[NaHCO₃]/[H₂CO₃]的值。红细胞中以血红蛋白缓冲系统最为重要，是缓冲挥发性酸的主要成分。肺通过改变肺泡通气量来控制挥发酸的排出量，使血浆中 HCO₃⁻ 与 H₂CO₃ 比值接近正常。肾脏通过重吸收 NaHCO₃、酸化尿液、泌 NH₃ 等作用来调节血中 NaHCO₃ 的含量，它起效慢但作用效率高且持久。

　　在疾病状态下机体产生或丢失的酸碱过多而超过机体调节能力，或机体对酸碱调节机制出现障碍时，会导致酸碱平衡紊乱，包括单纯性酸碱平衡紊乱和混合性酸碱平衡紊乱，前者又可分为呼吸性酸中毒、呼吸性碱中毒、代谢性酸中毒和代谢性碱中毒四种基本类型。判断酸碱平衡的常用生化指标包括血浆 pH 值、P_{CO_2}、CO₂-CP、AB 与 SB、BE 和 BD、AG 等。酸碱平衡紊乱的诊断一定要结合病史、酸碱指标的变化、电解质测定和临床资料进行分析及处理。

能力检测答案

一、单项选择题

1. 体内挥发性酸主要是通过（　　）。

A. 呼吸排出　　B. 粪便排出　　C. 肾排出　　　　D. 汗液排出　　E. 皮肤排出

2. 呼吸性酸中毒可由下列哪一因素引起?（　　　）

A. 呕吐　　　　　　　　　B. 肺气肿　　　　　　　　　C. 摄入过量 NaHCO₃

D. 过度通气　　　　　　　E. 饥饿

3. 严重腹泻常引起（　　　）。

A. 代谢性碱中毒　　　　　　　B. 低血钾　　　　　　　　C. 血中 pH 值升高

D. 血中 CO₂ 分压升高　　　　E. 血中 Na⁺ 和 HCO₃⁻ 降低

4. 调节酸碱平衡最重要的器官是（　　　）。

A. 肝　　　　　B. 胃　　　　　C. 肺　　　　　D. 肾　　　　　E. 小肠

5. 代谢性酸中毒常伴有（　　　）。

A. 低钠血症　　B. 高钠血症　　C. 低钾血症　　D. 高钾血症　　E. 高氯血症

6. 机体维持体液酸碱平衡的途径是（　　　）。

A. 下丘脑-垂体-肾上腺系统　　　　　　　B. 血管升压素和醛固酮

C. 血液缓冲系统、肺和肾　　　　　　　　D. 呼吸系统

E. 肾素-血管紧张素-醛固酮系统

7. 机体调节酸碱平衡最迅速的一条途径是（　　　）。

A. 肾脏的调节　　　　　　　B. 血液缓冲系统　　　　　C. 肺的调节

D. 神经-内分泌调节　　　　　E. 细胞内外离子交换

8. 下列哪个是挥发性酸?（　　　）

A. 磷酸　　　　B. 硫酸　　　　C. 碳酸　　　　D. 乳酸　　　　E. 酮酸

9. 人发生脑炎、延脑损伤等疾病时,一方面引起通气障碍,另一方面又引起缺氧,此种情况容易导致（　　　）。

A. 呼吸性碱中毒合并代谢性碱中毒　　　　　B. 代谢性酸中毒合并代谢性碱中毒

C. 失代偿性碱中毒　　　　　　　　　　　　D. 呼吸性酸中毒合并代谢性酸中毒

E. 代谢性酸中毒合并呼吸性碱中毒

10. 某肝性脑病患者,血气测定结果为:血 pH=7.48,P_{CO_2}=22.6 mmHg,[HCO₃⁻]=19 mmol/L。最有可能的酸碱平衡紊乱类型是（　　　）。

A. 呼吸性酸中毒　　　　　　　B. 呼吸性碱中毒　　　　　C. 代谢性酸中毒

D. 代谢性碱中毒　　　　　　　E. 以上都不是

二、简答题

1. 酸碱平衡失调对机体有何不良影响?

2. 说出肺在酸碱平衡调节中的作用。

（马　强）

主要参考文献

Zhuyao Cankao Wenxian

[1] 何旭辉,吕士杰.生物化学[M].7版.北京:人民卫生出版社,2014.

[2] 吕文华,肖智勇.生物化学[M].武汉:华中科技大学出版社,2010.

[3] 潘文干.生物化学[M].6版.北京:人民卫生出版社,2009.

[4] 晁相蓉,邹丽平,余少培.生物化学[M].北京:中国科学技术出版社,2014.

[5] 查锡良,药立波.生物化学与分子生物学[M].8版.北京:人民卫生出版社,2013.

[6] 宋庆梅,张志霞,凌强.生物化学[M].北京:科学技术文献出版社,2015.

[7] 王易振,何旭辉.生物化学[M].2版.北京:人民卫生出版社,2013.

[8] 罗永富.生物化学[M].北京:中国中医药出版社,2015.

[9] 殷嫦嫦,舒景丽,梁金香.生物化学[M].2版.武汉:华中科技大学出版社,2016.

[10] 李刚,马文丽.生物化学[M].3版.北京:北京大学医学出版社,2013.